普通高等教育智能制造系列教材

# 3D 打印技术原理与应用

王晨升　黄泽园　编著

机 械 工 业 出 版 社

本书以“双创”教育改革精神为指导，汇集了大量国内外最新相关文献中的精华，并结合编著者近年来对3D打印技术的教研实践经验，以3D打印技术的原理及应用为主线，兼顾实务操作，系统地阐述了3D打印技术的发展历史、技术原理、典型成型工艺与打印过程、成型材料、3D打印机的组装及实践操作、3D打印的典型应用，以及国内外前沿研究与应用进展，并对3D打印技术进行了展望。

本书内容全面，重点突出，“双创”实践引领，理论与实践相结合，深入浅出，适合高校本科生、研究生、教学及科研人员，以及对3D打印技术感兴趣的各类人员使用。

**图书在版编目（CIP）数据**

3D打印技术原理与应用/王晨升，黄泽园编著．—北京：机械工业出版社，2024.1

普通高等教育智能制造系列教材

ISBN 978-7-111-74482-5

Ⅰ.①3…　Ⅱ.①王…　②黄…　Ⅲ.①快速成型技术-高等学校-教材　Ⅳ.①TB4

中国国家版本馆CIP数据核字（2023）第243409号

机械工业出版社（北京市百万庄大街22号　邮政编码100037）

策划编辑：王勇哲　　责任编辑：王勇哲　章承林

责任校对：张晓蓉　张　薇　　封面设计：张　静

责任印制：郜　敏

三河市宏达印刷有限公司印刷

2024年2月第1版第1次印刷

184mm×260mm · 17.25印张 · 381千字

标准书号：ISBN 978-7-111-74482-5

定价：58.00元

电话服务　　网络服务

客服电话：010-88361066　　机　工　官　网：www.cmpbook.com

010-88379833　　机　工　官　博：weibo.com/cmp1952

010-68326294　　金　书　网：www.golden-book.com

封底无防伪标均为盗版　　机工教育服务网：www.cmpedu.com

# 前言

# Preface

3D 打印（3-Dimensional Printing，3DP）技术是一种快速成型（Rapid Prototype，RP）技术，又称增材制造（Additive Manufacturing，AM）技术。它是以数字模型文件为基础，将材料逐层堆积叠加制造出实体的先进制造技术，体现了信息网络技术与先进材料、数字制造技术的交叉融合。这种起源于 19 世纪 50 年代的技术，由于受材料和工艺的制约，在很长时间内没有大规模投入应用。近年来，随着科学技术的进步，尤其是新材料和数字化技术的进步，3D 打印技术得到了快速发展，并已经开始广泛应用于国民经济的各个领域。相对于传统的减材制造（材料去除，如切削加工），3D 打印不需要机械加工或任何模具就能直接利用数字模型数据打印生成任意复杂形状的零件，从而极大地缩短了产品的研制周期，提高了劳动生产率，降低了生产成本，同时也大幅减少了材料的浪费。

教育部坚决贯彻落实党中央、国务院关于高校学生创新创业的决策部署，高度重视高校学生创新创业，加强大学生创新创业教育，会同有关部门加大资金、场地、政策扶持力度，全力促进高校学生创新创业。目前，国内各高校纷纷开设创新创业（双创）课程，3D 打印以其便捷的使用方式和强大的制造能力，已成为创新创业不可或缺的工具，3D 打印课程也是多数高校“双创”教育的必修课程之一。

本书以“双创”教育改革精神为指导，汇集了国内外大量相关最新文献的精华，并结合编著者近年来对 3D 打印技术的教研实践经验，以 3D 打印技术的原理及应用为主线，兼顾实务操作，系统地阐述了 3D 打印技术的成型技术原理、成型过程、成型件后处理、3D 打印机组装及实践操作，以及国内外前沿的研究开发及应用进展。本书内容全面，重点突出，深入浅出，适合高校本科生、研究生、教学及科研人员，以及对 3D 打印技术感兴趣的各类人员使用。每章课后的思考题及延伸阅读有利于拓展读者的视野，启迪批判性思维及创造性思维智慧，树立正确的科学态度、科学精神及人生价值观。

本书内容着重理论与实践相结合，图文并茂，力求简明扼要，且相关知识点覆盖全面。全书共分 8 章。第 1 章简要介绍了 3D 打印技术的起源、发展及对双创教育的意义；第 2 章介绍了 3D 打印的技术原理与相关工艺；第 3 章介绍了 3D 打印的一般过程及涉及的重要算法；第 4 章主要介绍了 3D 打印的成型材料；第 5 章介绍了 3D 打印机的分类与桌面 3D 打印机组装的详细过程；第 6 章介绍了桌面 3D 打印机的操作过程实践；第 7 章介绍了3D打印技术在各代表性行业中的典型应用；第8章介绍了3D打印技术的展望。

本书由北京邮电大学王晨升、黄泽园编著。王晨升负责本书内容的整理；黄泽园承担本书中部分文献的整理与资料的使用许可协调；北京邮电大学人工智能学院智能技术与设计实验室研究生李果、董亮、张之岳、刘卓、张洪源、李铬、李岑等同学参加了相关文献资料的搜集和整理工作。在本书的编撰过程中还得到了机械工业出版社的大力支持和指导，在此对他们的帮助表示衷心感谢。本书第6章示例中，打印机相关文字和图片的使用得到了北京清软海芯科技有限公司（Neobox-Ultimate A200型3D打印机生产商）的书面许可，在此表示感谢。此外，本书的撰写参阅了大量公开的文献及网上资料、图片，在此一并向相关作者表示衷心的感谢。

创新是民族进步的灵魂，是国家兴旺发达的不竭动力。作为一项高速发展、不断完善的先进制造新技术，3D打印技术不仅能助力制造业数字化转型，赋能创新创业，未来也可能步入每个家庭，成为一个“标配”的实用技术，改变人们的生活方式。书中所述或不足以刻画其全貌之万一，但编著者期望能借此书激发读者对3D打印技术的兴趣，进而开启创新创造之门，投身于创新创业的时代大潮中。由于编著者水平及文献资料所限，书中不足之处在所难免，恳请使用本书的读者不吝批评指正。

编著者

# 目 录

# Contents

前言

第 1 章　3D 打印技术简介 ······ 1

1.1　3D 打印的概念与术语 ······ 1
1.2　3D 打印技术的起源 ······ 3
1.3　3D 打印技术的发展 ······ 6
1.4　3D 打印技术的意义 ······ 19
1.5　3D 打印与双创教育 ······ 22
思考题 ······ 26
延伸阅读 ······ 26

第 2 章　3D 打印的技术原理 ······ 28

2.1　3D 打印技术的分类 ······ 28
2.2　典型 3D 打印成型方法简介 ······ 35
2.3　3D 打印成型误差分析 ······ 48
思考题 ······ 53
延伸阅读 ······ 53

第 3 章　3D 打印的一般过程 ······ 54

3.1　3D 打印过程概述 ······ 54
3.2　3D CAD 设计建模 ······ 55
3.3　生成 3D 打印模型文件 ······ 56
3.4　打印成型方向的选择 ······ 66
3.5　打印模型分层切片处理 ······ 68
3.6　切片轮廓的优化与填充路径规划 ······ 79

3.7 执行 3D 打印 …… 83
3.8 3D 打印后处理 …… 83
思考题 …… 84
延伸阅读 …… 84

**第 4 章 3D 打印的成型材料 …… 85**

4.1 3D 打印成型材料的分类 …… 85
4.2 常用 3D 打印成型材料的特点 …… 87
4.3 常用 3D 打印成型材料的适用领域 …… 104
思考题 …… 105
延伸阅读 …… 106

**第 5 章 3D 打印机的分类与桌面 3D 打印机的组装 …… 107**

5.1 3D 打印机的分类 …… 107
5.2 桌面 3D 打印机的组装 …… 113
5.3 3D 打印机的配置与调试 …… 127
思考题 …… 137
延伸阅读 …… 137

**第 6 章 桌面 3D 打印机的操作过程实践 …… 138**

6.1 桌面 3D 打印机操作概述 …… 138
6.2 桌面 3D 打印机操作流程 …… 140
6.3 桌面 3D 打印机常见问题与维护 …… 153
思考题 …… 159
延伸阅读 …… 160

**第 7 章 3D 打印技术的典型应用 …… 161**

7.1 3D 打印技术应用概述 …… 161
7.2 创意设计与饰品定制领域 …… 163
7.3 工业零件与模具制造领域 …… 165
7.4 汽车制造领域 …… 169
7.5 航空航天领域 …… 171
7.6 建筑领域 …… 175
7.7 食品定制领域 …… 178
7.8 医药生物领域 …… 182
思考题 …… 186
延伸阅读 …… 186

**第8章　3D打印技术的展望 …… 188**

8.1　3D打印技术发展现状 …… 188
8.2　3D打印助力制造业数字化转型 …… 200
8.3　人工智能在3D打印中的应用 …… 203
8.4　3D打印未来的趋势 …… 207
思考题 …… 215
延伸阅读 …… 215

**附录 …… 216**

附录A　部分常用3D CAD设计建模软件简介 …… 216
附录B　SolidWorks 3D设计建模实战示例 …… 234
附录C　RepRap Prusa i3 Marlin固件配置中文说明 …… 244
附录D　RepRap Prusa i3 3D打印机步进电动机参数计算 …… 254
附录E　40款设计建模及3D打印软件 …… 258
附录F　增材制造术语（ISO/ASTM 52900） …… 259

**参考文献 …… 265**

# 第1章 3D打印技术简介

“科学技术是第一生产力”（《邓小平文选》第三卷）。3D 打印（3-Dimensional Printing，3DP）技术是以数字模型文件为基础，运用粉末金属或塑料等材料，通过逐层黏合叠加的方式来构造物体的一种新型成型技术，特别适用于小批量、多品种的产品制造，尤其是个性化、定制化的复杂产品。这种起源于 19 世纪 50 年代末的技术，由于受材料和工艺的制约，在很长时间里并没有投入大规模工业应用。近年来，随着科学技术的进步，尤其是新材料和数字化技术的进步，3D 打印技术得到了快速发展，并逐渐开始广泛应用于国民经济的各个领域。

## 1.1 3D 打印的概念与术语

3D 打印技术是一种快速成型（Rapid Prototyping，RP）技术，3D 打印又称为增材制造（Additive Manufacturing，AM），它通过利用 CAD 设计数据，采用材料逐层累加的方法来制造实体零件。如果说传统的减材制造工艺是从一块坯料上去除所有不需要的材料（通过手工雕刻，或者使用铣床、车床或其他机械加工设备来实现），直至得到所需的零件（图 1-1a），那么 3D 打印便是一种自下而上、通过材料分层累加来成型零件的增材制造方法（图 1-1b）。增材制造技术涵盖了一系列技术，不同增材制造工艺的零件精度有所不同，打印时每一层的厚度也有所差异，在几微米到几毫米之间变化。目前，有许多材料可以应用于不同的增材制造工艺。

a) 减材制造　　　　b) 增材制造

图 1-1　减材制造与增材制造

自 20 世纪 80 年代末现代增材制造技术开始快速发展起来至今，与增材制造相关的术语也发生了很大变化。因为早期各种增材制造技术的主要用途是用来制作概念模型和预生产原型，所以在20世纪80—90年代的大部分时间里，用于描述逐层累积制造技术的主要术语是快速成型（Rapid Prototyping，RP）。期间，类似材料累加制造（Material Increase Manufacturing）、快速成型（Rapid Prototyping）、分层制造（Layered Manufacturing）、实体自由制造（Solid Free-form Fabrication）等不同术语也曾相继被使用，这些不同的叫法分别从不同的侧面表达了增材制造技术的特点。

在2009年初，美国材料与试验协会（American Society for Testing and Materials，ASTM）㊀F42国际增材制造技术委员会对这一行业术语进行了统一。在一次会议上，经过许多业内专家的讨论，最终得出了"增材制造"一词。如今，"增材制造"被认为是行业标准术语。在ASTM F2792-10e1增材制造技术标准术语文件中，增材制造被定义为：根据三维模型的数据，逐层地将材料连接起来以制备出物体的过程。该工艺与减材制造（如传统的机械加工）工艺相反。

尽管工业上通常采用增材制造这个术语，但多数大众媒体仍习惯将增材制造称为3D打印，因为与增材制造相比，3D打印是更形象、更容易被公众理解的术语。当然，也有一些人认为3D打印一词多用于低成本的、以业余爱好为主的桌面3D打印机上，而增材制造一词则常见于高端工业生产系统中。为兼顾公众认知的习惯，本书中不对这两种术语做严格的区分。例如，增材制造技术也常常被称为3D打印技术，相应地，增材制造设备也被叫作3D打印机。

与传统加工方式相比，3D打印不需要刀具、夹具及多道加工工序，利用三维设计数据在一台设备上即可快速地制造出任意复杂形状的零件，从而实现"自由制造"，解决许多过去难以制造的复杂结构的零件，大大缩短了生产周期。而且，产品结构越复杂，3D打印制造的优势越显著。尽管有如此多的优越性，但是这不应被错误地理解为3D打印总是能够制备出比传统制造更便宜的产品，更不意味着3D打印马上就能取代传统制造工艺，至少这在现阶段还是不现实的。实际上，在许多情况下恰恰相反，因为就目前情况来看，3D打印还是一种相对费时且成本高昂的技术。3D打印的经济性在很大程度上取决于所采用的打印技术类别，以及对可用的许多可能的设计参数和打印材料的选择。

美国《时代》周刊将增材制造列为"美国十大增长最快的工业"，英国《经济学人》杂志也认为，"增材制造将与其他数字化生产模式一起推动实现第三次工业革命"，称"该技术可以改变未来生产与生活的模式，实现社会化制造，每个人都可以成为一个'工厂'"。这将从根本上改变商品制造的方式及世界的经济格局，进而改变人类的生活方式。国际上，时任美国总统的奥巴马（Barack Hussein Obama）在2012年3月9日向国会提交了"国家制造创新网络"（National Network for Manufacturing Innovation，NNMI）计划，已于2016年更名为"制造业美国"（Manufacturing USA），旨在改变美国制造业"空心化"现状，重振美国制造业，夺回世界制造霸主地位，构建可持续发展的美国经济。为此启

㊀ 美国材料与试验协会（ASTM）是世界上最大的标准制定机构之一，是一个独立的非营利性机构。目前，ASTM已在世界范围内有近34000个会员，其中约4000个来自美国以外的上百个国家。迄今为止，ASTM已制定并发布了10000多项相关标准。

动了首个项目——增材制造，由美国国防部（Department of Defense，DoD）牵头，制造企业、高等院校以及非营利研究机构参加，共同研发新的增材制造技术与设备。不仅美国政府将增材制造技术作为国家制造业发展的首要战略任务，世界其他发达国家，如一些欧洲国家、日本、韩国等也都将增材制造技术作为未来制造业发展战略的重点予以扶持。

我国自20世纪90年代初开始增材制造技术的研发，在国家相关政策引导支持下，在典型的3D打印成型设备、软件、材料等的研究和产业化方面都获得了重大进展，接近国外先进水平。国内许多高校和研究机构也都相继开展了与3D打印技术相关的研究，重点在金属成型方面，如西安交通大学、清华大学、华中科技大学、西北工业大学、北京航空航天大学、南京航空航天大学、上海交通大学、大连理工大学、中北大学、中国工程物理研究院、北京隆源公司等单位，都在做探索性的研究和应用工作。

近年来，3D打印技术的研究与应用得到了快速的发展。将增材制造原理与不同的材料和成型工艺相结合，形成了各种各样的3D打印设备。目前，市场上各种类型的3D打印设备有几十种之多。而且，3D打印在国民经济的各个领域都开始有了广泛的应用，如消费电子产品、汽车、航空航天、医疗、军工、地理信息、艺术设计等。此外，3D打印适宜于单件或小批量快速制造的技术特点，也决定了其在产品创新中具有显著的作用。

3D打印技术有着诱人的发展前景，同时也存在巨大的挑战。在激光成型专用合金体系、零件的材料组织与性能、应力应变、缺陷的检测与控制、先进3D打印设备的研发等方面，仍有许多基础工作要做。这涉及对3D打印从科学基础、工程化应用到产业化生产的质量保证等各个层面的深入研究。目前，最大的难题是材料的物理与化学性能制约了3D打印技术的实现。例如，在成型材料方面，常用的有机高分子材料、金属材料的直接成型是近些年研究的热点，正在逐渐迈向工业应用，难点在于如何提高打印的精度和效率。此外，在医疗领域，如何用3D打印技术直接把生物软组织材料（生物质基材料和细胞）堆积起来，形成类生命体，经过体外或体内培养去制造复杂的人体组织器官，也是研究的热点之一。

## 1.2 3D打印技术的起源

尽管3D打印自20世纪80年代之后才逐渐广为人知，但其增材制造技术的核心思想渊源可以追溯到19世纪中后期的照相雕塑和蜡版层叠地貌成型技术。

### 1.2.1 照相雕塑技术

1859年，法国巴黎的一位雕塑家威莱姆·弗朗索瓦（François Willème，1830—1905）首次设计出了一种用多角度成像来获取物体的三维影像，并据此形成三维物体的方法，命名为照相雕塑（Photographing Sculpture）技术。1864年，威莱姆·弗朗索瓦获得了“照相雕塑”专利（美国专利号：43822）授权，如图1-2所示。

该方法将24台照相机围成360°的圆，同时对物体进行拍摄——当人们在圆盘舞台上摆出姿势时，每隔15°就会被记录下一张影像（图1-3）；然后，用与之相连接的比例绘图

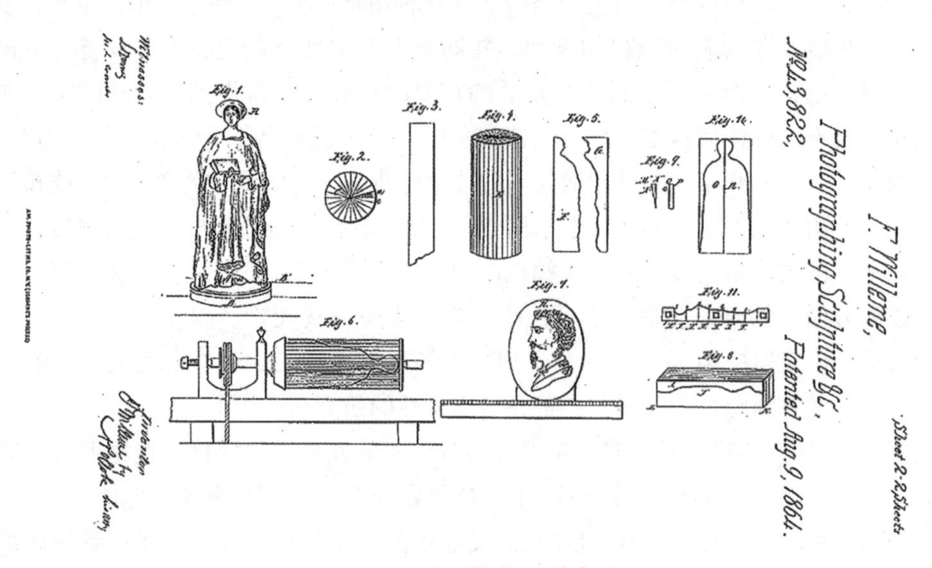


图 1-2 “照相雕塑”法的专利

仪，依照影像在木片上绘制出物体轮廓；再以中线为旋转轴，切割出木片的轮廓；24 张轮廓照片切割出 24 块木片，每块木片再沿中线一分为二，就得到了 48 块木片；假设雕像的俯视图是一个圆，把这个圆平分为 48 份，编号 1~48，则木片 a 分割出的两块木片对应的位置就是 1 和 48，木片 b 就对应 2 和 47，依次类推。这些木片在最后被顺序组装起来，就可以围成一个三维的实物模型（图 1-4）。如果将木片切割成等厚的轮廓，则围成一个中空的模型，艺术家只需要在这样一个模型中填充黏土、蜡或其他可塑性材料，甚至浇注或上色，就可以制作出一座逼真的雕像。

图 1-3 “照相雕塑”法

图 1-4 照相雕塑法制成的 3D 人像木片模型

威莱姆·弗朗索瓦后来在巴黎成立了照相雕塑工作室，在法国大受欢迎，顾客除了普通民众，还有法国王室贵族、艺术和文学界的名人。之后，照相雕塑技术走出了法国，类似的工作室分别于1864年和1866年在英国伦敦及美国纽约成立。威莱姆·弗朗索瓦本人也曾被邀请到马德里为西班牙王室制作雕像，并被授予西班牙查理三世勋章。

## 1.2.2 蜡版层叠地貌成型技术

1892年，奥地利军官约瑟夫·布兰瑟（Joseph Blanther，1859—?）发明了一种用蜡版层叠的方法制作等高线地形图（Manufacture of Contour Relief Maps）的技术，并获得了专利（美国专利号：473901），如图1-5所示。

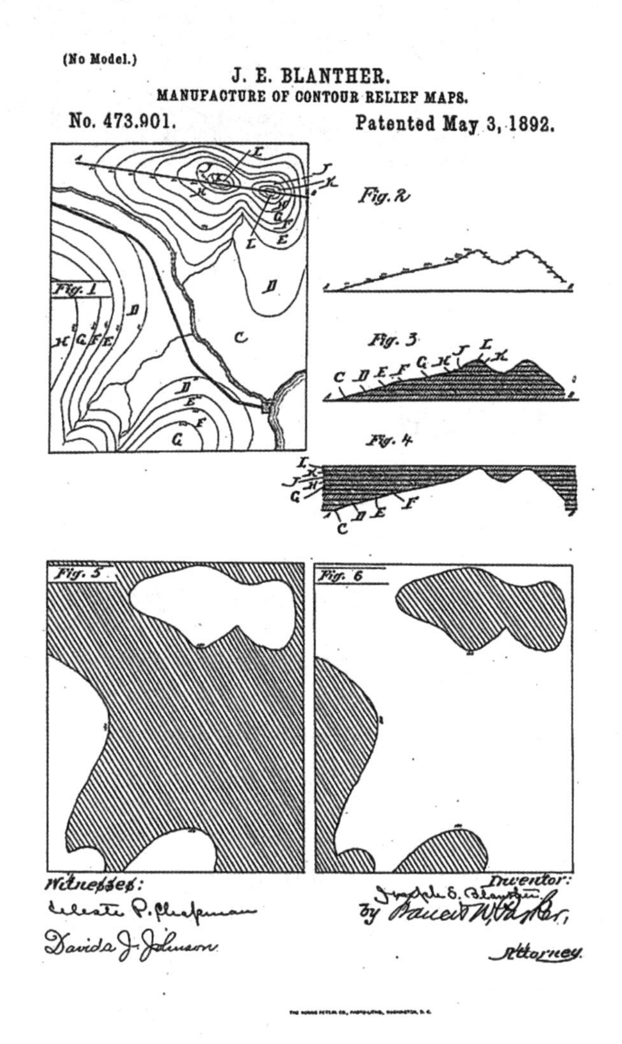


图1-5 蜡版层叠的方法制作等高线地形图专利

该方法通过在一系列蜡版上压印地形等高线，然后切割蜡版，并将其按照一定规律层层堆叠黏合之后，再进行平滑处理，最终就可以得到一个完整的三维地貌模型。这种方法也能够根据等高线的指示，制作出具有正负海拔之分的三维地表模型。在对板料进行适当的背衬之后（如刷上背胶以便于层与层之间的黏合），该方法也可以用于印刷压制纸张或其他板材来构建地势图。图 1-6 所示为利用蜡版层叠地貌成型技术使用板材构造的地貌图示例。

图 1-6 利用蜡版层叠地貌成型技术构造的地貌图示例

由于受到科技水平和制造工艺条件的制约，这些在当时十分先进的三维物体快速成型技术并没有走向大规模的工业应用。

## 1.3 3D 打印技术的发展

20 世纪初是 3D 打印技术的萌芽时期。在这一时期，3D 打印的工业应用潜力逐渐被认知，人们对 3D 打印技术的研究热情高涨，各式各样新的技术专利也不断涌现。在这种渐进式创新的历史大背景下，现代 3D 打印技术的轮廓也变得越来越清晰了。

### 1.3.1 20 世纪初：早期探索与基础技术框架的形成

1902 年，美国人卡洛·贝斯（Carlo Baese）在他的“复制塑料物体的摄影方法”（Photographic Process for the Reproduction of Plastic Objects）专利中（美国专利号：774549），提出了利用光敏聚合物制造塑料件的原理。这是第一种对现代快速成型技术——立体平板印刷术早期的初步设想，也是 3D 打印中立体光刻技术的前身。

1937 年，美国人巴穆努奇·维克托·佩雷拉（Bamunuarchige Victor Perera）申请了“制作地形图的过程”（Process of Making Relief Maps）的专利（美国专利号：2189592），发明了一种在硬纸板上切割轮廓线，然后将这些纸板黏结形成三维地形图的快速成型方法。

1951 年，美国人奥托·约翰·蒙兹（Otto John Munz，1909—1997）申请了“照相形状记录”（Photo-Glyph Recording）成型工艺的专利（美国专利号：2775758），如图 1-7 所示，该专利被认为是现代立体光刻技术的起源。其本质上是由一层层打印在感光乳剂上的二维透明照片叠加而成的，具体做法是将每一层都单独曝光，然后降低建造平台；再重复这一过程，逐层曝光直至整个物体完全成型。然而，这一技术的缺点是，完成后的三维物体被包裹在一个透明的圆柱体中。为了得到最终的三维实体模型，需要在透明的圆柱体上通过手工雕刻或化学蚀刻才能将其取出来。

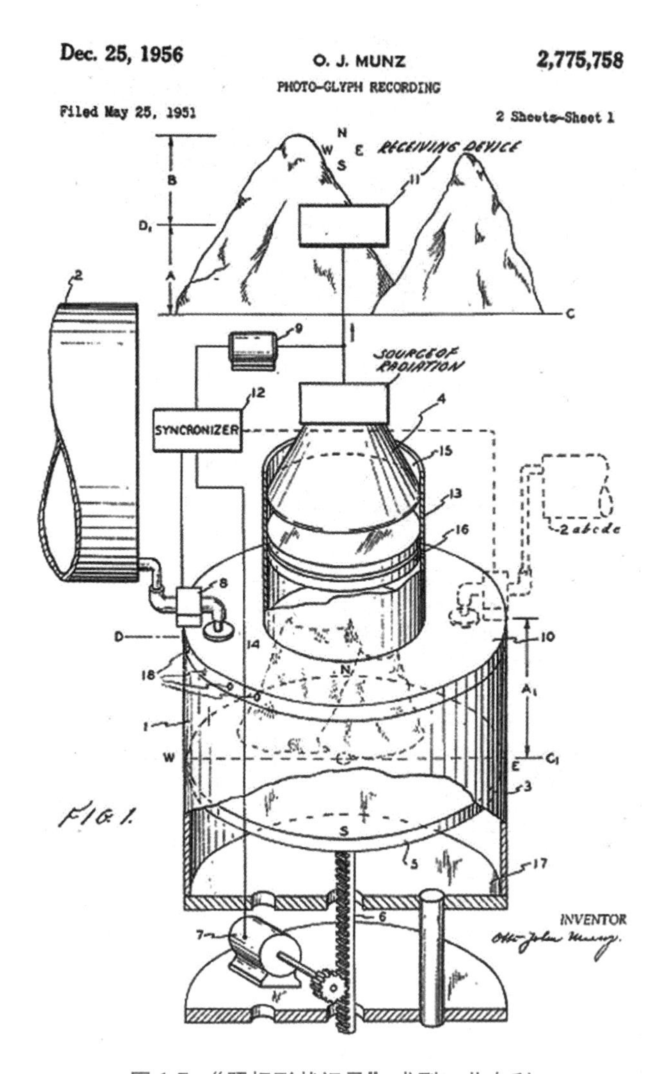


图 1-7 “照相形状记录”成型工艺专利

1962 年，美国人尤金 · E · 臧（Eugene E Zang）发明了一种“悬浮雕刻模型技术”（Vitavue Relief Model Technique，美国专利号：3137080），如图 1-8 所示。该技术细化了巴穆努奇 · 维克托 · 佩雷拉提出的方法，用透明塑料板分层切割、叠加黏结来制作地形图，且每一块均带有详细的地貌形态标记。至此，板材叠层制造相关的技术原理已经相当完备，现代叠层制造技术已呼之欲出。

1971 年，美国人韦恩 · 凯利 · 斯旺森（Wyn Kelly Swainson）在其“生产三维图形产品的方法、介质和设备”（Method，Medium and Apparatus for Producing Three-Dimensional Figure Product）的专利申请中（美国专利号：4041476），发明出了一种通过三维聚合两个激光束相交处的光敏聚合物来直接制造塑料模型的技术（该专利后来转让给了美国

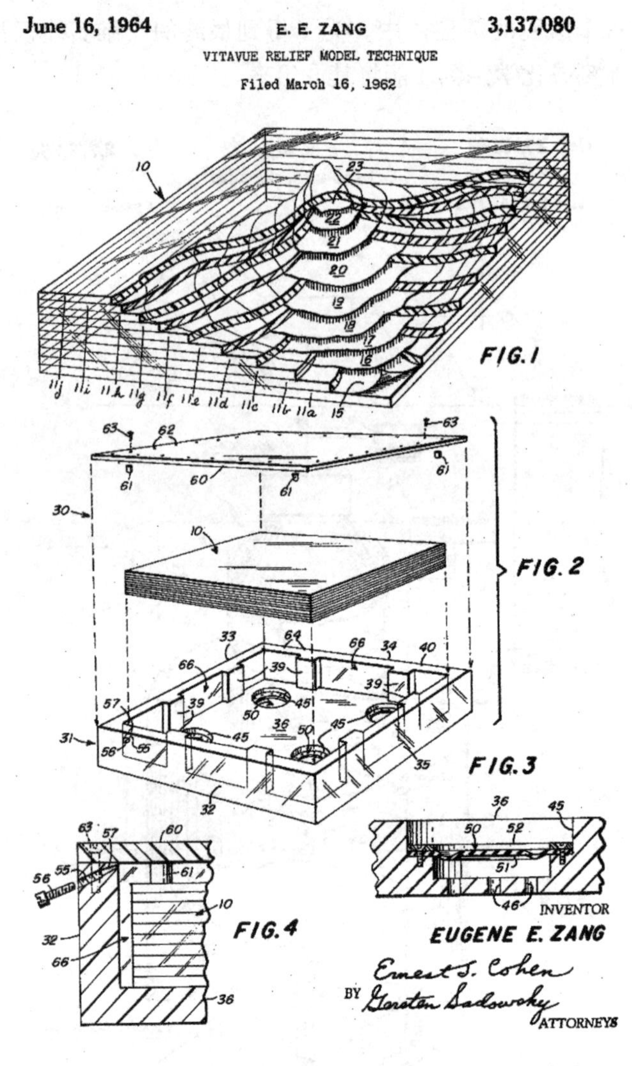


图 1-8 “悬浮雕刻模型技术”专利

Formigraphic Engine 公司)。与此同时，美国巴特尔纪念研究所（Battelle Memorial Institute）也进行了一项名为“光化学加工技术”的研究，尝试在多个激光束的交点处曝光光敏材料，通过催化产生光化学交联或聚合反应来制备物品。

1972 年，法国人皮埃尔·阿尔弗雷德·里昂·西劳德（Pierre Alfred Leon Ciraud）在其“用易熔料制作物品的方法和装置”（Verfahren und Vorrichtung Zur Herstellung Beliebiger Gegenstaende Aus Beliebigem Schmelzbarem Material）的专利申请中（德国专利号：DE2263777），提出了一种通过移动热床，利用高温热束熔融粉末成型的工艺。这一专利技术的思想给后来的高能束逐点熔融层叠制造技术的一系列发明带来了启发，在某种意义上，可以将他视为现代直接沉积增材制造技术（如粉末床熔融）之父。此后，美国人罗斯·豪斯豪尔德（Ross F. Householder）在 1979 年于其“成型工艺”（Molding Process）的专利中（美国专利号：4247508），发明了一种基于粉末的热能选区烧结工艺，给出了依次熔融沉积粉末平面层，并选择性地固化每一层的局部位置的方法，固化过程可以通过使用和控制热量来实现，控制热量的方法包括选定掩模和控制热扫描过程（如激光扫描）。

其他值得关注的早期增材制造的研究成果，包括日本名古屋市研究所（Nagoya Municipal Research Institute）的小田秀夫（Hideo Kodama）开发的许多与立体光刻相关的技术，以及美国3M公司的艾伦·赫伯特（Alan Herbert）与小田秀夫一起开发的一种控制紫外激光的系统。该系统借助 *X-Y* 绘图仪上的反射镜系统，将激光束照射到光敏聚合物层上，以扫描模型的每一层，然后将构建平台和构建层在树脂桶中降低一定距离，并不断重复该过程，直至整个模型制作完成。

在20世纪初的几十年里，随着研究的逐步深入，在模型建模与切片、材料成型机理、打印路径规划、打印参数控制等方面，逐渐形成了增材制造（3D打印）基础技术框架。进入20世纪后期，随着数字化建模设计、新材料与数字控制技术的发展，3D打印技术迎来了快速发展，各种新技术、新方法如雨后春笋般涌现。

### 1.3.2　20世纪80年代：现代3D打印技术的诞生

在20世纪80年代，3D打印技术广为人知的称谓是快速成型技术。快速成型是一种更快捷、更具成本效益的制造方法，主要用来为行业内的产品开发创建原型。

快速成型技术的第一个专利申请，是1980年由日本名古屋市工业研究所的小田秀夫博士提交的。它描述了一个使用光聚合物成型的快速成型系统：一个实体的打印模型是分层构建的，每一层对应于模型的一个横截面切片。遗憾的是，小田秀夫未能及时跟进他的专利申请，其技术也未能进行商业转化。几年后，一个由艾伦·梅奥特（Alain LeMéhauté）、奥利维尔·德·威特（Olivier de Witte）和让·克劳德·安德烈（Jean-Claude André）等组成的法国工程师团队，出于对立体光刻技术的兴趣，于1984年申请了类似的快速成型专利，尝试了立体光刻工艺的使用。后来，由于工艺未达预期、缺乏业务前景等诸多原因而被放弃。

1984年，美国工程师查尔斯·赫尔（Charles W. Hull）申请了“用立体光刻技术制作三维物体的设备”（Apparatus for Production of Three-dimensional Objects by Stereo Lithography）的专利（美国专利号：4575330）。该技术允许设计师使用数字数据创建三维模型，然后再利用三维数字模型创建物理对象。至此，立体光刻（Stereolithographic Apparatus，SLA）技术走向了成熟。查尔斯·赫尔于1986年获得了立体光刻技术的专利授权。随后，他成立了3D Systems公司，并于1988年发布了第一台基于立体光刻技术的3D打印机样机SLA-1，如图1-9所示。如今，3D Systems公司已发展成了世界上主流的3D打印机生产厂商之一。2014年，查尔斯·赫尔以其在立体光刻技术领域的第一个具有开创性意义的快速成型专利，被欧洲专利局授予非欧洲国家类别的欧洲发明家奖。

1986年，美国德克萨斯大学的卡尔·德卡德（Carl R. Deckard）提交了“通过选择性烧结生产零件的方法和设备”（Method and Apparatus for Producing Parts by Selective Sintering）的专利申请，并于1989年获得了专利授权（美国专利号：4863538）。该专利开创性地提出了一种选择性激光烧结（Selective Laser Sintering，SLS）的快速成型工艺，它用高能

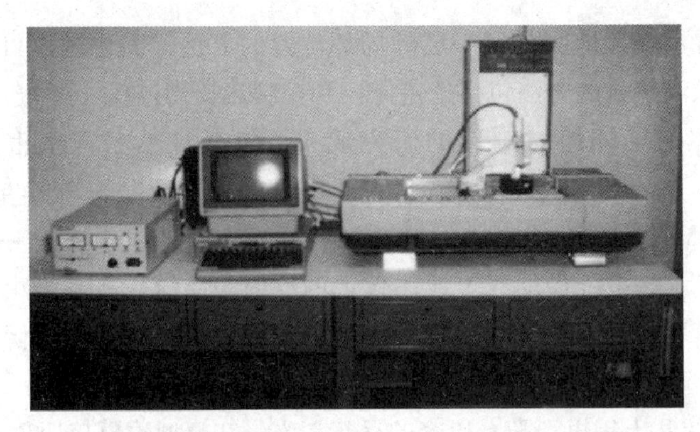

图 1-9 世界上第一台 SLA-1 3D 打印机

激光逐点把松散的粉末熔融，再经过冷却变成固体，不断重复、逐层累加成型。由于工艺上的复杂性，直到 2006 年，SLS 工艺才在商业上可行，这为 3D 打印带来了新的机遇。

1987 年，美国工程师迈克尔·费金（Michael Feygin）申请了“从叠片形成整体物体的装置和方法”（Apparatus and Methods for Forming an Integral Object from Laminations）的专利（美国专利号：4752352），并于 1988 年获得了专利授权。这标志着叠层实体制造（Laminated Object Manufacturing，LOM）技术研发的成功。LOM 技术又称为分层粘结成形技术，最早由迈克尔·费金于 1984 年提出关于 LOM 的设想，并于 1985 年组建了 Helisys 公司（后改为 Cubic Technologies 公司）。Helisys 公司在 1990 年推出了第一台商用 3D 打印机 LOM-1015（图 1-10），成功实现了该技术的商业化生产。

之后，美国 Stratasys 公司的斯科特·克伦普（Scott Crump）于 1989 年申请了“用于创建三维对象的设备和方法”（Apparatus and Method for Creating Three-dimensional Objects）的专利，并于 1992 年获得了专利授权（美国专利号：5121329）。该专利发明了一种熔融沉积创建模型（Fused Deposition Modeling，FDM）的 3D 打印方法，具体涉及熔化一根聚合物长丝，并将其逐层沉积到基底上，经过层层累加以创建一个三维实物模型。如今，FDM 技术的专利是斯科特·克伦普创立的 Stratasys 公司的独有专利，而 Stratasys 公司也发展成了当今世界上最著名的 3D 打印设备制造公司之一。

图 1-10 LOM-1015 3D 打印机

在不到十年的时间里，3D 打印的四项主要技术 SLA、SLS、LOM 和 FDM 均已相继研制成功，这标志着现代 3D 打印技术的诞生！

### 1.3.3 20 世纪 90 年代：主要 3D 打印机制造商的出现和 CAD 工具的成熟

步入 20 世纪 90 年代，3D 打印技术的发展进入了“快车道”。同时，随着 3D 打印技术不断得到完善，3D 设计建模工具也逐渐走向成熟，主要的 3D 打印机制造商开始出现，从而将增材制造技术的研究与应用推向了新的高度。

在欧洲，1989 年德国 EOS GmbH 公司成立，并开发了首个 EOS“Stereos”系统，用于工业原型的设计和 3D 打印生产。今天，其适用于塑料和金属的选择性激光烧结 3D 打印技术已得到了全球工业界的认可。1990 年，威利弗里德·范克莱恩（Wilfried Vancraen）在比利时创立了 Materialise 公司，这是世界上第一个专注于快速成型服务的机构，也是目前最大的 3D 打印软件提供商。

从 1993—1999 年，在 3D 打印领域涌现出了各种新技术。同时，国际上也出现了一批主要 3D 打印设备制造商，推出了一批 3D 打印新设备，列示如下。

瑞士 Arcam 公司研发了电子束熔融（Electron Beam Melting，EBM）技术，并于 1994 年申请了“制造三维物体的方法和装置”（Verfahren und Vorrichtung zur Herstellung Dreidimensionaler Körper）的专利（德国专利号：DE69419924）。EBM 不是用激光，而是在一个高度真空的打印腔中，采用高能电子束来完成对金属粉末的熔融，更适合打印那些易氧化或易于和空气中某些元素进行反应的金属，比如钛。此外，由于 EBM 采用纯净的合金粉末作为原材料，因而无须像其他烧结技术那样，在打印后需要附加热处理工序才能获得打印件的机械特性。2002 年 Arcam 公司推出了商用的 EBM 3D 打印机。

1995 年，德国弗劳恩霍夫研究院（Fraunhofer ges Forschung）的激光技术研究所（Fraunhofer Institute for Laser Technology，ILT）开始进行选择性激光熔融（Selective Laser Melting，SLM）技术的研发，并于 1996 年申请了“成型体，尤其是原型或替换零件的生产”（Shaped Body especially Prototype or Replacement Part Production）的专利（德国专利号：DE19649865），发明人是威廉·麦那斯（Wilhelm Meiners）、康拉德·维森巴赫（Konrad Wissenbach）博士及安德烈斯·加瑟尔（Andres Gasser）博士，这一专利被认为是现代商用 SLM 技术的基础。当时，迪特·施瓦兹（Dieter Schwarze）博士和马蒂亚斯·福克勒（Matthias Fockele）博士与 ILT 成员合作，主要从事 SLM 技术转化和商业化开发。如今，迪特·施瓦兹博士创办了 SLM Solutions 公司，而马蒂亚斯·福克勒博士则创立了 Realizer 公司。这些公司相继开发了一系列 SLM 专利，并独立推出了各自的基于 SLM 技术的金属 3D 打印机。值得一提的是，美国特朗普集团（TRUMPF Group）也一直基于 ILT 的研究在开发自己的 SLM 品牌，目前拥有 ILT 直接金属激光熔化专利组合的独家使用权。

1996 年，3D Systems 使用喷墨打印技术，制造出其第一台 3DP 装备 Actua2100。同年，美国 ZCorporation 公司基于美国麻省理工学院（Massachusetts Institute of Technology，MIT）的喷墨打印技术授权，推出了 Z402 3D 打印机，使用水基液体黏合剂沉积到淀粉和灰泥粉末床中，逐层构造物体，进行 3D 打印。

1999 年，美国维克森林再生医学研究所（Wake Forest Institute for Regenerative Medicine）研发的生物 3D 打印技术，成功地将实验室培养的人工膀胱移植到患者体内，使得在医疗手术中使用 3D 打印器官成为现实。人工膀胱是通过对患者膀胱进行 CT 扫描，然后利用扫描得到的信息打印出一个可生物降解的支架来制造的。移植前，从患者的组织样本中培养的细胞被分层铺覆到支架上，以避免患者的免疫系统对再生组织产生排斥。

与此同时，在这一时期越来越多的新的3D CAD（Computer-aided Design）设计建模工具也逐步走向成熟。例如，Sanders Prototype（现称为Solidscape）是最早的一批增材制造参与者开发的用于3D打印的专用CAD工具；其他如3D MAX、SolidWorks等通用三维造型设计软件，以及CATIA、UG、Pro/E等专业机械、电子3D CAD设计系统，也普遍实现了大规模的商业化。

### 1.3.4 21世纪初：3D打印的创新与应用突破

1999—2010年是医学3D打印领域具有深远影响的十年。在这十年的时间里，来自不同研究机构、初创企业的科学家和工程师们，利用3D打印技术制作出了一个功能性微型肾脏，打印出了一条完整的具有复杂部件的假腿，并且首次使用人类细胞实现了第一批人造血管的生物打印。

这十年也标志着3D打印技术和开源运动的交叉。2004年是RepRap项目启动的一年，这是一个由英国巴斯大学（University of Bath）机械工程系的阿德里安·鲍耶（Adrian Bowyer）博士创立的开源项目，旨在构建一台可以打印大部分自身零件的3D打印机。RepRap开源项目推进了FDM桌面3D打印机的普及，以及3D打印技术在社会公众领域的广泛应用。

2005年，美国ZCorporation公司推出了世界上第一台高清彩色3D打印机Spectrum Z510，实现了彩色3D打印的突破。

2008年，英国Open Bionics公司打印出了世界上第一个通过临床医学认证的仿生手臂——英雄臂（Hero Arm），如图1-11所示，3D打印技术再次受到大量媒体的追捧。这个惊人的医学3D打印项目包含了生物肢体的所有部分，按原样打印且无须任何后续组装。今天，结合三维扫描，3D打印的医用假体和矫形器越来越便宜，能够满足患者个性化的需求。同时，增材制造技术也为医疗领域的大规模定制带来了新的机遇。

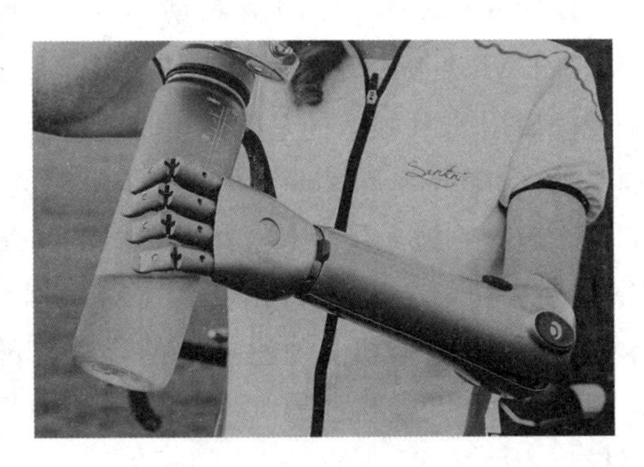

图1-11 3D打印的仿生手臂——Hero Arm

2009年是FDM专利到期并进入公众领域的一年，这为基于FDM技术的3D打印机的广泛创新与应用扫清了障碍。桌面台式3D打印机价格的持续下降，得以让越来越多的人受益于3D打印行业的发展。

### 1.3.5 未来：3D打印在持续创新中走向辉煌

2010年之后，对3D打印的研究与应用开始呈现出百花齐放的局面。产业规模不断壮大，新材料、新器件不断创新，新产品不断涌现，现行标准不断更新，各种3D打印的行业创新应用更是层出不穷。

**1. 产业规模不断壮大**

随着3D打印产业规模的不断扩大，业内公司间的合并也如火如荼，兼并的对象主要是设备供应商、服务供应商以及其他3D打印产业链上的相关公司。其中最引人注目的事件简述如下。

2011年7月19日，3D Systems公司宣布收购了参数化计算机辅助设计（CAD）软件公司Alibre，以实现对计算机辅助设计和3D打印的“捆绑”；11月初，3D System公司再宣布收购Huntsman公司（得克萨斯州，伍德兰德）与光敏聚合物及数字快速成型机相关的资产；随后，3D System公司又于2012年1月收购了3D打印机制造商ZCorporation（马萨诸塞州，伯灵顿），这次收购花费了1.52亿美元。

2011年9月，英国Delcam公司成功收购了德国快速成型软件公司Fabbify Software GmbH 25%的股份。收购完成后，Fabbify Software会在Delcam公司的CAD/ACM软件里增添快速成型应用项。

2011年11月，德国EOS公司宣布该公司已经在全球安装超过1000台的激光烧结成型机。

2012年12月3日，美国Stratasys公司宣布与以色列Objet Geometries公司完成合并。

如今，经过四十余年的发展，3D打印已经形成了一条完整的产业链。上游涵盖三维扫描设备、三维造型设计/模拟分析软件、增材制造原材料及3D打印设备零部件制造等企业；中游以3D打印设备生产厂商为主，大多也提供打印服务业务及原材料供应，在整个产业链中占据主导地位；下游的行业应用已覆盖航空航天、汽车工业、船舶制造、能源动力、轨道交通、电子工业、模具制造、医疗健康、文化创意、建筑等国民经济的各个领域。

从全球范围来看，3D打印产业已经颇具规模，增材制造在特定领域的优势也愈发突出。例如，在高技术最密集的航空发动机领域，3D打印已实现了批量应用。此前一直制约行业发展的痛点问题，如打印工艺的精度、零件的强度、疲劳强度等，正在逐步得以解决。

从我国情况来看，3D打印行业自主产业链正变得不断完备。在经历了初期产业链分离、原材料不成熟、技术标准不统一与不完善，以及打印成本昂贵等问题后，逐步形成了自主装备，并在某些单项技术上已达到了世界领先水平。表1-1给出了2019年中国3D打印行业发展情况（来源：公开资料，东北证券）。

表1-1 中国3D打印行业发展情况

| 所处位置 | 已解决难点 | 全球和中国行业规模 | 待解决的痛点 |
|---|---|---|---|
| 上游材料 | 材料品质和稳定性逐步提升；种类逐渐增多，基本满足3D打印产业需要；钛合金等专用材料打破国外垄断 | 2019年全球3D打印市场中材料占3成，约42亿美元；中国3D打印材料总规模达到40.94亿元 | 相关标准不完善；高端材料短缺，进口依赖严重，价格昂贵；自研材料品质和性能与进口仍有一定差距 |

（续）

| 所处位置 | 已解决难点 | 全球和中国行业规模 | 待解决的痛点 |
|---|---|---|---|
| 中游设备 | 大部分通用设备及部分专用装备已实现国产化 | 2019年3D打印设备相关收入50.43亿美元，其中，设备30.13亿美元，金属打印设备10.88亿美元；中国3D打印设备的规模约70.86亿元 | 国产设备运行不稳定；大功率激光器、偏振镜等核心元器件进口依赖现象严重 |
| 下游应用 | 已打通下游应用；在航空航天和医疗辅具领域有比较成熟的规模化应用 | 下游行业应用已覆盖航空航天、汽车工业、船舶制造、轨道交通、电子工业、模具制造、医疗健康、文化创意、建筑等领域 | 我国目前3D打印行业的下游客户较为集中；3D打印在整体制造体系中的占比还较为有限 |

### 2. 新材料、新器件不断创新

近年来，3D打印技术的应用领域不断扩展，各种新材料、新器件的研究与创新也日新月异。

2011年5月18日，以色列Objet Geometries公司宣布，三维打印机用树脂材料——Objet ABS数码材料（RGD5160-DM）以及名为VeroClear的纯透明材料开始供货。Objet ABS材料具有接近ABS树脂的材料特性，具备65~80J/m的高抗冲击性以及最高65℃的耐热性（热处理后为90℃），可用于评价搭扣配合（Snap-fit），以及有耐久性要求的运动部件、需要做冲击性能试验的产品原型等。Objet VeroClear材料的特点在于，除了光学及视觉上具有透明性，尺寸稳定性也很高，可用在照明器具外壳、镜头及化妆品容器等接近玻璃质地的打印制品验证中，用以模拟或替代丙二醇甲醚醋酸酯（PMA）树脂等透明热塑性树脂。

2011年6月，美国Optomec公司（新墨西哥州，阿尔伯克基）发布了一种可用于3D打印及保形电子的新型大面积气溶胶喷射打印头。Optomec公司虽以生产透镜产品而为快速成型行业所熟知，但它的气溶胶喷射打印部门却隶属于美国国防部高级研究计划局（Defense Advanced Research Projects Agency，DARPA）的介观集成保形电子（Mesoscopic Integrated Conformal Electron，MICE）计划，该计划的研究成果主要应用在3D打印、太阳能电池以及显示设备领域。

2011年7月，美国3D Systems公司发布了一种名为Accura CastPro的新材料，该材料是一种透明、类聚碳酸酯的材料，不含重金属锑，热膨胀率低、尺寸稳定且燃烧灰烬残余量极低，适用于利用立体光刻技术（SLA）打印制作熔模铸造模型。同期，Solidscape公司（新罕布什尔州，梅里马克）也发布了一种可使蜡模铸造铸模更耐用的新型材料——plusCAST。

2011年8月，美国Kelyniam Global公司（康涅狄格州，新不列颠）宣布它们正在制作聚醚醚酮（Polyether Ether-ether Ketone，PEEK）树脂颅骨植入物。利用CT或MRI数据制作的光固化头骨模型，可以协助医生在进行术前规划的同时，加工PEEK材料植入物。据估计，这种方法会使手术时长降低85%。

2015 年，瑞典 Cellink 公司推出了第一款商用生物墨水，它由纳米纤维素海藻酸钠制成，海藻酸钠是一种从海藻中提取的原料，可用于打印生物组织软骨。此后，又推出了其 InCredible 3D 打印机，这使得以往价格高不可攀的生物 3D 打印机，突然就变成了世界各地的广大科研人员都购买得起的设备。

目前，常见的 3D 打印材料已涵盖金属（包括各种合金材料）、非金属（如工程塑料、陶瓷等）、食材及生物材料等。随着行业应用的普及，对 3D 打印材料的研究在不断深入，适用于 3D 打印的新材料品类也在不断地扩充。

**3. 3D 打印新技术与设备不断涌现**

在设备制造领域，随着研究的深入和科技创新的突破，出现了大批适用于不同用途的 3D 打印技术与设备。

2011 年 7 月，以色列 Objet Geometries 公司发布了一种新型打印机——Objet260 Connex，这种打印机可以构建更小体积的多材料模型；同年 7 月，美国 Stratasys 公司发布了一种复合型快速成型机——Fortus250mc，这种成型机可以将 ABSplus 材料与一种可溶性的支撑材料进行复合。随后，Stratasys 公司还发布了一种适用于 Fortus400mc 及 900mc 的新型静态损耗材料——ABS-ESD7。同年，英国埃克塞特大学（University of Exeter）的研究人员开发出了世界上第一台基于 FDM 技术的 3D 巧克力打印机。

2011 年 9 月，美国 Bulidatron Systems 公司（纽约）宣布推出了基于 RepRap 的 Buildaron1 3D 打印机。这种单一材料的打印机既可以作为一种工具使用，也可以作为组装系统使用。同年，以色列 Objet Geometries 公司发布了一种新型生物相容性材料——MED610，该材料适用于所有的 PolyJet 3D 打印系统，主要面向医疗及牙科市场；美国 3D System 公司发布了一种基于覆膜传输成像的个人 3D 彩色打印机——ProJet™1500，同时也发布了一款支持从二进制信息到字符转换的 3D 触摸屏产品。

2012 年 1 月，美国 MakerBot（布鲁克林，纽约）推出了售价 1759 美元的新机器 MakerBot Replicator，与它的前身相比，该机器可以打印更大体积的模型，并且第二个塑料挤出机的机头可以更换，从而支持更多颜色的树脂材料的挤出，如丙烯腈-丁二烯-苯乙烯共聚物（Acrylonitrile Butadiene Styrene，ABS）、聚乙烯醇树脂（Polyvinyl Alcohol，PVA）或聚乳酸（Polylactic Acid，PLA）[㊀]材料等。同年，美国 3D Systems 公司推出了一款名为 Cube 的单一材料、面向个人消费者的桌面 3D 打印机，其售价低于 1300 美元。该款打印机装有无线连接装置，从而具有了从 3D 数字化设计库中下载 3D 模型的功能。同年，美国国防部与 Stratasys 公司签订了价值 100 万美元的 uPrint3D 打印机订单，以支持国防部的 DoD's STARBASE 计划[㊁]，该计划的目的是引起青少年对科学、技术、工程、数学（Science，Technology，Engineering，Mathematics，STEM）以及先进制造中快速成型技术

---

㊀ 聚乳酸（PLA）又称聚丙交酯，是以乳酸为主要原料聚合得到的可再生的聚酯类聚合物，使用植物果实（如玉米、木薯等）所提取的淀粉原料制成，是一种新型的生物基可再生生物降解材料。

㊁ DoD's STARBASE 计划是美国国防部的一个培训计划，该计划通过提供 25h 符合或超过国家标准的示范性实践指导和活动，让美国的年轻人接触到现役、警卫和预备役军事基地的技术环境及榜样人物，以培养成功的合作精神，并在社会中建立相互忠诚。

的兴趣。

2012年2月，法国EasyClad公司发布了MAGIC LF600大框架快速成型机，该成型机可构建大体积模型，并具有两个独立的5轴控制沉积头，具备图案压印、修复及功能梯度材料沉积的功能。同年，美国3D Systems公司推出了一种可用于计算机辅助制造程序，如SolidWorks、Pro/E等的插件——Print 3D。通过3D Systems的ProParts服务，这一插件可对3D打印零件及装配体进行动态的制造成本核算及规划。

2012年3月，美国BumpyPhoto公司（俄勒冈州，波特兰）发布了一款廉价的彩色照片浮雕3D打印技术，先输入数字照片，再在24位色打印机ZPrinter上打印，就能形成3D照片浮雕，价格也从最初79美元的3D照片变为89美元的3D刻印图样。同年，美国Stratasys公司和Optomec公司分别展出了带有保形电子电路（利用Optomec公司的Aerosol Jet高精密气溶胶3D打印技术）的熔融沉积打印的机翼结构。

2015年3月，美国Carbon 3D公司（加利福尼亚州，雷德伍德）发布了一款基于"连续液体界面生产"（Continuous Liquid Interface Production，CLIP）技术的3D打印机。CLIP 3D打印机利用数字光合成（Digital Light Synthesis，DLS）原理，将数字光投影与透氧环境和可编程树脂相结合，创造出坚固耐用、高性能的聚合物部件，打印速度比SLA快25~100倍，制品尺寸也更精确。

2016—2020年，基于FDM、3DP工艺的金属增材制造技术不断涌现，基于SLM、EBM技术的工业级增材制造实现规模化生产，增材制造向传统制造发起了挑战。

2016年，美国Desktop Metal公司（马萨诸塞州，波士顿）发布了基于3D打印技术的桌面金属3D打印机。

2017年，澳大利亚SPEE3D公司（澳大利亚，墨尔本）推出了基于超声速3D沉积技术（SP3D）的金属3D打印系统——LightSPEE3D打印机。该打印机将金属粉末以三倍声速通过喷嘴喷射到材料载体的限定点上，粉末具有的动能可以在不使用熔融或加热的情况下将它们结合在一起。

2018年8月，在芝加哥国际机械制造技术展览会（International Manufacturing Technology Show，IMTS）上，美国惠普（Hewlett-Packard，HP）公司正式发布了该公司首个基于黏合剂喷射的金属打印系统——HP Metal Jet 3D打印机。与其他黏合剂喷射或选择性激光熔化技术相比，新的HP Metal Jet技术提供的机械功能部件的生产率提高了50倍，成本也大大降低。

2019年1月6日，美国VELO 3D公司（加利福尼亚州，圣坎贝尔）发布了无须支撑的金属3D打印技术，开发了Intelligent Fusion技术和全面的金属增材制造套件（包括Flow预印软件和革命性的新Sapphire系统）。

近年来，3D打印设备的研发呈现出以下趋势：一方面是面向日常消费品的制造，重点是提高打印精度，降低成本，提升材料性能；另一方面是功能性零件的制造，特别是金属合金零件的制造，重点是提高制品的精度和性能，以及陶瓷和复合材料等新型材料的打印。此外，装备的智能化，与企业数字化系统紧密集成以实现一体化生产，也是3D打印设备制造领域研究的热点。

#### 4. 标准不断更新

标准化是为在一定的范围内获得最佳秩序，对解决实际的或潜在的问题编制共同的和可重复使用的规则的活动，它包括制定、发布及实施标准的过程。其意义在于改进产品、过程和服务的适用性，防止贸易壁垒，促进技术合作。在 3D 打印技术发展的过程中，标准化工作也扮演着不可或缺的重要角色。

在产业规模不断壮大的同时，3D 打印相关的标准也在不断地更新和完善。2011 年 7 月，美国材料与试验协会（ASTM）的快速成型制造技术国际委员会（F42）发布了一种专门的快速成型制造文件（Additive Manufacturing File Format，AMF）格式，新格式包含了材质、功能梯度材料、颜色、曲边三角形及其他的之前 STL[⊖] 文件格式不支持的信息。同年 10 月，ASTM 与国际标准化组织（International Organization for Standardization，ISO）宣布，ASTM F42 与 ISO 261 技术委员会将在快速成型制造领域进行合作，以减少标准制定的重复劳动量。此外，ASTM F42 还发布了关于坐标系统与测试方法的标准术语。

我国十分重视增材制造新标准的研发工作，也相继发布了几十个与增材制造技术相关的标准，如 GB/T 14896. 7—2015《特种加工机床　术语　第 7 部分：增材制造机床》、GB/T 34508—2017《粉床电子束增材制造 TC4 合金材料》、GB/T 35351—2017《增材制造　术语》及 GB/T 35352—2017《增材制造　文件格式》等。一般来说，为了保证与国际标准的一致性，大部分 3D 打印技术相关的国家标准，都来自于对国际标准的修订或等效采用。随着 3D 打印技术的不断成熟，相关标准的制定也在不断进行中。

#### 5. 3D 打印应用的普及突飞猛进

自从世界上第一台 3D 打印机出现以来，人们对其应用的探索就没有停止过。在某种意义上，也可以说是来自应用的迫切需求，推动了 3D 打印技术的快速发展。

2011 年 6 月 6 日，美国 Continuum Fashion 工作室发布了全球第一款 3D 打印的时尚比基尼泳衣——N12。它是由詹娜·菲泽尔（Jenna Fizel）和黄玛丽（Mary Huang）联合设计，并由 Shapeways 打印拼装的，真正实现了整体无缝拼接。

2011 年 8 月，英国南安普顿大学（University of Southampton）的工程师实现了世界上第一架无人驾驶飞机——SULSA 的 3D 打印，SULSA 意为“南安普顿大学激光烧结飞行器”，如图 1-12 所示，总费用不到 7000 美元。3D 打印只适用于制作小物件的想法被彻底颠覆了。

2012 年 6 月，加拿大 KOR Ecologic 设计公司在 TEDx 温尼伯（TEDxWinnipeg）会议上展示了世界上第一款 3D 打印的汽车 Urbee 2（图 1-13）。Urbee 2 是 KOR Ecologic 公司与美国直接数字制造商 RedEye On Demand 以及 3D 打印机制造商 Stratasys 合作制造的一款高效环保混合动力汽车。它包含超过 50 个 3D 打印的组件，两座三轮，轮式驱动马达提供 8 马力（6kW）巡航动力，质量约 550kg，百公里油耗约 0. 85L，已于 2015 年上路。

---

⊖ 立体光刻（Stereolithography，STL）是由 3D Systems 软件公司创立、用于立体光刻计算机辅助设计软件的一种文件格式。

图 1-12 SULSA 无人驾驶飞机

图 1-13 世界第一款 3D 打印汽车 Urbee 2

2012 年 11 月，苏格兰科学家利用人体细胞，首次使用 3D 打印机打印出人造肝脏组织。

2013 年 2 月 13 日，美国总统巴拉克·奥巴马（Barack Obama）在当年的国情咨文中讲到，3D 打印“有可能彻底改变我们制造几乎所有东西的方式”。从此，3D 打印技术倍受世界各国政府的重视。

2013 年 10 月，全球首次成功拍卖一款名为“ONO 之神”的 3D 打印艺术品。

2013 年 11 月，美国固体概念（SolidConcepts）公司（得克萨斯州，奥斯汀），利用 3D 打印设计制造出世界上第一款 3D 打印的可实际发射的金属手枪。2018 年 8 月 1 日起，3D 打印枪支在美国合法化；同时，3D 打印枪支的设计资料可以在互联网上自由下载。

2018 年 12 月 10 日，俄罗斯宇航员利用国际空间站上的生物 3D 打印机，成功在零重力下打印出了实验鼠的甲状腺。

2019 年 1 月 14 日，美国加州大学圣迭戈分校的研究人员首次利用快速 3D 打印技术，制造出了模仿老鼠中枢神经系统结构的脊髓支架，并成功帮助实验鼠恢复了运动功能。

2019 年 4 月 15 日，以色列特拉维夫大学（Tel Aviv University）的研究人员，以病人自身的组织为原材料，3D 打印出全球首颗拥有细胞、血管、心室和心房的“完整”的心脏（图 1-14），这颗心脏的细胞有收缩功能，但还不具备泵血能力。目前面临的其他技术难题包括，如何制造与真实人体心脏同样大小的心脏；如何打印出全部细小的血管、末梢神经等。研究人员下一步打算让 3D 打印的心脏具备真正心脏的功能。

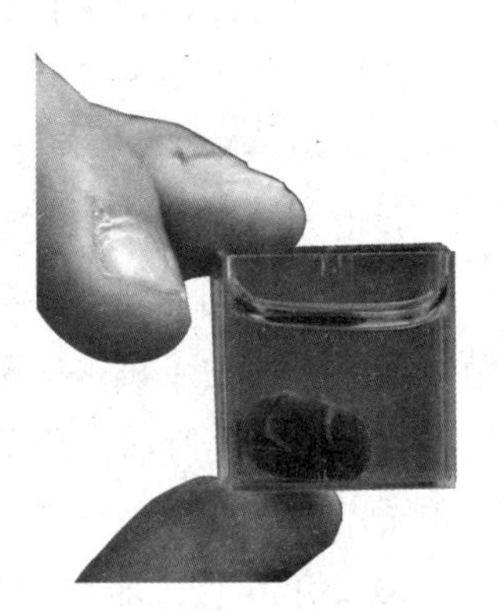

图 1-14 全球首颗 3D 打印的“完整”心脏

2020 年 5 月 5 日，我国首飞成功的长征五号 B 运载火箭上，搭载着国产的 3D 打印机。这是我国首次进行的太空 3D 打印实验，也是国际上第一次在外太空开展连续纤维增强复合材料的 3D 打印实验。

2020 年 5 月 31 日 03 时 22 分，美国太空探索科技公司 SpaceX 用自家的猎鹰 9 号火箭搭载龙飞船 2 号，成功将两名宇航员送入太空，一级火箭成功回收。这是美国自 2011 年航天飞机计划结束以来，时隔 9 年再次成功发射载人飞船。猎鹰 9 号火箭上装有多个金属 3D 打印的部件。

2020年7月23日，搭载100多个3D打印零件的中国“天问一号”火星探测器由长征五号运载火箭成功送入太空轨道。同年，华中科技大学研发的金属微铸锻同步复合增材制造技术与装备获得国家科技进步奖提名。

从爱尔兰都柏林圣三一学院（Trinity College Dublin）的丹尼尔·凯利（Daniel Kelly）的3D打印骨骼实验，到法国的初创公司XtreeE（其3D打印混凝土技术正在掀起建筑业的革命）的混凝土打印技术，再到我国的太空复合材料打印，3D打印的应用正在悄无声息地进入国民经济的方方面面，带来持续的变革。现在，3D打印的混凝土建筑已经成为现实。例如，在2018年6月29日，法国南特（Nantes）的诺丁（Nordine）和努里亚·拉姆达尼（Nouria Ramdani）以及他们的三个孩子成了第一个搬入3D打印房屋的家庭。房屋是四居室，面积为95$m^2$（约1022$ft^2$）；房屋打印花了约54h，造价约20万美元，比传统建造方式节省20%成本，如图1-15所示。

图1-15　世界第一栋3D打印的房屋

3D打印已经展现了它对世界的巨大影响和发展潜力。现在，3D打印在公众心目中以及各国政府的决策中都占据非常突出的地位。越来越多的公司正在利用3D打印提供极具竞争力的低价格的原型，并将这一技术完全集成到其新产品的迭代、创新和生产过程中。3D打印技术正在改变我们所熟知的生活。未来，正如其日益扩展的应用领域一样，3D打印技术自身也必将在持续创新中走向辉煌。

## 1.4　3D打印技术的意义

与传统的减材制造相比，基于增材制造技术的3D打印具有复杂件成型能力强、制造成本低、生产周期短等明显优势。世界各国政府都对3D打印技术给予了高度重视，希望3D打印技术能助力国家制造业雄踞世界制造强国之林；业界也对这种新型的制造技术普遍寄予了厚望，期望在竞争日益剧烈世界经济环境中，能借助3D打印技术赢得竞争优势。

### 1.4.1　3D打印技术对制造业的影响

传统的产品从设计到生产需要经过漫长的周期，一些复杂的产品如汽车、航空发动机零部件等，都需要耗费大量的时间进行生产准备、模具制造、及对原料进行加工。而3D打印技术集产品设计与打印制造于一身，短则几小时，多则几天就能把结构复杂的产品生产出来。

传统的减材制造会造成大量的材料浪费。例如，在飞机肋、框类零件的加工制造过程中，材料的去除率会高达90%以上，这不可避免地产生废料且无法回收利用，造成大量浪费，增加了生产成本。而3D打印技术使用的材料主要是PLA、ABS或粉末金属合金材料，它几乎没有材料损耗，大大节省了原料，降低了生产成本，为企业增加利润创造了条件。而且，传统的产品生产过程不仅需要大的场地和各类设备，还需要培训大量的掌握各种加工技能的熟练工人，这也给企业增加了很大的经济负担。相对而言，使用3D打印技术生产产品，只需要几个技术熟练的3D打印技术人员，即可完成从设计到生产制造的全部过程。

尽管在可加工材料、加工精度、表面粗糙度、加工效率等方面，3D打印与传统的精密加工相比还存在较大的差距，但是其全新的技术原理及制造方式也有着传统加工手段所无法比拟的巨大优势，具体体现在以下方面。

1）缩短新产品研发及实现周期。3D打印工艺成型过程由三维模型直接驱动，不需要模具、夹具等辅助工具，也不需要冗长的生产准备周期，可以极大地缩短产品的研制周期，节约昂贵的模具制造费用，提高新产品的研发迭代速度。

2）可高效成型具有复杂结构的零件。3D打印的原理是将三维几何实体剖分为二维的截面形状来分层累加制造，故可以实现传统精密制造难以加工的复杂零件结构，提高零件成品率，同时提高产品质量。对3D打印来说，零件的结构越复杂，其成型优势就越明显。

3）实现一体化、轻量化设计。3D打印技术的应用可以优化复杂零部件的结构，在保证性能的前提下，将传统工艺条件下需要组合才能实现的复杂结构，经变换重新设计成无须组合的单一结构，从而起到减小质量的效果。此外，3D打印通过减少焊接及连接工艺的使用，实现零部件的一体化成型，进而提升了产品的可靠性。

4）材料利用率高。与传统精密加工的减材制造技术相比，3D打印可以节约大量材料，特别是对较为昂贵的金属合金材料而言，这可以有效地节省生产成本。

5）实现优良的力学性能。基于3D打印快速凝固的工艺特点，成型后的制件内部质量均匀致密，缺陷较小、较少；同时，快速凝固的特点还会使得材料内部组织呈细小亚结构，这可以使成型零件在不损失塑性的情况下，强度得到大幅提升。

表1-2给出了金属3D打印技术与传统精密加工技术各自优劣势的比较（来源：公开资料，东北证券）。

**表1-2　金属3D打印技术与传统精密加工技术各自优劣势的比较**

| 项目 | 金属3D打印技术 | 传统精密加工技术 |
| --- | --- | --- |
| 技术原理 | 增材制造（逐点熔融、分层叠加） | 减材制造（车、铣、刨、磨、镗等） |
| 技术手段 | SLS、SLM、EBM等 | 车、铣、刨、磨、镗，超精密切削、精密研磨与抛光等 |

（续）

| 项目 | 金属3D打印技术 | 传统精密加工技术 |
| --- | --- | --- |
| 使用场合 | 小批量、结构复杂、轻量化、定制化、功能一体化的零部件制造 | 批量化、大规模制造；在复杂结构零部件制造方面存在局限性 |
| 使用材料 | 金属粉末、金属丝材等（材料种类受限） | 几乎所有材料（材料种类不受限） |
| 材料利用率 | 高，可超过95% | 低，材料浪费严重 |
| 产品生产周期 | 短 | 相对较长 |
| 尺寸精度 | ±0.1mm（相对于传统界面加工而言误差较大） | 0.1~10μm（超精密加工精度甚至可达纳米级） |
| 表面粗糙度 | *Ra*2~*Ra*10μm之间（表面粗糙度值较大） | *Ra*0.1μm以下（表面粗糙度值较小，甚至可达镜面级） |

此外，从宏观层面看，3D打印技术还正在推动商品生产与消费模式的变迁。无论是消费级还是工业级产品，3D打印技术都能较好地满足用户的个性化需求。3D打印能够生产的产品是千变万化的，消费者可以根据自己的需要定制自己喜欢的产品；基于互联网云平台，消费者甚至可以实现遥控打印自己设计的产品。互联网及电子商务的成熟，为3D打印产业提供了良好的发展基础，缩短了销售链。同时，3D打印技术的产业化应用，也催生了一种新兴的由消费者需求推动的生产制造模式的诞生——被业界称为顾客到企业（Customer to Business，C2B）的生产模式，如图1-16所示。其中，B2C指企业到顾客（Business to Customer）。

3D打印技术的强大成型能力及节约、可定制等优点，对未来制造业发展产生的影响是深远的。当前，规模经济是制造业的典型特征，传统制造以规模化大生产方式进行，需要大量的固定场地和设备投资。但是，由于资源的制约、材料成本的提升和劳动力价格的升高，使得规模经济的优势正在快速下降。在数字经济时代，以物联网和云计算为基础，能源与信息可以共同驱动经济发展。从物联网到云计算，从自动化机器人到3D打印制造，能源与信息的重新组合使得规模经济提高了资源的利用率，降低了生产成本。这可以说是下一次工业革命的基本形态。因此，作为能源与信息技术结合的代表，基于数字模型的3D打印技术必将在未来的工业生产中扮演重要的角色，有望从根本上改变传统制造业的业态。

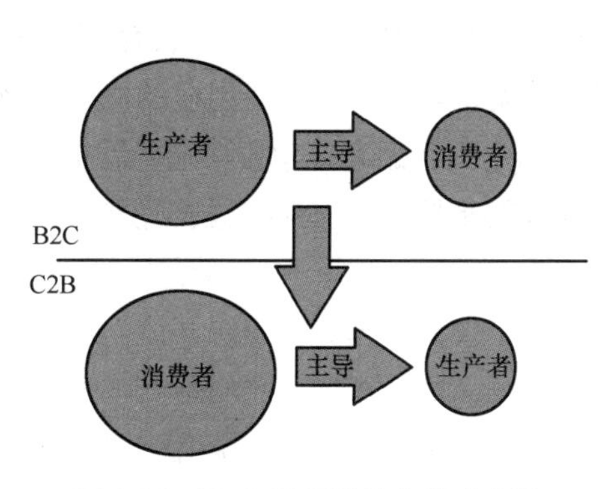

图1-16　3D打印促进生产模式变迁

## 1.4.2　3D打印产业化对我国制造业结构转型的战略意义

在国际上，3D打印技术被认为是促进现代高端制造业发展的重要手段之一。美国高德纳（Gartner）公司2017年发布的5大前沿技术的预测包括了人工智能、3D打印（增材制造）等，认为数字化3D打印硬件平台、软件和材料以及相关技术，不仅给精密零件制造带来了突破，还将推动组织的业务模式的变革。

当前，制造业的产业升级和结构转型是一项长期的艰巨任务。3D打印技术对推动我国制造业的结构转型，提高数字化制造水平，实现从“中国制造”到“中国创造”的转变有着重要的战略意义。在科技不断进步的今天，低端制造面临成本上升、市场竞争激烈的巨大压力，因此我国亟须实现产业结构转型调整、发展高端高附加值的产业，以扭转我国制造业在国际竞争中的不利局面。

2021年2月1日，科技部发布关于对“十四五”国家重点研发计划“氢能技术”等18个重点专项2021年度项目申报指南征求意见的通知。其中，“先进结构与复合材料”和“高端功能与智能材料”这两个重点专项中涉及增材制造（3D打印）技术的项目就有9项。

可以预见，随着研究的深入，3D打印技术与应用的普及不仅能够加速我国的产业结构调整转型，提升制造水平，也能对我国新型工业化、城镇化建设和促进传统产业的升级、优化产业结构，起到十分重要的引领作用。未来，3D打印技术的进步，还将在很大程度上带动我国战略性新兴产业的发展。

## 1.5 3D打印与双创教育

创新是民族进步的灵魂，是国家兴旺发达的不竭动力。在人类社会不断发展的过程中，创新扮演了重要的角色。

在2015年的我国两会政府报告中，提出“把亿万人民的聪明才智调动起来，就一定能够迎来万众创新的浪潮”。教育部高度重视高校学生创新创业，坚决贯彻落实党中央、国务院关于高校学生创新创业的决策部署，印发了《教育部关于应对新冠肺炎疫情做好2020届全国普通高等学校毕业生就业创业工作的通知》（教学〔2020〕2号），加强大学生创新创业教育，会同有关部门加大资金、场地、政策扶持力度，全力促进高校学生创新创业。

近年来，各大高校纷纷开设创新创业（以下简称为“双创”）课程，相继开始了双创教育探索，加强双创人才的培养，教育理念和实践也在不断与时俱进。3D打印以其便捷的使用方式和强大的成型能力，已成为创新创业必不可少的重要工具，也是双创教育重要的必修课程之一。将3D打印与双创实践教育相结合，以提升学生的创新创业能力，具有重要的现实意义。

### 1.5.1 3D打印教学促进双创素质的培养

以3D打印为兴趣驱动的双创课堂教学模式，让学生有参与感、设计感以及成就感，使其乐在其中，并享受自己动手的制作过程，这不仅达到了教学目的，对教学过程也能起到催化剂的作用。而且，对双创教学质量的提升也能起到积极的推动作用。

在3D打印双创实践课堂教学中，从学生的兴趣爱好出发，以课程实践项目为核心，以动手组装、使用3D打印机为起点，设计项目制教学的实施环节。鼓励学员利用3D打印带来的便利，参加各级各类创新创业竞赛，通过以下过程，培养学生的理论与实践相结合的综合素质和实践动手能力。

1）组建团队、研讨计划。

2）沟通计划、设计方案。

3）组织实施、检查控制。

4）实际运行、反馈改进。

5）从获取信息、构思项目，到组队实施，构成闭合环路，形成一个完整的创新创业实践周期。

实践证明，通过3D打印双创教学与实践项目的结合，可以有效地培养学生的创新能力以及跨学科解决问题的综合能力。一方面可以提高学生的想象力、创造力，另一方面还可以活跃学生的思维，构造一种高效有趣的教学模式。据观察统计，许多在大学期间参加或组织参加过各种竞赛的同学，无论是个人动手解决问题的能力，还是在任务分解、团队协作和组织方面的能力，都有显著的提升，这在研究生阶段表现得很明显。

图1-17所示为一个自助商超的大学生创新项目，学员结合3D打印技术的应用，综合电路设计、信号处理、网络中台、二维码识别及系统编程这些跨学科知识，完整经历了从商业机会识别、难点分析到系统设计与实现的创新全过程。在此基础上，后来又开发了校园二手书自助贩售系统（图1-18），这是一个更复杂的软硬件结合的创新创业项目，学生们基于这一项目创立了自己的公司，产品已经顺利在北京的一些高校中安装并投入运行。

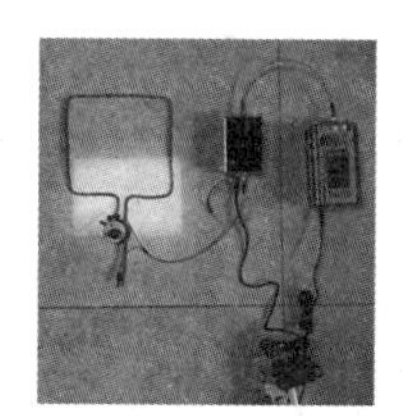

图1-17　自助商超扫码器壳体（3D打印产品）

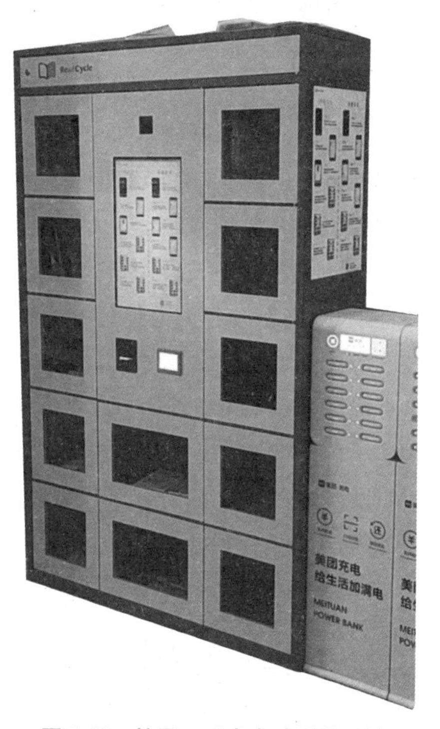


图1-18　校园二手书自助贩售系统

开发多学科交叉的3D打印双创实践教学项目，离不开多学科知识技能的支撑，这往往需要将多学科交叉融合的创新性思维融入人才培养的全过程。利用3D打印技术与学科教学深度融合的优势，将3D打印技术引入跨学科双创项目的科技创新实践中；设置不同难度的教学目标，从简单的演示型实验，到复杂的综合型实验，再到自主创新型实验，通过由易到难逐层递进的实践练习，增强学生对3D打印技术的理解；通过实验，促进双创项目的申报；打通双创实践教学从理论到应用的各个环节，进而实现多学科知识技能的有机融合。教学实践表明，以3D打印技术为切入点，通过引导学生对各专业领域知识的交叉应用，可以有效地提高学生的综合素质。这不仅提升了学生创新创业的能力，也能使其将来的就业方向更加广阔，择业应聘竞争力也会更强。

### 1.5.2 3D打印双创实践教育传递正确价值观

现代社会中各种思潮相互碰撞，价值观多元并存。在2016年的全国高校思想政治工作会议上，习近平总书记提出了“三全育人”的发展战略，指出：“要用好课堂教学这个主渠道，思想政治理论课要坚持在改进中加强，提升思想政治教育亲和力和针对性，满足学生成长发展需求和期待，其他各门课都要守好一段渠、种好责任田，使各类课程与思想政治理论课同向同行，形成协同效应。”结合3D打印双创实践教育，传递正确人生价值观，对实现全员、全过程、全方位的“三全育人”战略具有重大意义。

每一门课程的教学，都兼具实现价值观塑造、知识传授和能力培养三位一体的教学目标，3D打印双创实践教学也不例外。工科院校培养的是在生产、建设、管理、服务等领域服务社会的高素质应用型技术人才，注重的是专业素质教育，其中就包含了思政教育的“价值理性”。在传授3D打印专业知识和技能的同时，隐形无痕地将“价值理性”传递给学生，是引导学员建立正确价值观、立德树人的有效途径。由于3D打印技术涉及的专业背景广阔、学科基础深厚，契合了现代社会高度发达的工业文明对数字化高端制造的需求，因此，在3D打印双创实践教育中融入思政元素，会更具有效性、针对性以及说服力和感染力，起到“事半功倍”的效果。

“3D打印技术原理与应用”是面向高校本科生、研究生、教学及科研人员，以及对3D打印技术感兴趣的各类人员的技术领域拓展教程，也是从事产品快速开发人员的专业技术技能应用型课程，为从事产品3D打印技术与设备研发、打印设备使用等工作奠定增材制造方面的基础。它以3D打印技术的原理及应用实践教育为主线，兼顾实务操作，系统地阐述了3D打印的成型技术原理、成型过程、成型件后处理、3D打印机组装及实践操作，以及国内外最新的研究开发及应用进展。本书内容全面，重点突出，“双创实践”引领，深入浅出，有利于在课程教学中思政元素的引入，详见表1-3。

表1-3 “3D打印技术原理与应用”课程内容、思政元素及融入途径

| 课程章节 | 可切入点 | 思政元素 | 融入途径 |
|---|---|---|---|
| 第1章<br>3D打印技术简介 | 起源与发展<br>对制造业的影响<br>制造业结构转型<br>3D打印的作用与影响 | 时代精神<br>科学精神<br>民族自信<br>制度自信 | 课程讲授<br>多媒体视频<br>课后思考题 |

（续）

| 课程章节 | 可切入点 | 思政元素 | 融入途径 |
|---|---|---|---|
| 第 2 章<br>3D 打印的技术原理 | 技术原理与实现方法<br>工艺过程<br>技术创新<br>误差分析<br>杰出科学家发明创造的故事 | 创新创造思维<br>工匠精神<br>竞争意识<br>责任担当 | 课程讲授<br>多媒体视频<br>课后思考题 |
| 第 3 章<br>3D 打印的一般过程 | 从设计建模到实物<br>工艺步骤与参数选择<br>算法内幕<br>对制造的深入理解<br>刨根问底的科学素质培养 | 创新创造思维<br>工匠精神<br>科学精神<br>竞争意识<br>责任担当 | 课程讲授<br>多媒体视频<br>课后思考题<br>延伸阅读 |
| 第 4 章<br>3D 打印的成型材料 | 成型材料分类<br>成型材料特点<br>材料及其适用领域<br>明晰技术难点<br>引导创新兴趣 | 科学精神<br>创新创造思维<br>责任担当 | 课程讲授<br>多媒体视频<br>课后思考题 |
| 第 5 章<br>3D 打印机的分类与<br>桌面 3D 打印机的组装 | 3D 打印机分类<br>桌面 3D 打印机组装<br>理论与实践相结合 | 动手能力<br>创新创造思维<br>科学精神<br>责任担当 | 课程讲授<br>组装实践<br>多媒体视频<br>课后思考题 |
| 第 6 章<br>桌面 3D 打印机的<br>操作过程实践 | 操作流程<br>常见问题与维护<br>动手能力培养 | 动手能力<br>创新创造能力<br>工匠精神<br>责任担当 | 课程讲授<br>现场操作实践<br>创新创业竞赛<br>课后思考题 |
| 第 7 章<br>3D 打印技术的<br>典型应用 | 应用概述<br>行业典型应用<br>结合国情介绍相关典型应用 | 两个维护<br>四个意识<br>四个自信<br>责任担当 | 课程讲授<br>应用实例<br>多媒体视频<br>课后思考题 |
| 第 8 章<br>3D 打印技术的展望 | 发展现状<br>制造业数字化转型<br>人工智能应用<br>未来发展<br>突出改革开放成就<br>启迪正确价值观的树立 | 制度自信<br>竞争意识<br>责任担当，主人翁意识<br>正确的世界观、价值观 | 课程讲授<br>多媒体视频<br>课后思考题 |

在 3D 打印技术的发展过程中，我国也涌现出一大批杰出的科学家。他们在 3D 打印的研制过程中，冲破重重阻挠，攻坚克难，使我国在 3D 打印领域从最初的跟班、追跑到并跑，再到在某些方面的领跑，无不体现出我国科学家不畏艰险的科学精神和奋力赶超的民族气质。通过讲述 3D 打印领域创新创造的故事，激励学生奋发图强，学习老一辈科研工作者高尚的情怀、严谨的科学精神和浓浓的自强不息的民族精神。在某种意义上，我国 3D 打印技术的发展历程就是一部中华民族伟大复兴中国梦的实践史的缩影。通过讲授近年来在改革开放的大背景下，我国 3D 打印技术研发与应用突飞猛进的发展历程，使学生清晰地认识到我国在 3D 打印领域的国际地位和发展水平，自觉增强“两个维护”

“四个意识”“四个自信”和时代的责任担当，培养爱国、敬业、诚信友善的个人素养，践行自由、平等、公正、法制的理念，树立富强、民主、文明、和谐的远大追求，培养高素质人才。

3D打印作为一种新兴的增材制造技术，蕴含着“创新创造”的思维。它不仅是传统制造领域的延伸，更颠覆了传统的制造技术，满足了个性定制的时代需求，让更多设计师的智慧创意发光。3D打印技术在当前的工业结构调整、工业化和信息化“两化融合”中充当着重要角色，影响并改变着我们的生活。通过讲述3D打印基本原理、特点与应用，不仅要让学生感受到这门新技术的无穷魅力，激发学生自觉掌握3D打印专业技术基础知识的兴趣，更重要的是鼓励学生树立科学的世界观、方法论和正确的思维方式，提高分析问题、解决问题的能力，并大胆应用3D打印技术进行创新创业，使其具备“创新创造”的时代精神。同时，通过课后思考题，培养独立思考、批判性思维和自主学习的能力，以达成终身学习、与时俱进的目的。

3D打印双创教育是一门实践操作性很强的专业课。在课程教学过程中，可灵活采取“项目驱动、任务引导”的教学模式。通过作业或组织小组参赛等形式来实施项目、完成任务，培养协作、精益、敬业、专注等素质，遵从职业道德，强化责任意识，发挥工匠精神，养成一丝不苟的工作作风，形成文明敬业的品质素养。当然，审慎选择恰当的思政元素融入途径，将思政元素自然而然地融入课程教学中，发挥思想教育的功能，也十分重要。要切忌生搬硬套，造成学生反感。我们相信，遵循紧扣课程内容、把握思政教育规律、融入自然无痕衔接、重点突出、注重实效的教学原则，3D打印双创实践教育一定会取得教书育人的良好效果。

## 思考题

1）简述3D打印技术的起源。

2）试述3D打印技术的诞生及其标志性技术原理。

3）查阅资料，试给出目前国内外有代表性的规模化3D打印设备制造商的例子，并给出其采用的主要技术。

4）根据你对本章内容的理解，试畅想未来3D打印技术可能的发展方向。

5）结合自己的认识，试简述3D打印对制造业的影响。

6）试结合你所了解的应用实例，简述3D打印产业化对我国制造业结构转型的战略意义。

7）有人说3D打印的发展历史是一部渐进式的制造技术创新的历史，对此你有何看法？试给出支持你的看法的理由。

8）从自己的观点出发，试述如何开展双创教育才能取得更好的教学效果，并给出相应的分析。

## 延伸阅读

[1] 李昕. 3D打印技术及其应用综述［J］. 凿岩机械气动工具，2014（4）：36-41.

[2] 王超，陈继飞，冯韬，等. 3D 打印技术发展及其耗材应用进展 [J]. 中国铸造装备与技术，2021，56 (6)：38-44.

[3] 张魁，周友行，张高峰，等. 高校创新创业教育实践中互联网+3D 打印技术与 STEAM 教育理念的融促机制研究 [J]. 教育教学论坛，2020 (12)：6-7.

[4] 阿米特·班德亚帕德耶，萨斯米塔·博斯. 3D 打印技术与应用 [M]. 王文先，葛亚琼，崔泽琴，等译. 北京：机械工业出版社，2017.

[5] NEGI S，DHIMAN S，SHARMA R K. Basic applications and future of additive manufacturing technologies：a review [J]. Journal of Manufacturing Technology Research，2013，5 (1)：75-95.

# 第2章 3D打印的技术原理

“合抱之木，生于毫末；九层之台，起于累土”（《道德经》第六十四章）。在日常生活中，使用普通打印机打印计算机设计的平面图形或文字是每个人司空见惯的事情。而3D打印机与普通打印机的工作原理基本相同，只是打印材料有些区别。普通打印机的打印材料是墨水和纸张，而3D打印机内装有金属、陶瓷、塑料等不同的“打印材料”，是实实在在的原材料。当3D打印机与计算机连接后，通过计算机控制，借助一定的熔融工艺，可以把“打印材料”一层层叠加起来，最终把计算机上的3D模型变成物理实物。通俗地说，3D打印机是可以“打印”出真实的三维物体的一种设备，比如打印一个机器人、一个玩具车、各种模型，甚至是食物等。之所以被称为“打印机”是因为其在打印原理上与普通打印机有相似之处，如分层加工的填充过程与喷墨打印十分相像。因此，3D打印技术有时也被称为3D立体打印技术。

## 2.1 3D打印技术的分类

自从20世纪80年代美国出现第一台商用光固化成型机后，在近三十年时间内3D打印技术得到了快速发展，各种各样的新技术、新设备也日新月异、层出不穷。技术上的广谱性，给3D打印技术的分类带来了很大的困难。有学者提出了“广义”和“狭义”增材制造的概念，这为3D打印技术的分类提供了有益的线索。“狭义”的增材制造是指不同的能量源与CAD/CAM技术相结合，分层累加材料的技术体系；而“广义”的增材制造则指以材料累加为基本特征，以直接制造零件为目标的大范畴的技术群。

从细分方面看，如果按照加工材料的属性，3D打印技术可以粗略分为金属成型、非金属成型、生物材料成型等几大类型；如果按照成型工艺的特点，3D打印技术可以分为光固化成型（SLA）、分层粘结成型（LOM）、选择性激光烧结成型（SLS）和熔融沉积成型（Fused Deposition Modeling，FDM）等类型；如果按照3D打印使用热源的特点，3D打印技术可以分为高能束（如激光、电子束等）成型、熔焊［如熔化极气体保护焊（Gas Metal Arc Welding，GMAW）、钨极气体保护焊（Gas Tungsten Arc Welding，GTAW）、等离子束焊（Plasma Arc Welding，PAW）等］成型、固态焊［如搅拌摩擦焊（Fiction Stir Additive Manufacturing，FSAM）、超声波焊（Ultrasonic Additive Manufacturing，UAM）等］成型等类型；如果按照制造工艺步骤，可以将3D打印技术分为单步工艺打印成型和多步工艺打印成型两大类。就目前情况看，现有的3D打印技术分类方法普遍存在分类不完整、分类重叠、模糊等问题。图 2-1 所示为 3D 打印技术分类体系示例。

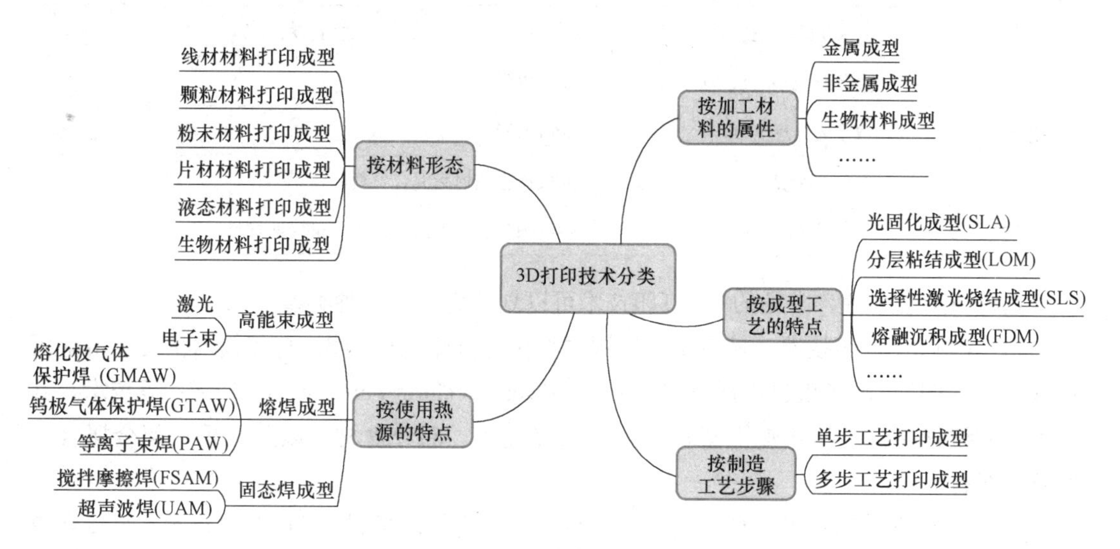


图 2-1 3D 打印技术分类体系示例

考虑到 3D 打印技术分类的复杂性，兼顾公众认知习惯，本节重点介绍按照加工材料的属性和制造工艺步骤对 3D 打印技术的分类。

### 2.1.1 按材料形态分类

按适用的材料形态对 3D 打印技术进行分类比较简单、全面且直观，缺点是这种分类方法不能清楚地反映制造工艺的特点。

虽然 3D 打印技术都是基于分层叠加的增材制造基本原理，但其具体实现的方式却是多种多样的，主要体现在适用的材料以及打印物体的分层构建工艺的不同上。表 2-1 给出了目前常见的 3D 打印技术分类及其适用材料。

表 2-1 常见的 3D 打印技术分类及其适用材料

| 材料形态 | 成型工艺 | 适用材料 |
|---|---|---|
| 线材 | 熔融沉积成型（FDM） | 热塑性塑料，共晶系统金属、食材 |
| | 电子束自由成型（EBF） | 几乎任何合金 |
| 颗粒 | 直接金属激光烧结（DMLS） | 几乎任何合金、碳化物复合材料、氧化物陶瓷材料 |
| | 电子束熔融成型（EBM） | 钛合金、不锈钢等 |
| | 选择性激光熔融成型（SLM） | 镍合金、钛合金、钴铬合金，不锈钢，铝 |
| | 选择性热烧结（SHS） | 热塑性粉末 |
| | 选择性激光烧结（SLS） | 热塑性塑料、金属粉末、陶瓷粉末 |
| | 激光工程化净成型（LENS） | 金属如钛、镍、钽、钨、铼，及其他金属合金 |
| 粉末 | 石膏 3D 打印（PP 或 3DP） | 石膏、UV 墨水 |
| 片材 | 分层黏结成型（LOM） | 纸、金属膜、塑料薄膜、复合材料膜 |

（续）

| 材料形态 | 成型工艺 | 适用材料 |
|---|---|---|
| 液态 | 光固化成型（SLA） | 光敏树脂 |
| | 数字光处理（DLP） | 光敏树脂 |
| | PolyJet | 光敏树脂或树脂混合材料 |
| 生物 | 分层铺覆（LP） | 生物细胞、生物活性材料、可降解材料 |

按材料形态来分，常见的3D打印技术可以划分为如下6种类型。

1）线材3D打印技术。较典型的使用线材作为打印耗材的3D打印技术主要有熔融沉积成型（FDM）、电子束自由成型（Electron Beam Freeform Fabrication，EBF）等技术。其所使用的线材材料包括热塑性塑料、共晶系统金属、部分食材，以及几乎任何金属合金制备的线材。

2）颗粒3D打印技术。典型的使用颗粒材料作为打印耗材的3D打印技术有直接金属激光烧结（Direct Metal Laser-Sintering，DMLS）、电子束熔融成型（EBM）、选择性激光熔融成型（SLM）、选择性热烧结（Selective Heat Sintering，SHS）、选择性激光烧结（SLS）及激光工程化净成型（Laser-Engineered Net Shaping，LENS）等技术。其所使用的颗粒材料包括热塑性塑料、合金金属、陶瓷、不锈钢、铝、镍、钽、钨、铼及碳化物复合材料等制备的颗粒。由于成型技术及熔融功率上的差异，因此不同颗粒材料的3D打印技术都有其各自适用的材料种类和颗粒尺寸的要求。

3）粉末3D打印技术。常见的使用粉末材料作为打印耗材的3D打印技术有石膏3D打印（Plaster-based 3D Printing，PP或3DP）等技术。其所使用的粉末材料包括石膏及UV墨水等材料制备的粉末。

4）片材3D打印技术。常见的使用片材材料作为打印耗材的3D打印技术有分层黏结成型（LOM）等技术。其所使用的片材材料包括纸、金属膜、塑料薄膜及复合材料膜等材料制备的片材。

5）液态3D打印技术。常见的使用液态材料作为打印耗材的3D打印技术有光固化成型（SLA）、数字光处理（Digital Light Processing，DLP）、PolyJet等技术。其所使用的液态材料主要是光敏树脂。

6）生物3D打印技术。常见的使用生物材料作为打印耗材的3D打印技术有分层铺覆（Layered Paving，LP）等技术。其所使用的生物材料包括生物细胞、生物活性材料及生物可降解材料等。

食材3D打印是增材制造的一个特殊领域，它使用的材料比较复杂，往往可以有各种形态，包括液态、粉末，或许也有颗粒状的食材材料。所以，表2-1中没有列出。

2022年，位于德国汉堡的3D打印技术咨询公司AMPOWER，按照材料形态将金属3D打印技术分为7大类、20种工艺，包括金属粉末、金属颗粒、金属丝、合金金属丝、分散剂、焊棒、焊片等，如图2-2所示；同样，将聚合物3D打印技术也分成了7大类、16种工艺，包括液态（如曝光、喷射、热固性沉积等）、液体（如还原硫化、弹性体沉积等）、丝材、片材、带材、塑料颗粒和塑料粉末，如图 2-3 所示。

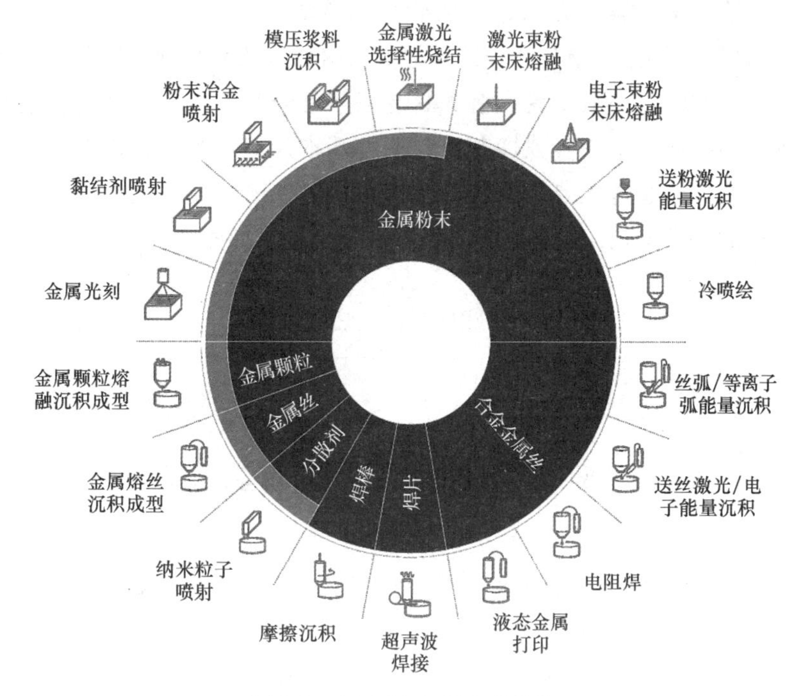


图 2-2　金属 3D 打印技术分类

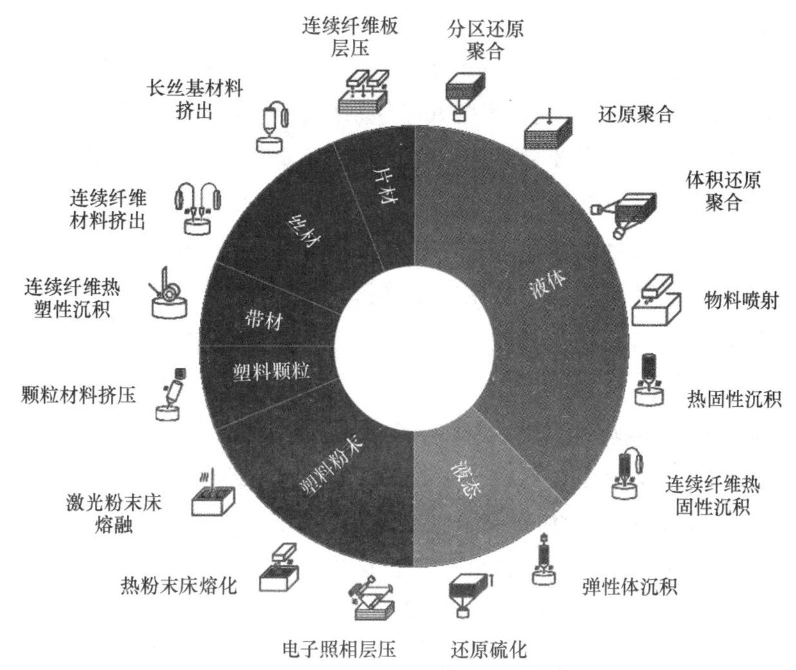


图 2-3　聚合物 3D 打印技术分类

## 2.1.2　按增材制造工艺步骤分类

按增材制造工艺步骤对 3D 打印技术进行分类，可以将 3D 打印技术分为单步工艺 3D

打印技术和多步工艺3D打印技术两大类。这种分类方法的优点是简单明了、综合性好、类别覆盖全面；缺点是分类线条较粗，类别的技术特征不显著。

尽管3D打印都是通过分层打印、逐层累加的增材方式来形成实物的，但不同方法的工艺过程是不尽相同的。一般来说，增材制造工艺可分为单步增材制造工艺和多步增材制造工艺两种。实物通过单一步骤即获得预期的基本几何形状和特性的打印工艺，称为单步增材制造工艺；若通过主要步骤获得几何形状后，还需要再通过二级步骤才能获得预期的材料特性的打印工艺，则称为多步增材制造工艺，如图2-4所示。

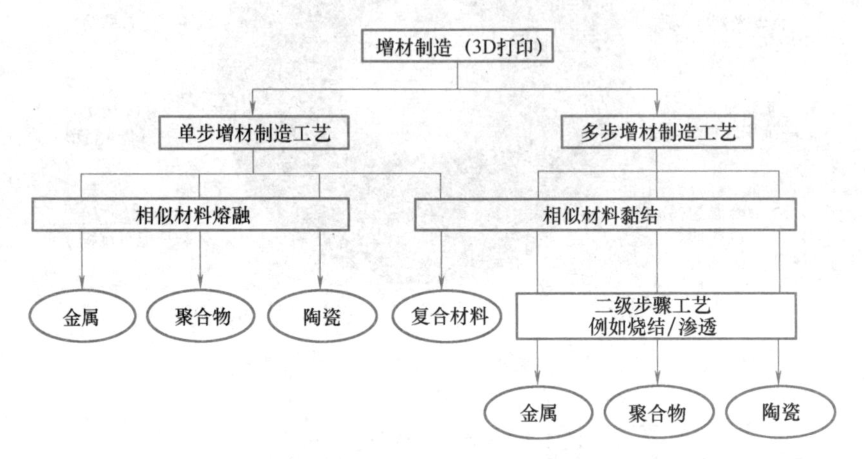


图2-4　单步和多步增材制造工艺

例如，有些3D打印制品需要更好的表面质量、更高的精度，有些还要消除内应力，这就需要在利用3D打印设备得到基本的几何形状后，再通过后处理工艺进一步改进材料性能或提升制品精度。是否需要后处理，需要何种后处理，取决于零件或实物最终的用途。通常几乎所有的增材制造工艺都可能需要一种或多种附加的后处理操作（例如后固化、热处理、精加工、表面处理等，更详细的内容请参见ISO 17296-2）以获得最终产品的所有预期特性。当增材制造技术被用来制作模具及铸模，再利用模具或铸模生产相关产品时，增材制造只作为制作模具的手段，而不是生产最终的产品，这种情况可视为增材制造技术的间接应用。

逐层连接材料以形成实物的技术有很多，不同类型的材料其逐层连接的方式也不相同。例如，金属材料通常通过金属键连接；聚合物分子则通过共价键连接；陶瓷材料通常通过离子/共价键连接；复合材料则可以通过上述任一方式连接。不同种类的材料，决定了其适用的不同增材制造工艺，另外，连接操作还受到材料送入系统时的形态以及送料方法的影响。对于3D打印来说，使用的原材料通常有粉末（干燥、糊状或膏体）、丝材、片材、颗粒及未凝固的液态聚合物等。例如，液体、糊状、膏体、颗粒或线材材料3D打印时，根据原材料的不同形态，原材料或被逐层分布到粉末床中逐层熔融黏结，或通过喷嘴/打印头分层沉积，或用光加工逐层固化，逐层叠加，最终形成零件或实物。由于3D打印材料的种类众多，不同类型的原材料及送料方式的差异，也形成了多种各具特色的增材制造的工艺原理。值得一提的是，虽然在世界范围内已经开展了大量研究和开发工作，但是大部分增材制造工艺还停留在实验室阶段，仅有很少一部分实现了商用。

### 1. 单步增材制造工艺

零件或实物在单一操作步骤中打印制造，即可以同时获得预期产品的基本几何形状和基本材料特性，这种工艺称为单步增材制造工艺。即使是在单步增材制造工艺中，去除支撑结构并进行清洗有时也是必要的。图 2-5~图 2-7 分别给出了金属材料、聚合物材料和陶瓷材料的单步增材制造工艺。

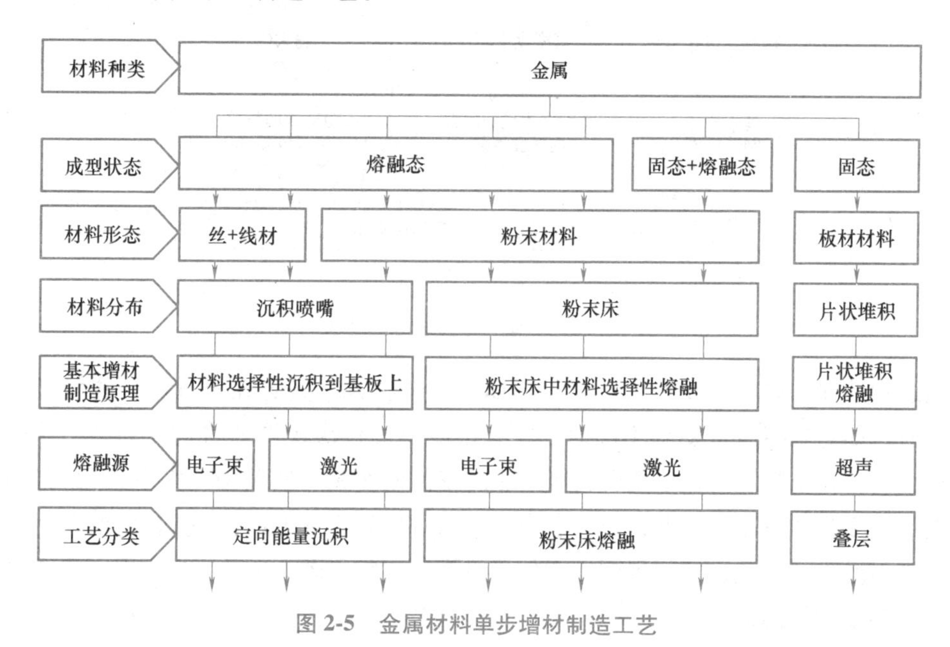


图 2-5 金属材料单步增材制造工艺

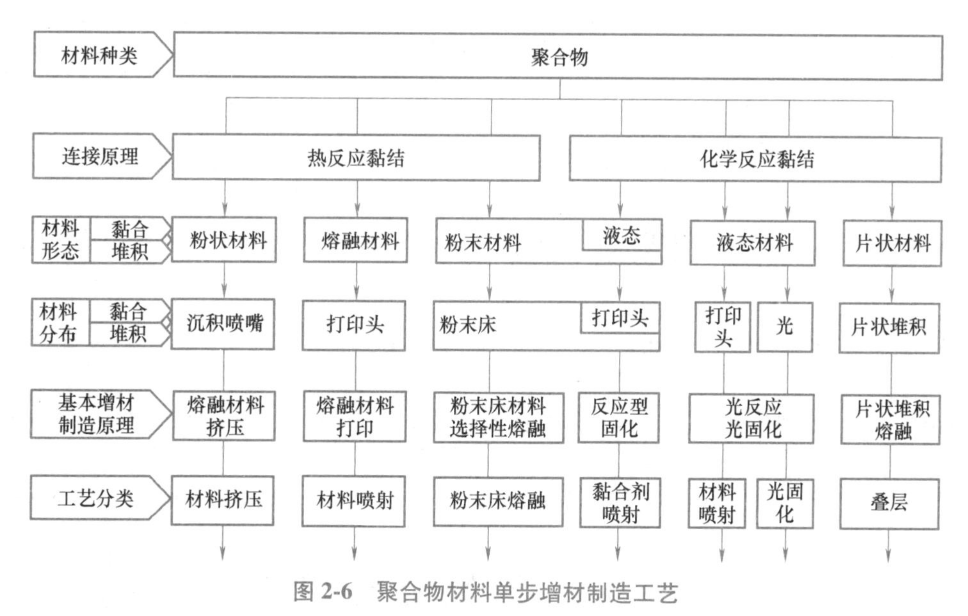


图 2-6 聚合物材料单步增材制造工艺

### 2. 多步增材制造工艺

当零件或实物通过两步或两步以上工艺制造时，一般首先获得其基本几何形状，然

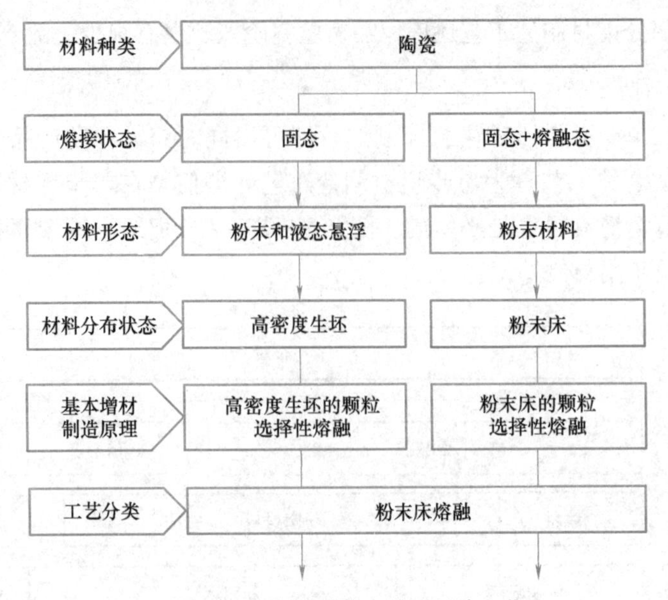


图 2-7　陶瓷材料单步增材制造工艺

后再通过后处理固化零件或实物以获得预期的材料特性。只有在十分理想的情况下或特殊用途时，如对制品质量要求不高时，才有可能通过首次操作即将材料黏结，并形成最终的由金属、聚合物、陶瓷或复合材料组成的零件或实物。实践中，大多数 3D 打印制品都需要通过多步增材制造工艺制造。例如，使用 FDM 桌面 3D 打印机制作模型后，一般还需要表面抛光、上色，才能得到满意的最终模型实物。图 2-8 所示为金属、聚合物和陶瓷材料的多步增材制造工艺。

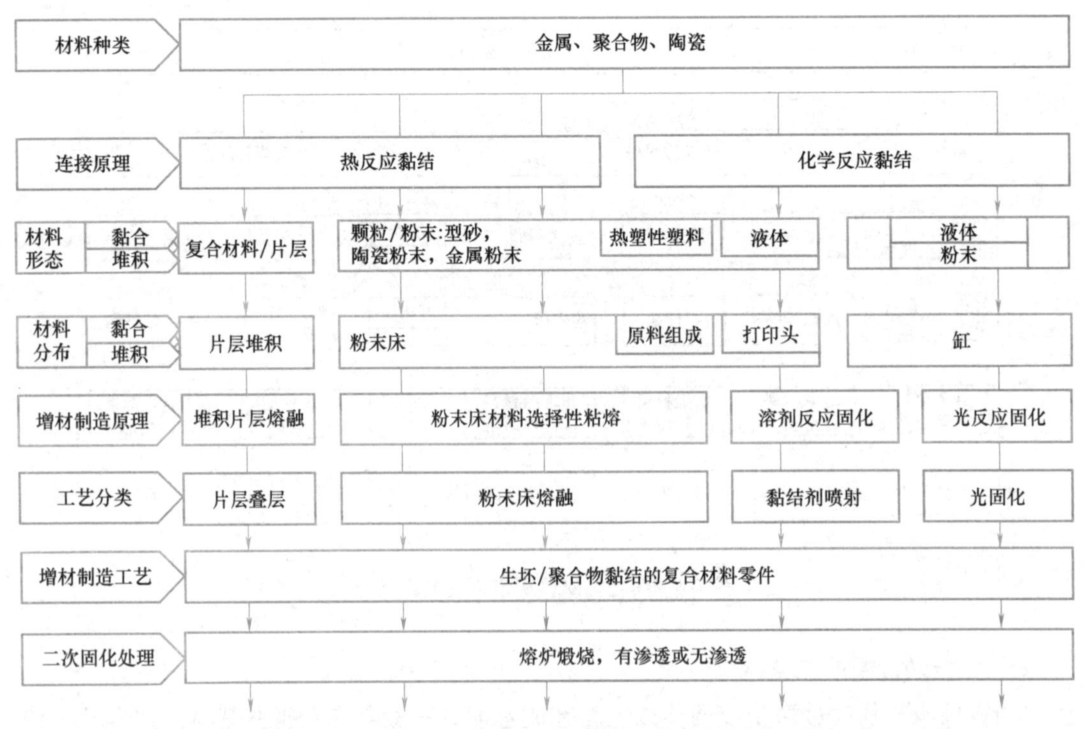


图 2-8　金属、聚合物和陶瓷材料的多步增材制造工艺

3D 打印是一种快速发展的新型先进制造技术，目前在很多领域的应用还处在起步阶段，越来越多更富创造性、更先进的打印技术正在不断被发明出来。随着对增材制造研究的深入，对 3D 打印技术的分类也会逐步变得更准确、更完善。

## 2.2 典型 3D 打印成型方法简介

3D 打印成型方法门类众多，每种成型方法又发展出了多种细分的成型技术。其中，选择性光固化成型法（SLA）、分层粘结成型法（LOM）、选择性激光烧结成型法（SLS）和熔融沉积成型法（FDM）及生物分层铺覆（LP）是最有代表性的几种典型 3D 打印成型方法。之所以说这些方法典型，是因为其他成型方法在技术原理上都与这些方法有相似之处，在某种意义上，可以看作是这些典型成型方法技术的拓展和延伸。例如，与激光烧结成型法（SLS）使用激光对材料进行逐点烧结不同，电子束熔融成型（EBM）使用高能电子束对材料进行逐点熔融。二者都是使用高能束实现材料的熔融烧结，尽管其高能束产生的源不同，但是其逐点熔融烧结成型的技术思想却颇为类似。

本节以光固化成型法（SLA）、分层粘结成型法（LOM）、选择性激光烧结成型法（SLS）和熔融沉积成型法（FDM）及生物分层铺覆（LP）共五种典型成型方法为例，分别简要介绍其技术原理、工艺流程及相应的典型设备。对其他 3D 打印成型方法的技术原理及成型工艺细节有兴趣的读者，建议自行查阅相关资料。

### 2.2.1 光固化成型法（SLA）

光固化成型（SLA）是由美国工程师查尔斯·赫尔（Charles W. Hull）于 1984 年提出的，并于 1986 年获得专利授权。这是立体光刻技术领域的第一个具有开创性意义的快速成型专利，它开启了 3D 打印技术走向工业化应用的一个崭新的时代篇章。

#### 1. SLA 的技术原理

光固化成型（SLA）是采用立体光刻（Stereo lithography）原理的一种成型技术，它使用光敏树脂作为原材料，利用液态光敏树脂在紫外激光束照射下会快速固化的特性成型。液态光敏树脂一般会在一定波长的紫外光（250~300nm）照射下立刻引起聚合反应，完成固化。SLA 通过将特定波长与强度的紫外光聚焦到光固化材料表面，使之按由点到线、由线到面的顺序凝固，从而完成一个层截面的打印。这样层层叠加，最终实现一个完整 3D 制品的打印。

#### 2. SLA 的工艺流程

使用 SLA 技术进行打印时，在液槽中充满液态光敏树脂，利用光敏树脂在激光器所发射的紫外激光束照射下会快速固化的特性成型。图 2-9 所示为光固化成型法工艺原理示意图，具体成型工艺流程如下。

1）成型开始时，升降台处于液面以下刚好一个截面厚度的高度。通过透镜聚焦后的激光束，按照截面轮廓对液面进行扫描，扫描区域的树脂快速固化，从而完成一个截面的加工过程，得到一层树脂薄片。

2）然后，升降台下降一层截面厚度的高度，同时，使液态树脂均匀地铺覆在之前固化的树脂层上；再重复步骤1），固化另一层截面。

3）重复步骤1）和步骤2），这样层层叠加，直至整个制品成型完毕。

4）之后，升降台升出液体树脂表面，取出工件，进行清洗、去除支撑，再进行二次固化以及表面后处理，得到最终3D打印制品。

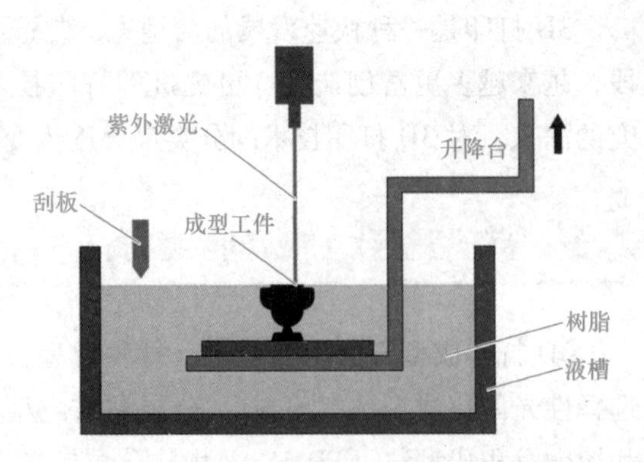

图2-9 光固化成型法工艺原理示意图

SLA技术适用于制作中小型工件，可直接得到树脂或类似工程塑料的产品。主要用于概念模型的原型制作，或用来制作简单装配检验和工艺规划的原型。

### 3. SLA技术的特点

SLA技术有以下优点。

1）由于SLA技术发展的时间较长，因而其工艺比较成熟，应用也很广泛，而且打印制品的精度也很高。

2）打印的制品表面质量好。虽然在每层固化时侧面及曲面表面可能会出现分层台阶，但经过简单的后处理，仍可以得到类似玻璃镜面的表面效果。

3）打印速度快。

4）可以制作结构复杂或使用传统手段难以成型的原型和模具。

5）可以直接制作用于熔模精铸的具有中空结构的消失模。

6）可联机操作，可远程控制，有利于生产制造的自动化。

同时，SLA技术也有以下缺点。

1）尺寸稳定性差。成型过程中往往伴随着物理和化学变化，导致制品的软薄部分受材料热胀冷缩作用，易产生翘曲变形，因而极大地影响了成型件的整体尺寸精度。

2）需要设计成型件的支撑结构，否则会产生变形。支撑结构需要在成型件未完全固化时，手工去除，容易破坏成型性。

3）SLA设备运转及维护成本较高。由于液态光敏树脂材料和激光器的价格较高，而且，为了使光学元器件及系统保持理想的工作状态，需要进行定期的调校和维护，费用较高。

4）可供选择的材料种类较少。目前，可使用的材料主要为感光性液态树脂材料，并且在大多情况下，不支持对成型件进行强度和耐热性测试。

5）液态光敏树脂具有气味和毒性，且需要避光保存，以防止其提前发生聚合反应，局限性很大。

6）制品需要二次固化。一般情况下，经过激光照射发生聚合反应形成的树脂原型并未完全被固化，所以通常需要二次固化成型。

7）液态光敏树脂固化后的性能远不如常用的工程塑料，一般较脆，易断裂，不便于进行后续的机械加工（如当需要进行表面后处理时）。

#### 4. 典型 SLA 设备

1988 年，3D 打印行业巨头美国 3D Systems 公司，基于 SLA 成型技术原理开发出了世界上第一台工业 SLA 3D 打印机——SLA-250（图 2-10）。SLA-250 的商业化批量生产，成为 3D 打印成型技术发展史上的一个里程碑事件。

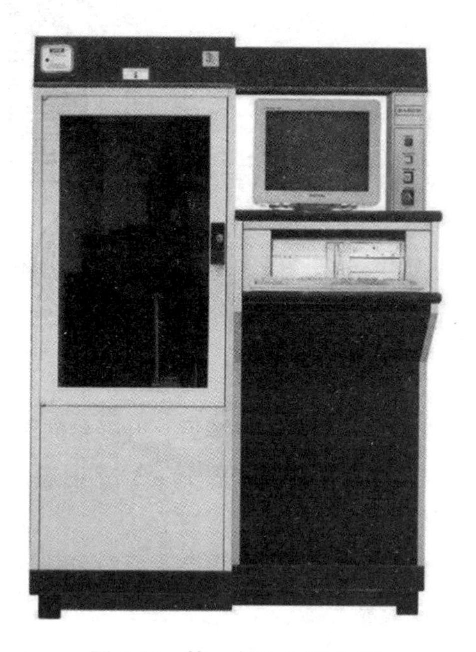

图 2-10　第一台工业 SLA 3D 打印机——SLA-250

### 2.2.2　分层粘结成型法（LOM）

分层粘结成型法又叫层叠法成型技术是由美国 Helisys 公司的工程师迈克尔 · 费金（Michael Feygin）于 1986 年研制成功的。层叠法成型技术是当前世界范围内几种最成熟的快速成型制造技术之一，主要以片材（如纸片、塑料薄膜或金属复合材料）作为打印原材料。

#### 1. LOM 的技术原理

LOM 方法具体成型的技术原理是：首先，激光及定位部件根据模型的预先切片得到的横断面轮廓数据，将背面涂有热熔胶并经过特殊处理的片材进行切割，得到和截面轮廓数据一样的内外轮廓；并将片材的内外轮廓围成的实体之外的无轮廓区域切割成小碎片，这样便完成了一个层面的制作；然后，供料和收料部件将旧料移除，并叠加上一层新的片材；接下来，利用热压辊将背部涂有热熔胶的片材进行碾压，使新层同已有部分黏合；之后，升降台下降一个层的厚度，按照新的截面轮廓数据，再次重复之前的步骤；最后，形成由许多小废料块包围的 3D 制品。取出后剔除多余的废料小块，得到最终的 3D 打印成型制品。

#### 2. LOM 的工艺流程

一个典型的 LOM 系统包括：一个可升降工作台；一个送进机构，可以以卷的形式持续供应材料；一个热压辊；一台 *X-Y* 绘图仪及一台计算机（控制器）。图 2-11 所示为分层粘结成型法工艺原理示意图，具体工艺流程如下。

1）计算机控制送进机构向升降台发送片层，片层背面涂有热熔胶黏合剂，利用热压滚筒熔化黏合剂，使片层与基底粘贴在一起。

2）*X-Y* 绘图仪根据当前层面的轮廓，控制激光束对层面进行切割，多余的部分被切成方形小块，以便于后期去除。在制品打印过程中，多余的材料一直留在构件堆积体中，这可以对整个构件的结构起到支撑作用。

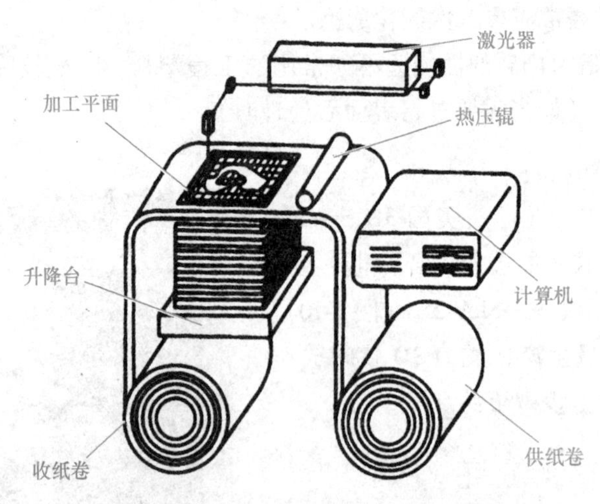


图 2-11 分层粘结成型法工艺原理示意图

3）每一层切割完毕后，升降台向下移动一个片层的高度。

4）然后再重复步骤 1)~3)，通过逐层地切割、黏合，直至最终完成需要的 3D 工件的制作。

5）当全部片层制作完毕后，可将切成方形的多余废料去除，即得到最终的 3D 打印成型制成品。

LOM 方法的本质是通过堆叠多个片层来制造出 3D 实体的，这种方法与第一章介绍的奥地利的约瑟夫 · 布兰瑟发明的蜡版层叠的方法有一定的相似之处，可以看作是蜡版层叠方法的创新拓展。正是由于使用片材作为原材料，这不仅使得整个制造成本非常低廉，并且能制作出精度很高的制品。

LOM 技术可以用来制作中、大型原型，翘曲变形小，成型时间短，激光器使用寿命长，制成品具有良好的力学性能，适用于产品设计的概念建模和功能性测试。而且，由于 LOM 方法制成的零件具有木质属性，因此也特别适用于直接制作砂型铸造模。

### 3. LOM 技术的特点

LOM 技术有以下优点。

1）成型速度较快。LOM 技术本质上不同于传统逐点打印的增材制造方法，无须逐点打印整个截面，只需要使用激光束将物体每层截面的轮廓切割出来，所以成型速度很快。常用于制作内部结构简单的大型零部件。

2）成型精度很高，并且可以进行彩色打印；同时，打印过程中造成的制品翘曲变形非常小。

3）LOM 技术打印的原型能承受高达 200℃ 的温度，有较高的硬度和较好的力学性能。

4）无须设计和制作支撑结构，便可直接进行切割、层叠成型。

5）LOM 制成品的后处理支持进行切削加工。

6）废料易剥离，且无须后固化处理。

7）可用来制作大尺寸的原型。

8）原材料价格便宜，原型制作成本低。

同时，LOM 技术也存在以下缺点。

1）由于成型过程中，在薄片层间使用了黏合剂，因此不能直接制作单一材料的原型。

2）受成型工艺及材料的限制，成型制品的拉伸强度和弹性往往都不够好。例如，在层叠方向上的拉伸强度通常比较差。

3）打印过程激光器有耗损，并且需要专门的实验室环境，维护费用较高。

4）*Z* 轴精度受材质和黏合剂层厚的约束，实际打印成型的制品表面普遍有台阶纹理，难以直接构建形状精细、多曲面的零件，也不宜构建内部结构复杂的零件，成型后往往需要进行表面打磨。

5）后处理工艺较复杂，且打印的制品易吸湿膨胀，需进行防潮等方面的后处理。

另外，需要强调的是，对 LOM 技术来说，纸材最显著的缺点是对湿度极其敏感。当使用纸材打印时，LOM 技术成型的制成品吸湿后极易在 *Z* 轴方向（层叠方向）产生膨胀变形，严重时会出现叠层之间的脱落。为避免这种情况的出现，需要在制品后处理后的短时间内，迅速进行密封处理。经过密封处理后的制品则可以表现出良好的性能，包括强度和耐湿热性。

**4. 典型 LOM 设备**

南京紫金立德的 LOM 技术已经申请了全球性的专利技术保护，具有全球范围的垄断性自主知识产权。该公司已经利用其 LOM 专利技术开发出了系列 3D 打印机，目前，在其商业化生产的产品中，最新型的是炫龙 DD3 Pro 系列，如图 2-12 所示。

图 2-12 炫龙 DD3 Pro 系列 LOM 3D 打印机示例

## 2.2.3 选择性激光烧结法（SLS）

选择性激光烧结（SLS）工艺是由美国德克萨斯大学奥斯汀分校的卡尔·德卡德（Carl R. Deckard）于 1989 年在其硕士论文中提出的，随后卡尔·德卡德创立了 DTM 公司，专注于基于 SLS 技术的 3D 打印机的生产。

**1. SLS 的技术原理**

选择性激光烧结法利用粉末材料在激光照射下高温熔融烧结的基本原理，通过计算机控制光源定位装置实现精确定位，根据零件截面轮廓数据逐层烧结累积成型。首先，建立所要打印的制品的 CAD 模型，然后转换成 3D 打印模型，再用分层软件对其进行处理，得到每一层加工截面的轮廓数据；成型时，设定好预热温度、激光功率、扫描速度、扫描路径、单层厚度等工艺条件，先在工作台上用辊筒铺一层粉末材料，在计算机的控制下，由二氧化碳激光器发出的激光束根据各层截面的轮廓数据，有选择地对粉末层进行扫描。在激光照射的位置上，粉末材料被熔融烧结在一起。未被激光照射的粉末仍呈松散状，作为打印件和下一层粉末的支撑；一层烧结完成后，工作台下降一个截面层的高度，再进行下一层铺粉、烧结，新的一层和前一层自然地烧结在一起；重复这样的过程，直至全部烧结完成后，除去未被烧结的多余粉末，便得到所要打印的制品。

**2. SLS 的工艺流程**

由于 SLS 技术利用激光在每个点上使粉末烧结熔融，连续打印就意味着制品在局部点上要反复经历高温-冷却的循环冲击，这会导致制品内部应力分布极不均匀，进而导致变形产生。因此，SLS 成型工艺通常采用以下流程，以降低制品的内部缺陷。

1）在激光烧结前，粉末材料需要在略低于熔点的玻璃化转变温度下，在密封的打印腔室内进行预热，以最大限度地减少热变形，促进新层与前层之间的融合。在此过程中，密封腔室一般用氮气进行充盈，以避免粉末材料的氧化和降解。

2）接着根据制品模型的截面轮廓数据，将聚焦的二氧化碳激光束引导到粉末床，对指定点进行熔融烧结；与此同时，周围的粉末依然保持松散，并作为后续层的支撑。

3）待一层烧结完成后，将构建平台降低一个层厚度，用滚筒将下一层粉末均匀铺覆至粉末床上。

4）重复步骤 2）~3），直至整个制品模型完成打印。

5）之后，制品还应在打印腔室内放置足够长的时间（约 5~10h），以达到降温的目的，同时也可以防止氧化引起的粉末降解及快速热收缩导致的变形。

6）最后，再打开打印腔室，去除未烧结的粉末，取出打印制品。

图 2-13 所示为选择性激光烧结工艺原理示意图。

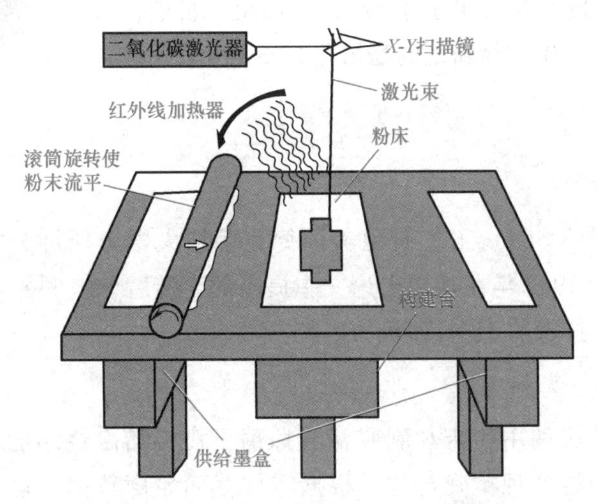


图 2-13　选择性激光烧结工艺原理示意图

SLS 技术适合成型中小型零件，能直接通过 3D 打印得到塑料、陶瓷或金属零件；零件的翘曲变形比 SLA 要小。但这种工艺因需要对整个截面进行扫描和烧结，再加上工作室需要升温和冷却，因此成型时间较长。此外，受粉末颗粒大小及激光点尺度的约束，零件表面一般呈现多孔性。在烧结陶瓷、金属与黏合剂的混合粉并得到原型零件后，需将它置于加热炉中，烧掉其中的黏合剂，并在孔隙中渗入填充物，后处理十分复杂。

SLS 技术常被用来进行产品设计的可视化表现和功能性测试零件的制作。由于它可以使用各种不同成分的金属粉末进行烧结，并进行渗铜等后处理，因而 SLS 制成品可具有与金属零件相近的力学性能。但是，由于成型表面较粗糙，渗铜等后处理工艺复杂，因而 SLS 技术还有待进一步提高。

### 3. SLS 技术的特点

SLS 技术具有以下优点。

1）可使用材料广泛。SLS 技术可使用的成型材料包括尼龙、聚苯乙烯等聚合物，铁、钛、合金等金属，陶瓷、覆膜砂等。理论上，任何加热后能够形成分子间黏结的粉末材料，都可以作为 SLS 的成型材料。

2）成型过程与零件复杂程度无关，且制品的强度高。

3）材料利用率高。因为未烧结的材料可重复使用，所以材料浪费少，成本较低。

4）无须支撑。使用 SLS 技术进行打印时，由于未烧结的粉末可以对模型内部的空腔和悬空部分自然地起到支撑作用，因而不必像 FDM 和 SLA 工艺那样需要另外设计支撑结构，便可以直接成型形状复杂的原型及零部件。

5）与其他成型技术相比，SLS 技术能生产质地较硬的制品或模具。

同时，SLS 技术也存在以下缺点。

1）原型结构易出现疏松、多孔隙，且有内应力，制品易变形。

2）打印的陶瓷、金属制品的后处理难度较大。

3）需要预热和冷却，较费时。

4）成型表面粗糙多孔，表面质量受材料的粉末颗粒及激光光斑大小的影响。

5）成型过程中会产生有毒气体及粉尘，污染环境。

### 4. 典型 SLS 设备

第一台基于 SLS 技术的工业 3D 打印机 Sinterstation 2000（图 2-14）于 1992 年由美国 DTM 公司推出，并实现了商业化批量生产和销售。DTM 后来被美国 3D Systems 公司合并。

图 2-14　第一台 SLS 工业 3D 打印机 Sinterstation 2000

### 2.2.4 熔融沉积成型法（FDM）

熔融沉积成型（FDM）是20世纪80年代末，由美国Stratasys公司的创始人斯科特·克伦普（S. Scott Crump）和他的妻子、发明家丽莎·克伦普（Lisa Crump）于1989年发明的技术，并于1992年获得了美国专利授权。

**1. FDM的技术原理**

FDM技术利用加热熔融、层层堆叠的原理成型，它将丝状的热塑性材料通过喷头加热熔化，喷头底部带有微细喷嘴（直径一般为0.2~0.6mm）；在计算机控制下，喷头根据制品3D模型的截面数据移动到指定位置，将熔融状态下的液态材料挤喷出来并最终凝固；被喷射出的材料沉积在前一层已固化的材料上；这样循环往复，通过材料逐层累积，打印形成最终的制品。

**2. FDM的工艺流程**

FDM成型技术多采用热塑性聚合物作为打印材料，是目前最常见的桌面3D打印机所采用的主流技术之一。在利用FDM技术打印过程中，半固态的热塑性聚合物的单纤维由两个滚筒注入液化器，然后流经液化器，继而经过喷嘴挤出，并最终沉积在平台上；位于液化器上的加热器以接近熔点的温度加热聚合物，以使挤出的单纤维可以轻易地通过喷嘴挤出。图2-15所示为熔融沉积工艺原理示意图，具体的FDM打印成型工艺流程如下。

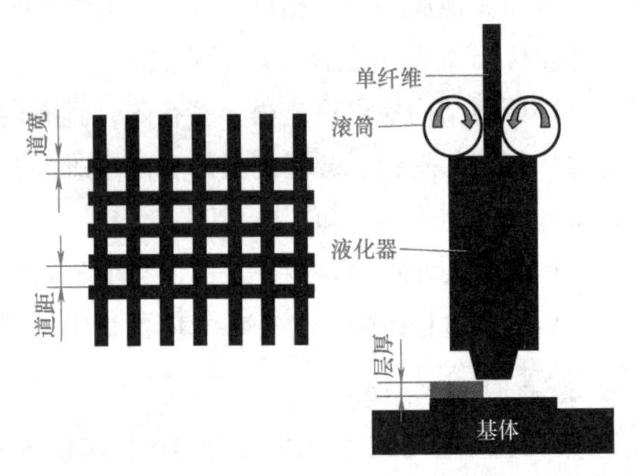

图2-15 熔融沉积工艺原理示意图

1）基于制品打印模型的分层截面轮廓数据，喷嘴在$X$-$Y$平面运动，被加热的聚合物纤维通过喷嘴连续挤出到“道路”上。“道路”或“栅格”即沉积成型，凝固从“道路”的外表面开始，然后沿半径方向到达核心。

2）待一层完成沉积之后，平台向下移动（或喷头向上移动）一个层厚。

3）重复步骤1），利用制品的下一层分层截面轮廓数据打印新的一层，并使其沉积在前一层上。

4）重复步骤1）~3），如此循环，直至整个制品打印沉积完成。

FDM工艺干净，易于操作，不产生垃圾，基本没有有毒气体及化学污染，可安全地在办公环境中使用。

FDM技术适用于成型中小型制品，常用于产品设计的概念模型及产品的形状、功能测试。值得一提的是，FDM技术在医疗领域也有广泛的应用。例如，利用FDM技术，以专门开发的具有良好的化学稳定性、可采用伽马射线及其他医用方式消毒的ABS-i为打印材料，就可以打印成型医用制品。

**3. FDM 技术的特点**

FDM 技术有以下优点。

1）成本低。由于 FDM 成型工艺中用液化器代替了激光器，设备造价低。

2）成型材料范围较广。如各种色彩的工程塑料 ABS、PLA、PC、PPS 及医用 ABS 等热塑性材料，均可作为 FDM 的打印成型材料，不仅选材广泛，而且还可以绚丽多彩。

3）环境污染较小。在整个打印过程中不涉及高温、高压及化学变化，无有毒气体排放。

4）设备、卷材材料体积较小，便于搬运和快速更换，适用于办公室、家庭等环境。

5）原料利用率高。没有废弃的成型材料，支撑材料还可以回收。

6）制品的翘曲变形小。

7）用蜡打印成型的原型制品，可以直接作为熔模精铸中的熔模使用。

同时，FDM 技术也存在以下缺点。

1）原型表面有较明显的台阶状条纹，相对先进的 SLA 工艺成型精度较低。

2）打印制品沿着与成型轴垂直方向的强度较高，其他方向则较低。

3）在打印过程中，有时需要设计和制作支撑结构。

4）使用 FDM 方法打印时，需要对整个 CAD 模型截面进行扫描涂覆，因而成型时间较长，与 SLA 相比慢 7%左右。

5）FDM 方法使用的原材料价格一般比较贵。

**4. 典型 FDM 设备**

1992 年，美国 Stratasys 公司推出了世界上第一台基于 FDM 技术的商用 3D 打印机——3D 造型者（3D Modeler），如图 2-16 所示，这标志着 FDM 技术正式步入了商业化应用阶段。

图 2-16　世界上第一台 3D 造型者 FDM 3D 打印机

目前，最常见、也是应用最广泛的桌面 3D 打印成型系统，大多采用的都是 FDM 技术。

## 2.2.5　SLA、LOM、SLS、FDM 成型技术的对比

由于 SLA、LOM、SLS 及 FDM 成型技术在技术原理和工艺路线上的不同，使得采用这些技术生产的 3D 打印成型设备，在价格、制品精度、表面质量、制品结构复杂度、制品尺度、可选材料价格及种类、材料利用率及打印效率等方面均有不同的表现。表 2-2 给出了 SLA、LOM、SLS、FDM 四种打印成型技术的比较。

表 2-2　SLA、LOM、SLS、FDM 打印成型技术的比较

| 工艺 | SLA | LOM | SLS | FDM |
| --- | --- | --- | --- | --- |
| 设备价格 | 贵 | 中等 | 较贵 | 便宜 |
| 制品精度 | 较高 | 中等 | 中等 | 较低 |
| 表面质量 | 优良 | 较差 | 中等 | 较差 |
| 制品结构复杂度 | 复杂 | 简单 | 复杂 | 中等 |
| 制品大小 | 中、小 | 中、大 | 中、小 | 中、小 |
| 可选材料价格 | 较贵 | 较便宜 | 中等 | 较贵 |
| 可选材料种类 | 光敏树脂 | 纸、塑料、金属薄膜 | 石蜡、塑料、金属、陶瓷粉末 | 石蜡、塑料丝 |
| 材料利用率 | ~100% | 较差 | ~100% | ~100% |
| 打印效率 | 高 | 高 | 中等 | 较低 |

下面是从成型速度、打印精度、打印尺寸大小、打印材料范围、主要部件使用寿命、打印设备价格、耗材价格等方面，对 SLA、LOM、SLS、FDM 技术的一个更直观的对比。

1）成型速度：SLA>LOM>（SLS≈FDM）。

2）打印精度：SLA>LOM>SLS>FDM。

3）打印尺寸大小：LOM>SLA>SLS>FDM。

4）打印材料范围：SLS>FDM>LOM>SLA。

5）主要部件使用寿命：FDM>LOM>SLA>SLS。

6）打印设备价格：SLA>SLS>LOM>FDM。

7）耗材价格：SLA>FDM>SLS>LOM。

在实践中，一般应根据使用目的、制品复杂度及预算，选择合适的 3D 打印成型设备。而且，3D 打印耗材的价格往往也是需要考虑的重要因素之一，它直接决定了单件 3D 打印成型制品的成本。当然，如果是出于科研试验的目的，而非大批量生产制造，那么 3D 打印耗材价格的高低就显得不那么敏感了。

## 2.2.6　生物 3D 打印

生物 3D 打印是指以按需设计的三维 CAD 模型为基础，利用软件分层离散和数控成型的增材制造原理，定位装配生物材料（活细胞也可混合在定制的生物材料中），制造人工植入支架、组织器官和医疗辅具等生物医学类产品的一种快速成型技术。随着生物 3D 打印技术的发展，其概念也在不断地延伸。从狭义上看，生物 3D 打印通常是指操纵含活体细胞的生物墨水去构造活性结构的 3D 打印；从广义上看，直接为生物医疗领域服务的 3D 打印，都可视为生物 3D 打印的范畴。生物 3D 打印无论对制药企业的新药创制、医疗器械企业的个性化医疗器械的研发生产，以及医院医疗新技术的开发转化，都具有重要的研究意义与实用价值。

生物 3D 打印是一种特殊的增材制造技术，与其他 3D 打印使用金属、非金属作为打

印材料不同，生物 3D 打印所用的材料是生物材料。生物 3D 打印的最终目标是实现医学、工程学、电子学、生物学等多学科的交叉和融合，来“打印”出一个跟人体器官或者组织完全一模一样的替代品，用于组织修复、器官移植等医疗用途，例如，利用皮肤移植来治疗烧伤，用肝、肾脏移植来治疗肝癌、肾功能衰竭等。生物 3D 打印技术也可以应用于形似仿生学中，例如，利用 3D 扫面仪获取个体耳朵内部的形状，再用电脑分析出耳朵内部的三维数据并且自动建模和处理，应用符合医用标准的打印材料，就能够 3D 打印出绿色安全的、完美贴合于个人耳蜗的入耳式耳机。

**1. 生物 3D 打印技术原理**

常见的生物 3D 打印是基于喷墨打印的技术原理，它以按需定制的器官 CAD 模型为依据，以特制的生物“打印机”为工具，以活性材料，包括活体细胞、活性因子、生物材料等为主要打印材料，通过将细胞混悬液灌入特制的墨盒，分层打印、层层累积，最终辅助重建人体的组织和器官。例如，通过把内皮细胞打印到血管壁内层、平滑肌细胞打印到血管壁外层，这样逐层打印，就能打印成型出一条和正常结构类似的人体血管。图 2-17 所示为生物 3D 打印原理示意图。

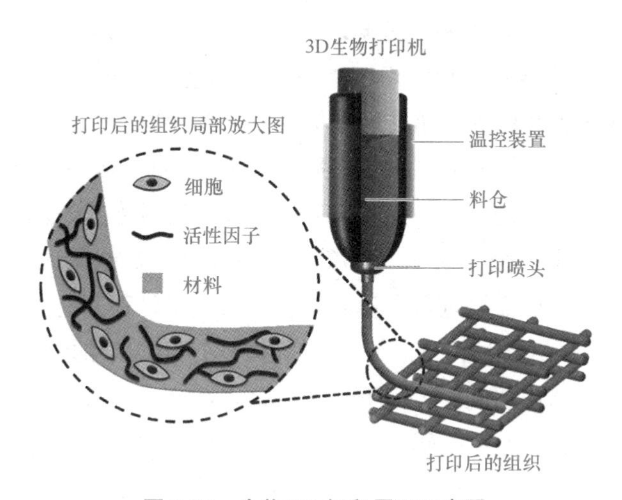


图 2-17　生物 3D 打印原理示意图

**2. 生物 3D 打印的工艺流程**

从打印工艺来看，生物 3D 打印有两大类实现方式，一类是原位打印，即直接在人体特定部位进行打印，如用于皮肤烧伤治疗的皮肤原位打印；另一类是非原位打印，多用于人体器官修复、生物植入支架等的打印。因为生物 3D 打印涉及的技术种类繁多，工艺实现的途径也各有特色，难以一概而论。这里以生物支架的 3D 打印为例，来说明生物 3D 打印技术的工艺流程。一般来说，生物支架的 3D 打印使用以下工艺流程。

1）首先，应用 CAD 等三维设计软件，按需定制和设计用于组织器官修复、药物控释或科学研究用的生物材料支架，支架内部应具备复杂的微观结构以满足细胞生长的需要。

2）然后，通过调整生物打印材料的成分，将活体细胞混合在生物打印材料中。

3）接下来，利用专用的生物3D打印机，打印仿真的生物组织和器官单元结构。

4）最后，通过培养，让组织细胞生长分裂并吸收支架材料，最终形成自体生物组织和器官单元结构。

生物3D打印需要考虑的因素有很多，包括可打印性、稳定性、交联方便；体积变化小，容易运输、装配及操作；良好的生物相容性和细胞相容性，不能对人体产生系统性伤害等方面。其中，适合生物3D打印所需的材料是制约其发展的关键因素。目前，经我国批准临床上可使用的生物打印材料主要是天然聚合物（用于形成细胞水凝胶），除此之外还有一些合成多聚物、高分子可降解材料等。

**3. 生物3D打印的技术特点**

生物3D打印是快速成型技术中颇具发展潜力的应用领域之一，也是一个多学科交叉的研究领域。生物3D打印技术具有以下特点。

1）每个人的身体构造、病理状况一般都不会完全相同，存在个性化、差异化的特性。而生物3D打印技术具有快速、准确、差异化的特点，特别适合制造形状复杂的、个性化的人体器官组织的物理实体。

2）将生物3D打印与生物材料、细胞培养、医学成像和CAD技术相结合，针对患者特定的解剖构造、生理功能和治疗需求，来设计和制造人工植入支架、组织器官和医疗辅具等医学产品，为个性化医疗和精准医疗提供了突破性的治疗新途径。

随着生物3D打印在医疗领域应用的拓展，打印通量低、制备标准化、专业化等已成为制约该技术应用亟待解决的问题。生物3D打印除了利用传统3D打印的核心技术，所有的制造过程一方面必须符合生物学的标准，另一方面还要能保证细胞活性、组织功能等方面符合医学标准。这就需要进行大量的实验，来获得针对每种器官相应的生物材料、细胞和生长因子的各种最佳组合。此外，对生物3D打印成型的器官进行功能与生化测试，也是确保其走向临床应用的一个必不可少的重要环节。

因此，生物3D打印在技术层面面临的挑战，远远超过了简单地用3D打印来制造模型。成功的生物3D打印，还必须克服以下几个具体的技术难题。

1）细胞技术。选择什么类型的细胞，对与生物3D打印相关的生物组织或者器官来说是至关重要的。人体的不同组织都是由特有的细胞组合而成的，如肝脏主要有肝细胞，心脏主要有心肌细胞，皮肤主要有各种上皮细胞等。但是，不是所有组织特有的细胞都可以在体外进行分离培养，而且也不是所有的细胞都能在经历了生物3D打印的环境之后，还能够保持自身的生物活性。所以，如何优化提升细胞分离、培养、增殖等技术，是保证生物3D打印成功的重要前提。

2）生物材料。人体不同的组织器官都有其特有的物理学、力学及生化特性，例如皮肤的柔软、骨骼组织的坚硬等，这要求在对不同组织进行生物3D打印的过程中，需要选择与组织特性相对应的生物材料，并且这些材料还需要最大限度地保持所选择细胞的生物活性和功能。更重要的是，所选择的材料必须能够通过3D打印系统进行打印操作。这使得生物材料的选择非常具有挑战性，而且需要在打印的过程中不断地优化和改进。

3）生物打印技术。目前，常用的生物 3D 打印主要有激光（Laser-based）、喷绘（Inkjet-based）和挤制（Extrusion-based）三种主流技术。这三种技术各有各的优缺点和不同的特殊功能，对硬件的要求也各不相同。如何根据需要打印的组织器官，合理地选择适合的打印技术，也是生物 3D 打印能否成功的关键。这三种技术早已被广泛地应用于传统的 3D 打印系统中，关键是如何将其与生物打印的体系相融合，使之在发挥最大功效的同时，还能保持细胞的生物活性和生物材料的物理化学特性，并且能保证打印的制品满足医学应用的标准。

**4. 典型的生物 3D 打印设备**

2013 年，杭州电子科技大学研发出了国内首台生物 3D 打印机“Regenovo”（图 2-18），并成功应用于人体器官的打印。

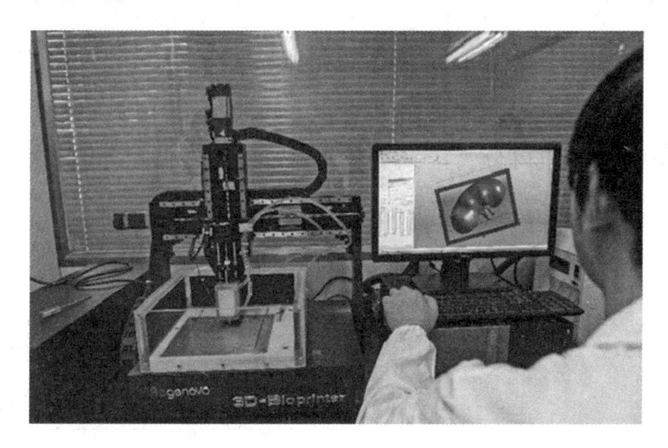


图 2-18　国内首台生物 3D 打印机“Regenovo”

随着医疗与康复事业的快速发展，近年来，各式各样的生物 3D 打印机也纷纷涌现。根据打印模式（喷头）的不同，现有的生物 3D 打印机大体可以分成以下三类。

1）喷墨生物打印机（Inkjet Bio-printer）。利用热喷墨或者压电式脉冲产生压力，逐层喷射成型。这类打印机的成本较低，分辨率较好。

2）微挤压生物打印机（Micro-extrusion Bio-printer）。形式多样，可以利用气动、活塞或者螺杆挤压的连续挤出方式来实现分层打印。这类打印机兼容材料多，对细胞的活性损伤较少、兼容性好，应用广泛，但分辨率相对其他两种模式较低。

3）激光辅助生物打印机（Laser-Assisted Bio-printer，LAB）。LAB 是一种基于激光诱导前向转移（Laser Induced Forward Transfer，LIFT）原理的 3D 打印技术，它利用聚焦在吸收层上的激光加热，使其中的生物墨水与空气间的界面变形，产生射流，进而将打印的生物材料喷射到基底上，实现分层打印。这类打印机的打印分辨率较高，成本也高。

需要说明的是，当前复杂人体器官的生物 3D 打印，还仅仅是停留在示教或实验室研究的水平，如人体内脏，包括心、肝、肺等，大多还不能用来植入活体中。据报道，美国密西根大学肾脏科的医生戴维·休姆斯（David Humes），从 1997 年开始进行人造肾脏的研究，后来使用 3D 打印肾脏来测试血液流动的新原型以及计算机模型，以优化小型人造肾脏的所有构件的组装。到2015年，美国食品和药物管理局（Food and Drug Administration，FDA）官员通过两年临床监测发现，在猪身上进行的这种生物3D打印的小型人造肾脏实验，已经显示出了良好的效果。现在，该人造肾脏已经开始进行人体植入的临床试验。

目前，国内外生物3D打印的医疗器械，主要集中在如金属髋关节、PEEK颅内骨修补等不可降解的组织，以及羟基磷灰石等骨科修复材料，国内与国外的技术差距不大。用生物可降解组织修复器官，或将是生物3D打印技术未来研究的热点，也将会带来更为广阔的医疗应用市场。

## 2.3 3D打印成型误差分析

误差是3D打印过程中比较常见、同时也是无法避免的问题。造成误差出现的原因有很多，比如3D打印设备的机械零部件精度、打印参数设置、数据处理精度等，都有可能存在误差。3D打印误差一般可分为前期数据处理误差、打印成型误差和后处理误差等三类，如图2-19所示。具体误差成因分析如下。

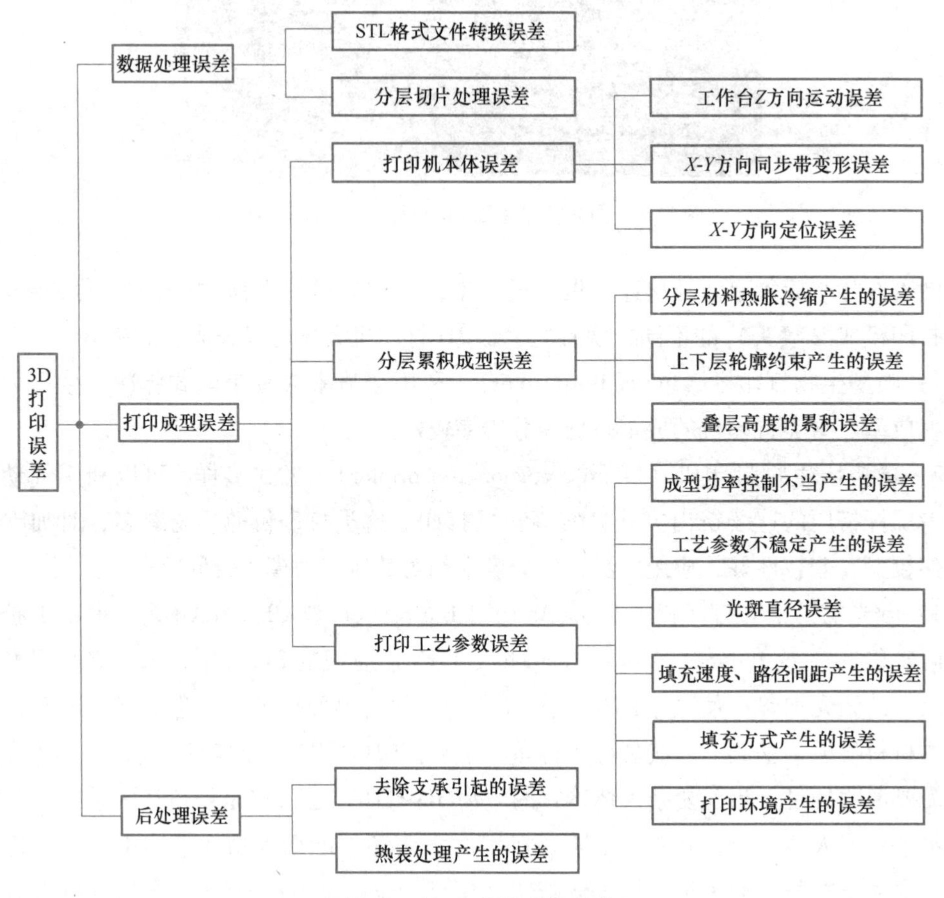


图2-19 3D打印误差的分类

## 2.3.1 数据处理误差

数据处理误差包括模型格式转换产生的误差和分层切片造成的误差两大类。

在打印制品 CAD 设计建模完成之后，需要将其转换成 3D 打印模型数据格式，如 STL、OBJ、AMF 或 3MF 等格式，以便传输给 3D 打印机做后续的处理。模型转换一般都存在转换误差，例如，以应用最多的 STL 格式的打印模型文件为例，它是通过细分（Tessallation）算法，用小三角面片来近似地逼近任意曲面或实体模型，简化了 CAD 设计模型的数据格式，且在之后的分层切片处理时，计算获取每层截面中模型轮廓点的算法也比较简单。细分算法会产生模型的数据处理误差，在对打印模型进行分层切片处理时，也存在类似的误差。

**1. STL 格式文件转换误差**

STL 格式文件的本质是用许多细小的空间三角面片来逼近还原 CAD 实体模型，其主要的优势就在于格式简单、表达清晰，文件中只包括相互衔接的小三角面片的节点坐标及其外法向量值。用来近似逼近的三角面片数量越多，模型转换的精度越高，但同时也会造成 STL 模型文件内存过大，延长处理时间。所以，应在精度范围内选择合理的离散三角形数量。当用 CAD 建模软件输出 STL 格式文件时，一般都需要确定精度，也就是逼近原模型的最大允许误差。当表面为平面时将不会产生误差，但如果表面为曲面，误差将不可避免地存在。

减少文件格式转换误差的根本途径，是直接从 CAD 模型获取制造数据，但实践中尚未达到这一步，大部分 3D 打印机目前还不支持 CAD 模型的直接使用。现有的办法只能是在对 CAD 模型进行格式转换时，通过恰当地选择精度参数值来减小这一误差，这往往依赖于经验。

**2. 分层切片处理误差**

分层切片处理误差，是在对打印模型进行分层切片处理时产生的误差，属于原理性误差。分层切片处理一般是在 CAD 模型转换成 3D 打印模型之后，通过预先设定好成型的方向及分层的厚度，在 3D 打印机上进行计算处理的。分层后得到一组垂直于打印成型方向的彼此平行的平面，这些平面将 3D 打印模型（如 STL、OBJ 模型等）截成等层厚的截面，截面与模型内外表面的交线即形成了这层截面的轮廓信息，这是打印成型时轮廓优化及填充路径规划的依据。由于每层切片之间都存在一定的距离（层厚度），因此切片不仅破坏了模型表面的连续性，而且也不可避免地丢失了两层切片之间的信息，造成分层方向上的尺寸误差和面型精度误差。

降低分层切片处理误差的措施包括：①增加分层数量，减小分层厚度。为了获得较高的面型精度，应尽可能减小分层厚度。但是，分层数量的增加，会使制造效率显著降低，同时，层厚太小也会给像 LOM 工艺的涂层处理带来一定的困难。自适应性切片分层技术能够较好地提高面型精度，是解决这一问题较为有效的途径之一；②优化成型制作方向。优化成型制作方向，实质上就是减小模型表面与成型方向的角度，也就是减小体积误差。

目前，也有些3D打印机生产厂商支持利用CAD设计模型直接切片的方法，该方法从原理上保证了截面分层切片的轮廓精度，同时也有效地消除了格式转换造成的误差。不足之处是分层方向上的误差依旧存在，且对CAD模型的格式依赖性较强，算法通用性较差。

### 2.3.2 打印成型误差

打印成型误差是指在3D打印时，由于打印机机械零部件精度、打印材料的热胀冷缩及打印工艺等因素导致产生的误差。

#### 1. 打印机本体误差

3D打印设备是一个典型的机电一体化系统，其自身通常也会有一定的误差，这是影响成型制品精度的原始误差。设备自身误差的改善应该从其系统的设计和制造过程入手，通过提高设备本体的软硬件质量，来改善成型制品的精度。

1）工作台$Z$方向运动误差。3D打印机的工作台主要是在丝杠的驱动下，通过上下移动完成最终的成型打印。工作台的运动误差将直接影响层厚的精度，从而导致成型制品的$Z$向尺寸出现误差。同时，工作台在垂直面内的运动直线度误差，在宏观上会带来制件的形状位置偏差，微观上会导致模型表面粗糙度增大。

2）$X$-$Y$方向同步带变形误差。在3D打印时，步进电动机控制并驱动同步带，然后带动打印头进行每层的扫描填充运动，这是一个在$X$-$Y$平面上二维的运动。在经过较长使用时间后，同步带一般会产生一定的变形，这降低了扫描填充的定位精度。实践中，常采用位置补偿系数来减小其影响。

3）$X$-$Y$方向定位误差。3D打印机的运动控制系统，一般采用的是步进电动机开环控制系统，电动机自身和各个部件的精度都会对系统的动态性能造成一定的影响。例如，在往复的$X$-$Y$平面轮廓扫描填充换向阶段，存在一定的惯性，这可能会使打印头在制品边缘部分超出设计尺寸的范围，造成尺寸误差。同时，由于扫描填充时，打印头始终处于反复加减速的过程中，在轮廓边缘的扫描填充速度可能会低于中间部分；并且存在扫描方向的变换，扫描系统惯性力大，加减速过程慢，这样就会导致成型制品边缘的固化程度高于中间部分，造成固化不均匀。

此外，3D打印机的振动也会对定位及打印精度造成影响。例如，驱动扫描填充机构的电动机自身具有一个固有频率，扫描不同长度的线段的时候可能会使用不同的频率。一旦发生谐振，振动增大，打印成型的制品将出现较大的误差。

#### 2. 分层累积成型误差

除了3D打印机的工作台移动可能产生$Z$方向上的误差，打印材料在分层累积成型过程中还会产生以下几种误差。

1）分层材料热胀冷缩产生的误差。在分层打印过程中，打印材料的状态会发生变化，如由液态变为固态，或由固态变为液态、熔融态再凝固成固态，而且同时伴随加热作用。材料的热胀冷缩往往会引起制品形状、尺寸发生变化，出现与设计尺寸的偏差。

2）上下层轮廓约束产生的误差。由于相邻截面层的轮廓可能会有所不同，它们的成型轨迹也会有所差别，因此每一层成型截面都会受到上、下相邻层不一致的约束作用，导致复杂的内应力出现，使工件产生翘曲变形。

3）叠层高度的累积误差。分层打印时，理论叠层高度可能会与实际值有所差别，从而导致切片位置（高度）与实际位置在高度上出现错位，使成型轮廓产生高度方向上的错位误差。此外，每层厚度误差的累积，还会导致打印的截面形状、尺寸出现误差。一般打印模型的切片层可能有几百甚至几千层，所以上述累积误差会相当大。在有些3D打印机上，叠加每层材料后，用刮平装置将材料上表面刮平，就是为了尽量减少每层的厚度误差。

### 3. 打印工艺参数误差

打印工艺参数误差是指对3D打印相关工艺参数选择设置不当而导致出现的误差。主要有以下几个方面。

1）成型功率控制不当产生的误差。例如，LOM技术的3D打印机，一般很难绝对准确地将激光切割功率控制到正好切透一层薄片材料，因此可能或多或少地损伤到前一层轮廓；同样，利用高能束打印时，如EBM，能束功率的控制也直接决定着材料熔融的均匀性，进而影响到冷却固化后的尺寸。

2）工艺参数不稳定产生的误差。例如，当用LOM技术打印制作大型工件时，由于在*X-Y*平面内，热压辊对薄板材料的压力和热量可能出现不均匀，会使粘胶层的厚度产生误差，导致制品厚度上的不均匀。

3）光斑直径误差。例如，在利用SLA技术进行分层轮廓打印时，由于光固化成型的特点会使所做出的零件实体部分实际上每侧大一个光斑半径，零件的长度尺寸大一个光斑直径，使零件尺寸产生正偏差。虽然在控制软件中采用了自适应拐角延时算法，以避免正偏差的出现，但由于光斑直径的存在，必然会在其拐角处形成圆角，导致形状钝化，降低了制品的形状精度，从而使得一些小尺寸、有尖锐拐角的制品无法打印加工。为了消除或减少由于光斑直径造成的这种正偏差，实践中，通常采用光斑补偿方法，使光斑扫描填充路径向实体内部缩进一个光斑半径。

4）填充速度、路径间距产生的误差。例如，在FDM 3D打印中，喷嘴温度决定了材料的黏结堆积性能、丝材进给量以及挤出丝的粗细度。为了保证连续平稳地出丝，还需在考虑材料的收缩率的基础上，将挤出速度和填充速度进行合理匹配。打印头在*X-Y*平面的移动速度与材料挤出速度也要合理匹配，打印头移动过快会出现断丝，移动过慢则制品表面会有疙瘩，影响表面质量。此外，在保证有足够加热功率和相同扫描速度的前提下，若挤料速度过高，在工件的表面及侧面就会出现材料溢出现象，导致表面粗糙、支撑结构与制品不易分离等问题；若挤料速度过低，在扫描填充路径上就会出现材料缺失现象。因此，合理设定挤料速度，能提高工件的表面品质，轮廓线更清晰，支撑结构与制品也更易于分离。

5）填充方式产生的误差。对于分层轮廓填充来说，不同的填充路径，打印制品的尺寸误差和打印效率也会有所不同。例如，Hilbert 曲线填充路径打印时间最长，但打印精度最高；光栅填充路径，由于存在不可避免的交点重复填充问题，其翘曲变形程度也较大；三角形分形路径规划在饱满度较小和充盈度较大的截面上，能节省较多的打印时间，但由于该填充路径规划方法的分形维度取决于截面边界的曲率变化，故在曲率变化明显的截面附近填充较密，也就导致了翘曲变形程度的增加，打印误差较大；并行栅格填充及普通蜂巢填充路径，在饱满度较大和充盈度较小的截面上，具有较好的填充效果和相对较短的打印时间；阿基米德螺旋和 offset 偏移填充路径规划，由于填充不存在自相交，且熔丝冷却应力分布更符合热力学冷却规律，故在截面有较大孔洞时，更能节省时间且保持相对较小的打印误差。

6）打印环境产生的误差。打印环境对制品的影响通常比较小，例如，对 FDM 打印技术来说，虽然打印的环境温度会对制品的最终尺寸有影响，但这种影响可以忽略不计。但是，对于像 SLS 那样需要在密闭腔室预热才能打印的成型技术来说，环境温度的影响是很大的，主要体现在制品热胀冷缩造成的变形的尺寸误差方面。此外，已成型的制品由于温度、湿度环境的变化，也可能会继续变形，导致出现误差。

## 2.3.3 后处理误差

后处理误差是指在 3D 打印制品后处理阶段产生的误差。

从 3D 打印机上取出已成型的制品后，往往需要剥离支撑结构，有的还需要进行后固化、修补、打磨、抛光和表面处理等，这些工序统称为后处理。后处理误差一般有制品去除支撑引起的误差和热表处理产生的误差两类。

### 1. 去除支撑引起的误差

在为打印完成的制品去除支撑时，可能会引起制品形状的变化；有时因为人为的因素，还有可能会刮伤成型表面或其精细的结构，严重影响成型质量。例如，SLA、FDM 技术打印的制品，在支撑去除后，工件可能会发生形状及尺寸的变化，破坏已有的精度；LOM 技术打印的制品虽无支撑，但废料往往很多，剥离废料时制品受力可能会产生变形，特别是薄壳类零件，变形尤其严重。

为了避免产生去除支撑引起的误差，在支撑设计时应该选择合理的支撑结构，既能起到支撑作用又要方便去除；或在允许的范围内尽量少设支撑，在保证制品精度的前提下，节省后处理时间。

### 2. 热表处理产生的误差

由于成型工艺或制品本身在结构、工艺性等方面的原因，成型后的制品内总或多或少地存在残余应力。这种残余应力会由于时效的作用而全部或部分地消失，这也会导致零件变形，出现误差。因此，设法减小成型过程中的残余应力，有利于提高零件的成型精度。

此外，3D 打印制品的表面状况和机械强度等方面，往往还不能马上满足最终产品的要求，还需要选择适当的工艺进行后处理。例如，制件表面不光滑，其曲面上存在因分层制造造成的小台阶、小缺陷，制件的薄壁和某些小特征结构可能强度不足、尺寸不够精确，表面硬度或色彩不够满意等，都需要进一步的处理，而这些处理都有可能使制品出现误差；又如，在用 SLS 成型金属件后，需将制品重新置于加热炉中，以烧除黏合剂、烧结金属粉和渗铜，从而引起工件形状和尺寸的变化，出现误差。生物 3D 打印和 SLS 技术在打印成型陶瓷件后，也需要将制品置于加热炉中，烧除黏合剂并烧结陶瓷粉。

采用退火工艺可以消除制品的内应力；修补、打磨、抛光等手段能够提高表面质量；表面涂覆是为了改变制品表面色彩，提高其强度和其他性能。但在这些过程中，任何处理失当都会影响制品的尺寸及形状精度，产生后处理误差。

**思考题**

1）试述 3D 打印技术的分类，并结合资料查阅，补充完善本章所述的 3D 打印技术的类型。

2）结合资料查阅，试述光固化成型法（SLA）的成型原理、工艺，及其主要优缺点。

3）结合资料查阅，试述分层粘结成型法（LOM）的成型原理、工艺，及其主要优缺点。

4）结合资料查阅，试述选择性激光烧结法（SLS）的成型原理、工艺，及其主要优缺点。

5）结合资料查阅，试述熔融沉积成型法（FDM）的成型原理、工艺，及其主要优缺点。

6）试分析 FDM 打印时可能出现的误差及其成因。

7）简述生物 3D 打印的成型原理及工艺。

8）温习本章内容，结合资料查阅及独立思考，尝试给出一种与本章介绍的成型技术原理不同的新的 3D 打印成型技术，并说明理由。

## 延伸阅读

[1] 阿米特·班德亚帕德耶，萨斯米塔·博斯. 3D 打印技术与应用［M］. 王文先，葛亚琼，崔泽琴，等译. 北京：机械工业出版社，2017.

[2] MAINES E M, PORWAL M K, ELLISON C J, et al. Correction：Sustainable advances in SLA/DLP 3D printing materials and processes［J］. Green Chemistry, 2022, 24.

[3] LIU Z G, WANG Y Q, WU B C, et al. A critical review of fused deposition modeling 3D printing technology in manufacturing polylactic acid parts［J］. The International Journal of Advanced Manufacturing Technology, 2019, 102（9）：2877-2889.

[4] SHAMBLEY W. From RP to AM：a review of prototyping methods［J］. Modern Casting, 2010, 100（7）：30-31.

# 第3章 3D打印的一般过程

“故不积跬步，无以至千里；不积小流，无以成江海”（《劝学》）。古人的智慧，或从另一个侧面道出了增材制造的本质。受制于传统设备的加工能力，产品的设计必须考虑制造工艺的限制。3D打印凭借增材制造的技术优势，很好地协调了设计与制造能力这两方面的矛盾，能够直接依据设计好的三维模型，打印出任何复杂形状的物体。这不仅给设计带来了更多的自由，也大大缩短了产品制造的生产周期。从3D CAD模型到打印制品实物，其中涉及的各个环节，构成了3D打印的完整过程。

## 3.1 3D打印过程概述

与传统减材制造过程需要较长的生产准备周期、较多的加工工序、不同类型的加工设备不同，利用3D打印来制作产品的过程是十分简便的。

图3-1所示为产品3D打印的一般过程。首先，利用3D CAD造型设计软件进行零件或制品的三维CAD设计建模；建模完成后，需要转换生成3D打印模型文件（如STL文件等）；然后，在3D打印机上进行成型方向的选择与优化；之后，对3D打印模型文件进行分层切片处理；切片后，需要生成每层切片的轮廓，并计算轮廓填充路径，生成G-code指令文件。切片文件的生成及填充路径的规划，一般都是在打印机上自动进行的，用户执行相关参数设定即可；接下来，利用生成的指令文件控制3D打印机执行分层打印，直至整个制品打印完成；最后是3D打印制品的后处理。

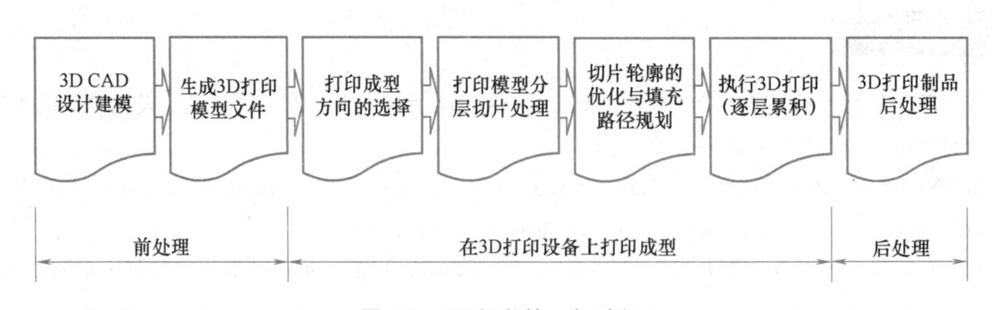


图3-1 3D打印的一般过程

普通3D打印机的打印成型方向一般是固定的（沿$Z$轴方向上下），通常可以通过调整模型的放置姿态，来达到选择打印成型方向的目的；3D打印模型的分层切片处理、切片的轮廓生成与填充往往都是由3D打印机用内置的算法自动完成的，用户只需要指定相关参数（如层厚度、轮廓精度等）即可；另外，对具有悬吊结构的制品来说，由于某些3D打印分层构建技术的特点，如果没有合适的支撑点，悬吊结构将无法完成后续的打印。此时，还必须考虑支撑问题。而打印制品的后处理涉及支承去除、热表处理等内容，对有精密配合要求的面，有时还需要额外的辅助机械加工来完成。

## 3.2 3D CAD设计建模

利用3D打印制作产品的第一步是进行产品的3D CAD设计建模。这个过程几乎可以使用任何三维计算机辅助设计（3D CAD）软件来完成。

用于3D打印的CAD模型必须是实体模型，具备拓扑完整性，也有人把这形象地比喻为完全封闭的“水密”体。例如，一个立方体模型必须包含所有六个面，并且接缝处没有间隙，如果模型的其中一个面出现缺失或在与其他面相连处存在间隙，则模型会被理解为无限薄表面，计算物体的内外部时就会出现问题，这是无法打印的；又如，在3DS Max中，允许将一个六面体的某一个面移除，这时剩下的几何元素虽然看上去还像个六面体，但实际上其已失去了拓扑完整性，在后续的操作时，就会产生无法进行切片处理的问题。尽管某些增材制造软件具有自动修复不太严重的模型错误的功能，如填补表面孔洞、接缝裂隙等，但对于严重的几何模型的拓扑数据错误，目前还显得无能为力。

一个3D CAD实体模型一般具有完备的拓扑数据结构，如边界表示法（Boundary Representation，B-Rep）、体素构造表示法（Constructive Solid Geometry，CSG）等，可以计算出物体内外部，且不存在二义性。大部分CAD软件都允许构造曲面实体，即围合成实体的表面不再仅仅是平面、弧面或锥面这些简单几何，也可以是像贝齐尔（Bezier）、非均匀有理B样条（Non-uniform Rational B-spline，NURBS）这样的复杂曲面，大大拓展了CAD软件的复杂物体的造型能力。

目前，商业化的3D CAD软件已得到了广泛的应用，常见的CAD软件大致可以分为三大类：第一类是通用全功能性3D CAD软件，如3DS Max、Maya、Rhino等。这类软件不仅可以用来进行3D造型设计，往往还支持动画、游戏等的开发制作；第二类是行业性3D CAD软件，如机械行业常用的AutoCAD、CATIA、UG、SolidWorks等，这类软件不仅具有强大的3D实体造型能力，支持模拟仿真、数值分析计算，甚至在PDM/ERP方面也集成了功能强大的相关工具；第三类是专门为3D打印开发的建模和打印控制软件。这类软件往往具有良好的兼容性，可以接收源自于大多数商业化CAD软件的模型数据，同时，部分软件也提供对3D打印机的直接控制支持。具体请参见附录A（部分常用3D CAD设计建模软件简介）及附录E（40款设计建模及3D打印软件）。

常见的CAD模型文件格式，除了每个CAD软件自有格式（如SolidWorks的装配模型文件扩展名是“.sldasm”，零件模型文件扩展名是“.sldprt”等），一般都支持STL格式。而且，大部分还支持像STEP（Standard for The Exchange of Product Modal Data）、IGES（Initial Graphics Exchange Specification）、LEAF（Layer Exchange ASCII Format）这样的模

型文件格式交换标准，部分软件也支持类似 RPI（Rapid Prototyping Interface）、LMI（Layer Manufacturing Interface）等 3D 打印模型文件格式。

## 3.3 生成 3D 打印模型文件

完成产品的 3D CAD 实体模型的设计后，还需要将产品模型转换成 3D 打印机可以识别的文件格式，以便 3D 打印机接收、读取，及进行后续的打印处理。

在 3D CAD 软件中，产品模型的 3D 打印文件的数据输出，一般需要将设计的 CAD 模型导出或另存为相应的 3D 打印格式的文件类型。这时，CAD 系统便会根据预先设定的误差，转换输出具有相应精度和指定格式的 3D 打印模型数据。模型转换精度会影响 3D 打印制品的精度，不同的转换精度对应的 3D 打印模型的精细程度也不相同。误差越小，生成的 3D 打印模型文件的分辨率就越高，包含的三角面片越多、文件越大，打印模型的质量也越好。图 3-2 所示为不同模型转换精度的对比示例（以 STL 格式为例）。

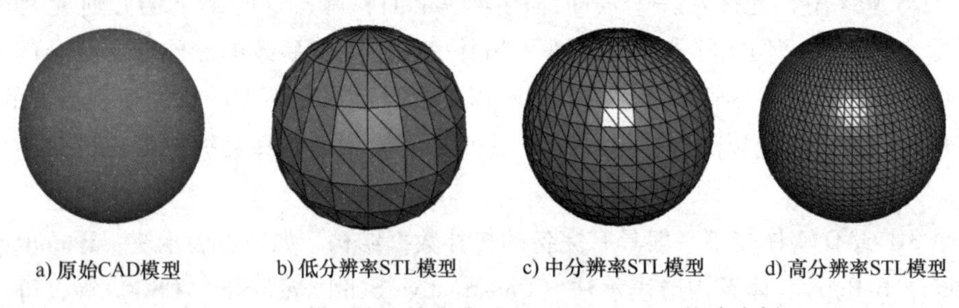

a) 原始CAD模型　b) 低分辨率STL模型　c) 中分辨率STL模型　d) 高分辨率STL模型

图 3-2　不同模型转换精度的对比示例（以 STL 格式为例）

常用的 3D 打印模型文件格式有 STL（Stereo Lithography，立体光刻）、OBJ（Object，物体）、AMF（Additive Manufacturing File，增材制造文件）和 3MF（3D Manufacturing Format，3D 制造格式）等。

### 3.3.1 STL 格式

STL 最早是由 3D Systems 软件公司提出的、原本用于立体光刻计算机辅助设计软件的文件格式，也被称为标准三角语言（Standard Triangle Language）、标准曲面细分语言（Standard Tessellation Language）、立体光刻语言（Stereolithography Language，STL）或立体光刻曲面细分语言。STL 格式是实体建模软件和 3D 打印机之间通信的标准文件格式。许多商业化的 CAD 套装软件都支持 STL 数据格式，它也是计算机辅助几何设计（Computer-Aided Graphical Design，CAGD）最常见文件格式之一，被广泛用于快速成型、3D 打印和计算机辅助制造（Computer-Aided Manufacturing，CAM）。STL 文件仅描述三维模型的几何信息，没有颜色、材质贴图及其他常见三维模型的属性。图 3-3 所示为一个 STL 格式的模型示例。

STL 数据有 ASCII 和二进制码两种格式，其中，二进制格式因较简洁所以比较常见。

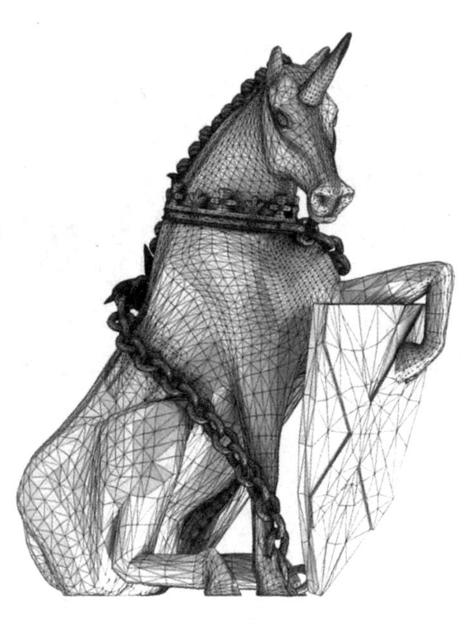

图 3-3 STL 格式的模型示例

**1. STL 的 ASCII 格式**

ASCII 格式的 STL 文件逐行给出三角面片的几何信息，每一行以 1 个或 2 个关键字开头。STL 文件中的基本信息单元 facet 是一个带矢量方向的三角面片，STL 三维模型就是由一系列这样的三角面片构成的。STL 文件的首行给出了文件的路径及文件名。

在一个 STL 文件中，每一个 facet 由 7 行数据组成；“facetnormalxyz”是三角面片指向实体外部的法向量坐标；“outerloop”下的 3 行数据分别是三角面片的 3 个顶点坐标，沿指向实体外部的法向量方向逆时针排列。

ASCII 格式的 STL 文件结构如下：

```
1
2        明码://字符段意义
3        solidfilenamestl//文件路径及文件名
4        facetnormalxyz//三角面片法向量的 3 个分量值
5        outerloop
6        vertexxyz//三角面片第 1 个顶点坐标
7        vertexxyz//三角面片第 2 个顶点坐标
8        vertexxyz//三角面片第 3 个顶点坐标
9        endloop
10       endfacet//完成一个三角面片定义
11       ......//其他 facet
12       endsolidfilenamestl//整个 STL 文件定义结束
13
```

2. STL 的二进制格式

二进制 STL 文件用固定的字节数来表示三角面片的几何信息。文件起始的 80 个字节是文件头，用于存储文件路径和文件名；紧接着用 4 个字节的整数来描述模型的三角面片个数；后面逐个给出每个三角面片的几何信息。

一个完整的二进制 STL 文件的大小为三角面片数乘以 50 再加上 84 个字节。每个三角面片占用固定的 50 个字节，依次是：3 个 4 字节浮点数（三角面片的法向量 $N_x$，$N_y$，$N_z$）；3 个 4 字节浮点数（第 1 个顶点的坐标）；3 个 4 字节浮点数（第 2 个顶点的坐标）；3 个 4 字节浮点数（第 3 个顶点的坐标）；三角面片的最后 2 字节用来描述三角面片的属性信息。

二进制格式的 STL 文件结构如下：

```
1        UINT8//Header//文件头
2        UINT32//Numberoftriangles//三角面片数量
3        //foreachtriangle(每个三角面片中)
4        REAL32[3]//Normalvector//法线矢量
5        REAL32[3]//Vertex1//顶点 1 坐标
6        REAL32[3]//Vertex2//顶点 2 坐标
7        REAL32[3]//Vertex3//顶点 3 坐标
8        UINT16//Attributebytecountend//文件属性统计
```

在使用 CAD 软件输出 STL 模型文件时，通常会有参数设定，如弦高（Chord Height）、误差（Deviation）、角度公差（Angle Tolerance）或是某些类似的名称，这些参数都是为控制模型的 STL 数据输出精度而存在的。在 3D 打印实践中，一般建议弦高设定值在 0.01~0.02mm 之间，以保证输出模型具有较好的精度。

### 3.3.2 OBJ 格式

OBJ 文件是由美国 Alias | Wavefront 公司为其 3D 建模和动画软件 Advanced Visualizer 开发的一种 3D 模型数据文件交换的格式标准，适用于 3D 模型之间的相互导入，也可以通过 Maya 软件读写。OBJ 格式主要支持多边形（Polygons）模型，只能描述三维模型的表面几何信息，图 3-4 所示为一个 OBJ 格式的模型示例。由于 OBJ 格式在数据交换方面的便捷性，目前大多数的 3D CAD 软件都支持 OBJ 文件格式，大多数 3D 打印机也都支持 OBJ 格式的使用。

图 3-4 OBJ 格式的模型示例

OBJ 文件是一种文本文件，可以直接用写字板打开进行查看和编辑修改。另外，有一种与此相关的二进制文件格式（＊.MOD），其作为专利未公开，因此这里不作讨论。

### 1. OBJ 格式的特点

OBJ 3.0 文件格式支持直线（Line）、多边形（Polygon）、表面（Surface）和自由形态曲线（Free-form Curve）的描述。直线和多边形通过它们的顶点来表示，曲线和表面则根据它们的控制点和依附于曲线类型的额外信息来定义，这些信息支持规则的和不规则的曲线的表达，包括那些基于贝齐尔曲线（Bezier）、B 样条（B-spline）、基数样条（Cardinal/Catmull-Rom Spline）和泰勒方程（Taylor Equations）的曲线。其他特点如下。

1）OBJ 文件是一种 3D 模型文件。不包含动画、材质特性、贴图路径、动力学、粒子等信息。

2）OBJ 文件主要支持多边形（Polygons）模型，虽然也支持曲线（Curves）、表面（Surfaces）、点云材质（Point Group Materials），但 Maya 导出的 OBJ 文件并不包括这些信息。

3）OBJ 文件支持包含三个以上点的面，这一特点很有用。很多其他的模型文件格式只支持三个点构成的面，所以导入 Maya 的模型经常被三角化，这对于模型的再处理甚为不利。

4）OBJ 文件支持法线和贴图坐标。在其他软件中调整好贴图后，贴图坐标信息可以存入 OBJ 文件中，这样当文件导入 Maya 后，只需指定一下贴图文件路径就行了，不需要再调整贴图坐标。

### 2. OBJ 文件数据结构

OBJ 文件不需要任何形式的文件头（File Header），尽管经常会使用几行文字信息的注释作为文件的开始。OBJ 文件由一行行文本组成，注释行以符号“#”为开头，空格和空行可以随意加到文件中以增加文件的可读性。带字符的行一般都由关键字（Keyword）开头，关键字可以说明这一行是什么样的数据。多行可以逻辑地连接在一起表示一行，方法是在每一行最后添加一个连接符“\”。注意连接符“\”后面不能出现空格或 Tab 格，否则将导致文件出错。

下面是 OBJ 文件使用的关键字列表，其中关键字根据数据类型排列，一般每个关键字都有一段简短的注释性描述。

1）顶点数据（Vertex Data）。v：几何体顶点（Geometric Vertices）；vt：贴图坐标点（Texture Vertices）；vn：顶点法线（Vertex Normal）；vp：参数空格顶点（Parameter Space Vertices）。

2）自由曲线（Free-form Curve）/表面属性（Surface Attributes）。deg：度（Degree）；bmat：基础矩阵（Basis Matrix）；step：步长（Step Size）；cstype：曲线或表面类型（Curve or Surface Type）。

3）元素（Elements）。p：点（Point）；l：线（Line）；f：面（Face）；curv：曲线（Curve）；curv 2D：曲线（2D curve）；surf：表面（Surface）。

4）自由曲线（Free-form Curve）/曲面实体声明（Surface Body Statements）。parm：参数值（Parameter Values）；trim：外部修剪环（Outer Trimming Loop）；hole：内部整修环（Inner Trimming Loop）；scrv：特殊曲线（Special Curve）；sp：特殊点（Special Point）；

end：声明结束（End Statement）。

5）自由曲面之间的连接（Connectivity between Free-form Surfaces）。con：连接（Connect）。

6）成组（Grouping）。g：组名称（Group Name）；s：光滑组（Smoothing Group）；mg：合并组（Merging Group）；o：对象名称（Object Name）。

7）显示（Display）/渲染属性（Render Attributes）。bevel：导角插值（Bevel Interpolation）；c_interp：颜色插值（Color Interpolation）；d_interp：溶解插值（Dissolve Interpolation）；lod：细节层次（Level of Detail）；usemtl：材质名称（Material Name）；mtllib：材质库（Material Library）；shadow_obj：阴影投射（Shadow Casting）；trace_obj：光线跟踪（Ray Tracing）；ctech：曲线逼近技术（Curve Approximation Technique）；stech：表面逼近技术（Surface Approximation Technique）。

在OBJ文件里，面的索引可正可负，为正数时表示顶点的绝对索引，为负数时，如f：$-a$ $-b$ $-c$表示从这面数据结束位置开始，倒数的第$a$、$b$、$c$个顶点；vn、vt索引也一样。OBJ文件虽然不包含面的颜色定义信息，不过仍然可以通过引用材质库来使用颜色。材质库信息通常储存在一个扩展名是“.mtl”的独立文件中，关键字“mtllib”即材质库的意思。材质库中包含材质的漫射（Diffuse）、环境（Ambient）、光泽（Specular）的RGB（红绿蓝）的定义值，以及反射（Specularity）、折射（Refraction）和透明度（Transparency）等其他特征。一旦使用“usemtl”指定了材质，之后的面都是使用这一材质，直到遇到下一个“usemtl”来指定新的材质。

虽然OBJ格式诞生的晚一些，也比STL格式有所进步，但从总体上看，二者并无实质性的区别。

### 3.3.3 AMF格式

AMF格式是美国材料与试验协会（ASTM）于2013年发布的一种开放的增材制造模型文件格式，于2013年被国际标准化组织（International Organization for Standardization，ISO）采纳为3D打印的行业标准［ISO/ASTM 52915：2016（E）］。AMF是一种基于XML（eXtensible Markup Language）语言的模型数据格式，它以目前3D打印机常用的STL格式为基础，弥补了其弱点，能够记录颜色、材料及物体内部结构等信息。AMF标准基于XML（可扩展标记语言），简单易懂，可通过增加标签轻松扩展；它不仅可以记录单一材质，还可对不同部位指定不同材质，能分级改变两种材料的比例进行造型；模型内部的结构用数字公式记录，支持指定模型表面的贴图，还可以指定3D打印时最高效的方向；该格式使用三角形网格来描述曲面，无论它们是三维曲面上的曲线边还是其他非平面边；颜色使用RGBA（红色、绿色、蓝色和Alpha通道）值指定。此外，还能记录作者的名字、模型的名称、版权和特殊说明等原始数据。图3-5所示为一个AMF格式的模型示例。

常用的CAD软件，如CATIA、SolidWorks等应用程序，都支持将三维模型信息导出为AMF格式的文件。此外，免费的跨平台应用程序Autodesk Meshmixer还可以用来预览AMF文件的模型。支持该格式的3D打印服务商包括Materialise及Shapeways等。

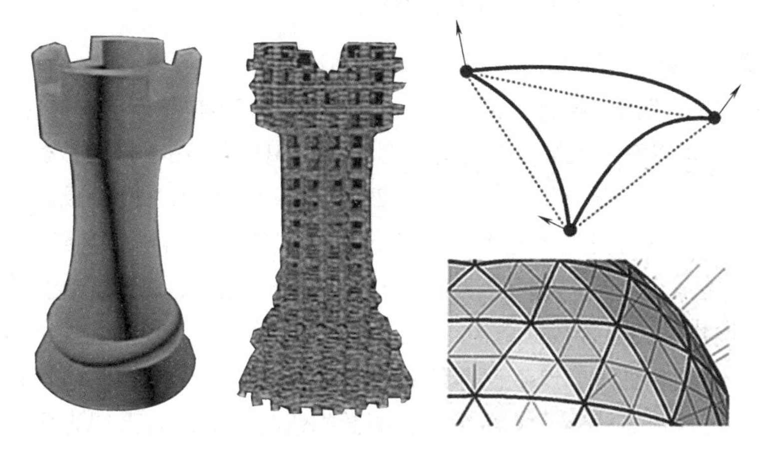

图 3-5　AMF 格式的模型及曲面三角面片示例

**1. AMF 格式的特点**

与 STL 格式的模型文件相比，AMF 克服了其精度不高、工艺信息缺失、文件体积庞大、读取缓慢等缺点，同时引入了曲面三角面片、功能梯度材料、排列方位等概念。曲面三角面片是利用各个顶点法线或切线方向来控制面片内部曲率形状的，能够大幅提升模型的精度。在进行模型切片处理时，曲面三角面片还可以进行细分，以便于获得理想的精度。在 AMF 模型文件中，不同区域的材料成分是通过空间点坐标公式来表达的，按常数比例混合的材料即为均质材料，按坐标值线性变化的比例混合的材料即为梯度材料，还可以表达非线性梯度材料。当材料比例被赋为“0”时，即表示该处为孔洞。因此，AMF 格式包含的工艺信息更全、文件体积更小、模型错误更少。这使得它在 3D 打印过程中使用起来更加方便，模型设计过程也更加轻松。

相对于 SLT、OBJ 文件格式，AMF 格式具有以下特点。

1）技术独立性。AMF 文件格式一般只描述一个对象，这样任何机器都可以使用；分辨率和层厚度独立，不包含任何制造过程信息或任何一种特定的技术。

2）简单。AMF 文件格式很容易实现和理解，可以用一个简单的 ASCII 文本查看器来阅读和调试，相同的信息不会存储在多个地方。

3）可伸缩性。文件格式的复杂性和规模关系到 3D 打印机的分辨率和精度。AMF 文件能够简化大型数组中相同的对象，减少文件内部的复杂性。

4）性能。AMF 格式文件支持启用合适的读、写操作，为典型的大型文件读写提供了详细的性能数据说明。

5）向后兼容。任何现有的 STL 文件都可以直接转换为有效的 AMF 文件，不会损失任何额外的信息。AMF 文件也支持将模型数据转换回 STL 格式，但颜色、纹理等特征将会丢失。AMF 格式有效地扩充了 STL 格式中的三角面片网格的表达范围，利用计算几何，对已有的的面片分割算法和代码进行了算法优化和拓展，使之能够覆盖曲面三角面片的表达。

6）未来的兼容与可扩展性。为了能够在快速发展的 3D 打印行业中保持有用性，AMF 文件格式被设计成很容易在技术上实现扩展，并且具有良好的兼容性。它允许在保证技术先进性的同时，通过自定义添加新的特性。

2. AMF 文件数据结构

AMF 文件能描述带内部材料、工艺结构特征信息的实体模型。与此对应，传统 3D 打印的数据处理过程也将发生大幅度的更改。例如，在 3D 打印中，模型数据处理最核心的环节是分层离散切片，由于 STL 模型文件的切片结果用连续小线段组成的一系列轮廓环来指示实体的边界，所以损失了轮廓精度，且无内部实体材料与工艺结构信息。因此，在 AMF 模型文件中，3D 打印数据处理流程中的二维分层数据，将逐步转换为采用“样条曲线轮廓+光栅网格”的混合数据结构。构造样条曲线轮廓，无损描述曲面三角面片的离散化切片轮廓，且各个曲线节点不仅存储有模型的几何信息，还存储包括色彩在内的表面工艺信息，由此实现高精度、无损的外轮廓数据表达；同时，采用光栅网格表达模型内部的材料及结构信息，将基于区域的模型空间域函数描述的梯度材料以及微工艺结构信息，离散化到光栅网格的每个节点上。由此，该层面数据可统一描述 3D 打印所需的全部工艺信息，包括多材料、多色、多尺度的工艺结构信息。

AMF 文件的一般概念性结构如下。

1）零件（物体）由体积和材料定义。体积由三角形网格定义；材料由属性/名称定义。

2）可以指定颜色属性。包括：颜色；纹理映射。

3）材料可以组合。包括：梯度材料；栅格/微工艺结构。

4）物体可以组合成星座（Constellation）⊖。包括：重复的实例，封装，定位等。

5）元数据（Metadata）。元数据是可选元素，可以用以定义实体、几何尺寸以及材料的附加属性信息。

图 3-6 所示为一个简单的 AMF 文件格式示例，其中只包含顶点和三角面片列表，这种结构可以兼容 STL 格式的模型数据。更详细的 AMF 数据格式信息请参阅 GB/T 35353—2017（ISO/ASTM 52915：2006）。

```
<?xml version="1.0" encoding="UTF-8"?>
<amf units="mm">
  <object id="0">
    <mesh>
      <vertices>
        <vertex>
          <coordinates>
            <x>0</x>
            <y>1.32</y>
            <z>3.715</z>
          </coordinates>
        </vertex>
        <vertex>
          <coordinates>
            <x>0</x>
            <y>1.269</y>
            <z>2.45354</z>
          </coordinates>
        </vertex>
        ...
      </vertices>
      <region>
        <triangle>
          <v1>0</v1>
          <v2>1</v2>
          <v3>3</v3>
        </triangle>
        <triangle>
          <v1>1</v1>
          <v2>0</v2>
          <v3>4</v3>
        </triangle>
        ...
      </region>
    </mesh>
  </object>
</amf>
```

图 3-6　一个简单的 AMF 文件格式示例

然而，由于 AMF 模型文件的设计与仅仅表达几何外形的传统设计方法差异较大，因此目前能完整支持 AMF 格式信息的 CAD 设计软

⊖ 星座（Constellation）指多个实体的组合，也称组合体。

件还不多，仅有像CATIA、SolidWorks这样的大型CAD系统能支持，且大部分3D打印软件也无法对AMF文件的全部信息予以支持。但作为一个ISO标准，相信在不久的将来，AMF数据格式将会被大多数CAD系统和3D打印软件所采用，并应用到多材料3D打印制造系统中。

### 3.3.4 3MF格式

3MF（3D Manufacturing Format）文件格式是由3MF联盟——微软、惠普、Shapeways、欧特克（Autodesk）、达索系统、Netfabb和SLM Solution共七家非常有实力的软硬件厂商，于2015年联合开发的一种3D打印模型的数据文件格式。3MF格式的文件可用于多种应用、不同平台、不同的服务以及不同类型的3D打印机。

与AMF类似，3MF也是一种基于XML语言的模型数据文件格式。它能够更完整地描述3D打印模型，除了几何信息，还可以描述模型的内部结构、颜色、材料、纹理等其他特征，包括与3D打印有关的数据定义，以及自定义数据的第三方扩展。图3-7所示为一个3MF格式的模型示例。

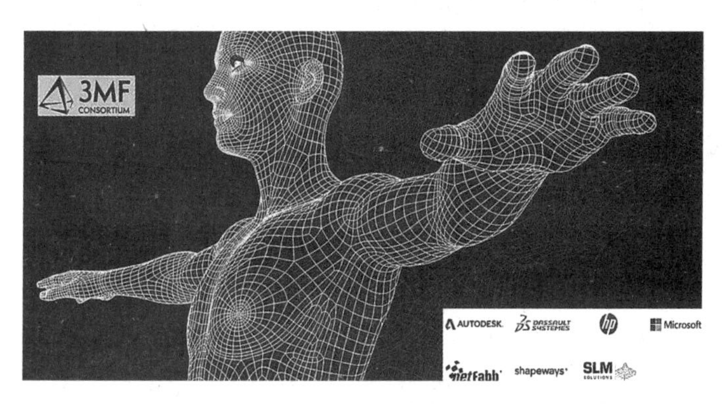


图3-7 3MF格式的模型示例

**1. 3MF格式的特点**

对于使用3D打印的消费者及从业者来说，3MF格式最大的好处是有众多有实力的公司支持这个格式。例如，3MF联盟中除了有微软等七家公司，3D打印领域的其他关键参与者，如Materialize、3D Systems等公司，也已经加入了该联盟。

3MF格式具有以下的优点。

1）完备性。可以描述一个模型的内在和外在的信息、颜色、材质以及其他特征。

2）易读。使用常见的结构，如OPC[㊀]、ZIP[㊁]和XML文件来简化开发。

---

㊀ OPC（OLE for Process Control）是一个应用于自动化行业的数据安全交换可互操作性标准。管理这个标准的是国际OPC基金会，现有会员已超过220家，遍布全球。它是基于微软的OLE（Active X）、COM（部件对象模型）和DCOM（分布式部件对象模型）技术开发的，包括一整套接口、属性和方法。

㊁ ZIP是一种计算机文件压缩算法，发明者为菲尔·卡茨（Phil Katz），他于1989年1月公布了该格式的资料。标准zip文件格式由三部分组成：zip压缩数据段、中央目录区、中央目录区尾部。其中zip压缩数据段又分为zip文件头信息和压缩数据。

3）简单。3MF 文件结构简单，清晰，便于开发。

4）可扩展性好。层级化的 XML 结构不仅方便保证兼容性，也易于扩展，以支持三维打印新的创新。

5）准确性高。定义清晰，验证简单，保证从模型数据文件到实物打印，不存在模棱两可的二义性。

6）具有良好的互操作性和开放性。

7）免费。使用 3MF 格式无须认证，或者专利和版权许可。

8）可以解决其他广泛使用的 3D 打印模型文件格式固有的问题。

目前，大部分主流 CAD 软件，如 SolidWorks 2017 以后的版本，都已经开始支持 3MF 文件格式。

**2. 3MF 文件数据结构**

3MF 文件包含所有必要的模型、材料和属性信息。其中也包含了与 3D 打印相关的数据，这些数据定义了可使用 3D 打印机打印的 3D 对象的形状和组成，包括 3D 对象的定义、支持文件以及打印零件的个数及排列方式等。

3MF 数据结构的核心是 Printing3D3MFPackage 类。Printing3D3MFPackage 类是一个完整的 3MF 文档，核心是其模型部分，由 Printing3DModel 类表示。有关 3D 模型的大部分信息都可以通过设置 Printing3DModel 类的属性和它们的基础类的属性来定义。Printing3D3MFPackage 类中有以下核心数据结构。

（1）元数据（Metadata） 3MF 文档的模型部分可以将元数据以存储在 Metadata 属性中的字符串的键/值对的形式保存。可以有多个预定义的元数据名称，例如，Title（标题）、Designer（设计者）、CreationDate（创建日期）等，都可以定义为元数据（在 3MF 规范中有更详细的介绍）。由模型数据的接收方（如 3D 打印设备）来确定是否以及如何处理元数据，但是最好能在 3MF 数据包中包含尽可能多的基本信息。

（2）网格数据 网格是根据单个顶点集构造的三维几何图形（尽管有时它无须显示单个顶点）。网格对象由 Printing3DMesh 类表示。一个有效的网格对象必须包含有关其所有顶点，存在于特定顶点集上的所有三角面片的位置信息，以及在这些顶点上绘制所有三角面片的方法。

所有三角面片都必须以沿逆时针方向的顺序（当从网格对象外部查看三角形时）定义其顶点索引，以便使它们的面法线矢量指向外部。当 Printing3DMesh 对象包含有效的顶点和三角面片集时，应该随后将其添加到模型的 Meshes 属性里；程序包中的所有 Printing3DMesh 对象都必须存储在 Printing3DModel 类的 Meshes 属性下。

（3）创建材料 3D 模型可以保留多个材料的数据，此约定旨在充分利用可在单个打印作业中使用多个材料的 3D 打印设备。可以有多种类型的材料组，每个材料组都可以拥有不同的单独材料；每个材料组都必须有唯一的引用 ID 号，并且该组内的每个材料都必须有唯一的 ID。

然后，模型内的不同网格对象可以引用这些材料。此外，也可以为网格上的个别三角面片指定不同的材料，甚至可以在单个三角面片内使用不同的材料，例如，可以给每个三角面片的顶点都分配不同的材料，并将面片内的材料插值为顶点之间的渐变。

3MF格式支持在各个模型的材料组内创建不同类型的材料，然后将它们存储为模型对象的资源。在需要时，可以将不同的材料分配给指定的网格或指定的三角面片顶点。

1）基本材料。默认材料类型为基本材料，该类型具有颜色材料值和旨在指定要使用的材料类型的名称属性。在打印时，由3D打印设备负责确定将存储在3MF文件中的材料定义与什么样的实际可用的打印材料相对应。这种材料映射并不一定是一对一的，例如，如果3D打印机只使用一种材料，那么无论之前给对象或面片定义了什么样的材料，它都将以该实际材料打印整个模型。

2）颜色材料。颜色材料类似于基本材料，但它们不包含名称。因此，它们不会提供有关计算机应使用哪些材料类型的说明。它们仅保留颜色数据，并且让计算机选择材料类型（计算机随后可能提示用户进行选择）。

3）复合材料。复合材料是打印设备使用的不同基本材料的组合。每个复合材料组都必须且仅能引用一个基本材料组，以便从中抽取材料成分。此外，复合材料的组合内要引用的基本材料必须在材料索引列表中列出，以便每个复合材料在指定材料比率（每个复合材料只是基本材料的某个比率）时引用。

4）纹理坐标材料。3MF格式支持使用2D图形作为3D模型的表面颜色（纹理）。通过此方式，模型可以在每个三角面片上传达更多的颜色数据（与每个三角形顶点只有一个颜色值相反）。和颜色材料一样，纹理坐标材料仅传达颜色数据。若要使用2D纹理，则必须先声明纹理的图像资源。纹理数据属于3MF类数据包本身，而不属于数据包内的模型子类。使用2D纹理时，必须填写Texture3Coord材料，其中，每个Texture3Coord材料引用一个纹理资源，并指定一个特定的纹理坐标点（2D纹理的UV坐标点）。

5）将材料映射到面。为了指示哪些材料映射到每个三角面片上的哪些顶点，必须在模型的网格对象上将材料按顶点、三角面片分配。如果模型包括多个网格，则必须分别为每个网格、每个顶点都分配一个材料。

（4）组件和版本　组件结构允许用户在可打印的3D模型中放置多个网格对象。Printing3DComponent对象包含单个网格和对其他组件的引用列表，这实际上是Printing3DComponentWithMatrix对象的列表，每个Printing3DComponentWithMatrix对象都包含一个Printing3DComponent，此外，还包含一个适用于Printing3DComponent的网格和组件的转换矩阵。例如，汽车的模型可能由包含车身网格的“车身”Printing3DComponent组成；“车身”组件可能包含对四个不同的Printing3DComponentWithMatrix对象的引用，这些对象全都引用带有“车轮”网格的相同Printing3DComponent并包含四个不同的转换矩阵（将车轮映射到车身上的四个不同位置）。在此结构中，“车身”网格和“车轮”网格各自只须存储一次，但最终产品上会显示出这五个网格。

所有Printing3DComponent组件都必须在模型的Components属性中直接引用，而在打印作业中使用的单个特定组件则存储在 Build 属性中。

（5）保存程序包 在完成上述设置后，就得到了包含材料定义和组件定义的完整的3D 打印模型，可以将其保存到一个 3MF 程序包里。接下来，就可以在应用程序内直接启动 3D 打印作业（这时，系统会把模型数据发送给 3D 打印机），或者将此 Printing3D3MFPackage 数据另存为“.3mf”文件。

除了 STL、OBJ、AMF、3MF 打印模型文件格式，还有像 Gcode[㊀]（.g 或 .gco）及 VRML 等 3D 打印模型文件格式。Gcode 文件存储了 3D 打印机可以执行的模型打印 G 代码指令，一般由切片程序创建。VRML 代表虚拟现实建模语言。与 STL 格式相比，VRML 是一种较新的 3D 打印模型文件格式，适用于彩色 3D 模型，但它一次只能存储一个 UV 彩色模型。VRML 不如 STL、OBJ、AMF 及 3MF 格式那么流行，但由于它能提供与颜色相关的信息，因此它在处理彩色模型方面有一定的市场。

## 3.4 打印成型方向的选择

打印成型方向指 3D 打印分层累加的方向，这是影响分层切片结果及后续相关处理的一个重要因素。合理地选择打印成型的方向，可以有效地减小台阶效应、提升打印质量，同时也能提高打印效率。

当 3D 打印机接收到打印模型数据后，首先需要确定模型在打印平台上摆放的位置和姿态，也有些 3D 打印机支持一次进行多个模型的打印，这时还需要合理地排布模型；接下来是沿指定方向（通常是 *Z* 轴方向）“切分”成一层层的薄片——截面，记录下每个截面的内外环轮廓数据，用于后续的打印操作。对沿 *Z* 轴方向打印的 3D 打印机来说（如 FDM 3D 打印机），模型摆放的姿态也决定了模型切片分层的方向。

分层打印工艺一般会在制品的表面产生阶梯效应，这对曲面和斜平面来说尤其明显。而且，不同的分层厚度，得到的最终打印模型的精度也不一样。图 3-8 所示为分层台阶尖点高度与阶梯效应及实际打印的制品与理论模型的差异的示意图。3D 打印机打出的截面的厚度（即 *Z* 方向）以及平面方向即 *X-Y* 方向的分辨率是以 dpi（像素/英寸）或者 μm 来计算的。一般的厚度为 100μm，即 0.1mm，也有部分打印机，如 ObjetConnex 系列以及三维 Systems ProJet 系列，可以打印出 16μm 薄的一层；而平面方向则可以打印出跟激光打印机相近的分辨率，打印出来的“墨水滴”的直径通常为 50~100μm。

一般来说，成型方向的选择需要遵从以下原则：

1）尽量使零件具有较少的悬空结构，以减少零件的支撑面积。

2）尽可能使打印分层方向上的尺度最小，以缩短打印时间。

3）尽量避免零件表面的台阶效应，以降低表面粗糙度，提高零件的打印精度。

---

㊀ Gcode（G 代码，又称为 RS-274），是使用广泛的数控（Numerical Control）编程语言，它有多个版本，主要在计算机辅助制造中用于控制自动机床。G 代码有时候也称为 G 编程语言。使用 G 代码可以控制机床实现快速定位、逆圆插补、顺圆插补、中间点圆弧插补、半径编程、跳转加工等。

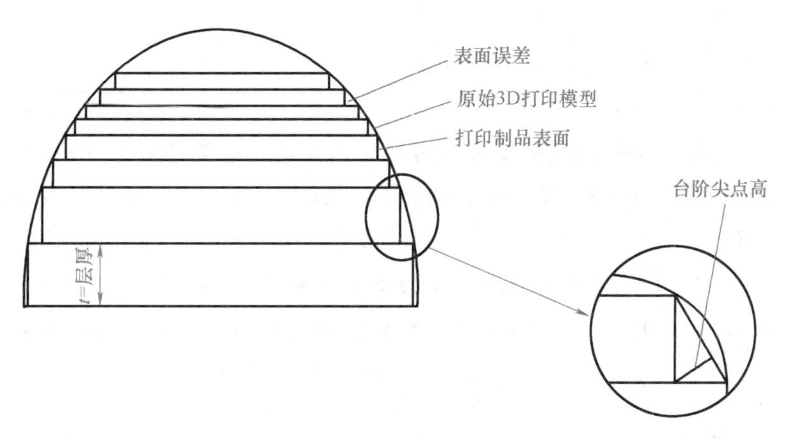


图 3-8 分层台阶尖点高度与阶梯效应

打印成型方向的选择方法通常有两种，一是人工选择，二是算法选择。通过人工选择来确定打印成型方向，打印效果很大程度上取决于用户的经验和技巧。对于形状和结构不复杂的零件来说，凭直觉和经验选择一个较优的打印成型方向有时是可行的，但对于形状和结构都比较复杂的零件来说，则很难凭直觉和经验选择出较优的打印成型方向。因此，国内外很多研究人员，对快速成型工艺中成型方向选择的优化进行了各种研究尝试。通过建立零件成型方向优化的数学模型，并进行模型求解，以实现对任意形状和结构的物体打印成型方向的自动优化。目前，针对 FDM 和 SLA 技术的快速成型工艺的研究较多。

成型方向选择优化算法主要有基于遗传算法（Genetic Algorithm，GA）的优化算法、基于帕累托（Pareto）最优解的优化算法，以及基于填充扫描矢量方向的优化方法等。

最优化问题的求解方法一般有解析法、直接法、数值计算法及其他方法。①解析法：也称为间接法，适合于目标函数和约束条件有明确的解析表达式的情况。求解方法是先求出最优的必要条件，得到一组方程或不等式，再对方程或不等式求解。一般是先用求导或变分法求出必要条件，再通过必要条件将问题简化求解；②直接法：当目标函数较复杂或者无法用变量显函数描述时，无法用解析法求得必要条件。此时，可采用直接搜索的方法，如遗传算法等，经过若干次迭代搜索找到最优解。这种方法常常根据经验或实验得到所需的结果。对于单变量问题，主要用消去法或多项式插值；对于多变量问题，主要用爬山法；③数值计算法：以梯度法为基础，是一种解析与数值计算相结合的方法；④其他方法：如网络最优化方法等。

遗传算法是一种模拟生命进化的有限解空间搜索算法，通过将问题编码成可能解种群，再通过对种群的选择、杂交和变异等具有生物意义的遗传操作，来实现种群的更新和迭代，并寻求全局最优解。进化过程中对种群选择的依据是适应度，适应度值越大种子被选中的概率就越大，实现了对种子的“优胜劣汰”，从而确保算法收敛于最优解。

实践中，一般根据 CAD 模型的特点，凭经验选定打印成型方向的做法较为普遍。而且，在像 FDM 这类打印机上，打印成型方向往往就是模型打印时摆放姿态的方向。

## 3.5 打印模型分层切片处理

模型的分层切片算法按照其数据来源可分为两大类，一类是基于3D打印模型的分层切片，另一类是基于CAD精确模型的直接切片（Direct Slicing）。直接切片算法处理的对象是3D CAD模型，可以避免模型转换带来的精度损失、模型文件大等缺陷，但是也存在切片计算耗时长、各类CAD系统之间切片数据格式难以统一、算法通用性差等不足。所以，目前还处在研究阶段，使用的较少。本节重点讨论基于3D打印模型的分层切片方法。此外，对一些带有悬吊结构的模型，还需要考虑支撑问题。

### 3.5.1 分层和切片

打印模型切片的主要目的是为了构建分层3D打印中的层。切片的基本方法是：利用垂直于打印方向的两个平行平面，对打印模型进行截取，两个平行平面之间的距离就是3D打印时的层厚度。

大部分3D打印模型都是用STL数据表示几何形状的，这里将以STL模型为例，来讨论模型的切片算法。基于STL模型数据的切片算法的基本思路是：在计算每一层的截面轮廓时，首先要分析每一个三角面片与切片平面的位置关系，若相交，则求交线；否则，不作处理。待求出模型与切片平面的所有交线后，再将各段交线按照一定规则有序地连接起来，得到模型在该层的截面轮廓。

由于STL模型缺乏三角形网格的拓扑信息，应用这种方法计算每一层轮廓时，需要遍历所有的面片，其中绝大部分三角面片与切片平面可能并不相交，导致算法效率降低；对于切片平面相交的每条边，都要求2次交点，运算量也很大；此外，对每一层计算出的所有交线进行排序，也是一个十分费时的过程。因此，在实践中，往往采用一些改进措施来提升切片算法的效率。按照对三角面片信息利用方式的不同，现有的STL模型快速切片算法主要分为以下两类。

1）基于拓扑信息的切片算法。这类算法利用三角形网格的点表、边表和面表来建立STL模型的整体几何拓扑信息，在此基础上实现快速求交。利用此类算法求交时，首先找到第一个与切片平面相交的三角面片，求出交点；然后根据拓扑邻接信息可以迅速查找到相邻的三角面片，并求出交点；依次追踪下一个相邻三角面片，直至回到第一个三角面片为止；最后得到一条有向的封闭轮廓环。重复这一过程，直到所有的轮廓环计算完毕，最终得到该层完整的截面轮廓，包括内环和外环。

这类算法的优点是，利用拓扑相邻关系追踪计算，可直接获得首尾相连的有向封闭轮廓线，无须再进行排序；在计算三角面片与切平面的交点时，每个三角面片只需要计算一个边的交点，由面的邻接关系，可继承邻接面片的一个交点，节省了计算时间。该方法也存在一定局限性，即建立模型整体拓扑信息的处理时间较长，尤其是对于复杂的STL模型；此外，算法占用的系统资源也较多。

2）基于三角面片几何特征的切片算法。这类算法利用了STL模型中三角面片的两个特点，一是三角面片在分层方向上的跨度越大，则与它相交的切片平面越多；二是处于不同高度上的三角面片，与其相交的切片平面出现的次序也不相同。此类算法首先根据模型中每个三角面片的顶点 $z$ 坐标的最小值 $z_{min}$ 和最大值 $z_{max}$，对所有三角面片进行排序；对于两个三角面片，$z_{min}$ 较小的排在前面；当 $z_{min}$ 相等时，$z_{max}$ 较小的排在前面；然后，在计算切片交线时，当切平面高度小于某个三角面片的 $z_{min}$ 时，对于排在该面片以后的面片，则无须再进行处理；同理，当分层高度大于某个面片的 $z_{max}$ 时，则对于该面片之前的面片，就无须再进行处理。最后，将交线首尾相连形成截面轮廓线。

这类算法的优点是，沿切片方向投影的大小进行分组排序，减少了三角面片与切片平面位置关系的判断次数，加快了模型切片处理的速度。其缺点是，对大量的三角面片进行分组排序，耗时较长，会降低算法的运行效率，难以处理数据量较大的 STL 模型；对于每个与切片平面相交的三角面片，要进行 2 次求交计算，这导致共边上与切平面的交点要重复计算 2 次；此外，该算法在截面轮廓环的生成过程中，还需要进行交线连接关系及方向的搜索判断。

最近，有学者提出了一种基于分层邻接排序的 STL 模型快速切片算法，该算法不进行模型整体几何拓扑信息的提取，而是根据三角形坐标在切片方向上投影的最大值和最小值反求与三角形相交的切片平面，读取一次信息即可建立有序的交点链表，从而获得完整的有向封闭轮廓线。与前述两种 STL 模型快速切片算法相比，大大提高了切片速度。图 3-9 所示为此算法的流程图。图 3-10 所示为该算法切片的效果示例。

目前，很多免费的开源软件也提供对 3D 打印模型切片的算法支持。例如，国际上较成熟的切片算法引擎有 SKeinforge、Slic3r 及 Cura Engine 等。另外，Materialise Magics、MeshMixer、KisSlicer 等软件，也支持对 3D 打印模型的切片处理。这些软件一般都支持常用的切片文件格式的输出，如 SLC（Stereo Lithography Contour）、CLI（Common Layer Interface）[⊖]以及标准绘图数据文件格式 HPGL（Hewlett-Packard Graphics Language）等。

### 3.5.2 悬空结构支撑的生成

3D 打印中的支撑，是指为 3D 打印模型的悬空部分提供打印支撑的额外辅助结构。支撑是模型打印所必需的工艺结构，但它不属于打印模型的一部分。

在 3D 打印过程中，由于模型当前打印层都是在下一层的基础上进行累积的，模型下一层对当前层有着关键的定位和支撑作用。在打印时，有些打印技术需要考虑支撑问题。例如，对使用 FDM 技术的 3D 打印机来说，如果当前打印的截面大于对其起支撑作用的截面，当上层截面没有合理的支撑结构时，模型悬空部分就会出现塌陷或变形，影响打印材料的正常累积以及打印模型的精度。因此，当选定采用什么工艺进行打印后，需要根据零件结构和打印工艺的特点，来考虑支撑结构以及其影响。支撑结构一般需要在后处理过程中去除掉，但是会留下瑕疵，使表面粗糙度增加，严重时还会损害到打印制品

⊖ CLI 文件是利用层、轮廓、填充线等来描述，通过一系列在高度上有序的二维截面轮廓（采用多边形为基本描述单元）叠加构成三维实体模型的一种数据格式，有 ASCII 码和二进制码两种格式。

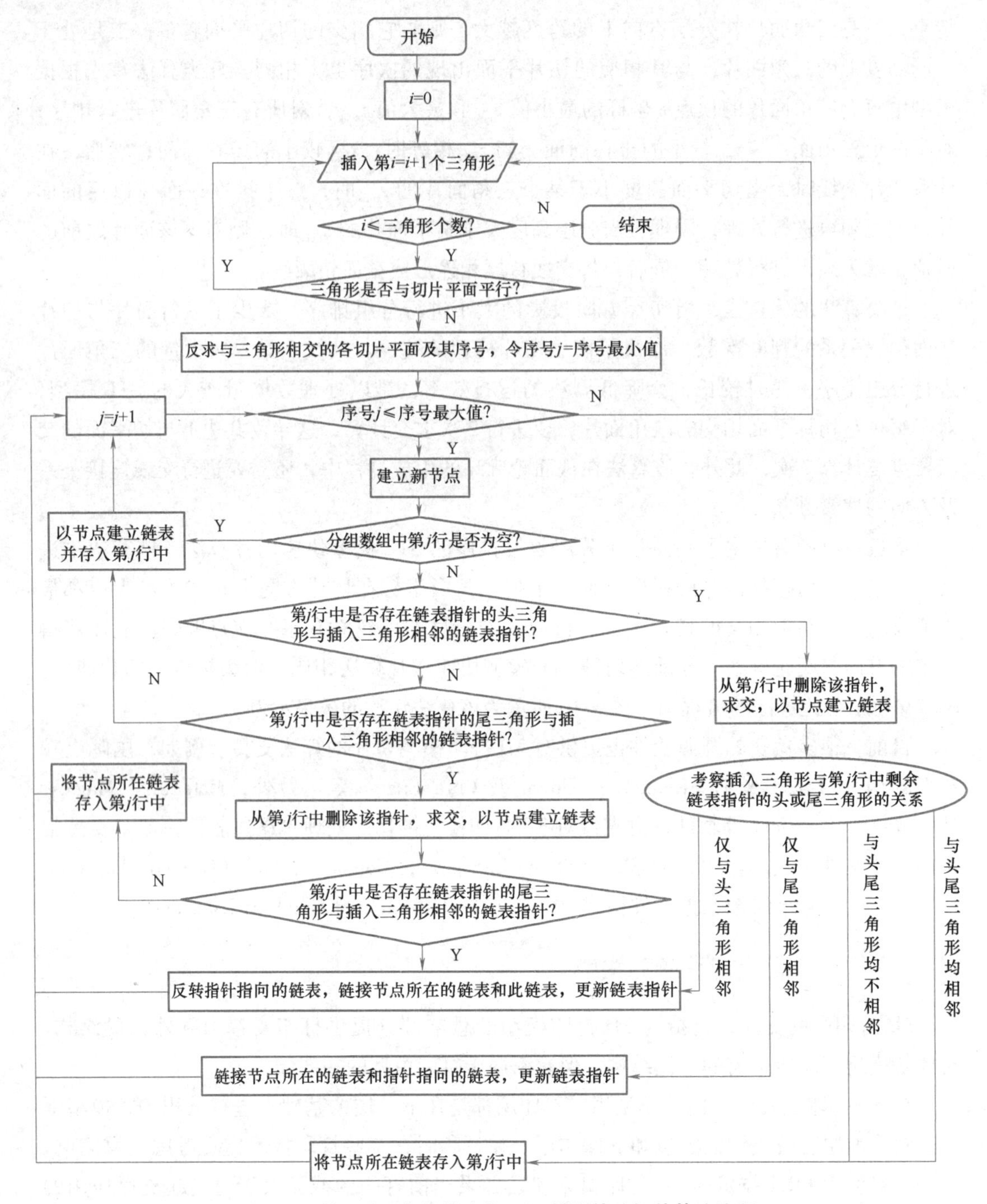


图 3-9 基于分层邻接排序的 STL 模型快速切片算法流程

的质量。有时，在具有两个或多个打印头的打印机上，支撑可以选用可溶性材料。这时，在去除支撑时，可以将零件浸泡在化学溶液中，溶解掉支撑材料而零件本身不会受影响，因此可以获得更好的表面质量。但这种方法可能会增加成本而且耗时。例如，荷兰著名3D 打印机生产厂商 Ultimaker 生产的 Ultimaker 3 打印机采用 PVA 打印支撑，可以方便地通过后处理溶解去除。

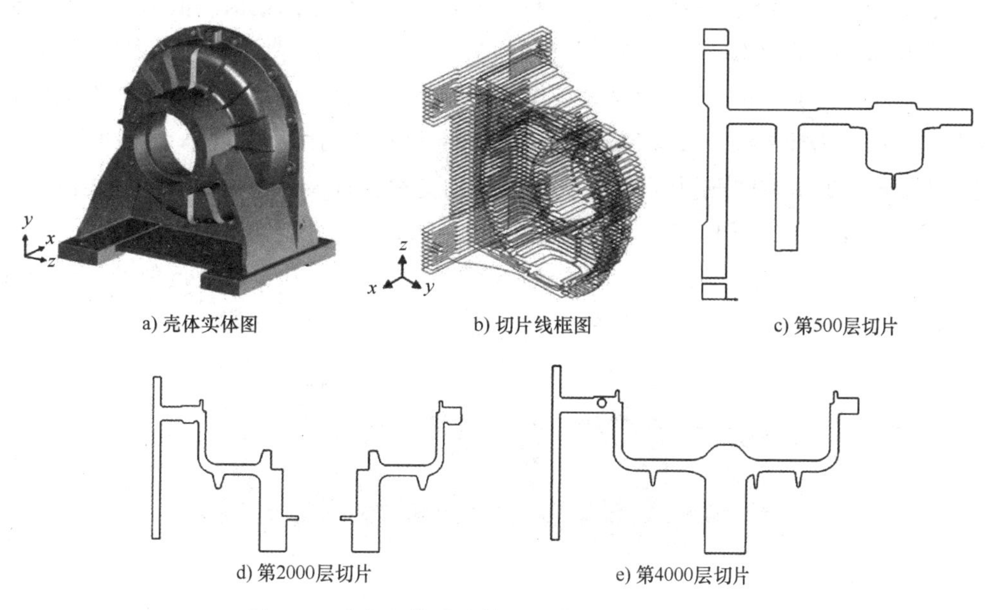


图 3-10　分层邻接排序的 STL 模型快速切片示例

常见的工艺支撑可分为基础支撑、突出部支撑和悬挂支撑等几大类。其中，基础支撑多用于打印模型的整体支撑，突出部和悬挂支撑则多见于模型结构的打印过程中，也称为悬空结构支撑。图 3-11 所示为几种典型的悬空结构示例。

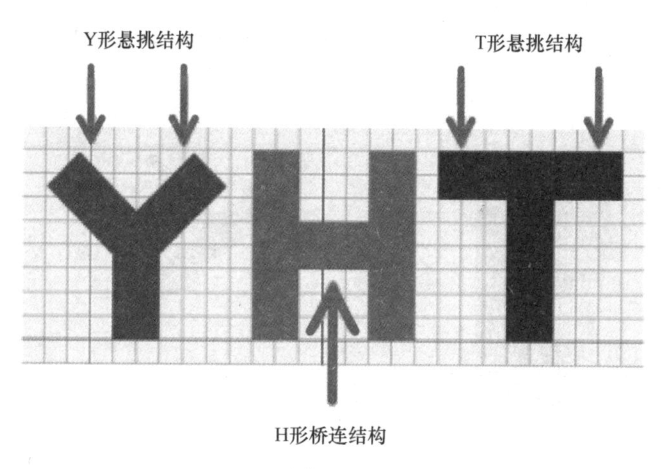


图 3-11　几种典型的悬空结构示例

需要说明的是，并非所有的悬空结构都需要支撑。例如，对 Y 形悬挑结构来说，如果悬垂部分与垂直方向倾斜的角度小于 45°（一般认为 45°是判断是否需要支撑的临界值，不同的 3D 打印机及打印材料黏性可能会有所差异），那么便可以不使用支撑构造打印该悬垂物；对于 H 形桥连结构，如果桥的宽度小于 5mm，则可以在不需要打印支撑的情况下进行打印，反之，就必须考虑支撑结构；对于 T 形悬挑结构，一般来说 1mm 以内的水平悬挑结构可以靠自身支撑，超过 1mm 的则需要添加支撑，如图 3-12 所示。支撑与模型之间的间距越大，越容易拆除，但打印效果也越差；间距越小，打印效果越好，但越难以拆除。例如，对 FDM 打印机来说，在 X/Y 平面支撑与模型间距默认值为 0.7mm，最小不要小于 0.4mm；在 Z 轴方向，支撑与模型在高度方向的间距默认值一般为 0.15mm（约 0.6~1.2 倍层厚度），同样是距离越大，越容易拆除。在打印金属制品时，零件侧面露出的横向孔一般也需要支撑。大多数金属打印设备上可打印出的孔的最小直径约为 0.4mm，直径大于 8mm 的孔洞和管道将需要在其中心添加支撑；直径介于这两个尺寸之间的孔洞可在不添加支撑的情况下打印，但它们的下表层表面有时可能会出现一些变形，这是由于悬伸部分上方的熔池冷却速度减慢所致。此外，通过将圆孔设计成近似的泪滴形或菱形，可以减少支撑。这时，孔的最终形状可以通过二次加工扩孔来得到。

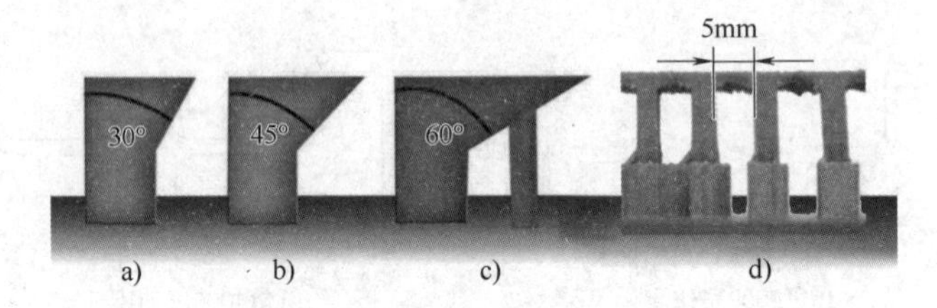


图 3-12 悬空结构支撑的选择原则

对于某些形状的物体，通过改变 3D 模型在打印平台上的放置姿态、在模型设计中利用自体支撑，以及将平缓倾斜或弯曲的边缘用不需要支撑的菱角边缘——倒角替换它，都可以有效避免支撑结构的产生，如图 3-13 所示。图 3-13a、b 给出了通过改变模型打印时的放置姿态来减少支撑的示例；图 3-13c 中，在模型设计上，巧妙地用流动的礼服支撑模特的腿和臀部，利用固定在底部的矛充当左臂的支撑；图 3-13d 则是通过倒角减少支撑结构的原理示意图。

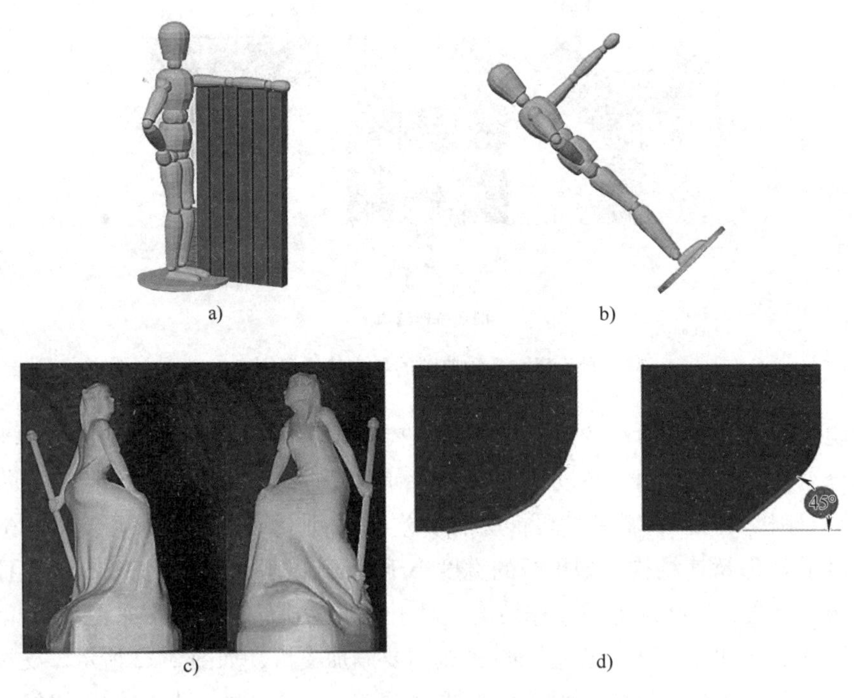


图 3-13 几种减少支撑结构的方法示例

常见的支撑有柱形（也称为线性、线形）、树形、网格形和混合型等四种支撑结构形式。其中，柱形、网格和树形支撑拆除难度都不小；网格支撑较费料，柱形和树形支撑较节约材料且打印耗时短；树形支撑是最省材料的；混合型支撑则兼具了其他类型支撑的优点。图 3-14 所示为常见的 3D 打印支撑结构的示例，其中，图 3-14a 是柱形支撑；图 3-14b 是树形支撑；图 3-14c 是网格形支撑；图 3-14d 是混合型支撑。

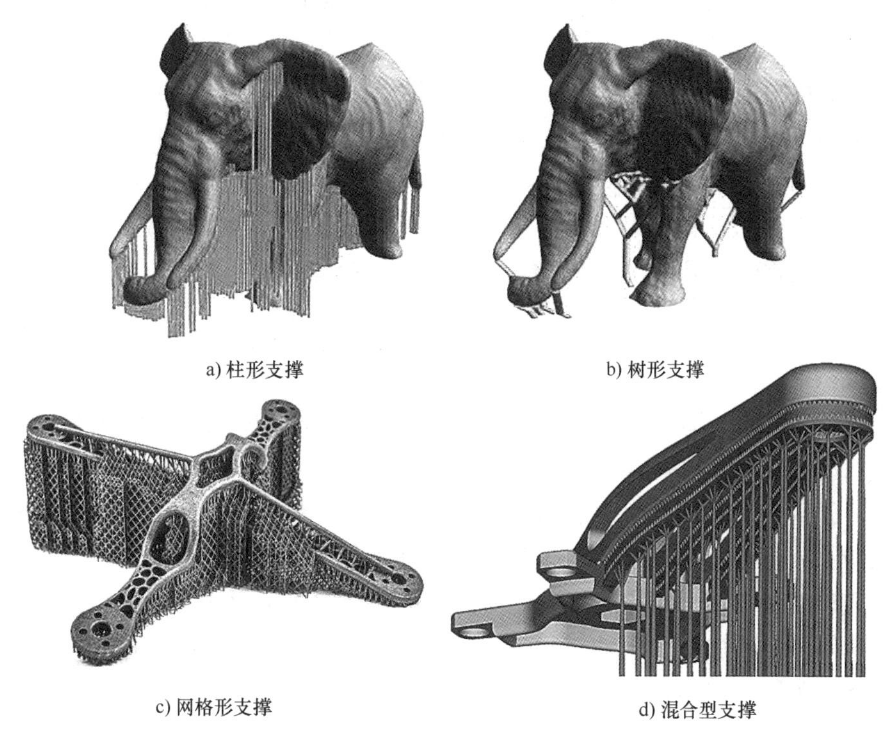

a) 柱形支撑　b) 树形支撑

c) 网格形支撑　d) 混合型支撑

图 3-14　常见的 3D 打印支撑结构示例

3D 打印模型支撑的添加方式通常有两种，一是手动添加；二是自动添加。手动添加方式是在进行物体的 3D CAD 设计建模时，根据模型的几何特征和 3D 打印的工艺特点，添加必要的支撑几何体。这不仅要求对打印成型工艺非常熟悉，而且支撑的添加过程也十分烦琐；自动添加方式则是利用 3D 打印软件自动分析模型的几何特征，再按照一定的工艺规则，自动生成打印支撑。目前，许多 CAD 软件也都支持用户对设计模型添加 3D 打印支撑。例如，Autodesk 公司提供的 Meshmixer 工具，就支持用户对 3D 模型的缩放、旋转、复制、数据修复、添加打印支撑结构和进行切片处理；同时，很多 3D 打印软件不仅支持打印支撑的自动生成，还提供交互的方式，允许用户修改自动生成的支撑结果，大大提升了软件的用户体验。国内外推出的相关 3D 打印机，基本都配有打印支撑设计的软件。如美国 3D Systems 公司开发的 SLA 系列 3D 打印机和日本 CMET 公司的 SOUP 系列 SLA 快速成型制造系统，都随机带有打印支撑设计模块。此外，比利时 Materialise 公司的 Magics、荷兰 Ultimaker 公司的 Cura、我国极光尔沃公司的 JGcreat 及开源的 Slic3r 软件，也都支持 3D 打印支撑的自动生成。

支撑自动生成算法大体上可分为两类，一类是基于多边形布尔运算；另一类是基于STL模型。由于多边形布尔运算的算法较复杂，还可能生成多余的支撑，因而这方面的研究较少。基于STL模型的支撑自动生成算法的基本原理是：基于分层信息来添加支撑，通过计算模型中的存在的悬吊点、悬吊线、悬吊面，来确定支撑添加的位置；再根据支撑的类型（柱形、网格形或树形），生成所需要的支撑结构。评价支撑优劣的指标一般有稳定性、是否容易剥离、是否节约材料等，也包括计算效率、生成的支撑结果是否易于修改等指标。

下面，利用中国科学院沈阳自动化研究所提出的一种基于临界角的树形支撑结构生成算法，来简单说明树状支撑的自动生成过程。该算法面向FDM技术，利用STL模型上层待支撑点的临界约束角获取下层支撑点的位置；依次迭代，找到所有的待支撑点所在的三角面片作为树状支撑的节点，生成节点结构体；最后，针对模型中存在的悬吊面，通过扫略和曲面重建生成树状实体，具体算法过程如下。

### 1. 悬吊面的提取

根据模型中三角面片的外法向量与 $z$ 轴正向（重力的反方向）之间的夹角关系来提取待支撑区域。其中 $z$ 轴正向向量为 $\boldsymbol{v}(0,0,1)$，三角面片的外法向量为 $\boldsymbol{n}$，两者满足：$\boldsymbol{n}\cdot\boldsymbol{v}=|n||v|\cos\theta$，利用两者的关系来计算夹角。

首先，读取STL文件模型，构建整个模型的拓扑关系。根据上述计算夹角的方法计算出模型中第 $i$ 个（$0<i\leqslant m$，$m$ 为模型三角面片的个数）三角面片与 $z$ 轴的正向之间的夹角 $\theta_i$，假定待支撑三角面片的外法向量与 $z$ 轴正向之间的临界角为 $\theta_{\min}$，则：①$\theta_i<\theta_{\min}$，该三角面片不需要添加支撑结构；②$\theta_i=\theta_{\min}$，可能需要添加支撑结构；③$\theta_i>\theta_{\min}$，需要添加支撑结构。如图3-15a所示。

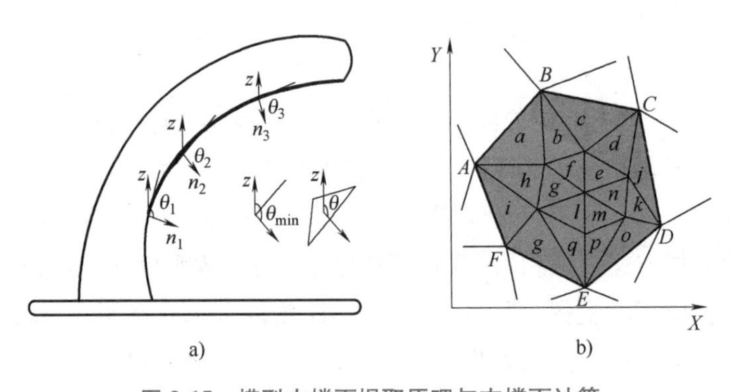


图3-15 模型支撑面提取原理与支撑面计算

根据上述算法找出模型中所有待支撑的三角面片，依据模型的拓扑关系利用种子扩散方法，将提取出的待支撑三角面片进行整合，得到模型的若干个待支撑区域，如图3-15b中粗线区域所示。种子扩散法即从整体待支撑三角面片列表中选出一个三角面片，把此面片作为种子并根据模型拓扑关系计算出与其相邻的三个面片是否是待支撑三角面片，若有，则将其作为种子，再依次判断与其相邻的面片是否是待支撑三角面片，依次循环直到没有种子面片可以使用，即得到单个区域内所有待支撑三角面片；将得到的该区域内的待支撑三角面片从整体待支撑面片列表中去除；再从模型整体待支撑三角面片列表中取出一个面片，计算下一个区域，直到整体列表中待支撑三角面片为空，即得到整个模型的所有待支撑区域。具体算法流程如图 3-16 所示。

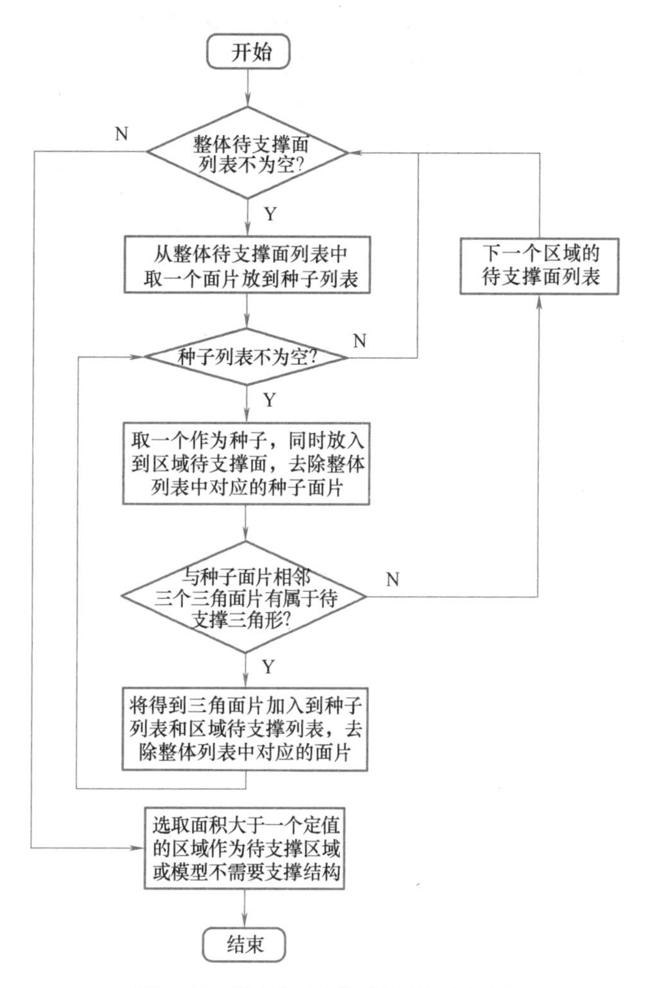


图 3-16　模型待支撑区域提取流程图

**2. 树形支撑结构的生成**

（1）待支撑区域内支撑点的提取　在整体待支撑面列表不为空的情况下，遍历以上得到的每个待支撑区域内的三角面片的三个点的坐标，找到每个区域对应的包络矩形，即得到区域在 $x$、$y$ 两个方向上的最小值和最大值。考虑到材料自身的黏性，可以在一定的距离内实现自支撑。设定材料的自支撑长度 $l$，并以其作为步长，在包络矩形内的 $x$ 轴和 $y$ 轴两个方向按步长做直线段，求取包络矩形内交点坐标，作为支撑待支撑区域的支撑点的相应坐标 $x$ 和 $y$ 的值；再根据 $x$ 和 $y$ 的值，依次遍历区域内的三角形，找到包含该二维点的三角形，建立三角形平面方程并计算出对应该二维点在平面内的 $z$ 值，得到该点的三维坐标点（$x$，$y$，$z$），依次计算出各个相交处的二维点对应在待支撑区域内三角形面上的三维点，作为待支撑区域的支撑点；重复这一过程，直至待支撑面列表为空，最终得到待支撑区域的顶层支撑点集合 $P$。

（2）基于临界角的下层支撑点计算　如图 3-17a 所示，依次选取得到的两个相邻的顶层的支撑点 $p_1$、$p_2$（$p_1$、$p_2 \in P$），以 $p_1$、$p_2$ 作为顶点，以临界角 $\theta_{min}$ 作为圆锥轴线和 $z$ 轴负方向的夹角，建立两个圆锥 $C_1$、$C_2$，两个圆锥的交叉区域为 $H$，用存在于 $H$ 区域内的一点 $s$ 连接 $p_1$、$p_2$ 实现对这两点的支撑。为了减少支撑结构的长度，提高支撑结构的稳定性，选取区域 $H$ 内的最高点 $s$ 作为 $p_1$、$p_2$ 的支撑点。如图 3-17b 所示，过交叉区域最高点做一个平行于 $xOy$ 面的平面，该平面与两个圆锥相交得到半径分别为 $r_1$ 和 $r_2$ 的两个圆，已知两个顶点 $p_1(p_1^x,p_1^y,p_1^z)$、$p_2(p_2^x,p_2^y,p_2^z)$，求点 $s(s^x,s^y,s^z)$。建立以下关系式：

$$\begin{cases}(p_1^z-s^z)\tan\theta+(p_2^z-s^z)\tan\theta=\sqrt{(p_1^x-p_2^x)^2+(p_1^y-p_2^y)^2}\\ s^z=\dfrac{1}{2}(p_1^z+p_2^z-\cot\theta\sqrt{(p_1^x-p_2^x)^2+(p_1^y-p_2^y)^2})\\ r_1=(p_1^z-s^z)\tan\theta\\ r_2=(p_2^z-s^z)\tan\theta\end{cases} \tag{3-1}$$

据此计算得到点 $s(s^x,s^y,s^z)$ 的坐标：

$$\begin{cases}s^x=\dfrac{r_1}{r_1+r_2}(p_1^x-p_2^x)+p_2^x\\ s^y=\dfrac{r_1}{r_1+r_2}(p_1^y-p_2^y)+p_2^y\\ s^z=\dfrac{1}{2}(p_1^z+p_2^z-\cot\theta\sqrt{(p_1^x-p_2^x)^2+(p_1^y-p_2^y)^2})\end{cases} \tag{3-2}$$

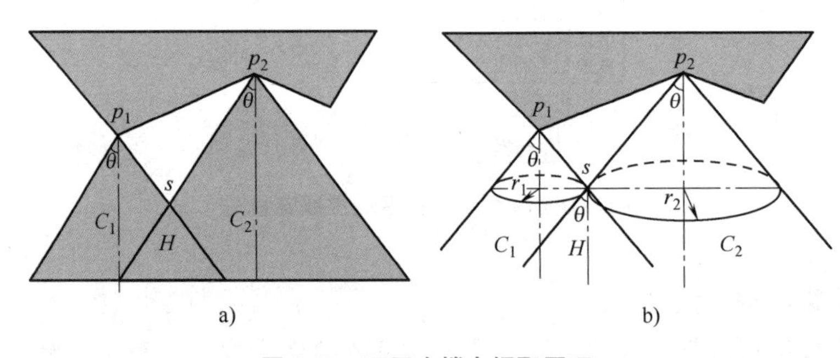


图 3-17　下层支撑点提取原理

（3）支撑结构计算　上述算法仅仅考虑了使用临界角建立的相邻圆锥体之间的交点作为树形支撑结构的节点，并未考虑用圆锥体和模型的交点作为支撑结构的节点。为了减少打印使用的材料，提高打印的效率，需要计算出路径最短的支撑结构，即根据计算出的所有可能的节点，选取出能完成支撑作用并且路径最短的方式，并以这些节点作为整个树形支撑结构的节点集合。总体支撑结构设计的算法过程如下。

给定集合 $P$ 是模型中待支撑面中点的集合，$C$ 中存放了 $P$ 中点对应的圆锥体，而 $s$ 则是根据临界角计算出的下层待支撑点的集合（按点的 $z$ 值由大到小存放）。依次遍历点

$p \in P$和对应的圆锥，并进行以下操作：

1）计算出圆锥 $c$ 与模型最近的交点 $s$。假定 $s_m$是与 $c$ 相邻的圆锥 $c_m$ 与模型之间最近的交点，若线段 $ps_m$的长度小于 $ps$，则删除点 $p$ 及圆锥 $c_m$；重复计算下一个点。

2）将计算得到的 $s_m$保存到集合 $P$ 中，并生成对应 $s_m$的圆锥。

3）保存 $ps$ 和与 $p_is$（$p_i$为与 $p$ 相邻的点），删除 $p$ 和 $p_i$以及两点相应的圆锥 $C$ 和 $C_i$。

4）如果集合 $P$ 不为空集，则重复上述过程计算下一个点，直至 $P$ 为空集。

然后建立树形数据结构，根据计算得到的线段的点，将属于同一个树的点按 $z$ 值由大到小排列，得到若干个支撑树的枝干。

（4）支撑结构的网格化　在得到待支撑区域所对应的树形支撑结构的枝干节点后，以一个节点为中心，以 $r_1$为半径作一个圆，再以对该节点实现支撑作用的点为中心，以 $r_2$为半径作一个圆（由于下层枝干比上层的枝干承受更大的压力，对应 $r_2$的值应大于 $r_1$的值，可以加强支撑结构的稳定性）；按照一定的弧度将两个圆分成 $n$ 份，计算出相应的分割点坐标，将两个圆上的分割点按照一定的规则连接，构成三角网格，作为树形支撑结构的枝干。然后，将 $r_2$作为下一层枝干起始点圆的半径，依次构建出整个树形支撑结构的网格曲面，如图 3-18 所示。

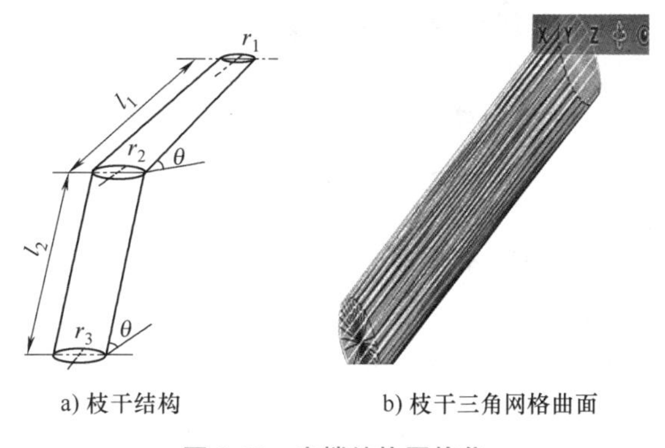


a) 枝干结构　　b) 枝干三角网格曲面

图 3-18　支撑结构网格化

在构建 $p_1s$ 和 $p_2s$ 两条线段对应的网格曲面的过程中，可能会出现两段网格曲面存在交叉的情况。在打印过程中，交叉部分会因重复打印而引起振动，影响打印的稳定性，因此需要对曲面进行重建。该方法采用约翰斯·霍普金斯大学（Johns Hopkins University）研究人员的算法（Version 8.0）完成曲面重建。此外，为了得到稳定的支撑结构，在设计过程中下层枝干的直径略大于上层；而且，为了减少支撑结构和模型的接触面积，该算法采用了尖顶结构，方便打印完毕后支撑结构的剥离。图 3-19 所示为该算法支撑结构的生成过程示例。

除了基于 STL 模型的支撑自动生成算法，其他如基于悬空点集的树状支撑生成、基于直线扫描的支撑生成、基于自适应离散标识的支撑自动生成等算法，都各有优劣，在快速成型领域都有较广泛的应用。在需要时，用户可以根据不同的应用场景及制造精度和质量的要求，选择适合的算法。

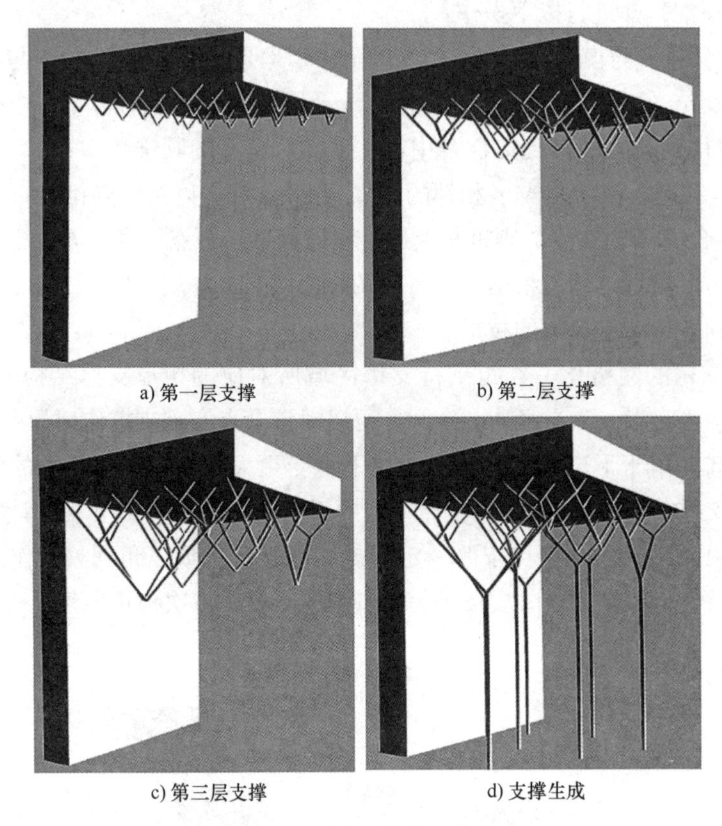


图 3-19 支撑结构的生成过程

事实上，并非所有的 3D 打印都需要考虑打印支撑。有些 3D 打印方法，如 SLS 所用的粉末材料对熔融部分起到了自然的支撑作用，因此就不需要考虑打印支撑问题。表 3-1 给出了部分 3D 打印方法是否需要考虑支撑的情况。

表 3-1 部分 3D 打印方法支撑需求情况

| 打印技术 | 是否需要支撑 |
| --- | --- |
| FDM | 取决于模型 |
| SLA 和 DLP | 取决于模型 |
| SLS | 不需要 |
| PolyJet | 需要，去除容易 |
| LOM | 不需要 |

一般应在支撑结构生成后，再进行模型的整体切片。这时，每层切片的轮廓中，自然就包含了支撑结构的轮廓。对于采用可溶性支撑材料的打印件，还需要给支撑结构指定专用的材质。

值得注意的是，国际航空巨头美国波音公司于 2017 年 9 月 1 日申请了“使零件悬浮的自由形式空间三维打印”（Free-Form Spatial 3-D Printing Using Part Levitation）的专利，并于2020年6月成功获得授权（美国专利号：10695980）。该技术无须打印支撑，打印时，首先挤出一块材料，通过磁场（超声波）作用将其悬浮于空中，然后，由围成一圈的多个打印头从不同的方向将其余材料逐点逐层沉积其上。此外，还可以通过磁场旋转打印对象，并将材料沉积在对象底部，实现360°无死角的3D打印，如图3-20所示。这一全新的3D打印方式，为无支撑3D打印技术的研发提供了新的思路。

图3-20 悬浮自由型空间3D打印

## 3.6 切片轮廓的优化与填充路径规划

经过对3D打印模型分层求交后，得到的轮廓有向环可能会含有大量的细碎线段。这些数据可能存在诸如①分层切片数据中包含2个相交的轮廓；②层中的轮廓存在薄特征（如出现小于打印机打印分辨率的壁厚）；③切片算法导致出现的非实体几何（如点、线）；④层中存在不封闭的轮廓环；⑤在同一条直线段上存在多个顶点；⑥同一个顶点处有多个重合点等问题。图3-21所示为犹他壶（Utah Teapot）的3D模型切片数据的示例。其中，图3-21b中存在轮廓“交点”，而“点”是无法打印的；图3-21d中则存在单一线段。因此，在进行轮廓偏置、生成填充轨迹之前，还需要对分层切片数据进行严格的纠错处理，否则将很难进行后续的光斑（或丝宽）半径补偿等计算，影响零件加工的稳定性和加工效率，严重时甚至不能成型正确的零件形状。下面以STL模型数据为例，来分别讨论切片轮廓的优化和填充轨迹生成的算法思想。

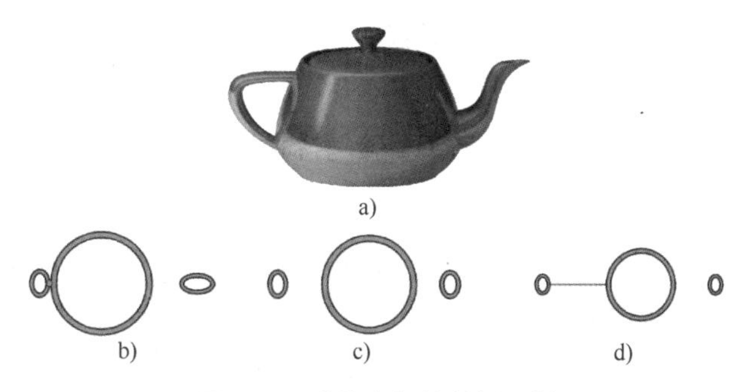


图3-21 犹他壶切片数据示例

### 3.6.1 切片轮廓的优化

在对STL模型进行分层切片处理之后，得到的截面轮廓信息应该是由一系列有序点集顺序连接构成的多段折线。这些折线必须符合三条规则：①描述这条折线的点集中，不应存在多余的数据点；②折线简单地构成一个封闭的多边形轮廓，不存在自相交和不封闭的情况。由于自相交的情况很少出现，所以一般只需对轮廓不封闭的情况进行处理；③由多条折线形成的封闭区域的边界是有向的，其正方向规定为，当（直立）沿封闭折线从起点走向终点时，区域总保持在左侧。可以依据这些规则，对切片轮廓数据进行纠错和优化，具体过程如下。

**1. 不封闭轮廓线的处理**

由于CAD系统的计算精度问题或者其他原因，在将CAD模型转换成STL模型时，有时可能会出现存在孔洞等错误，这些错误会导致分层后得到的切片的截面轮廓不封闭。为了处理这种情况，需设计一个循环链表，把分层处理时得到的轮廓数据存放在循环链表中。若一截面有多个轮廓，则为每一个轮廓环设计一个链表。链表头节点数据结构如下：

```
struct Head {
  float LayerHeight;          //该层切片平面所在的高度
  float x1, y1, x2, y2;       //轮廓线段首尾端点坐标
  bool HaveError;             //错误标志。0——封闭;1——不封闭
  DataPoint * Point; }        //该轮廓线的指针
```

数据节点为：

```
struct DataPoint {
  float X, Y;                 //数据点的坐标(x ,y )
  bool HaveGap;               //断点标志
  DataPoint * Point; }        //该数据点的指针
```

如果轮廓不封闭，在头节点处置错误标志；在断开处置数据节点的断点标志。断开点之间的距离一般十分接近，所以可以比较容易地用近似直线段将断点连接上。在对轮廓数据进行处理时，首先，调入轮廓信息的链表，检查头节点的错误标志；如果该链表的错误标志为0，表示该轮廓是封闭的，则调入下一个链表进行检查；如果链表有错，则需搜索链表各个节点的断点标志，找出所有断开点，再计算出各个断开点之间的距离，连接距离最近的断开点，并且修正各段轮廓线的方向。

**2. 冗余点的处理**

分层切片得到的零件轮廓线，一般都是由微小的、首尾相连的线段构成的。其中，有些线段是在当前的快速成型系统的精度下根本无法进行插补加工的（超出打印机可识别精度范围），因此应当作为冗余点去除掉。此外，重合的点或一条直线段上的多余点，也应该作为冗余点剔除掉。

判定及处理切片轮廓数据中冗余点的规则是：①共线点或相邻线段之间的夹角接近180°时（小于加工精度或允许误差），则中间点可以认为是一个冗余点，应予以剔除；②重合点或线段的长度小于加工精度的点，前者应该作为冗余点剔除掉，后者则应该合并成一个点。重合点的判断方法是：当两个点的距离小于给定的最小值（通常是加工精度值）时，则认为该两点重合。

**3. 内外轮廓及轮廓环方向判断**

经过封闭及冗余处理后的每层切片数据，是以轮廓环链表的形式存在的，且这些轮廓环不存在相交情况。接下来，还需要进行内外轮廓及轮廓环方向的判断，以明确零件实体的内部或外部，方便后续的填充路径的规划，也可以据此来转换成 CLI 格式的数据。

内外轮廓的判断方法是：对于由三维实体模型切割得到的平面轮廓环来说，内外环的位置关系有“包含”和“相离”两种情况。当只有两个环的时候，从一个环上任取一点向右（或左）作水平射线，看它与第二个环的交点数是奇数还是偶数。若为奇数，则第一个环必然被第二个环所包含；若为偶数，则又分两种情况，一是第一环包含了第二环，二是第一环与第二环相离。这时的判别方法是，从第二个环上任取一点向左（或右）再作水平射线，看它与第一个环的交点数是奇数还是偶数。若为奇数，则第二个环必然被第一个环所包含；若为偶数，则第一环与第二环相离。但是，需要注意的一个问题是在求交点时碰到极值点（线段端点）的情况，这时应该将射线的起点偏移一个微小的距离以避开极值点。对于 3 个以上的环的判别，也可以照此类推。

轮廓环方向的判断方法：由简单多边形的性质可知，多边形的极值点必为凸顶点。因此，可以选择多边形的一个极值点，例如选择 $y$ 方向上的最大点，记为点 $P$，分别记与该点相邻的前点和后点为 $P_1$、$P_2$。计算矢量 $\boldsymbol{P_1P_2}$ 与 $\boldsymbol{PP_2}$ 的矢量积，将其记为 $\boldsymbol{V}$。若 $\boldsymbol{V}$ 沿 $z$ 轴方向的分量大于零，则表明该轮廓环的方向为正，即为逆时针方向；若该分量小于零，则该轮廓环为顺时针方向；若该分量等于零，则表示极值点与其前后相邻两点在同一直线上，不符合简单多边形的定义，应将其合并成一条线段后再重新计算。为了后续程序处理的方便，在判断出轮廓环的方向后，可用变量 $flag$ 标记轮廓环的正负，将其设置为：$flag=1$ 时，轮廓环为正向；$flag=-1$ 时，轮廓环为负向。

图 3-22 所示为切片轮廓优化的算法流程。

### 3.6.2 填充路径规划

填充路径规划也称为扫描路径规划，是指对每层切片里的内外轮廓围成的零件实体部分，按照材料特性和打印质量的要求，计算给出某种合理形状的路径，以便进行打印填充，实现材料的层层累积。在 3D 打印成型过程中，零件的形状是动态增长的，其成型温度场和材料的累积状态是随着打印填充动态变化的，这种变化与零件的热变形和冷却后的残余应力直接关联，从而对成型件的精度、表面质量和性能等造成影响；另外填充路径的不同也会造成成型时间的不同，从而对打印的成型效率产生影响。

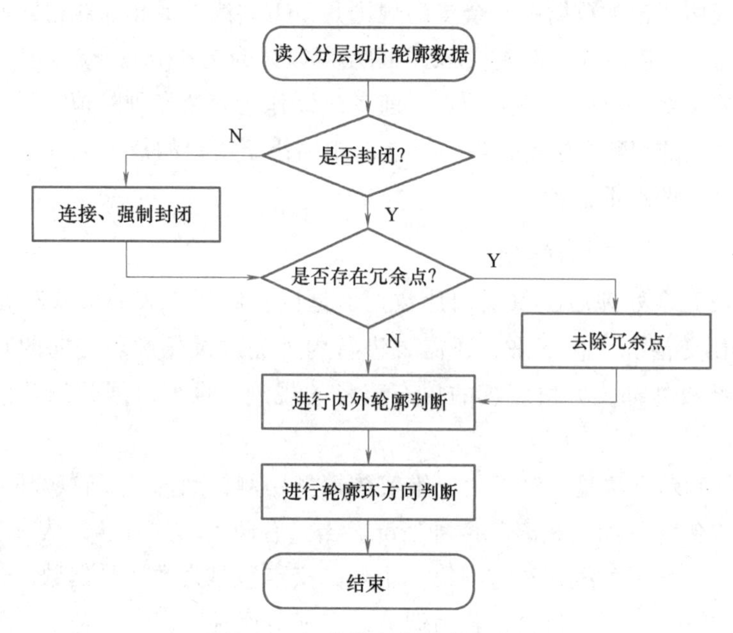


图 3-22 切片轮廓优化算法流程

填充路径规划一般分为两种，一是轮廓路径规划，二是区域填充路径规划。轮廓路径规划是将每个分层内的多个封闭区域按一定的顺序连接起来，得到最佳的路径（通常是最短的），以减少打印头从一个填充区域移向下一个填充区域时的空行程；区域填充路径规划是在分层的每个封闭轮廓区域内，按一定规则生成一系列扫描线段，以便依次打印填充。

轮廓路径规划算法主要有等轨迹生成算法、基于遗传算法的轮廓路径规划、基于蚁群算法的轮廓路径规划以及将蚁群算法和遗传算法融合对轮廓路径进行规划等。图 3-23a、b 分别给出了轮廓路径规划前和规划后的变化。

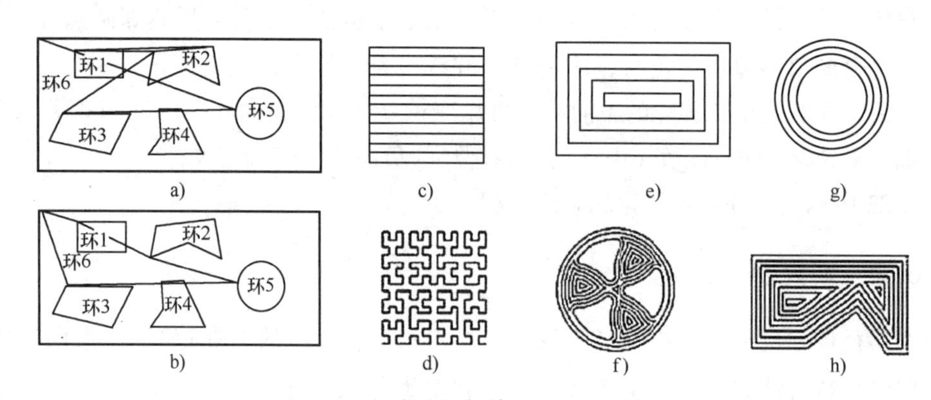


图 3-23 轮廓路径与填充路径规划示例

区域填充路径规划算法有很多，大多跟打印零件的材质、具体填充工艺的要求等相关，往往需要考虑打印头换向造成的材料堆积、打印头起落次数或打印空洞等问题。常见的填充路径规划方法有轮廓偏置路径规划、Fermat 螺旋线路径规划、并行栅格路径规划、分形路径规划及光栅路径规划等。近年来，有学者又相继开发了三角形分形路径规划、Hilbert 曲线路径规划、普通蜂巢路径规划、阿基米德螺线路径规划等算法。图 3-23c～h 依次给出了平行填充路径（Zigzag）、轮廓等距填充路径、环形偏置填充路径、分形填充路径、曲线等距线和折线等距线的填充路径规划的示例。

最终生成的分层打印路径一般会被转换成 G-code 格式的数据文件，用于控制 3D 打印机执行打印任务。

## 3.7 执行 3D 打印

大多数情况下，3D 打印的执行过程都是自动过程，几乎可以在没有任何监督的情况下工作。

在执行打印时，3D 打印机一般会按照 G-code 指令，用液体状、颗粒状、粉状或片状的材料将分层截面顺序地打印出来，逐层累积，直至完成最终的零件实体打印。由于打印过程是自动进行的，所以打印材料的连续供给，是确保打印成功的关键。这种自动执行的 3D 打印过程，可以将模型的制作时间缩短为数个小时。通常，模型的结构越复杂，3D 打印的这种快速制造的优势就越明显，尽管打印机的性能以及模型的尺寸和结构复杂度，会在一定程度上影响 3D 打印的速度。

## 3.8 3D 打印后处理

3D 打印后处理是指在制品的 3D 打印成型完成后，针对一些特殊的表面粗糙度、尺寸精度、表面色彩，有时也可能是材料性能等方面的要求，对打印制品进行的进一步处理。

一般来说，3D 打印机的分辨率对大多数应用来说已经足够了，尽管有时在带弧度曲面外形的表面可能会显得比较粗糙，会像图像上的锯齿一样。要获得精度更高、表面更光滑的打印制品，一方面需要更高工业品质的 3D 打印机；另一方面，则需要对 3D 打印物体进行适当的后处理。例如，对于模型手板这类用于外观效果验证、精度要求不高的物体，只需在打印后进行简单的打磨，即可得到表面光滑的制品。当然，如果需要的话，也可以对后处理得到的制品进行上色；对于一些对配合精度要求较高的 3D 打印制品，也可以通过对局部进行精密机械加工来实现。

类似 FDM 的 3D 打印方法，一般都会用到支撑物，比如在打印一些有悬空结构的物体时，就需要用到一些易于去除的东西（如可溶物）作为支撑物，这些支撑物也都需要在制品的打印后处理阶段去除掉。

此外，有些 3D 打印机可以同时使用多种材料进行打印，由于热胀冷缩系数不同，不同的材料间会在制品内部形成内应力，严重时可导致制品开裂。这需要在制品的 3D 打印后处理中，通过热处理来消除内应力。金属制品打印成型后，一般都需要进行热处理，以改善材料的力学性能。例如，在用 SLS 方法打印成型金属件后，通常还需要烧除黏合剂、烧结金属粉和渗铜等后处理；而用 EBM、SLS 等方法打印成型陶瓷制品后，往往也需要进行黏结剂烧除和烧结陶瓷粉，以提升制品的力学性能。后处理中的烧结，主要是强化打印熔融烧结的效果，并不涉及累加新的打印材料。

经过后处理的制品一般就是 3D 打印的最终产品。至此，一个产品完整的 3D 打印过程才算结束。

1）试简述 3D 打印的打印模型文件格式。

2）什么是打印成型方向选择？它有什么作用？试举例说明。

3）试述模型分层切片算法的流程。

4）结合本章内容，试分析什么样的结构需要打印支撑，并举例说明。

5）试述切片轮廓优化的作用及需要考虑的因素。

6）试述填充路径规划的作用，并尝试对比几种填充路径的不同之处，分析其对打印效果的影响。

7）试述 3D 打印的一般过程，并思考为什么要做 3D 打印后处理？结合资料查阅，尝试给出几种 3D 打印后处理的例子。

## 延伸阅读

[1] 马亚雄，李论，周波等. 基于 FDM 技术的 3D 打印支撑结果自动生成算法 [J]. 制造业自动化，2018，40（5）：64-68.

[2] DUMAS J，HERGEL J. Bridging the Gap：Automated steady scaffoldings for 3D printing [J]. ACM Transaction on Graphic，2014，33（4）：1-10.

[3] AHARI H，KHAJEPOUR A，BEDI S. Optimization of slicing direction in laminated tooling for volume deviation reduction [J]. Assembly Automation，2013，33（2）：139-148.

[4] VIJAY P，DANAIAH P，RAJESH K. Critical parameters effecting the rapid prototyping surface finish [J]. Journal of Mechanical Engineering and Automation，2011，1（1）：17-20.

# 第4章 3D打印的成型材料

“天有时，地有气，材有美，工有巧，合此四者，然后可以为良”（《考工记》）成型材料是3D打印技术发展的重要物质基础，在3D打印领域扮演着举足轻重的角色。但美中不足的是，随着应用的普及，3D打印材料已经成了限制3D打印发展的主要瓶颈，同时也是3D打印应用突破创新的关键点和难点所在。高品质的3D打印制品，不仅需要高精度的3D打印机机械本体，也需要先进的控制系统，更离不开高性能的打印成型材料。目前，3D打印材料的选择仅局限于金属、合金、高分子聚合物、陶瓷等常见的品类，与工业生产中实际使用的材料种类相去甚远。在生物医药领域，生物3D打印适用材料的研发还多处在实验阶段。未来，只有加大新材料研发的力度，才能有望普及3D打印技术的应用，使之真正地转化为先进的生产力，服务于国民经济建设。

## 4.1 3D打印成型材料的分类

3D打印成型材料的分类有很多种方法，以下是最常见的四种分类方法。

（1）按材料的物理状态分类　按材料物理状态的差异，可以将3D打印成型材料分为液体材料、薄片材料、颗粒材料、粉末材料及丝状材料等类型。

（2）按材料的化学性能分类　按材料化学性能的不同，又可将3D打印成型材料分为树脂类材料、石蜡材料、金属材料、陶瓷材料、复合材料、食材及生物材料等类型。其中，复合材料可以是单纯的非金属材料，如环氧树脂与石棉纤维构成的复合材料等，也可以是金属与非金属复合构成的材料，如铝箔与环氧树脂进行复合得到的强化复合材料等。

（3）按材料成型方法分类　按适用成型工艺的不同，可以将3D打印成型材料分为SLA材料、LOM材料、SLS材料、FDM材料等。其中，液态材料如光敏树脂多用于SLA方法；固态粉末多用于SLS方法，包括非金属粉末（蜡粉、塑料粉、覆膜陶瓷粉、覆膜砂、彩色石膏粉、人造骨粉等）和金属粉末（钛合金粉、铝粉、不锈钢粉、覆膜金属粉等）；片材多用于LOM方法，如纸、塑料、陶瓷箔、“金属铂+黏合剂”等；线材多用于FDM方法，包括蜡丝，ABS丝等。

（4）按材料的生化特性分类　按材料的生化特性，可以将3D打印成型材料分为两大类，即生物材料和非生物材料。如细胞生物原料属于生物材料，而金属、非金属、工程塑料类的高分子聚合物以及砂糖等食品材料都属于非生物材料的范畴。

常见的3D打印成型材料按化学属性的分类见表4-1。

表 4-1　常见 3D 打印成型材料按化学属性分类表

| 常见 3D 打印成型材料分类（按化学属性） | | | |
|---|---|---|---|
| 3D 打印材料分类 | 聚合物 | 工程塑料 | ABS 材料 |
| | | | PC 材料 |
| | | | PA 材料 |
| | | | PPSF/PPSU 材料 |
| | | | PEEK 材料 |
| | | | EP 材料 |
| | | | Endur 材料 |
| | | 生物塑料 | PLA 材料 |
| | | | PETG 材料 |
| | | | PCL 材料 |
| | | 热固性塑料 | |
| | | 光敏树脂 | |
| | | 高分子凝胶 | |
| | 金属材料 | 黑色金属 | 不锈钢材料 |
| | | | 高温合金材料 |
| | | 有色金属 | 钛合金材料 |
| | | | 铝镁合金材料 |
| | | | 铜及铜合金 |
| | | | 镓材料 |
| | | | 稀贵金属材料 |
| | 陶瓷材料 | | |
| | 复合材料 | | |
| | 食材 | | |
| | 生物材料 | 软组织材料 | |
| | | 硬组织材料 | |
| | | 生物降解材料 | |

说明：

1）常用的热固性塑料有：酚醛树脂、脲醛树脂、三聚氰胺树脂、不饱和聚酯树脂、环氧树脂、有机硅树脂、聚氨酯等。一般在恶劣环境中，如隔热、耐磨、绝缘、耐高压电等环境中使用的塑料，大部分都是热固性塑料。最常见的热固性塑料有炒锅的把手和高低压电器的外壳等。

2）常见的热塑性塑料有：聚乙烯、聚丙烯、聚氯乙烯、聚苯乙烯、聚甲醛，聚碳酸酯，聚酰胺、丙烯酸类塑料、其他聚烯烃及其共聚物、聚砜、聚苯醚等。根据性能特点、用途和成型技术的通用性，热塑性塑料又可分为通用塑料、工程塑料及特殊塑料等类型。

3）两者的区别：热固性塑料以热固性树脂为主要成分，配合以各种必要的添加剂，通过交联固化过程成型。在制造或成型过程的前期为液态，固化后即不溶不熔，也不能再次热熔或软化；热塑性塑料指具有加热软化、冷却硬化特性的塑料。如日常生活中使用的大部分塑料，都属于这个范畴。热塑性塑料加热时变软以至流动，冷却变硬，这种过程是可逆的，且可以反复进行。

## 4.2 常用3D打印成型材料的特点

通常，不同的3D打印成型材料具有不同的理化特性，适用的3D打印技术及具体的应用领域也有所不同。本节针对3D打印常用的聚合物材料、金属材料、陶瓷材料、复合材料、食材以及生物材料的特点分别加以简要介绍。

### 4.2.1 聚合物材料

聚合物材料也称为高分子量化合物，是指由许多相同的、简单的结构单元通过共价键重复连接而成的高分子量（通常可达$10 \sim 10^6$）化合物。例如，聚氯乙烯分子是由许多氯乙烯分子结构单元“—$CH_2$CHCl—”重复连接而成，因此，“—$CH_2$CHCl—”又称为结构单元或链节。由能够形成结构单元的小分子所组成的化合物称为单体，是合成聚合物的原料。

#### 1. 工程塑料

工程塑料指被用做工业零件或外壳材料的工业用塑料，具有高强度、耐冲击性、耐热性、高硬度以及抗老化性等优点，正常变形温度可以超过90℃，可进行机械加工、喷漆以及电镀。工程塑料是当前在工业领域应用最广泛的一类3D打印成型材料，常见的有丙烯腈-丁二烯-苯乙烯共聚物（ABS）、聚酰胺（PA）、聚碳酸酯（PC）、聚苯砜（PPSF）、聚醚醚酮（PEEK）、环氧树脂（EP）及类聚丙烯（Endur）材料等。

（1）ABS材料　ABS（丙烯腈-丁二烯-苯乙烯共聚物）材料坚韧、无毒、防水、耐化学腐蚀，并且具有良好的着色性，也很容易成型，但很难折断；在约220℃（约430 ℉）下熔化并变得柔韧。它具有良好的热熔性和冲击强度，是熔融沉积成型3D打印工艺的首选材料，主要是将ABS预制成丝、粉末后使用，应用范围几乎涵盖所有日用品、工程用品和部分机械用品，在汽车、家电、电子消费品领域都有广泛的应用。ABS材料的颜色种类很多，如象牙白、白色、黑色、深灰色、红色、蓝色、玫瑰红色等。在受热时，ABS会散发出令人不适的气味，并且蒸气中可能含有害化学物质，因此在打印时需要良好的通风。此外，由于ABS会被紫外线辐射分解，因此长期在户外使用时会失去颜色并变脆。图4-1所示为ABS线材及其3D打印成型的齿轮示例。

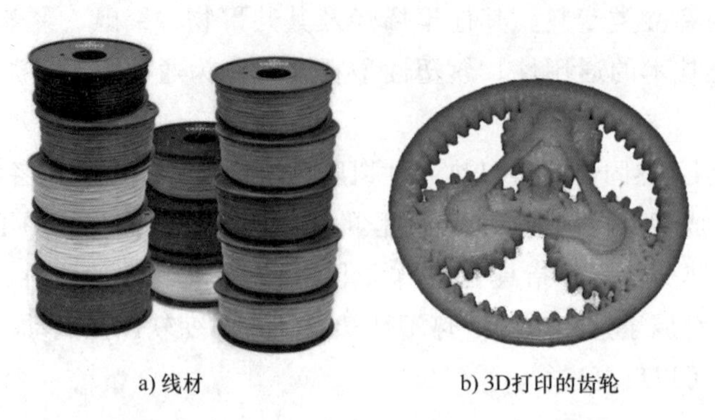

a) 线材　　b) 3D打印的齿轮

图 4-1　ABS 线材及其 3D 打印成型的齿轮

近年来，ABS 的应用范围逐步扩大，性能也在不断提升。2014 年，国际空间站(International Space Station)[⊖]使用 ABS 材料为其打印零部件；世界上最大的 3D 打印机制造公司 Stratasys 研发的最新 ABS 材料 ABS-M30，其力学性能比传统的 ABS 材料提高了 67%，从而大幅拓展了 ABS 材料的应用范围。

（2）PC 材料。PC（聚碳酸酯）材料算得上是一种真正的热塑性材料，具有高强度、耐高温、抗冲击、抗弯曲等特点，强度比 ABS 材料还要高 60%，可以作为最终零部件甚至超强工程制品使用。德国拜耳（Bayer）公司开发的 PC2605 可用于防弹玻璃、树脂镜片、车头灯罩、宇航员头盔面罩、智能手机的机身、机械齿轮等异型复杂构件的 3D 打印制造。

PC 工程塑料的三大应用领域是玻璃装配业、汽车工业和电子电器工业，其次还有机械零件、光盘、包装、计算机等办公室设备、医疗及保健（注射器）、薄膜、休闲和防护器材等。此外，PC 层压板不仅广泛用于银行、使馆、拘留所和公共场所的防护窗，也可用于飞机舱罩、照明设备、工业安全挡板及防弹玻璃的制造。图 4-2 所示为 PC 丝材及其打印的机械零件示例。

图 4-2　PC 丝材及其打印的机械零件示例

（3）PA 材料　PA（聚酰胺，俗称为尼龙）材料不仅强度高，也具备一定的柔韧性，因此，可以直接利用 3D 打印来制造零部件。利用 3D 打印制造的 PA 碳纤维复合塑料树脂零件，具有很高的韧度，可用于机械工具来代替金属工具。全球著名工程塑料专家索尔维（Solvay）公司，利用改性的 PA 工程塑料进行机械样件的 3D 打印，用于发动机周边零件、门把手套件、制动踏板等，代替传统的金属材料，最终解决了汽车轻量化问题。

⊖ 国际空间站项目由 16 个国家共同建造、运行和使用，是有史以来规模最大、耗时最长且涉及国家最多的空间国际合作项目。自 1998 年正式建站以来，经过十多年的建设，于 2010 年完成建造任务转入全面使用阶段。目前，国际空间站主要由美国国家航空航天局、俄罗斯联邦航天局、欧洲航天局、日本宇宙航空研究开发机构、加拿大空间局共同负责运营。

图 4-3 所示为 PA 材料及其打印成型的制品示例。

PA 材料广泛应用于制造燃料滤网、燃料过滤器、罐、捕集器、储油槽、发动机气缸盖罩、散热器水缸、平衡旋转轴齿轮等；也可用在汽车的电器配件、接线柱以及一次性打火机体壳、碱性干电池衬垫，摩托车驾驶员的头盔，办公机器外壳等的打印。另外，它还可以被用作驱动、控制部件等的打印。

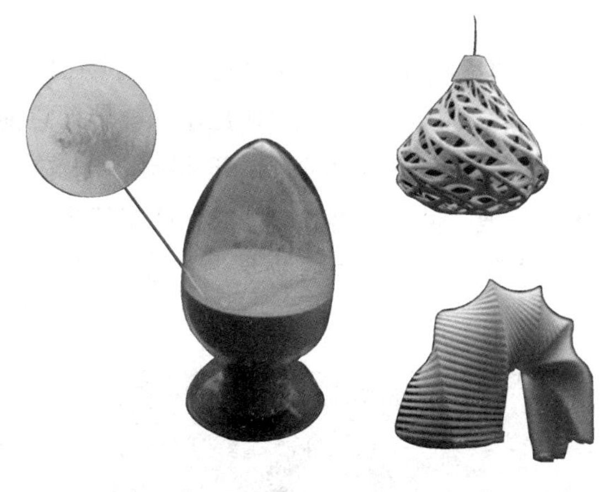

图 4-3 PA 材料及其打印的成型制品示例

（4）PPSF/PPSU 材料　PPSF/PPSU（聚苯砜）材料是所有热塑性材料里强度最高、耐热性最好、耐蚀性最强的材料，在各种快速成型用工程塑料中性能表现最佳。通过碳纤维、石墨的复合处理，PPSF/PPSU 材料能够表现出极高的强度，可用于 3D 打印制造承受大负荷的制品，成为替代金属、陶瓷的首选材料。3D 打印的 PPSF/PPSU 制品通常可以作为最终零部件使用，广泛用于航空航天，交通工具、日用品及医疗行业。图 4-4 所示为使用 PPSF 材料 3D 打印成型的眼镜。

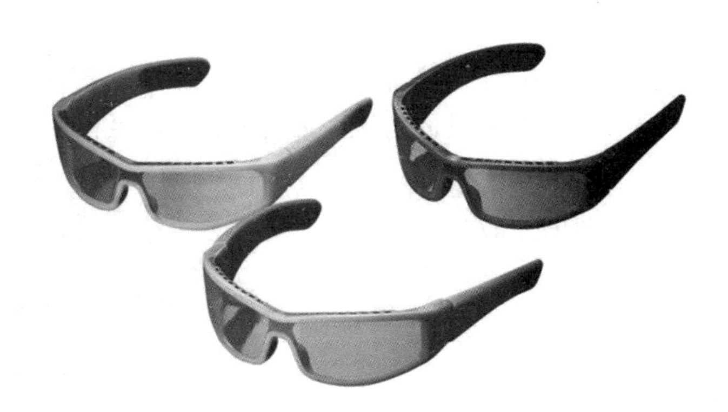

图 4-4 使用 PPSF 材料 3D 打印成型的眼镜

（5）PEEK 材料　PEEK（聚醚醚酮）材料是一种具有耐高温、自润滑、易加工和高机械强度等优异性能的特种工程塑料，可制造加工成各种机械零部件，如汽车齿轮、油筛、变速启动盘、飞机发动机零部件、自动洗衣机转轮、医疗器械零部件等。此外，由于 PEEK 材料具有优异的耐磨性、生物相容性、化学稳定性以及杨氏模量[⊖]最接近人骨等优点，它也是理想的人工骨替换材料，适合长期植入人体。目前，医疗领域正是基于熔融沉积成型的 3D 打印技术，利用 PEEK 材料来制造仿生人工骨的，不仅安全方便、无须

⊖ 杨氏模量（Young's Modulus），又称为拉伸模量（Tensile Modulus），是描述固体材料抵抗形变能力的物理量，也是最常见的一种弹性模量（Elastic modulus or modulus of elasticity）。除了杨氏模量，弹性模量还包括体积模量（Bulk modulus）和剪切模量（Shear modulus）等。

使用激光器，而且后处理也简单。图4-5所示为使用PEEK材料3D打印成型的牙床植入物的示例。

（6）EP材料　EP（环氧树脂）材料也称为弹性塑料（Elastoplastic，EP），是美国Shapeways公司研制的一种3D打印原材料，它能避免使用ABS打印的穿戴物品或者可变形类产品存在的脆弱性问题。EP材料非常柔软，在成型时采用跟ABS一样的“逐层烧结累积”原理，但打印出的产品的弹性却相当好，变形后也容易复原。这种材料可用于3D打印制作鞋、手机壳和衣物类的产品。图4-6所示为使用EP材料3D打印成型的鞋子示例。

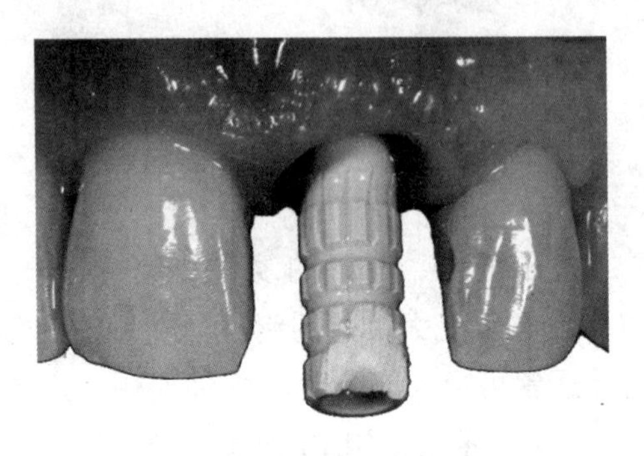

图4-5　使用PEEK材料3D打印成型的牙床植入物示例

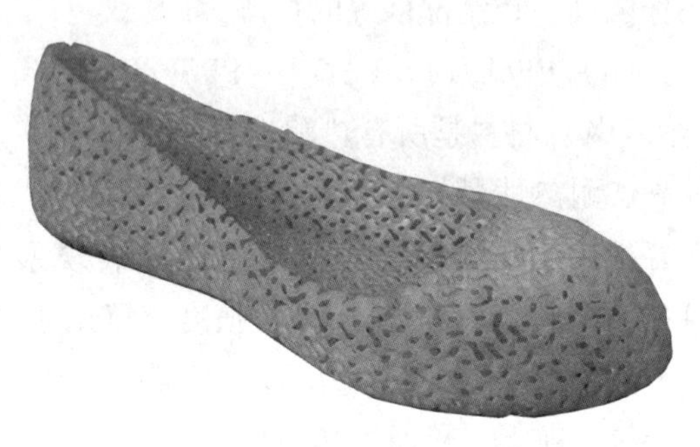

图4-6　使用EP材料3D打印成型的鞋子示例

（7）Endur材料。Endur（类聚丙烯）材料是一种光敏树脂。它是美国Stratasys公司研发的一款3D打印材料，是一种先进的仿聚丙烯材料，可满足各种不同领域的应用需求。Endur材料具有高强度、柔韧度好和耐高温性能，用其打印的产品表面质量佳，且尺寸稳定性好，不易收缩。Endur具有出色的仿聚丙烯性能，常用于打印运动部件、咬合啮合部件（如齿轮）以及小型盒子和容器。图4-7所示为使用Endur材料3D打印成型的仿钻石产品示例。

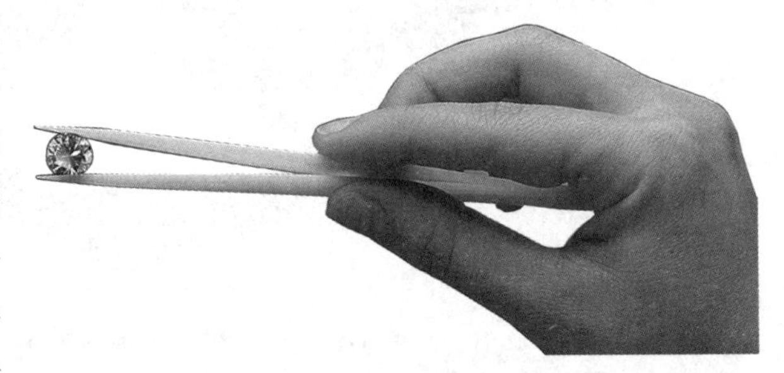

图4-7　使用Endur材料3D打印成型的仿钻石产品示例

2. 生物塑料

生物塑料又称为生物降解塑料、生物分解塑料，指在土壤或沙土中特定条件下，如堆肥、厌氧消化或水性培养液中，由自然界存在的微生物作用引起降解，并最终完全转变成二氧化碳（$CO_2$）或/和甲烷（$CH_4$）、水（$H_2O$）及其所含元素的矿化无机盐以及新的生物质的塑料。

按原料成分来源分类，生物塑料可分为生物基生物塑料及石化基生物塑料两类。其中，生物基生物塑料主要有四类：第一类为天然材料直接加工得到的塑料；第二类为微生物发酵和化学合成共同参与得到的聚合物；第三类为由微生物直接合成的聚合物；第四类为以上这些材料共混加工得到的，或这些材料和其他化学合成的生物塑料混加工得到的塑料。石化基生物塑料是指以化学合成的方法将石化产品中的单体聚合而得的塑料，如 PBAT㊀、聚丁二酸丁二醇酯（PBS）、二氧化碳共聚物（PPC）等。

按生物降解过程来看，生物塑料可分为完全生物降解塑料和破坏性生物降解塑料两种。前者主要是由天然高分子（如淀粉、纤维素、甲壳质）或农副产品经微生物发酵或合成具有生物降解性的高分子制得，如热塑性淀粉塑料、脂肪族聚酯、聚乳酸、淀粉/聚乙烯醇等，均属这类塑料；后者主要包括淀粉改性（或填充）聚乙烯 PE、聚丙烯 PP、聚氯乙烯 PVC、聚苯乙烯 PS 等。

常见的 3D 打印用生物塑料主要有聚乳酸（PLA）、聚对苯二甲酸乙二醇酯-1,4-环己烷二甲醇酯（PETG）、聚-羟基丁酸酯（PHB）、聚-羟基戊酸酯（PHBV）、聚丁二酸-丁二醇酯（PBS）、聚己内酯（PCL）等，均具有良好的可生物降解性。由于生物塑料具有可降解、可吸收性，因此常被用作生物打印的基底或支撑材料，在其上铺覆可以分裂生长的活体细胞，以避免器官植入人体后的排异反应。图 4-8 所示为生物塑料 3D 打印成型在医学上的应用示例。

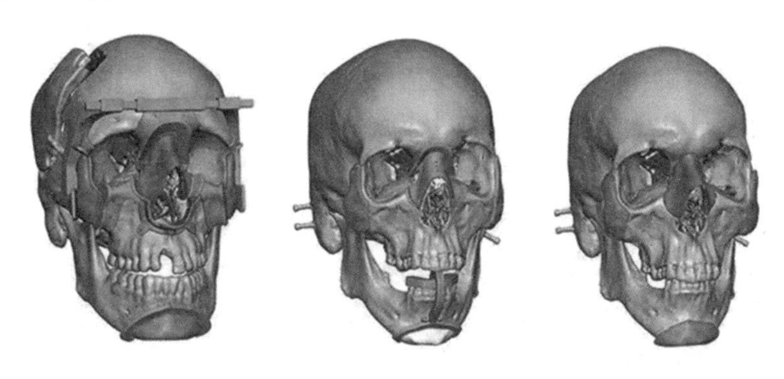

图 4-8 生物塑料 3D 打印成型在医学上的应用示例

（1）PLA 材料　PLA（Poly Lactic Acid）即聚乳酸，由玉米淀粉或甘蔗渣等生物材料制成。它是 3D 生物打印起初使用得最好的原材料之一，具有一定的弹性、多种半透明色和光泽感。PLA 塑料类似于日常包装中使用的塑料，但耐热性不如 ABS，在 180~200℃ 之间熔化，具体取决于为颜色和质地而添加的其他材料的成分及占比；PLA 在 60℃ 以上的温度下开始变形，并且不耐水或化学腐蚀；加热时有轻微的气味，闻上去有点像爆米花的味道，但是不产生有毒的气味或蒸气。PLA 打印成型的制品有些脆，容易在压力下破碎。最近，已有厂家尝试添加化学药品，改善其脆性，从而制造出那种被制造商称为“坚韧的 PLA”的 3D 打印成型制品。作为一种环境友好型塑料，PLA 可以很容易地通过生物降解成为绿色环保的活性肥料。图 4-9 所示为 PLA 线材及其 3D 打印成型的作品示例。

㊀ PBAT（Poly Butyleneadipate-co-terephthalate）属于热塑性生物降解塑料，是己二酸丁二醇酯和对苯二甲酸丁二醇酯的共聚物，兼具 PBA（聚丙烯酸丁酯）和 PBT（聚对苯二甲酸乙二醇酯）的特性，既有较好的延展性和断裂伸长率，也有较好的耐热性和耐冲击性。此外，PBAT 还具有优良的生物降解性，是生物降解塑料研究中非常受欢迎和市场应用最好的降解材料之一。

a) PLA线材

b) PLA材料3D打印成型作品

图 4-9 PLA 线材及其 3D 打印成型的作品示例

PLA 材料通常是低成本 3D 打印机的首选打印材料。与 ABS 相比，PLA 更容易打印，因为它具有一定黏性，可以很好地黏附在覆盖有白色胶水或蓝色油漆胶带的打印基座上，这意味着不需要加热打印床就可以开始打印。新加坡南洋理工大学（Nanyang Technological University）的研究团队，在应用 PLA 制造组织工程支架方面的研究中，采用可降解高分子材料制造了具有高孔隙度的 PLA 组织医用支架。通过对该支架进行组织分析，发现其具有生长能力。

（2）PETG 材料 PETG（非晶型共聚酯）材料是一种透明塑料。PETG 常用的共聚单体为 1,4-环己烷二甲醇（CHDM），全称为聚对苯二甲酸乙二醇酯-1,4-环己烷二甲醇酯。它是由对苯二甲酸（PTA）、乙二醇（EG）和 1,4-环己烷二甲醇三种单体用酯交换法缩聚的产物，与 PET（聚对苯二甲酸乙二醇酯）相比多了 1,4-环己烷二甲醇共聚单体，与 PCT（聚对苯二甲酸 1,4-环己烷二甲醇酯）比多了乙二醇共聚单体。因此，PETG 的性能与 PET 和 PCT 大不相同，具有其独特性。目前，全球仅有美国伊士曼（Eastman）及韩国 SK 两家公司的 PETG 制造技术比较成熟。

PETG 具有较好的黏性、透明度、颜色、耐化学药剂和抗应力白化等能力，热成型周期短、成型温度低、成品率高，兼具 PLA 和 ABS 的优点，可很快地通过热成型或挤出吹塑成型，黏度比丙烯酸（亚克力）好。其制品高度透明，抗冲击性能优异，特别适宜于成型厚壁透明制品，广泛应用于板（片）材、高性能收缩膜、瓶用及异型型材等市场。图 4-10 所示为 PETG 线材及其 3D 打印成型的化妆品瓶体示例。

图 4-10 PETG 线材及其 3D 打印成型的化妆品瓶体

（3）PCL 材料 PCL（聚己内酯）具有良好的生物降解性、生物相容性和无毒性，可作为医用生物降解材料、药物控制释放产品及生物组织的基底使用。目前，已经在药物缓释产品中得到了广泛的应用。

PCL 材料是一种可降解聚酯，熔点较低，只有 60℃左右。与大部分生物材料一样，人们常常把它用作特殊用途，如药物传输设备、缝合剂等；同时，PCL 材料还具有形状记忆性。在 3D 打印中，由于它熔点低，所以并不需要很高的打印温度。在医学康复领域，常被用来打印心脏支架等。图 4-11 所示为使用 PCL 材料 3D 打印成型的绿色环保型玩具示例。

图 4-11　使用 PCL 材料 3D 打印成型的绿色环保型玩具示例

3. 热固性塑料

热固性塑料是指以热固性树脂为主要成分，配合以各种必要的添加剂，能通过交联固化过程成型成制品的塑料。热固性塑料第一次加热时可以软化流动，但是一旦加热到一定温度，产生了化学反应——交联反应而固化变硬，这种变化是不可逆的。此后，即使再次加热，也不能再变软流动了。正是借助这种特性进行成型加工，利用第一次加热时的塑化流动，在压力下充满型腔，进而固化成为确定形状和尺寸的制品。图 4-12 所示为使用热固性塑料成型的键盘按键示例。

图 4-12　使用热固性塑料成型的键盘按键示例

与环氧树脂、不饱和聚酯、酚醛树脂、氨基树脂、聚氨酯树脂、有机硅树脂、芳杂环树脂等相比，热固性塑料具有强度高、耐火性好等特点，非常适合于利用粉末激光烧结成型工艺进行 3D 打印。哈佛大学怀斯（Wyss）生物工程研究所的材料科学家，开发出了一种可 3D 打印的环氧基热固性树脂材料，打印成的建筑结构件可直接用在轻质建筑中。

**4. 光敏树脂**

光敏树脂（UV Curable Resin），俗称为紫外线固化无影胶或UV树脂（胶），主要由聚合物单体和预聚体组成，其中加有光（紫外光）引发剂，也称为光敏剂。它是一种在一定波长的紫外光（250~300nm）照射下便会立刻引起聚合反应，进而交联固化的低聚物。

光敏树脂具有气味淡、刺激性成分少等特点，也常被通过改性复合制成医用材料。例如，光固化复合树脂（Tetric N-Ceram）是目前口腔科常用的充填、修复材料，由于它的色泽美观，具有一定的抗压强度，因此在临床应用中起着重要的作用，多用于牙齿各类缺损及窝洞修复，取得了满意的效果。图4-13所示为使用光敏树脂3D打印的牙齿及创意设计产品示例。

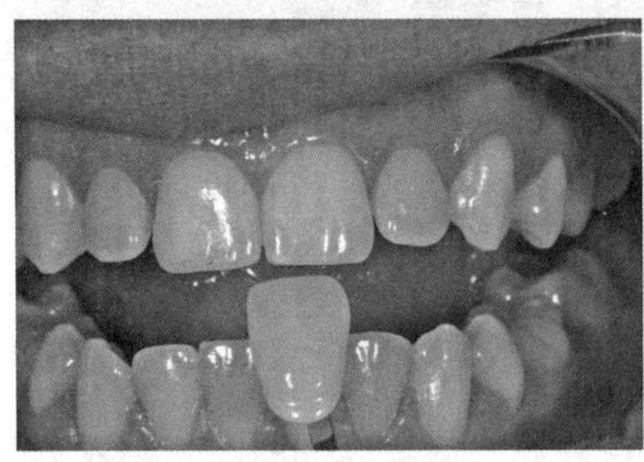

a) 光敏树脂3D打印的牙齿

b) 光敏树脂材料3D打印的半透明磨砂状物体

图4-13 使用光敏树脂3D打印成型的制品示例

良好的液态流动性和瞬间光固化特性，使得光敏树脂成为高精度制品3D打印的首选材料。此外，优异的力学性能，成型后产品外观平滑，呈透明或半透明磨砂状，因此光敏树脂也非常适合于个人桌面3D打印系统使用。

**5. 高分子凝胶**

高分子凝胶是分子链经交联聚合而成的三维网络或互穿网络与溶剂（通常是水）组成的体系，与生物组织类似。交联结构使之不溶解而保持一定的形状；渗透压的存在使之溶胀达到体积平衡。高分子凝胶可因溶剂种类、盐浓度、pH值、温度不同以及电刺激和光辐射不同，而产生体积变化，有时会出现相变，网孔增大，网络失去弹性，凝胶相区不复存在，体积急剧溶胀，并且这种变化是可逆的、不连续的。

海藻酸钠、纤维素、动植物胶、蛋白胨、聚丙烯酸等高分子凝胶材料可用于3D打印，在一定的温度及引发剂、交联剂的作用下进行聚合后，能够形成特殊的网状高分子凝胶制品。

高分子凝胶的用途十分广泛，例如，当受外部离子强度、温度、电场和化学物质变化的影响时，凝胶的体积也会相应地变化，可用于形状记忆材料的制造；当凝胶溶胀或收缩时，体积会发生变化，这种特性可用于传感材料的制造；而凝胶网孔大小的可控性，则可用于智能药物控制释放材料的制造。

利用3D打印技术提升高分子凝胶的性能，是当前业界研究的热点。例如，3D打印高性能结构化水凝胶作为优异的软湿高分子材料，由于其具有良好的理化性能和个性化的结构特征，在组织工程、软体驱动、柔性传感、工程承载等领域，都具有潜在的应用价值。2020年12月，中国科学院兰州化学物理研究所的研究人员通过构筑聚乙烯醇（PVA）物理结晶网络和壳聚糖（CS）离子交联网络，实现了超高强韧水凝胶的3D打印。具体由两步法实现，首先基于PVA和可溶性短链CS水凝胶墨水的直接书写（Direct Ink Writing）3D打印成型；然后，依次进行冷冻—解冻循环和柠檬酸钠溶液浸泡配位交联后处理，最终形成双物理交联网络超高强韧水凝胶。

## 4.2.2 金属材料

金属材料是指具有光泽、延展性、容易导电、传热等性质的材料。一般分为黑色金属和有色金属两类。黑色金属包括铁、铬、锰等，其中钢铁是基本的结构材料，用途十分广泛，被称为“工业的骨骼”。

目前，常见的3D打印大多使用塑料材料，而金属良好的理化性能及潜在的工业应用前景，使得业界对金属制品的打印也极为感兴趣。但是，由于金属3D打印材料本身的特性，其一般都有特定的应用领域及适合打印的范围。实践中，金属3D打印材料的选择是一个权衡多种因素的过程，不能仅仅凭借3D打印机的参数来衡定。每种金属材料都有适合自身特性的极限点，包括应用、功能、稳定性、耐久性、美观性、经济性等，都是需要综合考虑的因素。

常用的金属3D打印材料包括黑色金属和有色金属两大类。其中，黑色金属包括不锈钢及高温合金材料；有色金属包括钛合金、铝镁合金、镓及稀贵金属等材料。

### 1. 黑色金属

黑色金属材料是工业上对铁、铬和锰的统称，也包括这三种金属的合金，如合金金属钢、高温合金及不锈钢等。

（1）不锈钢　不锈钢（Stainless Steel）是不锈耐酸钢的简称。通常，将耐空气、蒸汽、水等弱腐蚀介质或具有不锈性的钢种，通称为不锈钢；而耐化学腐蚀介质（酸、碱、盐等化学侵蚀）腐蚀的钢种，则称为耐酸钢。由于两者在理化成分上的差异，因此它们的耐蚀性也不相同，普通不锈钢一般不耐化学介质腐蚀，而耐酸钢则一般均具有不锈性。

不锈钢是最廉价的金属3D打印材料。经3D打印出的高强度不锈钢制品，表面一般都略显粗糙且存在麻点，但可以根据要求，通过制品表面后处理使其具有不同的光滑度或形成磨砂面。因此，不锈钢常被用作珠宝、功能构件和小型雕刻品的3D打印材料。图4-14所示为一个不锈钢3D打印成型的开瓶器示例。

（2）高温合金。高温合金（High-temperature Alloys）是指以铁、镍、钴为基体，能在600℃以上的高温及一定的应力作用下长期工作的一类金属材料。它具有优异的高温强度，良好的抗氧化和抗热腐蚀性，良好的抗疲劳性及断裂韧性等综合性能，又被称为“超合金”，主要应用于航空航天领域和能源领域，是航空喷气发动机和燃气涡轮发动机热端部件不可替代的关键材料。高温合金的晶体一般为单一奥氏体组织㊀，在各种温度下均具有良好的组织稳定性和使用可靠性。

按基体元素来分，高温合金可分为铁基、镍基、钴基等高温合金。铁基高温合金使用温度一般只能达到750~780℃，对于在更高温度下使用的耐热部件，则需采用镍基和难熔金属为基的合金。常用的高温合金有：GH4169高温合金，是一种镍-铬-铁基合金，在-253~650℃的温度范围内组织性能稳定，因此是在深冷和高温条件下用途极广的高温合金；单晶高温合金，以单个晶体为单位，合金化程度高，弥补了传统的铸锻高温合金铸锭偏析严重、热加工性能差、成型困难等难点。单晶合金材料目前已发展到了第四代，承温能力提升到1140℃，已近金属材料使用温度的极限，主要用于涡轮盘、压气机盘、鼓筒轴、封严盘、封严环、导风轮以及涡轮盘高压挡板等高温承力转动部件的制作。

高温合金具有强度高、化学性质稳定、不易成型加工和传统加工工艺成本高等特点，是航空航天工业应用的主要3D打印材料。图4-15所示为高温合金材料3D打印成型的航空零件示例。

图4-14 不锈钢3D打印成型的开瓶器示例

图4-15 高温合金材料3D打印成型的航空零件示例

**2. 有色金属**

有色金属（Non-ferrous metal）是铁、锰、铬和铁基合金以外的所有金属的统称。狭义的有色金属又称为非铁金属，广义的有色金属还包括有色合金。有色金属可分为重金属（如铜、铅、锌），轻金属（如铝、镁、钛），贵金属（如金、银、铂）及稀有金属（如钨、钼、锗、锂、镧、铀）等。由于稀有金属在现代工业中具有重要作用，有时也将它们从有色金属中划分出来，单独成为一类，与黑色金属、有色金属并称为金属的三大类别。

（1）钛合金　钛（Titanium）金属外观似钢，具有银灰光泽，是一种过渡金属。在过去一段时间里，人们一直认为它是一种稀有金属，其实钛并不是稀有金属，钛在地壳中约占总质量的0.42%，是铜、镍、铅、锌总量的16倍，在金属世界里排行第七，含钛的

㊀ 奥氏体是碳溶解在γ-Fe中的间隙固溶体，常用符号“A”表示。奥氏体组织是一个材料学术语，指由奥氏体单晶体结晶形成的团状组织，镶嵌在钢材质中，改善钢材性能。

矿物多达70多种。钛的强度大、密度小、硬度大、熔点高、耐蚀性强；高纯度钛具有良好的延展性，延伸率可达50%~60%，断面收缩率可达70%~80%，但当有杂质存在时会变得硬而脆。钛是无磁性金属，在很强的磁场中也不会被磁化。钛镍合金具有形状记忆效应㊀的特性。

钛和钛合金已大量应用于航空航天工业，有“空间金属”之称，在汽车与造船工业、化学工业、机械零部件制造、电信器材、硬质合金等方面也有着日益广泛的应用。采用3D打印技术制造的钛合金零部件，强度非常高，尺寸精确，能制作的最小尺寸可达1mm，而且其零部件力学性能优于锻造工艺。例如，英国的Metalysis公司，利用钛金属粉末已经成功打印出了叶轮和涡轮增压器等汽车零件。此外，由于钛金属无毒且与人体组织及血液有良好的相容性，所以也被医疗界广泛应用于生物植入体的制造。图4-16所示为美国NASA利用钛金属粉末3D打印制作的涡轮泵壳体的例子。

（2）镁铝合金　镁铝合金是一种低密度合金，密度一般小于1.8g/cm³，镁铝合金的低密度使其比性能提高，因其质轻、强度高的优越性能，在制造业的轻量化需求中得到了大量应用，是便携式计算机和手机外壳制造的首选材料。在3D打印技术应用中，镁铝合金也毫不例外地成为各大制造商所青睐的打印材料之一。图4-17所示为镁铝合金3D打印成型的零部件示例。

图4-16　NASA利用钛金属粉末3D打印制作的涡轮泵壳体

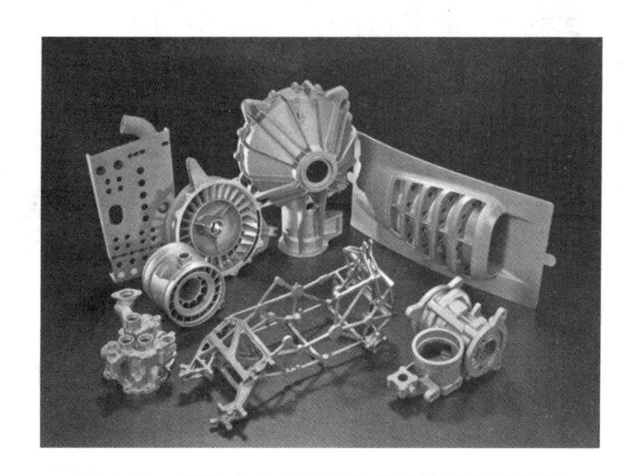

图4-17　镁铝合金3D打印成型的零部件示例

（3）铜及铜合金　铜（Cuprum，Cu）是一种金属元素，也是一种过渡元素。纯铜是柔软的金属，表面刚切开时为红橙色，带金属光泽，单质呈紫红色，所以又称为紫铜。

铜合金（Copper Alloy）是以纯铜为基体加入一种或几种其他元素所构成的合金。常用的铜合金分为黄铜、青铜、白铜三大类。其中，黄铜是以锌为主要添加元素的铜合金，

㊀ 形状记忆效应是指发生马氏体相变的合金形变后，当被加热到最终温度以上，使低温的马氏体逆变为高温母相而恢复到形变前的固有形状，或在随后的冷却过程中通过内部弹性能的释放又返回到马氏体形状的现象。形状记忆合金在较低的温度下成型，加热后可恢复成型前的形状，这种只在加热过程中存在的形状记忆现象称为单程记忆合金；某些合金加热时恢复高温相形状，冷却时又能恢复低温相形状，称为双程记忆合金；加热时恢复高温相形状，冷却时变为形状相同而取向相反的低温相形状，称为全程记忆合金。

具有美观的黄色；白铜是以镍为主要添加元素的铜合金；青铜原指铜锡合金，后除黄铜、白铜以外的铜合金均称为青铜。为了改善铜合金的性能，也使用其他金属作为添加元素，如由铅、锡、锰、镍、铁、硅组成的铜合金。铝能提高黄铜的强度、硬度和耐蚀性，但使塑性降低，适合作海轮冷凝管及其他耐蚀零件；锡能提高黄铜的强度和对海水的耐蚀性，故得名海军黄铜，用作船舶热工设备和螺旋桨等。由于铜的延展性好，导热性和导电性高，铜合金也被广泛地应用于电子、电气、轻工、机械制造、建筑工业、国防工业等领域。在我国有色金属材料的消费中，铜的消费量仅次于铝。图 4-18 所示为一个 3D 打印的铜合金散热器示例。

（4）镓　镓（Gallium，Ga）是灰蓝色或银白色的金属，熔点很低，但沸点很高。纯液态镓有显著过冷的趋势，在空气中易氧化，形成氧化膜。

镓主要用作液态金属合金的 3D 打印材料，它具有金属导电性，其黏度类似于水。不同于汞（Hg），镓既不含毒性，也不会蒸发，可用于具有柔性和伸缩性的电子产品的制造。液态金属在可变形天线的软伸缩部件、软存储设备、超伸缩电线和软光学部件上都已得到了应用。图 4-19 所示为镓液态金属合金 3D 打印的制品。

图 4-18　3D 打印的铜合金散热器示例

图 4-19　镓液态金属合金 3D 打印制品

（5）稀贵金属　稀贵金属是稀有金属和贵金属的统称，贵金属主要是指金、银和铂族金属（铂、钯、铑、钌、铱、锇）；而稀有金属通常指在自然界中含量较少或分布稀散的金属。根据各种元素的物理和化学性质赋存状态，以及生产工艺等特征，稀有金属可以分为四大类，即：①稀有轻金属，包括锂、铷、铯、铍等，比重较小，化学活性强；②稀有难熔金属，包括钛、锆、铪、钒、铌、钽、钼、钨等，熔点较高，与碳、氮、硅、硼等生成的化合物熔点也较高；③稀有分散金属，简称为稀散金属，包括镓、铟、铊、锗、铼以及硒、碲等，大部分共存于其他元素的矿物中；④稀有稀土金属，简称为稀土金属，包括钪、钇及镧系元素，它们的化学性质非常相似，在矿物中相互伴生，难以从原料中提取，但在现代工业中有广泛的用途，如用于制造特种钢、超硬质合金和耐高温合金等，主要应用在电气工业、化学工业、陶瓷工业、原子能工业及运载火箭等方面。

今天，随着 3D 打印的产品在时尚界的影响力越来越大，稀贵金属也逐渐成为世界各地的珠宝设计师青睐的 3D 打印成型材料。例如，在饰品 3D 打印成型领域，常用的稀贵金属材料有金、纯银等材料。图 4-20 所示为一个 3D 打印成型的金戒指示例。

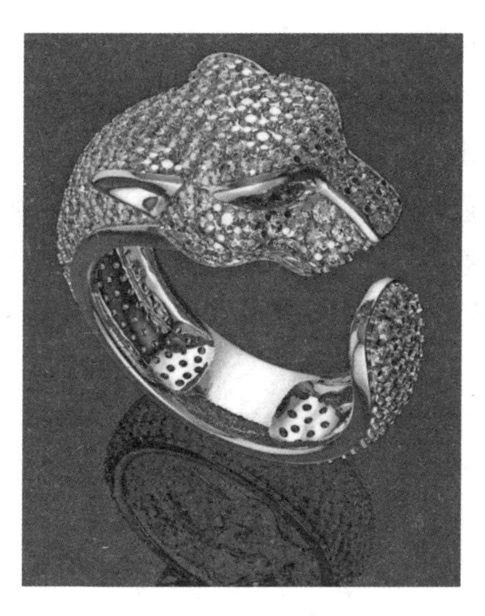

图 4-20 3D 打印成型的金戒指

## 4.2.3 陶瓷材料

陶瓷材料（Ceramic Material）是指用天然或合成化合物，经过成型和高温烧结制成的一类无机非金属材料。它具有高熔点、高硬度、高耐磨性、耐氧化、耐蚀性、绝缘性好等优点，可用作结构材料、刀具材料，由于陶瓷还具有某些特殊的性能，又可作为功能材料使用。例如，某些陶瓷材料独特的光学性能，可用来制造固体激光器、光导纤维、光储存器等；透明陶瓷则可用于高压钠灯管等的制造；磁性陶瓷（铁氧体，如 $MgFe_2O_4$、$CuFe_2O_4$、$Fe_3O_4$ 等）在录音磁带、唱片、变压器铁芯、大型计算机记忆元件方面的应用有着广阔的前途。

3D 打印陶瓷材料在航空航天、汽车、生物等行业，甚至日常生活中都有着广泛的应用。例如，硅酸铝陶瓷粉末能够用于 3D 打印陶瓷制品，不透水，耐热温度可达 600℃，可回收、无毒害。陶瓷材料强度不高，是理想的炊具、餐具（杯、碗、盘子、蛋杯和杯垫）和烛台、瓷砖、花瓶、艺术品等家居装饰的 3D 打印材料。图 4-21 所示为一个 3D 打印的陶瓷杯子示例。

图 4-21 3D 打印的陶瓷杯子示例

## 4.2.4 复合材料

复合材料（Composite Material）是运用先进的材料制备技术，将不同性质的材料组分优化组合而成的新材料。它将基体材料与增强材料复合在一起，基体材料一般分为金属和非金属两大类，金属基体常用的有铝、镁、铜、钛及其合金，非金属基体主要有合成树脂、橡胶、陶瓷、石墨、碳等。增强材料主要有玻璃纤维、碳纤维、硼纤维、芳纶纤维、碳化硅纤维、石棉纤维、晶须、金属等。从复合形式上看，可分为层内混杂、层间混杂、夹芯混杂、层内/层间混杂和超混杂复合材料。从功能上可分为结构复合材料和功能复合材料两大类。在复合材料中，以纤维增强材料应用最广、用量最大，其特点是比重小、比强度和比模量大。例如，碳纤维与环氧树脂复合的材料，其比强度和比模量均比钢和铝合金大数倍，还具有优良的化学稳定性、减摩耐磨、自润滑、耐热、耐疲劳、耐蠕变、消声、电绝缘等性能。复合材料具有质量小、强度高、加工成型方便、弹性优良、耐化学腐蚀和耐候性好等特点，已逐步取代木材及金属合金，广泛应用于航空航天、汽车、电子电气、建筑、健身器材等领域，在近几年更是得到了飞速发展。

复合材料也逐渐被应用于3D打印领域。例如，美国硅谷Arevo实验室3D打印出了高强度碳纤维增强复合材料。相比于传统的挤出或注塑成型方法，3D打印时通过精确控制碳纤维的取向，可以优化特定的机械、电和热参数，能够严格设定其综合性能。3D打印的复合材料零件一次只能制造一层，每一层都可以任意选择所需的纤维取向。利用增强聚合物材料打印的复杂形状零部件，往往都具有出色的耐高温和抗化学性能。图4-22所示为一个3D打印的复合材料仿生肌电假手示例。

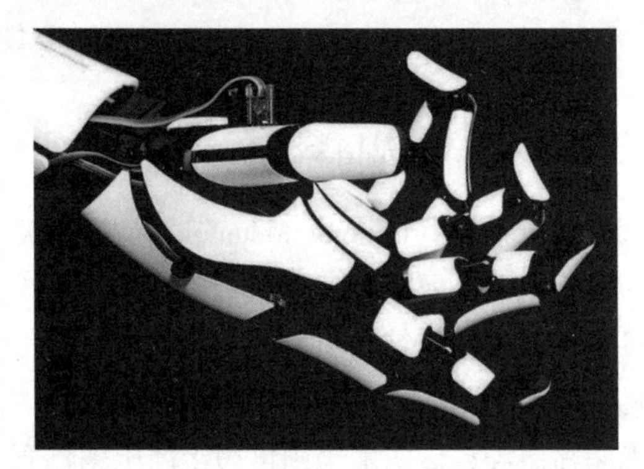

图4-22　3D打印的复合材料仿生肌电假手示例

## 4.2.5　食材

3D打印成型用的食材，其实就是人们日常生活中的食物，门类众多。食材是一种比较特殊的3D打印材料，大多被预制成液态或粉末状，供食物3D打印机使用。通常，食物不仅需要制作精美、口感丰富，还需要有一定的营养，符合卫生要求，有利于健康。3D食物打印使用的不是普通的墨盒，而是把食物的材料和配料预先放入容器内，再输入食谱；输出来的不是一张又一张的文件，而是真正可以吃下肚的食品。常见的3D打印食材包括饮用水、植物油、蛋白质、维生素剂、巧克力、糖、奶制品、肉（粉/浆）及其他碳水化合物粉或浆液等。

2012年10月23日，在荷兰埃因霍温举办的一个展会上，由荷兰国家应用科学研究院（The Netherlands Organization For Applied Scientific Research，TNO）的研究员们开发的一款3D食物打印机亮相，引起诸多食品厂商和普通民众的兴趣（图4-23）。这种打印机由控制计算机、自动化食材注射器、输送装置等几部分组成。使用者首先在计算机预先存储的100多种立体形状中挑选喜欢的造型，然后单击“打印”按钮，注射器上的喷头就会将食材均匀地喷射出来，以层层“打印”累积的方式制作出立体小甜点。它不仅可以打印传统食品，也有助于利用全新食材，便捷地制作非传统食品。比如，食品加工者从藻类中提取蛋白质作为打印材料，然后“打印”成高蛋白食品。利用食物3D打印技术，即使是对烹饪一窍不通的人，也可以下载名厨研制的食谱，用食物打印机做出精致的大餐，或者“打印”出医生推荐的营养全面的美味佳肴。

2013年，由美国国家航空航天局（NASA）资助，系统与材料研究公司（SMRC）研制了一种食物3D打印机，可以用装满油、蛋白质粉和碳水化合物的料盒打印食品。料盒中食材蛋白质的来源可以是任何含有这种营养成分的食物，如昆虫、草或者藻类，如图4-24所示。美国军方也于同年对外发布了一款食物3D打印机，这台打印机的与众不同之处就在于，它所打印出来的东西可以直接供士兵们食用。

图4-23　荷兰国家应用科学研究院研制的食物3D打印机

图4-24　美国NASA出资研制的食物3D打印机

## 4.2.6　生物材料

生物材料（Biomaterials）是用于与生命系统接触和发生相互作用的，并能对其细胞、组织和器官进行诊断治疗、替换修复或诱导再生的一类天然或人工合成的特殊功能材料，又称为生物医用材料。生物材料有人工合成和天然材料之分；也有单一材料、复合材料以及活体细胞或天然组织与无生命的材料结合而成的杂化材料的区别。生物材料本身不是药物，它具有与生物机体直接结合和相互作用的基本特征。

生物3D打印主要利用具有生物相容性的材料和活体细胞来进行打印，材料包括生物医用金属和非金属材料、高分子材料、水凝胶材料或活细胞等。以医用高分子材料为例，按应用对象和材料物理性能来划分，生物3D打印医用高分子材料可分为软组织材料、硬组织材料和生物降解材料。由于生物3D打印可满足部分人体组织器官的医疗要求，因而在医学上受到了广泛的重视。目前，已有数十种高分子材料作为人体的植入材料被应用到了医疗领域。

1. 软组织材料

软组织是指人体的皮肤、皮下组织、肌肉、肌腱、韧带、关节囊、滑膜囊，神经、血管、内脏等，是比较重要的人体组织。软组织材料是指用以修复和替代机体中发生病变或者损伤的软组织（软骨、气管等），恢复或部分恢复原有组织形态和功能的材料。

医用高分子材料主要用作软组织材料，特别是人工脏器的膜和管材等的打印。例如，聚乙烯膜、聚四氟乙烯膜、硅橡胶膜和管等，可用于制造人工肺、肾、心脏、喉头、气管、胆管、角膜；聚酯纤维可用于制造血管、腹膜等。图 4-25 所示为一个 3D 打印成型的心脏模型的示例。

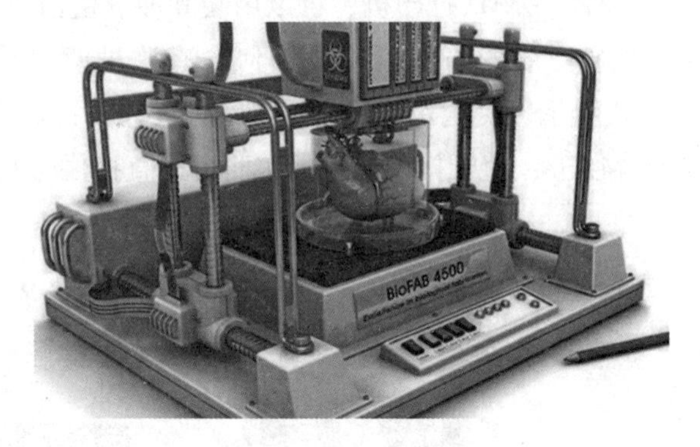


图 4-25　3D 打印成型的心脏模型示例

2. 硬组织材料

硬组织材料是指用以修复和替代机体中发生病变或者损伤的硬组织（骨、牙等），恢复或部分恢复原有组织形态和功能的材料。分为医用金属材料和医用非金属材料，医用非金属材料又分为医用高分子材料和医用无机非金属材料。

（1）医用金属材料　常用的医用金属材料有医用不锈钢、钴基合金、钛及钛合金、镍钛形状记忆合金、金银等贵金属、银汞合金，以及钽、镓、铌等金属和合金。

1）医用不锈钢。医用不锈钢具有一定的耐蚀性和良好的综合力学性能，且加工工艺简便，是生物医用金属材料中应用数量最多、应用范围最广的材料。常用的医用不锈钢有 US304、316、316L、317、317L 等品种。医用不锈钢植入活体后（如骨支架、钉等），可能发生点蚀，偶尔也会产生应力腐蚀和疲劳腐蚀，通常通过临床前消毒、电解抛光和钝化处理来提高其耐蚀性。在骨外科和牙科中，医用不锈钢应用的最多。

2）钴基合金。钴基合金在人体内一般保持钝化状态，与不锈钢比较，钴基合金钝化膜更稳定，耐蚀性更好。同时，在所有医用金属材料中，其耐磨性最好，适合于体内长期植入件的制作。在整形外科中，钴基合金常用于人工髋关节、膝关节以及接骨板、骨钉、关节扣钉和骨针等的制造；在心脏外科中，也常用于制造人工心脏瓣膜等。图 4-26 所示为一个 3D 打印成型的钴基合金人工髋关节示例。

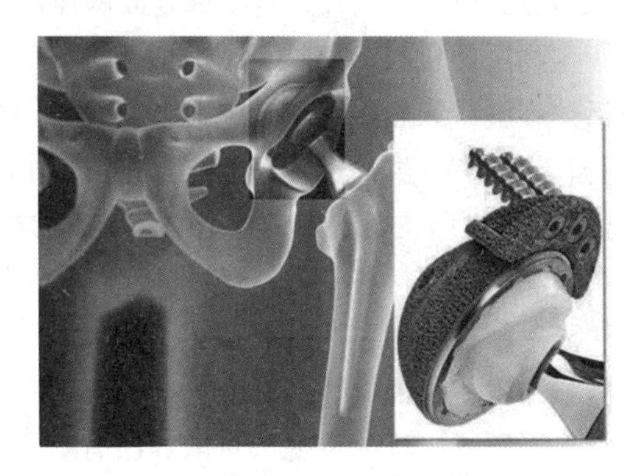

图 4-26　3D 打印成型的人工髋关节（钴基合金）示例

（2）医用非金属材料　常用的医用非金属材料包括聚碳酸酯、超高分子量聚乙烯、硅橡胶等医用高分子材料，以及生物陶瓷、生物玻璃、生物碳材料等医用无机非金属材料。

1）医用高分子材料。医用高分子材

料不仅可以用于人体软组织的制造，也可以用于硬组织的制造。例如，丙烯酸高分子（即骨水泥）、聚碳酸酯、超高分子量聚乙烯、聚甲基丙烯酸甲酯（PMMA）、尼龙、硅橡胶等，也可以用于制造人工骨和人工关节。

2）医用无机非金属材料。生物医用无机非金属材料主要包括生物陶瓷（玻璃）和医用碳素材料等。生物陶瓷可分为：①近于惰性的生物陶瓷，如氧化铝生物陶瓷、氧化锆生物陶瓷及硼硅酸玻璃等；②表面活性生物陶瓷，如磷酸钙基生物陶瓷、生物活性玻璃陶瓷等；③可吸收性陶瓷，如偏磷酸三钙生物陶瓷、硫酸钙生物陶瓷等。

尽管生物陶瓷材料在医疗领域的应用非常广泛，但也有其固有的缺点。例如，生物活性玻璃陶瓷植入活体后，能够与体液发生化学反应，并在组织表面生成羚基磷灰石层，故可用于人工种植牙根、牙冠、骨充填料和涂层材料。与自然骨相比，生物活性玻璃陶瓷虽然具有较高的强度，但其韧性较差，弹性模量过高，易脆断，在生理环境中抗疲劳性能较差，目前还不能直接用于承力较大的人工骨。

作为一种生物医用无机非金属材料，碳素材料由于其优异的生物特性，正在加速应用于医疗领域。医用碳素材料具有接近于自然骨的弹性模量，抗疲劳性能极佳，强度不会随循环载荷的作用而下降；无序堆垛的碳素材料耐磨性理想；在生理环境中表现稳定，近于惰性，且具有较好的生物相容性，不会引起凝血和溶血反应。目前，医用碳素材料已大量用于心血管系统的修复，如用来制造人工心脏瓣膜、人工血管等，还可以用作医用金属和高分子聚合物的涂层材料。2018 年，由诺丁汉大学（University of Nottingham）和伦敦玛丽皇后大学（Queen Mary University of London）的阿尔瓦罗·玛塔（Alvaro Mata）教授领导的研究团队，开发了一种无序蛋白质和氧化石墨烯（GO）的共组装系统，可以通过类似生物 3D 打印的方式，组成毛细血管状结构，具有血管微组织的某些生理特性，并有望应用于实验室中，仿制人体组织和器官的关键部位，如图 4-27 所示。

### 3. 生物降解材料

生物降解材料一般有两类，一类是在生物机体中，在体液及其酸、核酸作用下，材料不断降解，被机体吸收或排出体外，最终所植入的材料完全被新生组织取代的天然或合成的医用生物材料；另一类是能在自然环境中，通过微生物作用或生化反应降解，转化成绿色无公害物质的材料。在生物基体中完成生物降解的材料，主要有生物降解陶瓷和生物降解塑料两类。生物降解塑料包括多肽、聚氨基酸、聚酯、聚乳酸、甲壳素、骨胶原/明胶等高分子材料；P-磷酸三钙则属于生物陶瓷可降解材料，主要作为吸收型缝合线、药物载体、愈合材料、黏合剂以及组织缺损用修复材料。例如，脂肪族聚酯具有生物降解的特性，已用于可吸收性手术缝合线的制造。

在天然环境中自然完成生物降解的材料，对于可持续发展的意义重大。2021 年，瑞士联邦材料科学与技术实验室（Eidgenössische Materialprüfungs-und Forschungsanstalt，EMPA）的研究人员使用 3D 打印制造出一种可持续的新型超级电池。这种全新的 3D 打印电池由柔性纤维素和甘油基板组成，并用导电碳和石墨墨水图案化，能够承受数千次充电循环，同时保持其容量。由于其具有可生物降解的基板，在用完后也可以进行堆肥降解，有可能使其成为解决“电子垃圾”这一世界性难题的理想选择。图 4-28 所示为 3D 打印的新型可降解超级电池的示例。

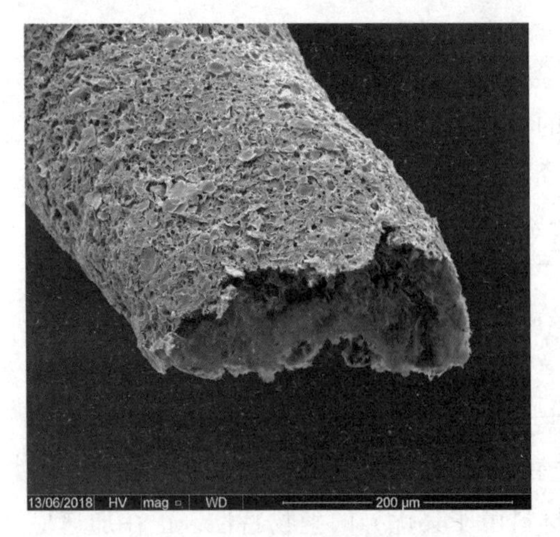


图 4-27　无序蛋白质和氧化石墨烯共组装系统打印的血管微组织示例

图 4-28　3D 打印的新型超级电池示例

近年来，随着生物 3D 打印研究的快速发展，越来越多的材料正在成为生物打印适用的耗材，并逐步被应用到绿色、环保、可持续产品的生产及人类康复医疗的实践中。

## 4.3　常用 3D 打印成型材料的适用领域

3D 打印技术本身的原理并不复杂，但可用的打印成型耗材却是个难点。普通打印机的耗材就是墨水和纸张，但 3D 打印机的耗材却主要是胶水、粉末等金属、非金属物质，而且必须经过特殊处理，同时对材料的熔融、固化反应速度方面也有很高的要求。

有资料表明，到目前为止，市场上可用于 3D 打印的各类材料约有 200 余种。3D 打印原材料种类的多寡，在一定程度上决定了 3D 打印的应用范围的广度；而材料自身的理化及生物属性，则决定了这种材料的适用领域的深度。例如，根据 3D 打印成型技术的原理，只要使用与模型相同的材质，就能够打印出和模型几乎一模一样的东西。对于 3D 打印来说，打印耗材至关重要。譬如面包，若使用面粉做材料，打印的面包是可以吃的；而使用塑料、石膏等材料打印的只能是面包的模型。又如，利用 3D 打印出一个汽车轮毂，该轮毂就拥有了实际的功能。如果真要将该轮毂用到汽车上，它还必须是由金属制成的。如果不存在可以用来打印轮毂用的铝粉原料，即使使用再先进的 3D 打印技术也无法制造出汽车可用的轮毂。就目前的情况来看，3D 打印材料技术的发展，在很大程度上制约了其产业化的进程。

表 4-2 给出了部分常用 3D 打印原材料特点及其适用领域［来源：沃德夫聚合物（上海）有限公司，平安证券］。

表 4-2 部分常用 3D 打印原材料特点及其适用领域

| 材料类型 | 优　点 | 缺　点 | 适用领域 |
|---|---|---|---|
| 工程塑料 | 强度高、耐冲击、耐热、硬度高及抗老化性强 | 产品易出现各向异性 | 汽车、家电、电子消费品、航空航天、医疗器械等领域 |
| 光敏树脂 | 强度高、耐高温、防水 | 加工速度慢、有一定污染 | 用于制作高强度、耐高温、防水制品 |
| 橡胶类材料 | 断裂伸展率高、抗撕裂强度高和拉伸强度较高 | 易老化 | 要求防滑或柔软表面的应用领域，如消费类电子产品、医疗设备以及汽车内饰、轮胎、垫片等 |
| 陶瓷材料 | 硬度高、强度高、耐高温、密度低、化学稳定性好、耐腐蚀等 | 制备成本高、品质控制困难、打印设备功率能耗大 | 航空航天、高铁及轨道交通、汽车、生物医疗等行业 |
| 金属材料 | 金属物理化学性质好、延展性好，较高的力学强度和表面质量 | 制备成本高、品质控制困难、制品易出现内部空洞及疏松 | 航空航天、高铁及轨道交通、汽车、模具制造、生物医疗辅具等 |
| 细胞生物原料 | 生物相容性好 | 产量低，配套的 3D 生物打印设备技术要求高 | 医疗领域，与医学、组织工程结合，制造药物、人工器官、组织等 |

近年来，随着 3D 打印商业化应用的普及，打印材料的重要性愈发凸显。目前，国内的基础 3D 打印材料已基本能满足国产设备增材制造的需要，但高性能金属打印耗材依然依赖进口，国产材料在纯净度、颗粒度、均匀度、球化度、含氧量等对打印成品性能影响较大的原料指标方面，相比国外仍存在较大的差距。例如，德国的 EOS、TLS，瑞典的 Arcam、Hoganas、Sandvik，比利时的 Solvay 等具备较强实力的金属 3D 打印耗材供应商，多数成立于 2000 年以前，在粉末冶金或金属打印设备领域有深厚的技术积淀；国内目前能提供高质量金属粉末的公司包括中航迈特、飞而康、塞隆金属、西安欧中、铂力特以及新进入的钢研高纳、顶立科技等，这些公司的成立或相关业务的开展，多数是于 2010 年以后，虽然近年来发展较快，但差距仍然存在。

此外，自 2016 年以来，全球各大材料制造商都相继成立了专门的 3D 打印服务部门，如巴斯夫、杜邦等传统材料企业，纷纷开始布局 3D 打印专用材料领域，3D 打印材料的产业应用价值已经得到了业界广泛的认可。随着 3D 打印应用的深入和商业化生产规模的持续扩大，更具增长弹性的 3D 打印材料端已经开始发力，尤其在处于产业化应用初期且技术难度较大的金属专用材料领域，发展更为迅速。

1）试述 3D 打印成型材料的分类，并评价哪种分类更合理，给出相应的理由。

2）简述聚合物材料的特点，根据自己的了解，给出常用的聚合物 3D 打印的实例。

3）结合资料查阅，尝试给出金属 3D 打印材料适用的应用领域。

4）查阅相关资料，尝试给出现有的陶瓷材料 3D 打印的应用实例，并试给出陶瓷

3D打印可能的新应用。

5）试给出复合材料的定义，并查阅资料，尝试给出复合材料的种类及其适用的3D打印领域。

6）温习本章内容，并结合文献阅读，尝试设想食材3D打印的新应用。

7）结合文献检索，尝试给出生物材料3D打印应用的实例。

8）结合本章内容，尝试给出几种新型的3D打印材料，并给出其适用的领域。

9）大学生创业获千万投资研发煎饼3D打印机。试分析煎饼打印适用的食材，结合对本章内容的理解，尝试设计一种食物3D打印的新应用，并给出相应的食材，既适合打印又有营养，使其打印出的食品美观且诱人食欲。

## 延伸阅读

[1] 王延庆，沈竞兴，吴海全. 3D打印材料应用和研究现状［J］. 航空材料学报，2016，36（4）：10.

[2] SRIVASTAVA M，RATHEE S，MAHESHWARI S，et al. Materials for additive manufacturing：fundmentals and advancements［M］. CRC Press，Boca Raton，Florida，2019.

[3] SINGH S，RAMAKRISHNA S，SINGH R. Material issues in additive manufacturing：a review［J］. Journal of Manufacturing Processes，2017，25：185-200.

[4] 刘梦梦，朱晓冬. 3D打印成型工艺及材料应用研究进展［J］. 机械研究与应用，2021，34（4）：197-202.

[5] 周廉，常辉，贾豫冬，等. 中国3D打印材料及应用发展战略研究咨询报告［M］. 北京：化学工业出版社，2020.

# 第 5 章 3D打印机的分类与桌面3D打印机的组装

“工欲善其事，必先利其器”（《论语》）。作为一种全新的先进制造手段，3D 打印技术从 20 世纪 80 年代就进入了高速发展阶段。但遗憾的是，由于多学科融合带来的技术上的广谱性与发展的动态性，到目前为止，对 3D 打印机的分类还没有一个公认的较为系统的体系。本章尝试从打印材料、成型工艺、打印精度、喷嘴数量及制品色彩等方面，为 3D 打印机建立一个系统的分类体系。此外，作为双创实践的有益补充，本章结合 3D 打印成型技术原理的应用，以开源 RepRap 项目的第三代 3D 打印机——Prusa i3 为对象，对典型的 3D 打印机套件组装分步骤进行较为详细的介绍，以帮助有兴趣的读者能够亲自动手，组装一台属于自己的 3D 打印机。

## 5.1 3D 打印机的分类

尽管人们所熟知的 3D 打印机已经有很多种了，但到目前为止，还没有一个较为完整、系统的 3D 打印机的分类体系。实践中，人们往往习惯依据 3D 打印机某一方面的特征对其分类，例如按打印材料、成型工艺、打印精度、喷嘴数量及制品色彩等特点进行分类。图 5-1 所示为一个较为完整的 3D 打印机的分类体系。

虽然图 5-1 给出的分类体系中存在着部分重叠情况，但作为一个完整的分类体系，它基本涵盖了到目前为止现有的 3D 打印机的类型，且能为不同特征类型的 3D 打印机的分类提供较为科学的依据。

### 5.1.1 按打印精度分类

不同类型的 3D 打印任务，往往有不同的指标要求。根据其打印的精度，可以将 3D 打印机分为工业级 3D 打印机和桌面级 3D 打印机两大类。这种分类方法的优点是分类明确，简单易懂；缺点是比较笼统，无法反映类别内打印机的具体特征。

**1. 工业级 3D 打印机**

工业级 3D 打印机是指适用于工业化较大批量生产的 3D 打印机。工业级 3D 打印机一般都有较高的技术指标要求，特别是对打印成型精度的要求比较苛刻，要能适应工业产品生产的需要。例如，某型工业级 3D 打印机的技术指标是：成型范围为 260mm×260mm×260mm；成型精度为 0.05mm；数据接口格式为 STL；能够使用 Adobe 彩色管理系统，实现多种渐变颜色、图案和纹理；可以直接使用 Photoshop CC；支持按需制造，集成报价、设计验证和预览等功能。工业级 3D 打印机一般具有以下特点。

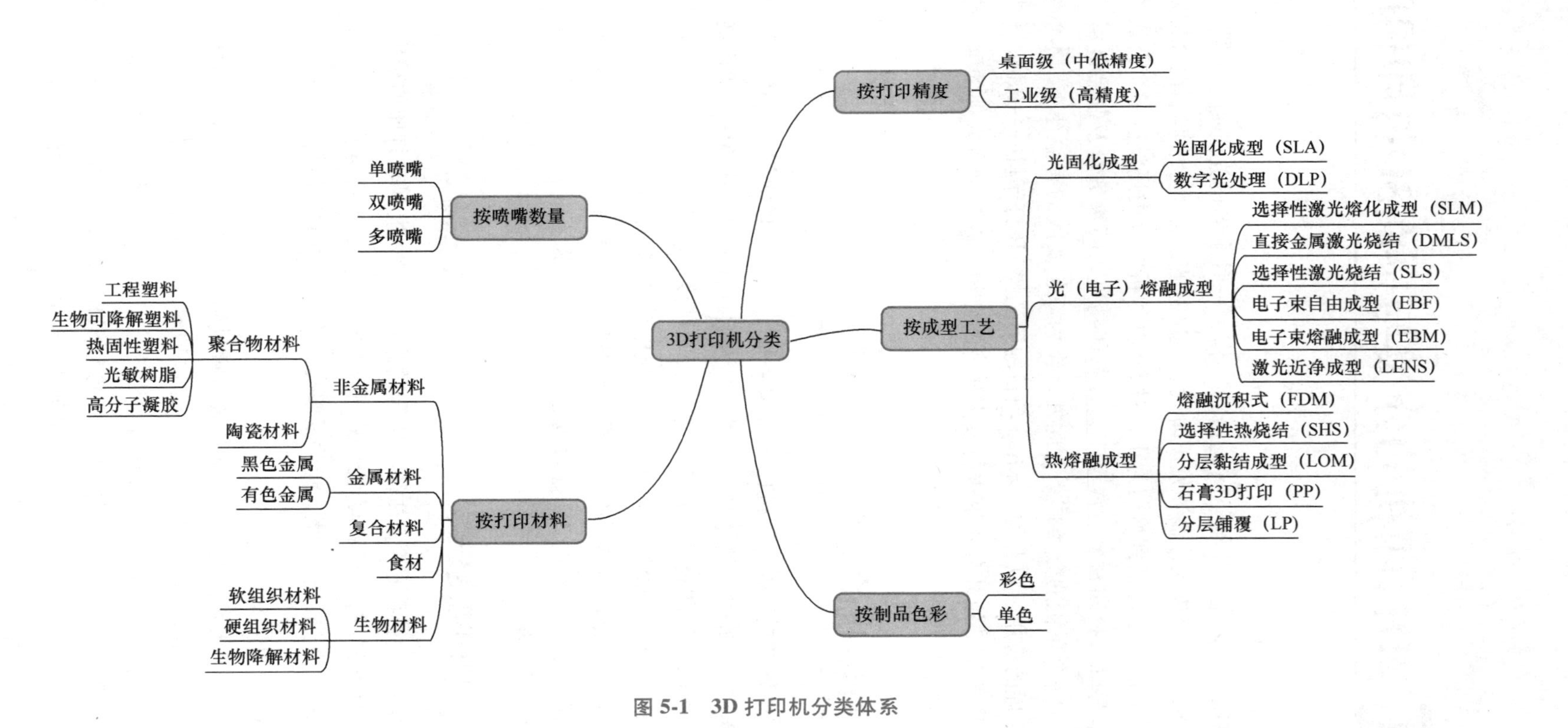


图 5-1 3D 打印机分类体系

1）打印成型速度快。能满足较大批量生产的要求。

2）制品打印成型精度高。一般工业级 3D 打印机制品成型精度≤0.005mm，同时制品具有较高的表面质量。

3）打印制品尺寸较大，打印机体积也较大。工业级 3D 打印机打印成型的制品通常属于中、大型制品，打印机的尺寸一般也比较大。

4）可靠性高。工业级 3D 打印机一般要求能长时间的可靠运行。

5）价格贵。由于采用了高质量的电子元器件及高精度的机械零部件，来保证打印精度和运行可靠性，因此工业级 3D 打印机一般价格都比较昂贵。

6）适用范围特殊。目前，工业级 3D 打印机主要应用在航空航天、汽车、模具、珠宝制造这些高要求、高附加值的行业当中。

工业级 3D 打印机在结构上可以说是五花八门，其所使用的打印成型技术也各有不同，主要包括光固化成型（SLA）、熔融沉积成型（FDM）、电子束熔融成型（EBM）、选择性激光烧结（SLS）、激光近净成型（LENS）等。

**2. 桌面级 3D 打印机**

桌面级 3D 打印机是指适合个人、办公或小规模实验室使用，以单件打印为主的 3D 打印机。与工业级相比，桌面级 3D 打印机在精度、速度、可靠性、尺寸以及应用领域等方面的要求相对宽松，其使用的材料主要有 ABS 和 PLA 等塑料线材，一般材料售价在 100 美元左右，而打印机售价则在 1000~4000 美元之间。相比于动辄几十万美元的工业级 3D 打印机的售价来说，桌面级 3D 打印机的价格是十分低廉的。桌面级 3D 打印机一般有以下优点。

1）价格低廉。这使得 3D 打印机走进家庭成为可能。

2）节省材料。由于桌面 3D 打印机多采用与 FDM 类似的成型技术，因此基本不产生废料。

3）无须依靠传统的加工手段就能打印出复杂度较高的零部件制品，这是由 3D 打印成型技术的特点所决定的。

4）可以快速地将三维 CAD 模型转化成物理实体或模具制品，能有效地缩短新产品的研发周期。

5）打印机体积小巧，便于放置及移动。

6）能直接打印出组装好的产品，大大降低了产品组装成本。

当然，桌面级 3D 打印机的缺点也是很明显的，主要体现在以下几方面。

1）打印制品的强度通常较低。

2）制品精度一般比较低，表面层阶纹理较明显。

3）可选择的打印材料数量不多，目前，多使用 ABS 等类型的工程塑料，材料类型还比较单一，即便都是使用塑料耗材，有时有些打印机对材料的品类也很挑剔。

目前，桌面级 3D 打印机多采用 FDM 这类低成本的打印成型技术。在结构形式上，主要有框架式、箱体式、三角洲并联臂以及多自由度机械臂等结构形式。图 5-2 所示为几种典型的桌面级 3D 打印机的结构形式示例。

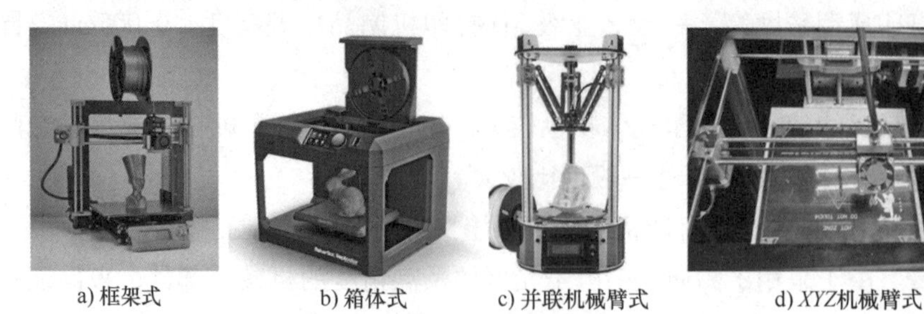

a) 框架式　b) 箱体式　c) 并联机械臂式　d) *XYZ*机械臂式

图 5-2　几种桌面级 3D 打印机的结构形式

单从体积上看，与一般几十厘米见方的桌面级 3D 打印机的小巧体积相比，动辄几米甚至十几米见方的工业级 3D 打印机可以算得上是打印机中的“巨无霸”了。图 5-3 分别给出了工业级和桌面级 3D 打印机的外观示例，其中，图 5-3a 所示为德国 EOS 公司的 M400 型工业级 3D 金属打印机；图 5-3b 所示为波兰 Zortrax 公司的 M200 型专业桌面级 3D 打印机。

a) 工业级3D打印机

b) 桌面级3D打印机

图 5-3　工业级 3D 打印机与桌面级 3D 打印机示例

### 5.1.2　按成型工艺分类

按照成型工艺的特点进行分类，是广为大家所熟知的一种 3D 打印机的分类方法。这种分类方法的优点是分类依据科学、分类思想清晰；缺点是对于那种可能综合利用两种或两种以上成型工艺的 3D 打印机来说，其归类就会出现模糊的情况。特别是对于 3D 打印这个飞速发展的多学科交叉融合的新技术来说，各种增材制造新工艺被创造性地集成在一台打印机上的现象越来越多，这给按成型工艺进行分类带来了很大的困扰。这一问题的解决，还有待进一步的深入研究。

按照成型工艺的特点，可以将 3D 打印机分为光固化成型、光（电子）熔融成型及热熔融成型三大类。

（1）光固化成型 3D 打印机　这类打印机的特点是利用光敏材料作为打印耗材。在打印时，光敏材料在一定波长（250~300nm）的紫外光照射下便会立刻引起聚合反应，完成固态化转换。基于 SLA、DLP 等工艺成型的打印机都属于光固化成型 3D 打印机的范畴。

（2）光（电子）熔融成型 3D 打印机　这类打印机的耗材一般为固态粉末或颗粒，其特点是利用大功率激光或高能电子束等高能束对打印材料进行逐点照射，将固态粉末熔融烧结，冷却后成型。基于 SLM、DMLS、SLS、EBF、DBM 及 LENS 等工艺成型的打印机都属于光（电子）熔融成型类 3D 打印机。

（3）热熔融成型 3D 打印机　这类打印机不使用激光器，而是采用加热器（如热熔枪、加热辊等）使打印材料熔融，并按照一定的规则黏结累积，冷却后成型。其耗材有丝材、板材、卷带，也有粉末或热敏液体。基于 FDM、SHS、LOM、PP（3DP）、LP 等工艺成型的打印机都属于热熔融成型类 3D 打印机。

图 5-4 所示为按成型工艺分类的 3D 打印机的示例。其中，图 5-4a 所示为美国 Formlabs 公司的 Form 2 光固化 3D 打印机（SLA）；图 5-4b 所示为德国 SLM Solutions 公司的 SLM500 激光熔融 3D 金属打印机（SLM）；图 5-4c 所示为美国 MakerBot 公司的 Replicator Ⅱ热熔融 3D 打印机（FDM）。

a) 光固化3D打印机(SLA)

b) 激光(电子)熔融3D打印机(SLM)

c) 热熔融3D打印机(FDM)

图 5-4　按成型工艺分类的 3D 打印机示例

## 5.1.3　按制品色彩分类

制品色彩是指打印成型的 3D 模型的色彩。按制品色彩可以将 3D 打印机分为单色和彩色 3D 打印机两大类。3D 打印机制品的色彩在很大程度上取决于所选用材料的颜色。一般来说，3D 金属打印机大多是单色的。

按制品色彩对 3D 打印机进行分类的方法显得比较笼统，不能通过分类来准确地界定打印机的多重属性，譬如，是金属打印机还是只能使用塑料耗材的打印机，适用什么形态的耗材等。实践中，惯常使用的单色或彩色 3D 打印机的叫法，通常限定在采用 FDM 技术、使用 ABS 类彩色或单色塑料线材的桌面 3D 打印机的范畴。图 5-5 所示为利用 FDM 技术打印成型的单色和彩色塑料制品的示例。

图 5-5　单色和彩色塑料制品示例

### 5.1.4 按喷嘴数量分类

喷嘴通常是指3D打印机的喷头。按3D打印机喷嘴的数量进行分类，可将3D打印机分为单喷嘴、双喷嘴或多喷嘴3D打印机。

不同喷嘴数量的3D打印机不仅适用的范围不一样，在价格上也有差异。一般来说，彩色打印通常需要多个喷嘴进行混色；但也有的彩色3D打印机采用单喷嘴双进料的做法混色，比传统双进料双喷嘴的打印效率要高很多，而且喷嘴少也更便于维护，可以有效地降低成本，为用户提供一种新的体验；还有的彩色打印采用混料器，将不同色彩的材料按配比在混料器内进行预先熔融混合，然后再挤出喷嘴，以获得所需要的色彩。与单喷嘴双进料混色的打印相比，采用混料器的打印机支持的色彩范围更大，打印出来制品的色彩更生动、也更鲜艳。

一般来说，按喷嘴数量对3D打印机进行分类的方法，只适用于使用喷嘴的3D打印机，这里面以采用FDM工艺成型的3D打印机最为典型。

### 5.1.5 按打印材料分类

根据使用的打印材料的化学性质、物理形状及生物特性，对3D打印机进行分类。

1）按打印耗材的化学性质，可分为非金属3D打印机、金属3D打印机、复合材料3D打印机、食材3D打印机及生物3D打印机等类型。其中，非金属3D打印机又可以细分为聚合物（塑料）3D打印机及陶瓷3D打印机等。这里，复合材料比较特殊，它一般是高分子聚合物或其与非金属材料（如石英等）形成的复合材料。有时，为了提升复合强度，也可以加入铝箔（板）类金属形成复合材料。而对于食材来说，由于其取材的广泛性，因此它既包含了生物材料，如肉类，也包含了非生物材料，如面粉、豆类和谷类等。

2）按打印耗材的物理形状，可分为线材3D打印机、颗粒（粉末）3D打印机、层压3D打印机、液体3D打印机及生物3D打印机等类型。

3）按打印耗材的生物特性，可分为非生物3D打印机和生物3D打印机两大类。

按打印材料对3D打印机进行分类的做法比较专业，能反映出类别内打印机的部分技术特征；缺点是分类线条比较粗，类别内打印机的工艺原理不清晰。例如，金属打印机有SLS，SLM，SLA，FDM工艺之分；非金属打印机也有SLS，FDM工艺的区别，这些都无法从分类里反映出来。

事实上，目前来看任何一种分类方法都有其固有的缺点，例如，某些3D打印机既可以使用线材作为耗材，也可以使用板材作为耗材打印加工对象；还有的3D打印机既能打印金属制品，也能打印非金属塑料类制品。这些跨物理化学性质的3D打印能力，很难被某一种3D打印机的分类方法所囊括。而且，随着3D打印技术的快速进步，更多创造性的、一机多能的3D打印机会层出不穷。这些都需要对3D打印机的分类方法进行更系统深入的研究，才能有望找到更全面、更科学的分类方法。

## 5.2 桌面 3D 打印机的组装

自己动手，用有限的成本组装一台属于自己 3D 打印机，不仅可以加深对 3D 打印技术的认知，还能够提升对 3D 打印技术学习的兴趣，开启创新创造之门。此外，对于 3D 打印技术的初学者来说，DIY（Do It Yourself）组装一台属于自己的 3D 打印机，本身也是一件很“酷”的事情。

为方便大家学习，这里选择开源的 RepRap 3D 打印项目来介绍桌面 3D 打印机的组装。虽然开源项目的设计资料、软件代码都可以自由获取，但开源不能简单理解为免费。有关开源的最权威解释请参考 https://opensource.org，这个网站是开源思想诞生的地方。RepRap 是一个 3D 打印机的开源项目，也是增材制造历史上第一部可以“自我复制”的 3D 打印机。“自我复制”就是可以打印自身组装所需的零部件（不包括电控部分）。有关 RepRap 项目的资料及全部开源资源，建议访问 https://www.reprap.org/wiki/RepRap/zh_cn。

### 5.2.1 开源 3D 打印项目 RepRap 项目简介

RepRap 最初是由英国巴斯大学（Bath University）机械学院的阿德里安·鲍耶（Adrian Bowyer）设计的一个 3D 打印机开源项目。他发布了 RepRap 的相关程序和结构设计资料，任何 3D 打印爱好者都可以从网站上找到打印机的相关设计数据，甚至程序的源代码。RepRap 是一部可以打印塑料实物的桌面型 3D 打印机。由于 RepRap 很多部件都是由塑料制成的，且用 RepRap 3D 打印机就可以进行打印，所以 RepRap 可以自我复制。这也意味着，如果用户已经有了一台 RepRap 3D 打印机，那么就可以在打印很多有用物件的同时，需要的话也可以为朋友再打印出另外一台 RepRap 3D 打印机。

Prusa i3 是一个开源的 3D 打印机设计方案，也是 RepRap 开源打印机项目的第三代型号。它具有成本相对低廉、结构简单、整体空间小、易于上手调试等特点，能满足基本的桌面打印需要；且由于其采用开放式设计，方便硬件的升级和维护，因此已成为广大 3D 打印机 DIY 新手及爱好者的首选机型。图 5-6 所示为一台组装好的 Prusa i3 开源 3D 打印机的示例。

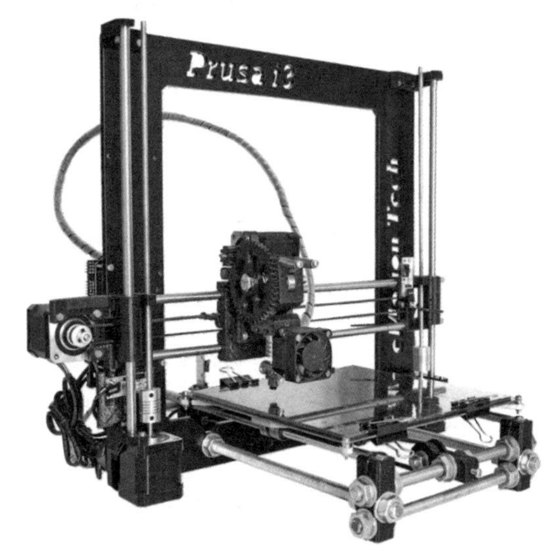


图 5-6 Prusa i3 3D 打印机示例

### 5.2.2 Prusa i3 3D 打印机组装材料准备

动手组装 Prusa i3 3D 打印机之前，需要准备好打印机组装的材料。表 5-1 给出了 Prusa i3 3D 打印机组装材料表，具体规格尺寸等更详细的说明，请参见 http://

www. log4cpp. com/diy/3dprinter/。

Prusa i3 的 DIY 套件材料可以在网上购买，现在有很多 3D 打印机制造公司提供符合 Prusa i3 规格要求的 DIY 套件，也有些甚至提供相应的打印控制软件。购买前需要详细咨询卖家，因为尽管同是 Prusa i3 DIY 套件，里面也有质量好坏、备件价格高低、后续维护是否方便、是否支持系统升级、是否支持全生命周期售后技术支持等问题。考虑到 DIY 3D 打印机后续的升级是不可避免的，不建议购买不支持或没有能力支持系统升级的套件。

表 5-1　Prusa i3 3D 打印机组装材料表

| 序号 | 名　称 | 规格/数量 |
|---|---|---|
| 1 | 铝型材框架 | 410mm/1 根（横梁用）<br>340mm/2 根<br>246mm/2 根（框架用）<br>385mm/2 根（框架用）<br>310mm/2 根（立柱用）<br>包括角码、M5 T 型螺母、M5 螺栓若干 |
| 2 | 光轴和丝杠 | 光轴 6 根（4 根 340mm 长；2 根 385mm 长），丝杠 2 根，直径 8mm |
| 3 | 非标件（打印件） | 一套 |
| 4 | 螺母 | 一套（包括 M4 螺栓、M4 T 型螺母若干） |
| 5 | 42 步进电动机 | 5 个 |
| 6 | 主控及电动机驱动板 | 一套（Arduino mega2560/1 块、Ramps 1.4 控制板/1 块、A4899 驱动/4 块、LCD128×64/1 块） |
| 7 | 12V 20A 电源 | 1 个 |
| 8 | 热床 | 1 个 |
| 9 | 铝基板 | 1 块 |
| 10 | 高硼硅钢化玻璃 | 1 块 |
| 11 | 挤出机强力弹簧 | 5 个 |
| 12 | 风扇保护罩 | 1 个 |
| 13 | 挤出机散热片 | 1 个 |
| 14 | 加热铝块 | 1 个 |
| 15 | MK8 挤出机 | 1 套 |
| 16 | NTC 热敏电阻 | 2 个 |
| 17 | 挤出头 | 1 个（可以多买几个备用） |
| 18 | 喉管 | 1 个 |
| 19 | 12V 风扇 | 1 个 |
| 20 | 加热棒 | 1 个 |
| 21 | 同步轮 2GT | 2 个 |

（续）

| 序号 | 名　　称 | 规格/数量 |
| --- | --- | --- |
| 22 | 同步带锁紧弹簧 | 2个 |
| 23 | 同步带 | 2m |
| 24 | 被动同步轮（或内径5mm的轴承） | 2个 |
| 25 | 42步进电动机固定座 | 3个 |
| 26 | LM8UU直线轴承（内径8mm） | 10个 |
| 27 | 联轴器（内径与购买的电动机以及丝杠匹配） | 2个 |
| 28 | 限位开关 | 3个 |
| 29 | 光轴固定座 | 2个 |
| 30 | 位置固定座 | 4个 |
| 31 | 打印耗材 | 1卷 |
| 32 | 电线、导线 | 若干（请准备比较粗的） |

Prusa i3 3D打印机组装材料准备好后，就可以开始进行组装了。接下来将分步骤详细介绍Prusa i3桌面3D打印机的组装过程。

## 5.2.3　组装打印机底盘铝框架

### 1. 工具和材料准备

材料：2020欧标铝型材7根（410mm 1根，385mm 2根，340mm 2根，246mm 2根）、M5螺栓（8mm长）20个、M5 T型螺母20个、2020欧标铝型材角码12个。

工具：M5内六角扳手、直尺。

### 2. 组装底盘

首先，取8套螺栓和螺母、4个角码、4根铝型材（246mm和385mm各两根）。把T型螺母放进铝型材的槽内；然后，把两根铝型材（一长一短）形成一个直角固定在一起，如图5-7a所示；最终，把4根铝型材固定成一个长方形，拧紧螺栓，保证4个角在角码的支撑下是直角，如图5-7b所示。

a) 底盘铝型材直角

b) 组装好的底盘方框

图5-7　底盘组装

**3. 安装4个支撑脚**

取4个角码、4套螺栓和螺母备用；把角码用螺栓和螺母固定在铝型材的长边上，角码的直角平面和铝型材的边缘对齐，如图5-8a所示。按照如上方法，在4个角都安装上角码，效果如图5-8b所示。

a) 单个支撑角码　b) 带支撑角码的底盘框架　c) 带立柱的底盘框架　d) 带横梁的底盘框架

图5-8　带立柱及横梁的底盘铝型材框架

**4. 安装立柱**

取2根铝型材（2根的长度都是310mm）、2个角码、4套螺栓和螺母，把2根铝型材竖直的安装在刚才组装好的长方形上。

注意竖直的铝型材安装的位置，竖直的铝型材距离长边两个端点的距离分别是125mm和240mm，所以（125+240+20）mm刚好是385mm，与底盘的长边长度一致。另外也要注意角码的安装位置，组装效果如图5-8c所示。

**5. 安装横梁**

取最后1根铝型材（410mm长）、2个角码、2套螺栓和螺母；按照图5-8d所示的方式将横梁固定在2个立柱上；横梁右边多出来的长度是82mm（这个长度根据需要可以调整）。

### 5.2.4　组装打印机 *X* 轴

**1. 材料准备**

准备Prusa i3非标件1套、M4螺栓8个（10mm长）、M4 T型螺母8个、M3螺栓8个（16mm长）、M3螺栓1个（35mm长）、M3螺母9个、M5螺栓一个（25mm长）、M5螺母1个、2个垫圈、内径5mm的普通轴承（被动同步轮）1个、M8 T型丝杠螺母2个、限位开关1个、直线轴承7个（LM8UU）、光轴2根（340mm长）、扎带若干根。

**2. 安装挤出机滑车**

取LM8UU直线轴承3个、扎带3根、非标件（打印件）1套。把3个LM8UU用扎带分别绑在滑车上，扎带一定要拉紧，不能有松动，如图5-9a所示。

**3. 安装 *Z* 轴两侧的滑轨**

取4个LM8UU直线轴承、2套滑轨的非标件（打印件）。分别在每个滑轨里塞进去2

个 LM8UU 的线性轴承，直线轴承放进去以后的效果如图 5-9b 所示。

**4. 安装 Z 轴丝杠的 T 型螺母**

取 2 个黄铜的 M8 T 型螺母、8 套 M3 的螺栓和螺母。这 2 个黄铜的 M8 T 型螺母主要是用来固定丝杠的，安装后如图 5-9c 所示。

**5. 安装被动轮轴承**

取 M5 的螺栓（25mm 长）及螺母、内径 5mm 的轴承、2 个垫圈。把轴承和垫圈固定在滑轨上，不要拧得太紧，要让轴承能够很容易地转动，安装后如图 5-9d 所示。

**6. 安装 Z 轴限位开关触发螺母**

取 M3 螺栓（35mm 长）、螺母各 1 个。将这个螺母安装在滑轨的下方，到时候用来触发 Z 轴的限位开关，所以只需要把螺栓固定在滑轨上就可以了，后边调试的时候会调整这个螺栓长度，安装后的效果如图 5-9e 所示。

**7. 安装 X 轴限位开关**

取限位开关 1 个、扎带若干。安装 X 轴的限位开关，把限位开关用扎带固定在滑轨的 2 个孔的位置，安装后的效果如图 5-9f 所示。

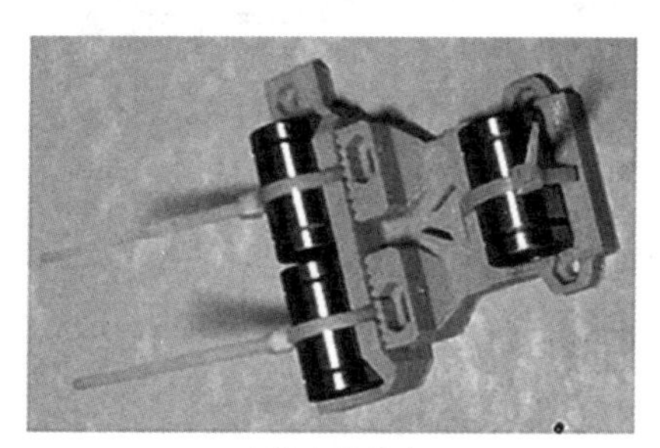

a) 挤出机滑车

b) Z轴两侧的滑轨

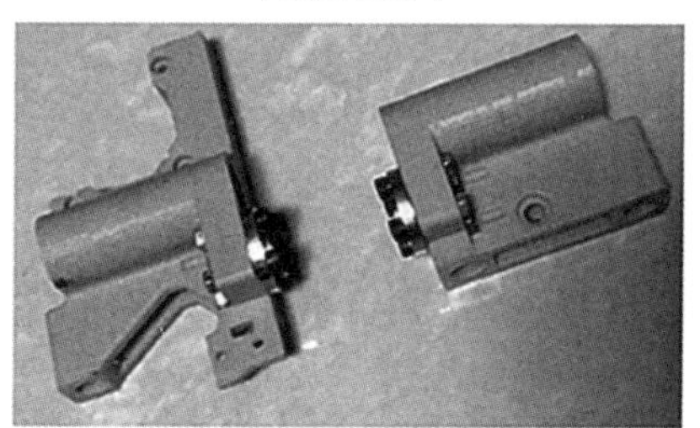

c) Z轴丝杠的T型螺母

d) 被动轮轴承

e) Z轴限位开关触发螺母

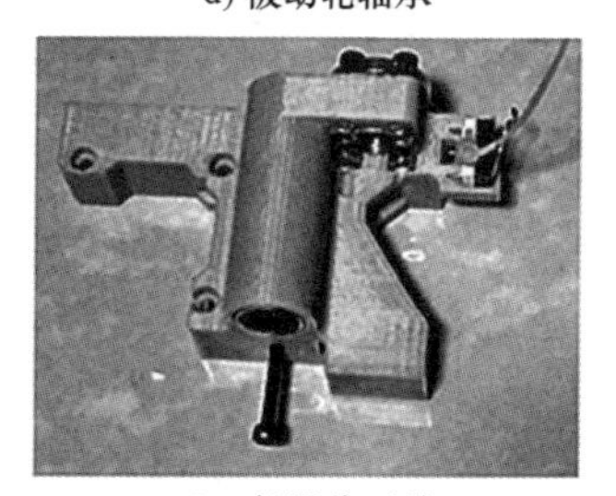

f) X轴限位开关

图 5-9　滑车、滑轨及限位开关触发螺母组装

**8. 组装 *X* 轴**

取光轴 2 根（340mm 长）。

首先，把光轴插在挤出机滑车的直线轴承里面，如图 5-10a 所示。注意：安装光轴时，一定要把光轴两端打磨光滑，打磨成锥形，外端细一些形成一些坡度。因为光轴安装过程中很容易把直线轴承里的滚珠弄掉，如果滚珠掉了，那么滑动就不顺畅了。安装的时候不要使用蛮力。

最后，把两个滑轨安装在光轴的两端，安装后的效果如图 5-10b 所示。

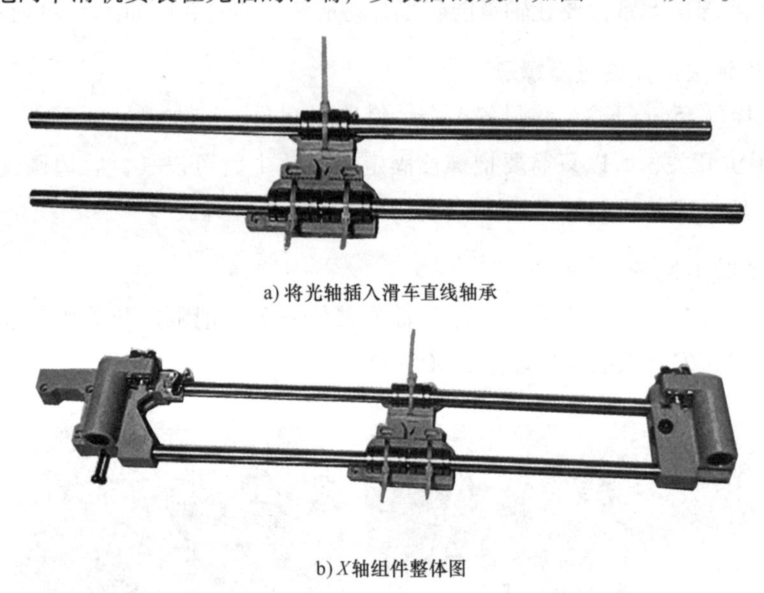

a) 将光轴插入滑车直线轴承

b) *X* 轴组件整体图

图 5-10 *X* 轴组件组装

## 5.2.5 组装打印机 *Z* 轴

**1. 材料准备**

准备 M4 螺栓 8 个（10mm 长）、M4 T 型螺母、非标件（打印件）1 套、联轴器 2 个、光轴 2 根（340mm 长）、丝杠 2 根（8mm 粗）、42 步进电动机 2 个、电动机固定座 2 个、光轴固定座 2 个、M3 螺栓 11 个（8mm 长）。

**2. 安装电动机和光轴固定座**

取 8 个 M5 螺栓（10mm 长）、8 个 T 型螺母、1 套非标件（打印件）。先安装步进电动机的固定座，电动机固定座的安装靠近竖直铝型材底端，在底框的长边，具体位置如图 5-11a 所示。接下来安装光轴的固定座，光轴固定座先安装在横梁两端，位置根据后续需要调整，安装效果如图 5-11b 所示。

**3. 安装 42 步进电动机**

取 M3 螺栓 8 个（10mm 长）、42 步进电动机 2 个。把 42 步进电动机分别安装在 2 个电动机固定座上即可，安装后的效果如图 5-11c 所示。

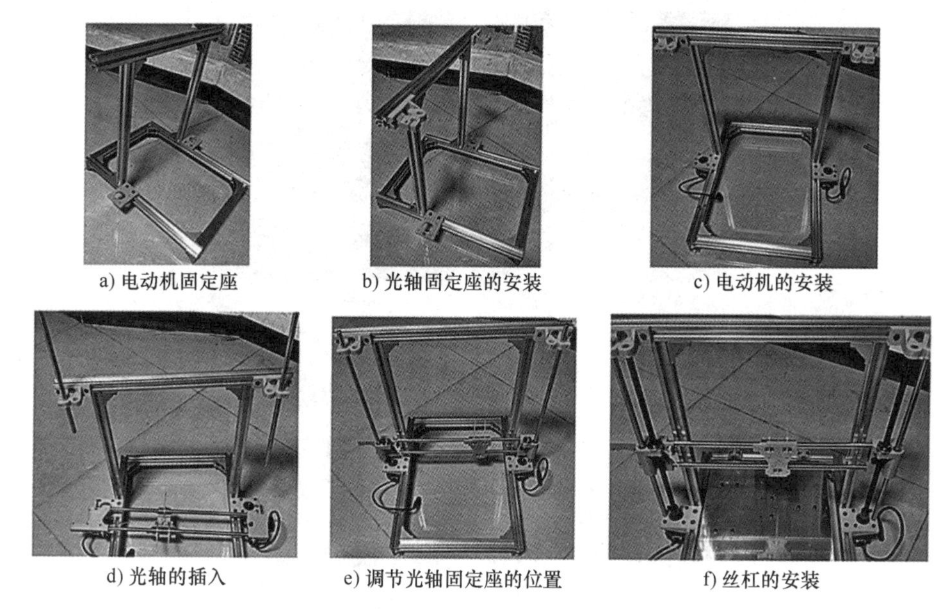

a) 电动机固定座　b) 光轴固定座的安装　c) 电动机的安装
d) 光轴的插入　e) 调节光轴固定座的位置　f) 丝杠的安装

图 5-11　电动机、光轴及丝杠的安装

**4. 安装光轴**

取光轴 2 根（340mm 长），之前组装好的 *X* 轴。先用砂纸打磨光轴两端，让两端比较光滑，呈现出锥形的坡度，把光轴从光轴固定座上插入，安装效果如图 5-11d 所示。

然后，把组装好的 *X* 轴组件插入光轴，光轴最下边插入电动机固定座的圆孔里。这时，如果光轴不是处于垂直状态，就需要调整光轴固定座的位置，让光轴处于垂直状态，安装后效果如图 5-11e 所示。

**5. 安装丝杠**

取丝杠 2 根、联轴器 2 个。先把丝杠从光轴固定座的孔里穿出来，将丝杠从 *X* 轴的 T 型螺母拧过去，然后调整 *X* 轴，让 *X* 轴保持水平，使用轴联器把丝杠固定在 42 步进电动机上，安装后的效果如图 5-11f 所示（请忽略图片中的铝基板）。

注意：最好让 *X* 轴离底盘有 10cm 高，这样后续安装 *Y* 轴、挤出机等都比较方便。

**6. 安装 *X* 轴电动机**

取 M3 螺栓 3 个（8mm 长）、42 步进电动机 1 个。把电动机安装在电动机固定座上，具体位置如图 5-12a 所示；取带轮 1 个，并将带轮安装在电动机上，如图 5-12b 所示。

**7. 安装 Z 轴限位开关**

取 M4 螺栓 1 个（10mm 长）、M4 T 型螺母 1 个、限位开关 1 个、扎带 1 个、非标件（打印件）1 套。把限位开关用扎带固定在打印件上，如图 5-12c 所示；然后再将打印件安装在 *Z* 轴的光轴上，如图 5-12d 所示。

a) X轴电动机安装

b) 带轮的安装

c) 扎带的固定

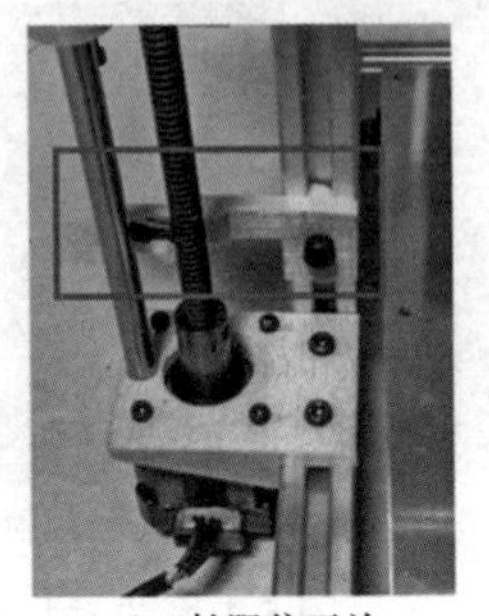
d) Z轴限位开关

图 5-12 X 轴电动机、带轮及 Z 轴限位开关安装

## 5.2.6 组装打印机 Y 轴

### 1. 材料准备

准备非标件（打印件）1 套、M3 螺栓 4 个（8mm 长）、M3 螺栓 8 个（10mm 长）、M3 螺栓 1 个（16mm 长）、M3 螺母 9 个、M4 螺栓 8 个（10mm 长）、M4 T 型螺母 8 个、M5 螺栓 4 个（10mm 长）、M5 T 型螺母 4 个、M5 螺栓 1 个（25mm 长）、M5 螺母 1 个、光轴 2 根（385mm 长）、LM8UU 直线轴承 3 个、铝基板 1 块、轴承 1 个（内径 5mm）、垫圈 2 个、限位开关 1 个、42 步进电动机 1 个、位置固定座 4 个、扎带若干。

### 2. 安装铝基板滑轨

取 LM8UU 直线轴承 3 个、扎带 3 根、打印件一套。用扎带把 LM8UU 直线轴承分别固定在打印件上，注意一定要安装到位，固定紧，安装效果如图 5-13a 所示。

取铝基板 1 块、上一步安装好的 3 个直线轴承、M3 螺栓 6 个（10mm 长）、M3 螺母 6 个。把 3 个直线轴承固定在铝基板的同一个面上，一定要对齐，保持在一个平面上，否则后续光轴不容易安装，安装后的效果如图 5-13b 所示。

### 3. 安装传动带固定座

取 M3 螺栓 2 个（10mm 长）、M3 螺母两个、非标件（打印件）1 套。把非标件（打印件）使用螺栓固定在铝基板上，如图 5-13c 所示，注意图中安装的位置和朝向。

### 4. 安装光轴

取光轴 2 根（385mm 长）、M4 螺栓 8 个、M4 T 型螺母 8 个、非标件（打印件）4

a) 直线轴承的固定

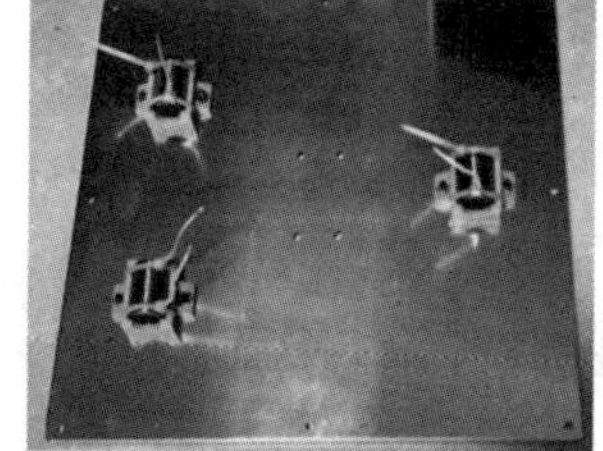
b) 直线轴承与铝基板的固定

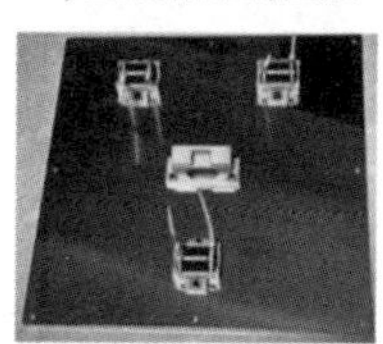
c) 传动带固定座

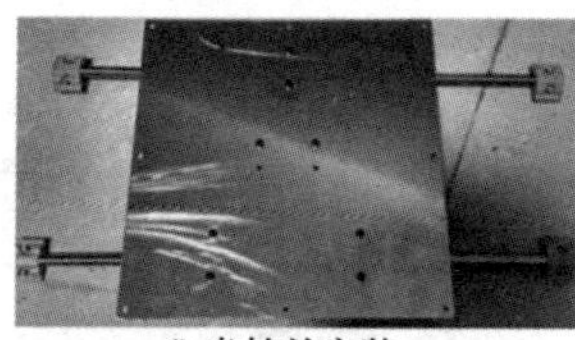
d) 光轴的安装

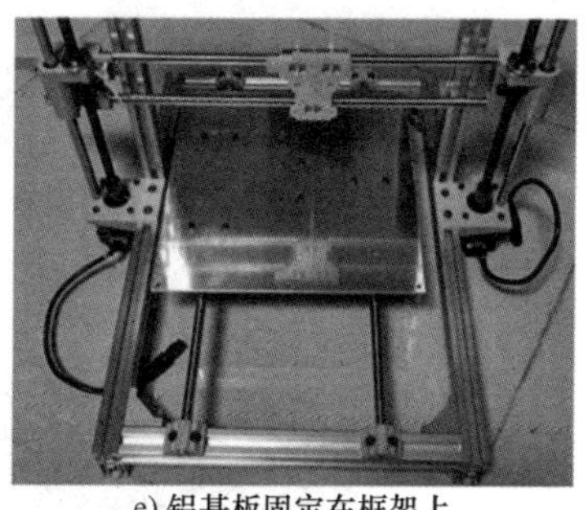
e) 铝基板固定在框架上

图 5-13　直线轴承、传动带固定座、光轴及基板的安装

套、位置固定座 4 个。把光轴从直线轴承里穿过，注意安装前还是要打磨光轴的两头，使其尽量光滑，把位置固定座分别固定座放在 2 根光轴的两端，安装后的效果如图 5-13d 所示。最后用 M4 螺栓，把带铝基板的 2 根光轴两端的位置固定座分别固定在框架上，如图 5-13e 所示。

### 5. 安装 *Y* 轴电动机传动装置

取 M5 螺栓 1 个、M5 T 型螺母 2 个、非标件（打印件）1 套。把非标件（打印件）用 M5 螺栓固定在框架上，安装后的效果如图 5-14a 所示。

注意：非标件（打印件）上有 2 个孔，一定都要固定，否则容易导致打印过程中电动机座断裂；同时也要注意图示中非标件（打印件）安装的位置和所在的边。

取内径 5mm 的轴承 1 个、垫圈 2 个、M5 螺栓 1 个（25mm 长）、M5 螺母 1 个、M5 螺栓 2 个（10mm 长）、M5 T 型螺母 1 个、非标件（打印件）1 套。用 2 个 10mm 长的 M5 螺栓把非标件（打印件）固定在框架上，然后再用长 25mm 的 M5 螺栓把垫圈和轴承固定在非标件（打印件）上，如图 5-14b 所示。

注意非标件（打印件）在图 5-14b 中的安装位置，一定要先把非标件（打印件）安装在框架上，才能安装轴承，否则是安装不上的。

### 6. 安装 *Y* 轴限位开关

取限位开关 1 个、非标件（打印件）1 套、M3 螺栓 1 个（16mm 长）、M3 螺母 1 个。先把限位开关固定在非标件（打印件）里，如图 5-14c 所示，然后使用 M3 螺栓把限位开关固定在铝基板的光轴上，如图 5-14d 所示。注意安装的位置，不用一次到位，后续还可以根据需要调整。

### 7. 安装 *Y* 轴电动机

取 M3 螺栓 4 个（10mm 长）、42 步进电动机 1 个。把电动机固定在电动机座上即可，如图 5-14e 所示。

a) 打印件固定在框架上

b) 打印件的固定

c) 限位开关的固定

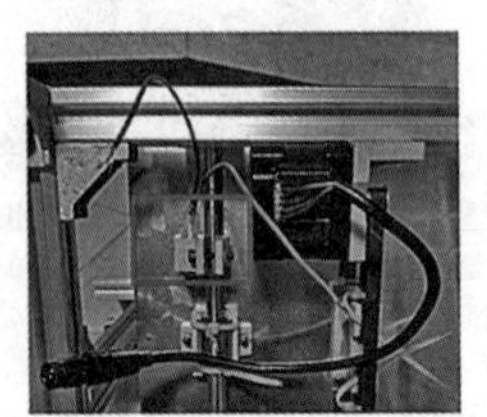

d) 限位开关固定在光轴上

e) Y轴电动机的安装

图 5-14 限位开关及 Y 轴电机的安装

## 5.2.7 安装打印机的 MK8 挤出机

**1. 准备材料**

准备 MK8 挤出机 1 套、42 步进电动机 1 个、加热铝块 1 个、喉管 1 个、挤出头 1 个、风扇 1 个、散热铝片 1 个、风扇罩 1 个、42 步进电动机固定座 1 个、M3 螺栓 2 个（14mm 长）、M3 螺栓 2 个（8mm 长）、M3 螺母 4 个。

**2. 安装电动机固定座**

取 42 步进电动机固定座 1 个、M3 螺栓 2 个（14mm 长）、M3 螺栓 2 个（8mm 长）、M3 螺母 4 个。把 42 步进电动机固定座安装在 X 轴的滑车上，如图 5-15a 所示。

**3. 安装步进电动机**

取 42 步进电动机 1 个、挤出齿轮 1 个（MK8 挤出机中包含）。把挤出齿轮安装在 42 步进电动机的轴上，如图 5-15b 所示。不用安装得太紧，后续还要调整挤出齿轮的位置，然后取 MK8 底盘 1 个，M3 螺栓 1 个，把 42 步进电动机固定在电动机座上，安装后的效果如图 5-15c 所示。

**4. MK8 挤出机安装**

取挤出臂 1 个、挤出滑轮 1 个、小螺栓 1 个、套管 1 个。把挤出滑轮固定在挤出臂上，套管插在直角处的孔里，如图 5-15d 所示；再取与 MK8 挤出机配套的弹簧 1 个、螺栓 4 个，并把挤出臂安装在 MK8 挤出机上，如图 5-15e 所示；然后，把弹簧安装在挤出臂下边，让挤出齿轮和挤出滑轮紧紧地贴在一起，如图 5-15f 所示。

注意：这个时候可以调整挤出齿轮在 42 步进电动机轴上固定的位置，让挤出齿轮正好和挤出滑轮边缘都重合上。

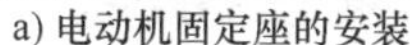
a) 电动机固定座的安装

b) 挤出齿轮的安装

c) 电动机的固定

d) 挤出臂的安装

e) 挤出臂安装在挤出机上

f) 挤出齿轮与挤出滑轮的贴合

图 5-15　电动机、挤出臂及挤出齿轮的安装

**5. 安装风扇**

取风扇 1 个、散热片 1 个、风扇保护罩 1 个、M3 螺栓 2 个、垫圈 2 个。把风扇安装到 MK8 挤出机上，如图 5-16a 所示。考虑到散热块太热会烫坏风扇，可以把风扇保护罩安装在散热块和风扇中间，如图 5-16c 所示。当然，风扇保护罩也可以安装在风扇外边。

**6. 安装打印挤出头**

取加热铝块 1 个、喉管 1 个、挤出头 1 个。首先，把挤出头（喷嘴）、加热铝块、喉管组装起来，如图 5-16b 所示；然后，把组装好的挤出头安装在 MK8 挤出机的下边。注意，不要把喉管拧进去的太长了，以免挤出齿轮无法转动，安装后的效果如图 5-16d 所示。

注意：如果喉管和 MK8 挤出头无法拧紧，可以加一个 M6 的螺母在喉管上。

到这里，Prusa i3 3D 打印机机械部分的安装就完成了，完成组装的打印机形状类似图 5-6 所示（底板及铝型材框架不同）。接下来，还需要安装打印机的电控部分。

### 5.2.8　安装打印机的电控部分

**1. 材料准备**

准备主控及电动机驱动板 1 套、热床 1 个、M3 螺栓 4 个（35mm 长）、M3 螺母 4 个、弹簧 4 个、加热棒 1 个、热敏电阻 2 个、12V 20A 电源 1 个、耐热胶带。

**2. 安装热床**

取热床 1 个、NTC 热敏电阻 1 个、耐热胶带。给热床焊接导线，导线一定要粗些的，

a) 风扇的组装

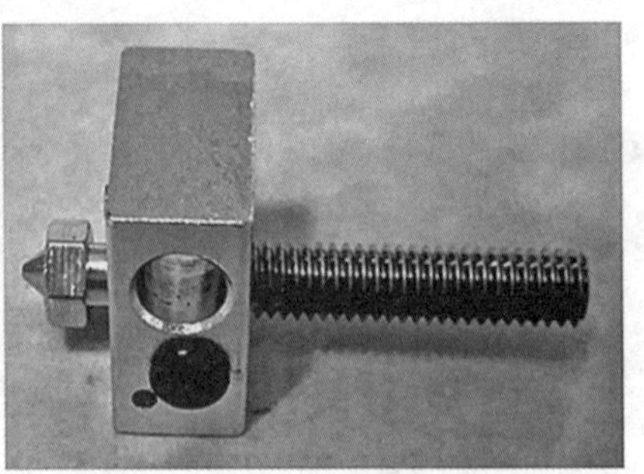

b) 挤出头的安装

c) 风扇安装位置视角

d) 挤出头安装位置视角

图 5-16 风扇和挤出头的安装

越粗越好，因为加热需要大电流，如果太细，导线可能会发热严重。首先，将导线焊接在热床上，导线的焊接方式在热床上有说明，根据自己的选择焊接就可以了；如果是12V，1脚接电源正极，2、3脚都接电源负极，具体效果如图5-17a所示。使用耐热胶带把热敏电阻粘在热床背后的小孔中，如图5-17b所示。

a) 热床焊接

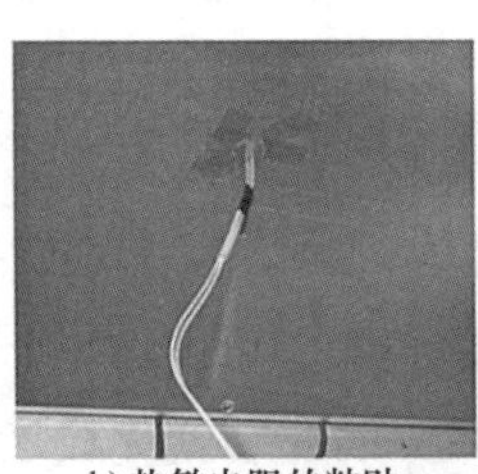

b) 热敏电阻的粘贴

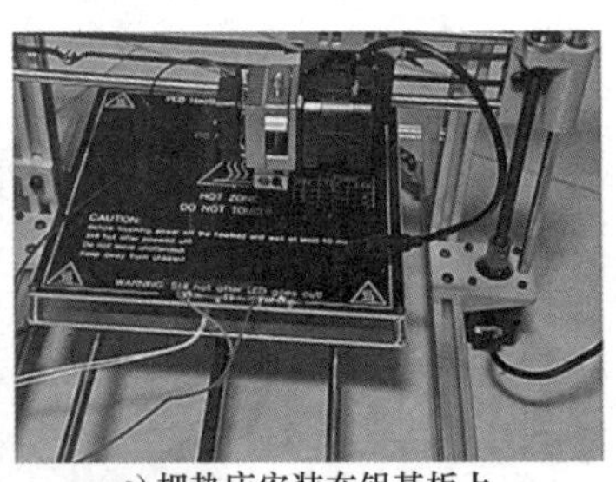

c) 把热床安装在铝基板上

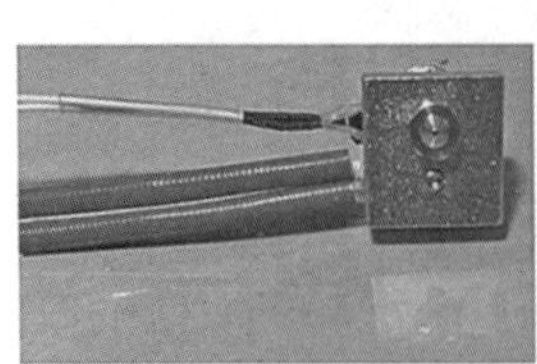

d) 安装热敏电阻与加热棒

e) 安装挤出喉管

图 5-17 热敏电阻、加热棒、挤出喉管及热床的安装

接下来，取M3螺栓4个、M3螺母4个、弹簧4个。把热床安装在铝基板上，铝基

板上已经预留了 4 个孔。安装时，铝基板和热床中间用弹簧隔开即可，螺钉不用拧得太紧，后续调试的时候可能还要调平，安装后的效果如图 5-17c 所示。

### 3. 安装加热棒

取加热棒 1 个、热敏电阻 1 个。把之前已经安装好的喉管从挤出机上拧下来，然后把加热棒和热敏电阻安装在上边，加热铝块上都有预留安装孔，仔细对比即可发现，安装效果如图 5-17d 所示。然后，再把喉管安装回挤出机下边，如图 5-17e 所示。

### 4. 安装主控电路

取主控及电动机驱动板（Arduino mega2560/1 块、Ramps 1. 4 控制板/1 块、A4899 驱动/4 块、LCD128 * 64/1 块）1 套，作为系统的主控板。把 Ramps 1. 4 扩展板插在 Arduino mega2560 上，所有 A4988 的细分跳线全部短路（跳线在 Ramps 1. 4 扩展板上，A4988 插槽的中间），仔细对比图 5-18 即可看到，剩下的接线按照图 5-18 连接。图 5-19 是 Prusa i3 主控电路板接线的示意图。Prusa i3 官方发布的接线图如图 5-20 所示。

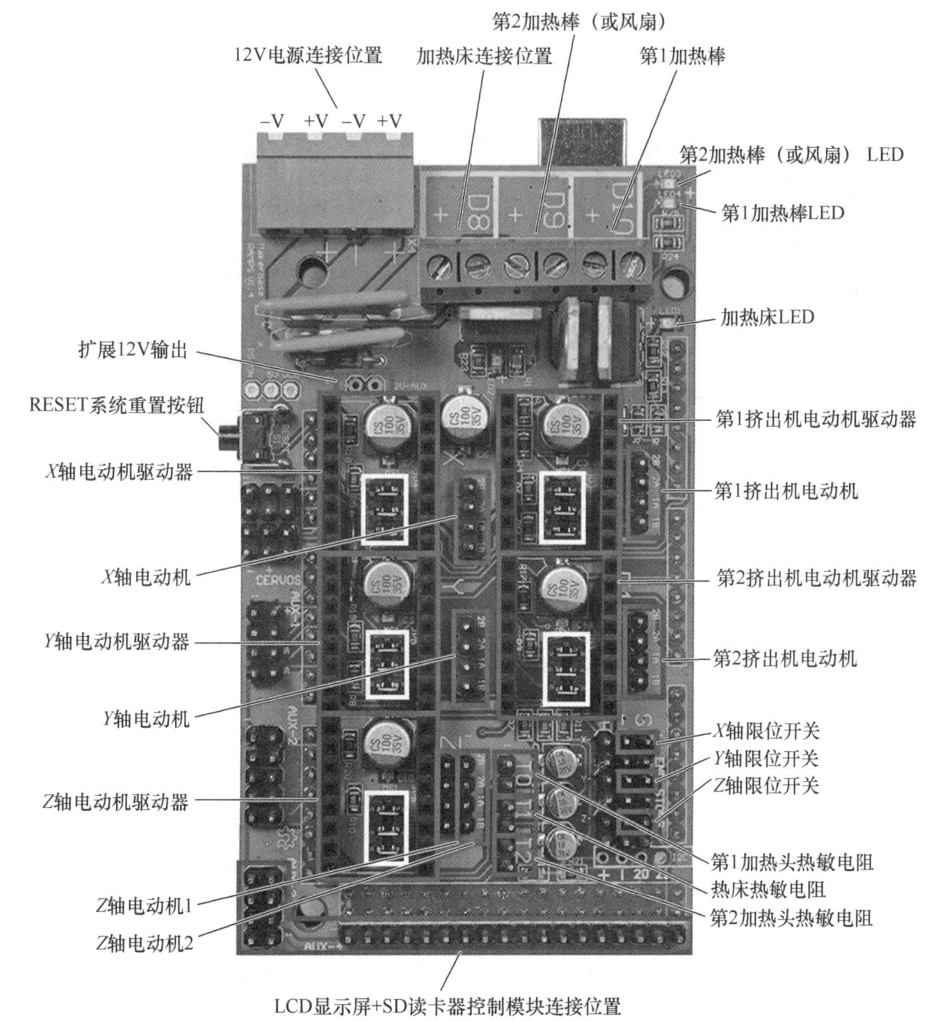


图 5-18 Ramps 1. 4 扩展板（主控板）及其接线

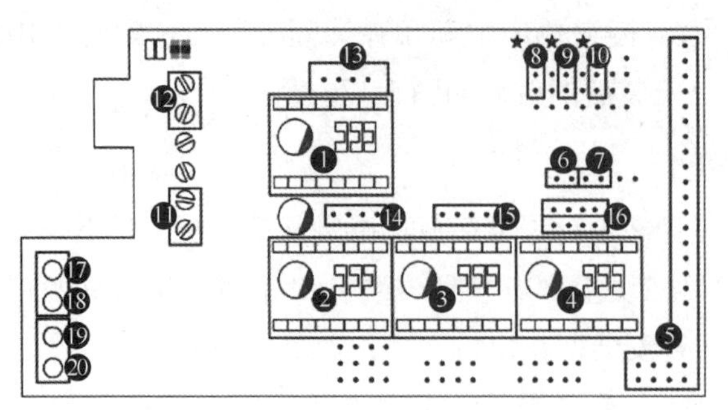

电源接线示意图

ⓐ 火线　ⓔ 电源负极
ⓑ 零线　ⓕ 电源正极
ⓒ 电源负极　ⓖ 电源正极
ⓓ 电源负极　ⓗ 电源正极

❶ 挤出机电动机驱动　★❽ *X*限位开关　⓯ *Y*电动机接线
❷ *X*电动机驱动　★❾ *Y*限位开关　⓰ *Z*电动机接线
❸ *Y*电动机驱动　★❿ *Z*限位开关　⓱ 12V电源正极
❹ *Z*电动机驱动　⓫ 热床接口　⓲ 12V电源负极
❺ 显示屏接口　⓬ 发热棒接口　⓳ 12V电源正极、风扇正极
❻ 挤出温度探头　⓭ 挤出机电动机接线　⓴ 12V电源负极、风扇负极
❼ 热床温度探头　⓮ *X*电动机接线

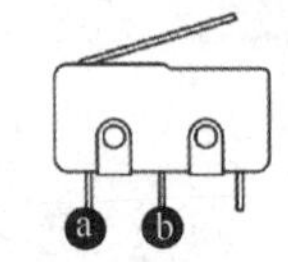

使用ⓐⓑ接线为常开

注意：电源及风扇接线务必区分正负极;电动机正插正转,反插反转;其他部件不区分正负极!

图 5-19　Prusa i3 主控电路板接线示意图

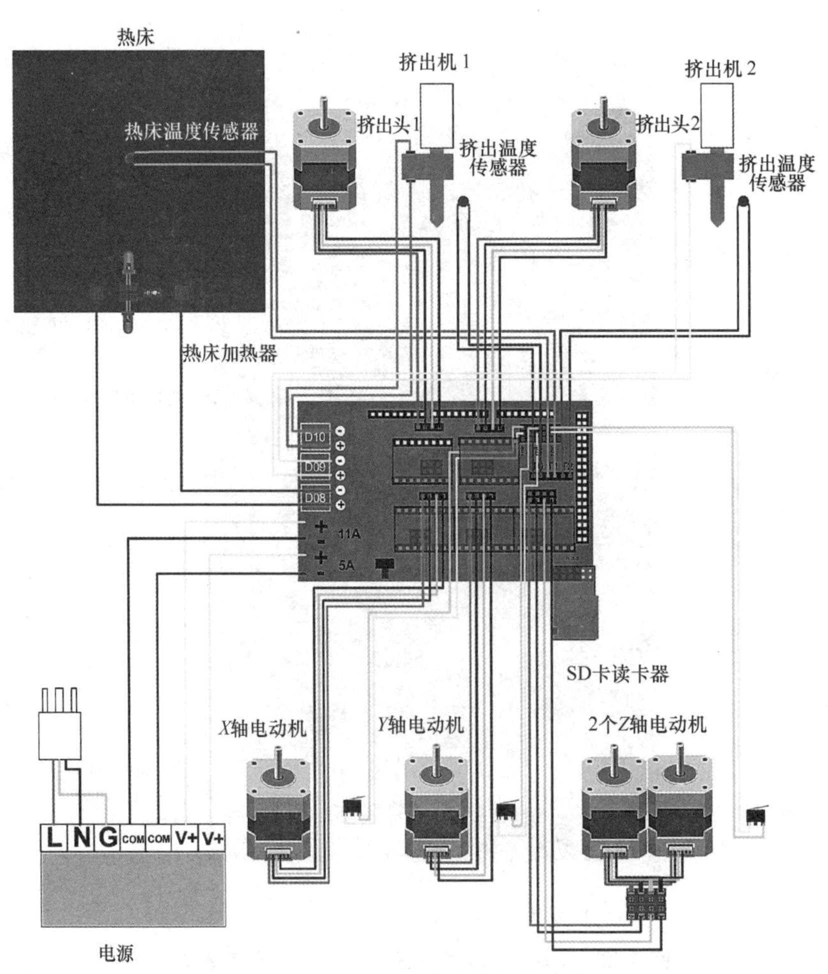


图 5-20　Prusa i3 官方发布的接线图

至此，就完成了一台完整的 Prusa i3 3D 打印机的组装。

一般来说，接下来把 RepRap 提供的固件程序写入 Arduino mega 2560，就可以开始进行系统配置和运行调试了。关于 Prusa i3 3D 打印机的固件配置，可参阅附录 C（RepRap_Prusa i3 Marlin 固件配置中文说明）。

# 5.3 3D 打印机的配置与调试

## 5.3.1 配置与调试准备

### 1. 材料与工具准备

准备 USB 数据线 1 根。

从 GitHub 上下载 Marlin 固件源代码包，网址是：https://github.com/MarlinFirmware/Marlin。根据计算机操作系统的情况下载 Arduino IDE（集成开发环境），网址是：https://www.arduino.cc/en/software，有 Windows、Linux 和 Mac OS 版本可供选择。下载 3D 打印控制软件 Printrun，用于后面的 3D 打印机调试，网址是：https://github.com/kliment/Printrun，有 Windows、Linux 和 Mac OS 的编译好的 Release 版本可供选择。

### 2. 连接打印机

用 USB 数据线将组装好的 Prusa i3 3D 打印机的控制板 Arduino mega 2560 连接到个人计算机上（PC 或便携式计算机），检查 3D 打印机上的各连接线是否插好，最后将 Arduino mega 2560 供电线插到电源上。

### 3. 开机

开机的顺序是，首先打开计算机开关，待计算机启动完成后，再打开主控板 Arduino mega 2560 上的电源开关。这时，Arduino mega 2560 上的电源指示灯亮起，同时，Prusa i3 3D 打印机上的挤出头散热风扇也应该转起来了。

开机后，在计算机端计算机管理里面应该可以看到连接 Arduino mega 2560 的 USB 端口，如图 5-21 所示。接下来刷 3D 打印机固件时需要用到该端口进行数据传输。

### 4. 刷 3D 打印机固件

“固件”（Firmware）其实就是安装在打印机主控板 Arduino mega 2560 芯片里面的打印控制软件，它的主要作用是执行 3D 打印机控制程序，同时确保打印机与计算机的通信符合同一规范。

1）在计算机上安装 Arduino IDE，安装选项：全选；安装路径可以自行选择。

2）待 Arduino IDE 安装完成后，桌面上会出现 Arduino 图标，双击并打开它。

至此，刷固件工具 Arduino IDE 就准备好了。

3）选定 3D 打印机主板，并编译 Marlin 固件包。本步骤很重要！如果选错 3D 打印机主板，就会导致打印机无法工作。在 Arduino IDE 中打开并载入 Marlin 固件源代码；在菜

图 5-21　3D 打印机 USB 连接指示

单 Tools→Board 中选择 Arduino mega 2560 or Mage ADK，然后单击工具栏最左边的“Verify”按钮，就可以完成编译了，如图 5-22 所示。

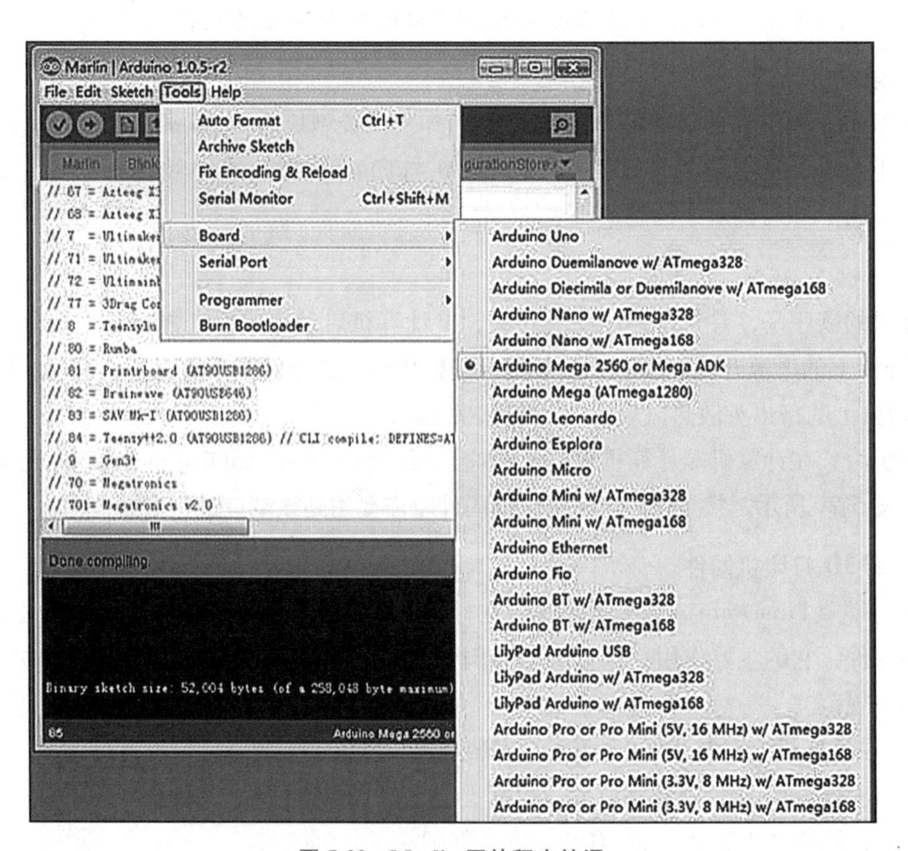


图 5-22　Marlin 固件程序编译

4）刷固件。首先，确认 Arduino mega 2560 与计算机通信的 USB 接口连接正常

（图 5-21），然后，单击 Arduino IDE 工具栏中的 Upload 按钮（图 5-23），等待上传完成。上传完成后，在消息栏中可以看到 Done Uploading 的提示。如果上传失败，请检查 Tools→Board 和通信的 USB 接口是否都正确选择了。

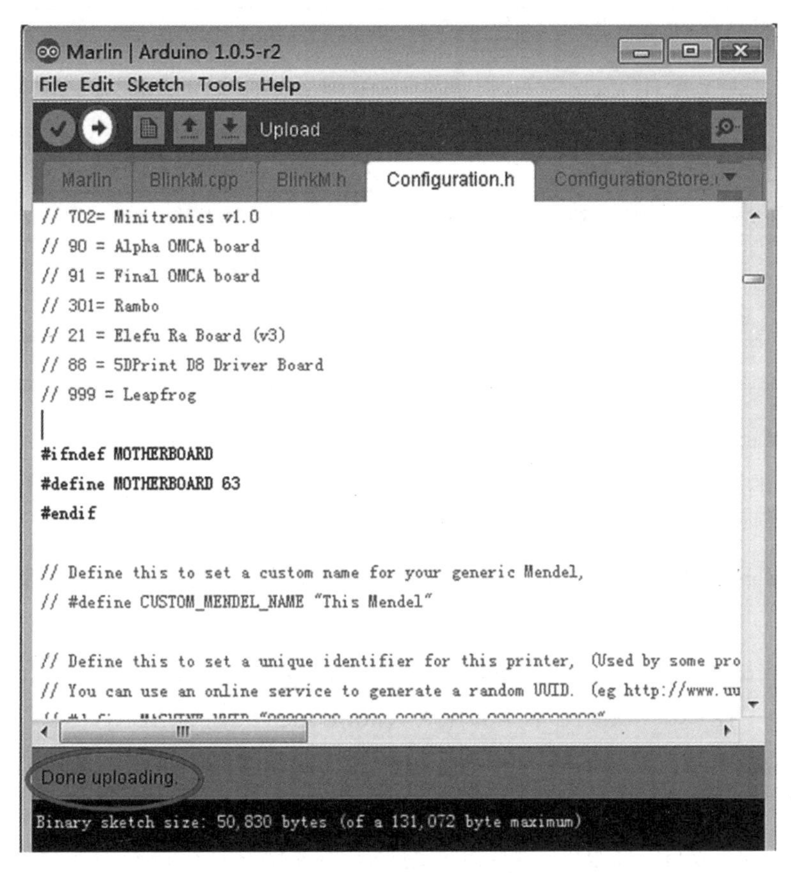


图 5-23 刷固件 Upload 按钮

至此，就完成了 3D 打印机 Marlin 固件的刷入。接下来，需要对打印机进行配置，然后就可以使用 Printrun 来手动测试 3D 打印机，观察固件和打印机是否能正常工作了。

## 5.3.2 基础配置

由于 RepRap Prusa i3 是开源的 3D 打印机，所以针对打印机的配置也是开放的，必须根据具体打印机的硬件构成情况加以适当配置，才能使组装的打印机正常工作。

RepRap Prusa i3 3D 打印机的配置一般是通过修改固件 Marlin 的配置文件 Configuration. h 来实现的。Configuration. h 文件里面的配置项目有很多，但大部分都是通用配置，可以使用默认值。对于一台 3D 打印机来说，有几项最基础的配置（表 5-2）最关键，都是关于 3D 打印机基础硬件的。这些项目如果没有正确配置，3D 打印机很可能完全不能工作。相对而言，其他配置项目就不是那么重要了，即使配置有些问题也是局部问题，顶多是某个功能不能正常工作，可以在后续的调试中调整，暂时不会影响 3D 打印机的整体。

表 5-2　RepRap Prusa i3 3D 打印机的基础配置项

| 编号 | 项　目 | 说　明 |
|---|---|---|
| 1 | 主板 | 应改为实际使用的主板类型 |
| 2 | *XYZ* 轴长度 | 应改为实际的尺寸 |
| 3 | *XYZ* 步进电动机分辨率 | 一定要根据自己使用的步进电动机参数及打印机的机械设计情况进行修改 |
| 4 | 限位开关的连接方式 | 根据实际情况选择选项 |
| 5 | 挤出头步进电动机分辨率 | 根据具体情况修改 |
| 6 | 挤出头步进电动机方向 | 有些机械设计方案需要步进电动机反向运行 |
| 7 | 挤出头温度感应器 | 根据具体情况修改 |
| 8 | 热床温度感应器 | 根据具体情况修改 |

在固件 Marlin 的配置文件中，从主到次，每个模块的相关参数都放在一个段中，这为 3D 打印机的配置提供了清晰的修改线索。接下来，重点介绍最基础的 3D 打印机配置项的修改。

从头看 Marlin 的 Configuration. h 文件，最开始的两行非注释行，定义了固件的版本号和作者。

```
#define STRING_VERSION_CONFIG_H__DATE__“”__TIME__
#define STRING_CONFIG_H_AUTHOR“(none,defaultconfig)”
```

第一行是版本号，默认的版本号就是编译的日期和时间，这个一般不需要改动；第二行是作者，一对引号里面的内容可以改成自己的名字，最好用拼音字母。

接下来，为了使 3D 打印机和 PC 顺利通信，需要定义串行口号和波特率。这里的串行口号不是指 PC 的，而是 3D 打印机端的串行口号，因此保持默认的 0 就可以了。Marlin 默认的波特率是 250000，这不是一个美国国家标准学会（American National Standards Institute，ANSI）标准的波特率，如果 PC 端不支持这个波特率，则需要修改到一个符合 ANSI 标准的波特率值，比如 115200，如下所示：

```
#define SERIAL_PORT 0
#define BAUDRATE 115200
```

再下来就是 3D 打印机主板种类的选择。不同的硬件往往其接口名称、接口数量都会有所不同，所以，如果这个值和 Arduino 环境中定义的硬件类型不匹配，就会导致编译不通过。在前面固件编译时，在 Tools→Board 中选择的 Arduino Mega 2560 or Mega ADK 选项，其实就定义了主板的类型，如下所示。其中，BOARD_RAMPS_14_EFB 是指备料时购买的 Ramps 1. 4 控制板的型号。

```
#ifndef MOTHERBOARD
#define MOTHERBOARD BOARD_RAMPS_14_EFB
#endif
```

再往下还有两个选项，分别定义了挤出头的个数和电源的种类，挤出头最多可以有4个。本机只用了1个挤出头，电源也是普通电源，因此可保持默认值不变，如下所示：

```
#define EXTRUDERS 1
#define POWER_SUPPLY 1
```

至此，Marlin Configuration. h 配置文件的第一段已经配置好了，这些都是3D打印机硬件最基础的设置，对应表5-2中第1项。至此，就完成了主板类型的配置。

### 5.3.3 温度控制与温度感应

Marlin Configuration. h 配置文件接下来的一段，是关于加热与温度感应的设置。第一组设置是关于温度传感器的。根据代码的注释，可以看出这里既可以使用温度测量芯片，也可以使用热敏电阻。目前，大多数3D打印机一般使用的都是热敏电阻，这主要是因为价格低廉。在使用热敏电阻的情况下，后面会有很多选择，这需要了解清楚热敏电阻的型号及相应的参数，然后再选择相应的设置。例如，选择1代表的是使用电阻值为100kΩ的热敏电阻，即

```
//1 is 100k thermistor-best choice for EPCOS 100k(4.7k pullup)
```

据测试，实际上各种热敏电阻的输出值都比较接近，就是选择了不同型号的热敏电阻，最后得到的温度值相差也不大。在挤出头工作状态下（约200℃），通常上下相差不到10℃。此外，根据 RepRap wiki 介绍，几乎所有 RepRap 3D 打印机都使用了4.7kΩ的热敏电阻上拉电阻。

由于组装的打印机只有一个挤出头，因此 TEMP_SENSOR_1 和 TEMP_SENSOR_2（第二个、第三个挤出头的温度传感器）应该设为0，代表不存在。一般有热敏电阻的，后面应该填上热敏电阻的 beta 值对应的配置，如下所示：

```
// 60 is 100k Maker's Tool Works Kapton Bed Thermistor beta=3950
```

热敏电阻的 beta 值需要在买热敏电阻时询问商家，或者在商品详情页查看热敏电阻的 beta 值，基本上都是3950。如果实在不清楚热敏电阻的 beta 值，此处也可以填1。本组装的3D打印机只有一个加热头和一个热床，且热敏电阻的 beta 值为60，所以只需把这两个配置为60，其余的均配置为0。

```
#define TEMP_SENSOR_0 60
#define TEMP_SENSOR_1 0
#define TEMP_SENSOR_2 0
#define TEMP_SENSOR_3 0
#define TEMP_SENSOR_BED 60
```

下面的选项就是温度控制算法的一些参数了。在没有特殊要求的情况下，这些参数保持默认值就可以。这样，3D打印机的温度控制一般能实现快速高效，且能保持相对的稳定。

```
#define TEMP_RESIDENCY_TIME 10
```

```
#define TEMP_HYSTERESIS 3
#define TEMP_WINDOW     1
```

再下面的选项是最低、最高温度。如果运行时的当前温度在这些温度范围之外，3D打印机就会自动启动保护、停止工作。一般这些值无须设置，保持默认值就可以。

```
#define HEATER_0_MINTEMP 5
#define HEATER_1_MINTEMP 5
#define HEATER_2_MINTEMP 5
#define HEATER_3_MINTEMP 5
#define BED_MINTEMP 5
#define HEATER_0_MAXTEMP 275
#define HEATER_1_MAXTEMP 275
#define HEATER_2_MAXTEMP 275
#define HEATER_3_MAXTEMP 275
#define BED_MAXTEMP 150
```

温度设置段的最后一组设置是关于温度控制模式（算法）的。首先，定义项如下：

```
#define PIDTEMP
```

上述定义项决定了目前的温度控制模式使用PID（Proportional，Integral，Derivative）模式。如果注释掉该行，就代表不使用PID模式，而使用简单温度控制模式（Bang bang）。简单温度控制模式的特点就是简单，没有控制参数。此时，加热器的工作方式是，当温度小于目标温度时就打开，反之就关闭。而PID模式（PID controller）即比例积分控制模式，这是历史悠久的、技术成熟的温控方式。相比简单温控模式，PID模式的温度控制比较稳定。一般PID模式有三个关键参数（$K_p$、$K_i$、$K_d$）及其他周边参数，这些参数值主要影响温度控制曲线的形状。不管这些参数如何设置，最终都会达到目标温度，区别只是在于达到目标温度所需的时间和系统温度变化的稳定性。如果只想通过调试，使打印机开始工作，那么这些参数都可以保持默认值，留待以后再微调。

在大段PID设置之后，是下面的定义：

```
#define PREVENT_DANGEROUS_EXTRUDE
#define PREVENT_LENGTHY_EXTRUDE
#define EXTRUDE_MINTEMP 170
#define EXTRUDE_MAXLENGTH (X_MAX_LENGTH+Y_MAX_LENGTH)
```

这几个选项的作用主要是令挤出机在温度不够的情况下不要工作，在遇到有问题的指令（如特别长的挤出指令）时也不要工作。有问题的指令有可能是在传输过程中数据错误导致的，虽然概率很低，但一旦出现且3D打印机严格执行的话，就有可能导致严重的机械故障，甚至损坏。

到这里为止，与温度控制相关的设置就完成了。对应表5-2，这里主要配置的是7和8两项。

### 5.3.4 限位开关机械设定

Marlin Configuration.h 接下来的一组配置项，都是关于限位开关的。如果是常见的上拉电阻形式的电路，限位开关连接在常闭触点上。这样连接的限位开关，在未触发情况下，保持低电位；在触发情况下，切换为高电位。这时，下面的配置行就可以保持默认值。

```
#define ENDSTOPPULLUPS
```

这样，紧接着的一段代码就能起作用。这代表所有 *XYZ* 轴限位开关，全部都是这样的连接方式。

```
#ifdef ENDSTOPPULLUPS
#define ENDSTOPPULLUP_XMAX
#define ENDSTOPPULLUP_YMAX
#define ENDSTOPPULLUP_ZMAX
#define ENDSTOPPULLUP_XMIN
#define ENDSTOPPULLUP_YMIN
#define ENDSTOPPULLUP_ZMIN
#endif
```

同时，如果限位开关采用这样的连接方式，也就意味着触发信号是正向而非反向的，正向即当未触发时单片机得到低电位信号 0；触发时单片机得到高电位信号 1。因此，对限位开关信号并不需要取反。这里的默认值应改成如下所示：

```
#define X_MIN_ENDSTOP_INVERTING true
#define Y_MIN_ENDSTOP_INVERTING true
#define Z_MIN_ENDSTOP_INVERTING true
#define X_MAX_ENDSTOP_INVERTING true
#define Y_MAX_ENDSTOP_INVERTING true
#define Z_MAX_ENDSTOP_INVERTING true
```

如果实际使用的限位开关的个数、限位开关的电路与上面所示有所不同，则需要根据 Marlin 的 Configuration.h 中的注释，更改成相应的设置。

本小节的限位开关设置对应表 5-2 中的第 4 项。接下来，进行剩余的第 2、3、5 和 6 项的设置。

### 5.3.5 步进电动机机械设定

在 Marlin Configuration.h 中，步进电动机设置部分一开始是一组开关选项。因为本文中组装的 3D 打印机属于 Prusa i3 的基本款，包含 *XYZ* 轴以及挤出头步进电动机 E，采用了最普通的连接方式，因此，这部分可以使用默认设置。

```
#define X_ENABLE_ON 0
#define Y_ENABLE_ON 0
```

```
#define Z_ENABLE_ON 0
#define E_ENABLE_ON 0
#define DISABLE_X false
#define DISABLE_Y false
#define DISABLE_Z false
#define DISABLE_E false
#define DISABLE_INACTIVE_EXTRUDER true
```

接下来是步进电动机运动方向的设置，这与具体3D打印机的设计安装有关。可以先采用默认值试试，如果发现哪个轴的步进电动机运动方向与预期相反，则可以通过把该轴对应的设置由false改为true即可。

```
#define INVERT_X_DIR false
#define INVERT_Y_DIR false
#define INVERT_Z_DIR false
#define INVERT_E0_DIR false
#define INVERT_E1_DIR false
#define INVERT_E2_DIR false
```

紧接着是打印机挤出头（喷嘴）归零（HOME）的方向。一般情况下，*XYZ*轴都向值小的方向做归零动作，可以使用默认值，如下：

```
#define X_HOME_DIR -1
#define Y_HOME_DIR -1
#define Z_HOME_DIR -1
```

再往下是关于固件如何判定步进电动机是否已经到达边界位置的设置。如果设置为软件限位（Software endstop），系统则会根据单片机内部各轴对应的寄存器值，通过计算来判定是否越界；否则，就会根据硬件开关（限位开关）的指示来判定。例如，如果限位开关安装在每个轴的最小位置处，在最大位置处没有安装限位开关，需要使用寄存器判定是否越位。那么这两项的配置应该选择如下：

```
#define min_software_endstop false   //false代表使用限位开关限位
#define max_software_endstop true    //true代表使用寄存器判定是否越位
```

接下来是各轴限位值范围的设置，这组值限定了3D打印机每个轴运动的最大和最小值。实践中，应该把这组值设置成实际打印机各轴的运动范围。例如，对本例中组装的3D打印机来说，工作空间大约是（340-10）mm×(340-10)mm×(385-10)mm（这里减去10mm是为安装留的余量，这个数字可以根据实际情况自行设置），可以设置成如下值：

```
#define X_MAX_POS 330
#define X_MIN_POS 0
#define Y_MAX_POS 330
#define Y_MIN_POS 0
#define Z_MAX_POS 375
```

```
#define Z_MIN_POS 0
```

Marin Configuration. h 中，再接下来是自动找平（Auto leveling）相关的配置项。由于 Prusa i3 基本型没有安装这些装置，此处略过。对于改进型高级 Prusa i3 3D 打印机，建议参照具体固件说明进行设置。

再往下就是与步进电动机运动相关的配置项。

```
#define NUM_AXIS 4
#define HOMING_FEEDRATE {50*60,50*60,4*60,0}
```

这两行说明了步进电动机的个数是 4 个（分别对应 *XYZ*、E 轴，E 是挤出头的步进电动机），并且列出了 4 个轴的归零速度，可以直接使用默认设置。

再下面是 *XYZ*、E 4 个轴的分辨率，即挤出头每移动 1mm，所对应的步进电动机的脉冲数，这需要根据电动机性能标定进行计算才能得到。如果购买的是 3D 打印机套件，则套件说明里会有这个数值。对自己购买的散件，具体计算方法可参阅附录 D（RepRap Prusa i3 步进电动机参数计算），也可以使用官方提供的参数计算器：https://www. prusaprinters. org/calculator。这里给出一组参考值：

```
#define DEFAULT_AXIS_STEPS_PER_UNIT {100,100,407,95}
```

注意：这个值不能乱设，需要根据具体的步进电动机型号进行计算得出。如果设置的值与真实值差别太大，特别是 *Z* 轴的值与实际值差别太大，有可能会造成硬件损坏。

接下来的一组配置是关于进给率及加速度的设置，单位是 mm。如果上面的分辨率设置正确，这组值可以直接保留默认值，如下所示：

```
#define DEFAULT_MAX_FEEDRATE                {500,500,5,25}
#define DEFAULT_MAX_ACCELERATION            {9000,9000,100,10000}
#define DEFAULT_ACCELERATION                3000
#define DEFAULT_RETRACT_ACCELERATION        3000
#define DEFAULT_XYJERK                      20.0
#define DEFAULT_ZJERK                       0.4
#define DEFAULT_EJERK                       5.0
```

至此，表 5-2 中所列的 Marin Configuration. h 中的重要配置项的设置就完成了。

注意：在完成 Marin Configuration. h 的配置后，需要重新编译生成 Marlin 固件，然后按上面一节中所述的方法将固件刷入（Uploading）到 Arduino mega2560 中，之后就可以启动组装的 Prusa i3 3D 打印机了。

### 5.3.6 调试与改进

组装的 Prusa i3 3D 打印机开机后，建议使用 Printrun 软件（图 5-24），通过手动控制，对组装的 Prusa i3 3D 打印机的每个功能进行逐一测试，尤其是 *XYZ* 步进电动机的移动距离和方向、限位开关是否能正确工作、挤出头和热床加热功能是否正常等。对于限位开关和步进电动机方向的设置，由于提供的选项很少，基本上只有正、反两种设置，完全可以通过试验的方式来确定。

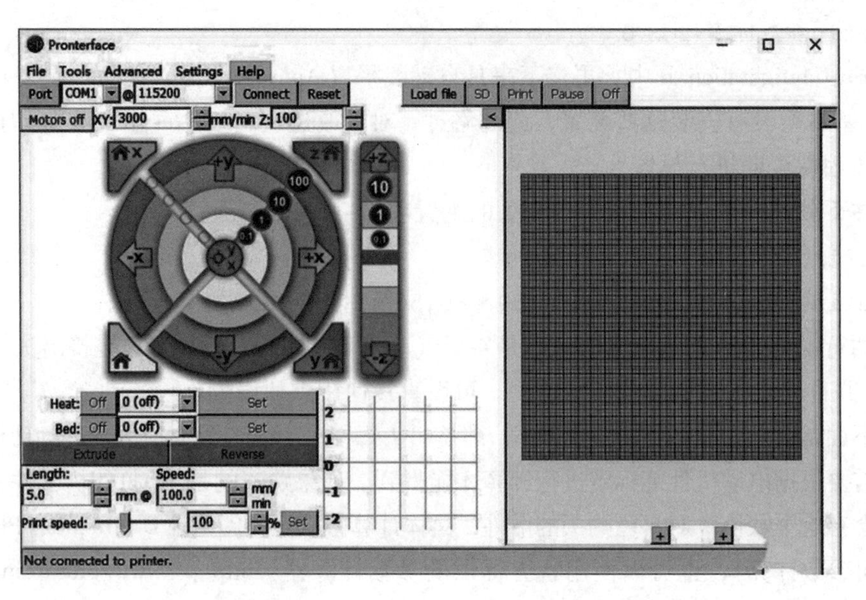


图 5-24 Printrun 软件界面示例

重要提示：在调试过程中，要及时根据实验中出现的情况记录下正确的参数。例如，如果试验中发现挤出头在某个轴向的运动方向与期望的方向不一致，就表明该轴的步进电动机的方向设置反了，需要记录下来，供改进时修改 Configuration. h 里的配置项使用。

通过调试，不断根据实际情况修改打印机配置文件，重新编译、刷固件；再调试、修改配置文件，再编译、刷固件，如此反复几次，直至打印机工作正常为止。

至此，3D 打印机的安装调试就结束了，自己动手组装的第一台 Prusa i3 3D 打印机就可以正常使用了。

需要注意的是，尽管 RepRap 开源 Prusa i3 3D 打印机的配置在其 Configuration. h 中有详细的说明，但是由于 Prusa i3 的改进版本众多，大家在网上找到的 Prusa i3 3D 打印机 Marlin 固件配置也是五花八门，而且，由于其开源属性不仅仅只是让更多的人快速掌握 3D 打印机的设计与制造，还要兼顾 Prusa i3 3D 打印机自身的技术升级和发展，因此在其打印机固件 Marlin 的配置文件 Configuration. h 中往往会为高级应用预留很多参数选项，这在无形中给初学者读懂配置文件增加了不小的难度。

对初学者来说，有以下建议供参考。

1）建议选用 Prusa i3 最基础的版本，虽然其在功能上不很先进，但对弄清楚 3D 打印机原理来说，是最简单方便、最容易理解的途径。

2）从开源 3D 打印机技术网站 RepRap（https://reprap. org/wiki/RepRap）下载 Prusa i3 资料时，要注意其版本和配套性，特别是打印机的固件要和具体硬件的设计相匹配。这样在后续的原材料采购、组装及设置中，才不至于出现参数表意不明、参数设置与硬件对应不上、前后矛盾等类似的问题。

3）值得一提的是，网上有不少 3D 打印技术的交流讨论社区，里面不仅有大量的资源，也有不少资深的 3D 打印高手乐于解答组装 3D 打印机中遇到的各种疑难问题。建议初学3D打印的爱好者，当遇到具体问题时，不妨去这些社区看看。

增材制造（3D打印）技术不仅仅是一种先进的制造技术，它也是促进创新创业、推动制造业技术进步的一把利器。自己动手组装一台属于自己的3D打印机，通过实践加深理解，对于掌握3D打印技术来说，其意义无疑是十分重大的。但是，在学习3D打印技术的过程中，也要切忌浮躁，不要一知半解、贪多求全，要稳扎稳打、循序渐进，相信随着对3D打印技术原理越来越深入的学习、理解与实践，成为一名3D打印的高手将指日可待。

## 思考题

1）试简述3D打印机的分类，并根据自己的了解，尝试给出一种新的3D打印机分类方法。

2）试简述3D打印机的组装过程，画出流程框图，分析其中的难点，并给出解决办法。

3）有条件的话，建议尝试利用套件，自己动手组装一台3D打印机，并分析组装过程遇到的问题。

4）建议访问RepRap开源网站，尝试整理出该网站的内容结构树形图。

5）根据本章介绍，结合自己对3D打印机构成的了解，尝试设想未来3D打印机的发展趋势及可能出现的新的3D打印形式，并给出相应的理由。

## 延伸阅读

[1] 徐光柱，何鹏，杨继全，等. 开源3D打印技术原理及应用［M］. 北京：国防工业出版社，2015，12.

[2] 邱海飞，何晋威，贾振南，等. 基于Arduino的开源3D打印平台系统设计与开发［J］. 机械设计与制造，2017（9）：4.

[3] 赖月梅. 基于开源型3D打印机（RepRap）打印部件的机械性能研究［J］. 科技通报，2015，31（8）：5.

[4] TOWNSEND B. DIY 3D printing：Open source 3D printer development by students of engineering product design［R］. http://www.autonomatic.org.uk/allmakersnow/wp-content/uploads/2015/07/AMN2014_Townsend.pdf.

# 第6章 桌面3D打印机的操作过程实践

“不闻不若闻之，闻之不若见之，见之不若知之，知之不若行之。学至于行之而止矣”（《荀子》）。相对于传统机械制造需要专业的操作技能，3D 打印机的使用显得简单多了。在众多品类的 3D 打印机中，桌面 3D 打印机是应用面最广、用户群体最大，也是比较容易操作的一种。市场上的桌面 3D 打印机主要以熔融沉积式（FDM）和光固化成型（SLA）技术为主，FDM 技术的桌面 3D 打印机更是占有绝对多数的市场份额。就 FDM 类型的桌面 3D 打印机而言，无论是什么品牌或是什么厂家生产的，在功能上大都大同小异，操作方式也基本相似。本章以常见的 FDM 桌面 3D 打印机为对象，以 Neobox-A200 型 3D 打印机为例，深入浅出地分步骤介绍桌面 3D 打印机的详细操作过程。对于其他品牌、不同类型的 3D 打印机操作来说，尽管在具体细节上可能会有所不同，但相信本章所介绍的内容仍然可以起到有益的借鉴作用。

## 6.1 桌面 3D 打印机操作概述

桌面 3D 打印机是应用最为广泛的 3D 打印机类型之一，正在逐渐成为办公或实验室环境的标配。一般来说，桌面 3D 打印机的设计理念是简易、多用、便携、安全、环保，操作上只需要几个按键，即使从来没有使用过 3D 打印机，也可以很容易地定制打印出自己喜欢的模型。同时，不仅无须关注模型的复杂度，更不需要高深的制造工艺知识基础。热熔融成型类（如 FDM）桌面 3D 打印机，是目前市场上最常见的 3D 打印机之一。

Neobox-A200 型桌面 3D 打印机是一款热熔融成型的桌面 3D 打印机，主要利用 FDM 技术原理成型，支持 ABS 塑料及聚乳酸（Polylactic Acid，PLA）类生物可降解材料的打印。Neobox-A200 型桌面 3D 打印机一体化的封闭箱式设计，使其在使用的时候不需要再连接额外的外部设备；可直接通过云端下载、存储设备传输等方式获取数字模型；提供触摸屏操作模式，支持模型打印预览、平移、旋转、缩放等相关功能；支持模型放置姿态调整及多模型打印阵列排布功能；具有体积小巧、功能强大、易学易用、操作便捷、用户体验好等特点。Neobox-A200 型桌面 3D 打印机实物图解如图 6-1、图 6-2 所示，其中，图 6-1 所示为 Neobox-A200 型 3D 打印机的实物图解（正面），图 6-2 所示为 Neobox-A200 型 3D 打印机的实物图解（背面）。

表 6-1 是 Neobox-A200 型 3D 打印机具体的机器参数配置表。

在下面的章节中，我们将以 Neobox-A200 型 3D 打印机为例，分步骤详细介绍 3D 打印的操作过程。

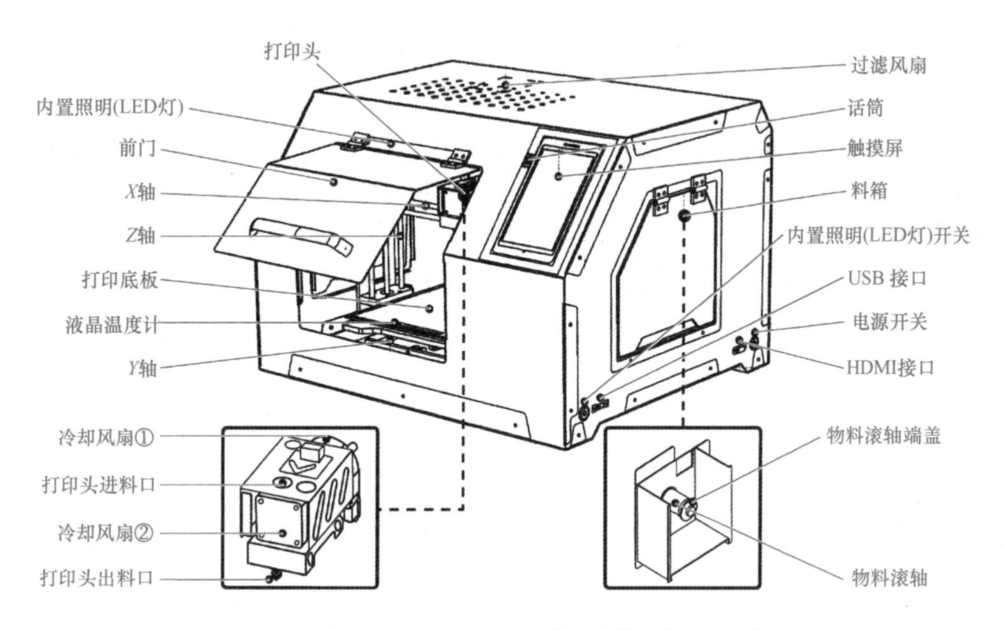


图 6-1　Neobox-A200 型 3D 打印机实物图解（正面）

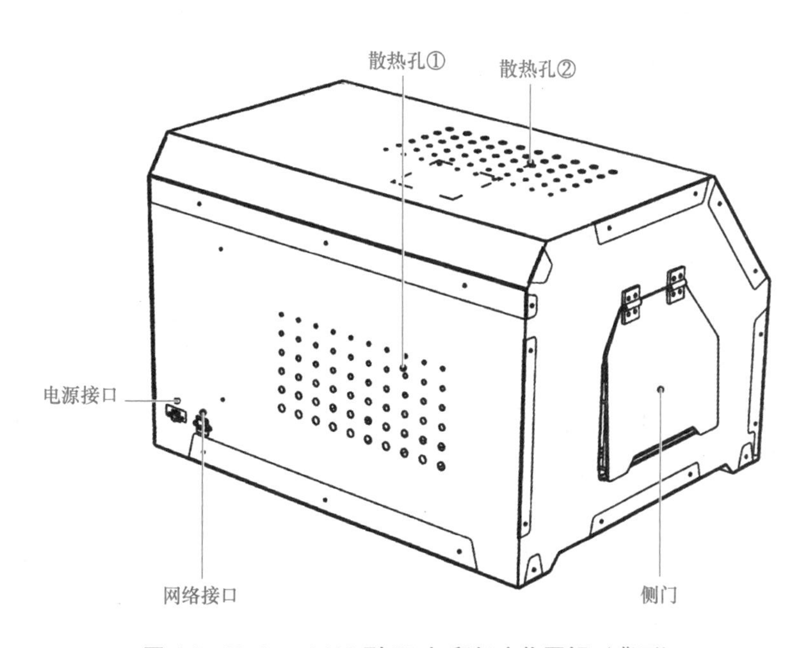


图 6-2　Neobox-A200 型 3D 打印机实物图解（背面）

表 6-1 Neobox-A200 型 3D 打印机机器参数配置表

| 参数 | 机器配置 |
| --- | --- |
| 打印技术 | 高分子材料熔融沉积（FDM） |
| 打印尺寸 | 200mm×200mm×190mm（因型号而异，以出货单为准） |
| 打印层高 | 高精度：100μm<br>中精度：200μm（系统默认）<br>低精度：300μm<br>0.05/0.1/0.15/0.2/0.3 |
| 定位精度 | *X*/*Y* 轴：10μm<br>*Z* 轴：2.5μm |
| 平均误差（工作状态良好时） | *X*/*Y* 轴：±0.2%左右<br>*Z* 轴：±0.01mm |
| 料线直径 | 1.75mm |
| 打印头 | 单头，模块化易于更换 |
| 喷嘴直径 | 0.2mm/0.4mm |
| 打印速度 | 最高为 150mm/s |
| 平台温度 | 0~50℃ |
| 挤出头工作温度 | 150~250℃ |
| 软件名称 | Neobox® OS 图形界面三维打印操作系统 |
| 文件类型 | 网格：STL、OBJ、OFF、PLY、3DS 等 40 种文件格式 |
| 移动设备支持 | iPhone/iPad 应用“3D 打印工场” |

| 参数 | 机器配置 |
| --- | --- |
| 净尺寸 | 538mm×466mm×393mm |
| 总尺寸 | 780mm×645mm×600mm |
| 自重 | 20kg |
| 毛重 | 35kg |
| 仓储温度 | 0~32℃（32~90℉） |
| 交流输入 | 110~240V（50~60Hz） |
| 电源适配器 | 19V 4.74A |
| 显示器物理尺寸 | 7.85in 电容触摸液晶屏 |
| 显示器色彩数 | 1677 万颜色（24 位真彩色）显示器 |
| 显示器分辨率 | 1024×768 像素 |
| 操作方法 | 电容触摸屏/互联网控制/计算机控制 |
| 中央处理器（CPU） | 四核 1.8GHz Cortex-A17 处理器 |
| 运行时内存（RAM） | 2GB |
| 内存 | 16GB（可存储约 500 个模型） |
| 外存储器 | SD 卡、U 盘、USB 接口移动硬盘（其中 SD 卡需要把 SD 卡插到读卡器上） |
| 网络支持 | 网线、WiFi 连接到内网和互联网（支持服务器模式） |

## 6.2 桌面 3D 打印机操作流程

实践中，在使用桌面 3D 打印机之前，有以下几个须知事项。

1）首先要阅读打印机使用手册，特别是手册中对于使用安全的警示需要格外留意。

2）然后，检查电源线连接是否正确、打印耗材是否齐备、当前 3D 打印机外观是否完好，如果发现问题，需要处理好后方可开机。

3）开机后，检查 3D 打印机是否能正常启动、显示屏是否有警告信息，如果出现相关问题，需要及时解决方可继续。

如果上述各项都正常，3D 打印机状态良好，开机显示类似“Ready”的字样，那么可以开始着手进行 3D 打印了。具体操作步骤如下所述。

### 6.2.1 开机启动

开机前，首先要连接电源线，将外接电源线一端插入三维打印机后侧电源接口。通常，3D 打印机电源插头都设计有防错插外形，按照能插入的方式插入打印机电源接口处即可，另一端插入 220V 交流电源插口。

步骤一：打开打印机电源开关。

步骤二：打开打印机前盖板。

步骤三：开机后，正常情况下打印机触摸屏应亮起。这时，用手指按“开始”按钮。

至此，3D 打印机的开机启动过程就顺利完成了，这一过程如图 6-3 所示。

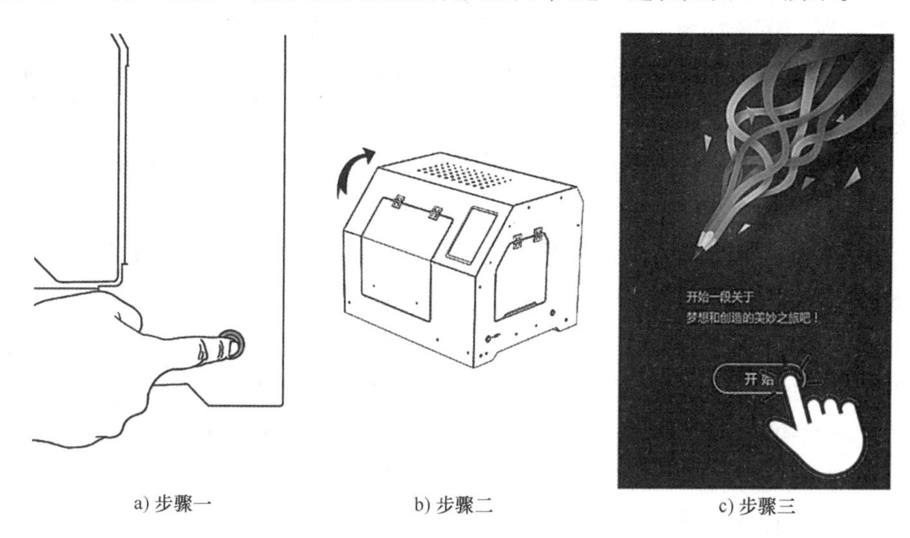


a) 步骤一　　b) 步骤二　　c) 步骤三

图 6-3　Neobox-A200 型 3D 打印机开机启动步骤

## 6.2.2　首次使用 3D 打印机设置

打印机的出厂设置通常不能直接匹配具体用户的使用环境和使用偏好，当第一次使用 3D 打印机时，一般需要进行参数设置。3D 打印机的参数设置视打印机品牌、型号的不同而有所差异。基本选项卡是 3D 打印中最常用到的基本参数集合，可以满足大多数模型打印的设置需要。选项卡参数一般需要在开机的情况下设置，通常一个 3D 打印机的基本选项卡包含下列参数。

1）层厚。用于设定打印的层厚度，是最影响打印质量的重要参数之一。一般来说，层厚参数设置为 0.1~0.3mm 就可以打印出大部分满意的 3D 模型了，但对于更精细的模型制品，这个参数应该在打印机允许的范围内设置的更小。该参数越小，打印模型就越精细，表面越光滑，但是相应的打印时间也会越长；反之亦然。

2）壁厚。用于设置打印模型的外壳厚度。该参数必须大于喷嘴直径，一般应设置成喷嘴直径的倍数，该参数也决定了在模型壁厚处打印喷头走线的次数。

3）开启回抽。回抽指打印线材的反向送料。当在非打印区域移动喷头时，适当地回抽打印耗材能避免多余的挤出和拉丝。

4）底层/顶层厚度。该参数决定了打印模型底层和顶层的厚度，以及上下表面的视觉效果（起始表面和最后的封口表面）。利用层厚和该参数，即可计算出打印的实心层数量。一般来说，该参数应该设置成层厚的倍数，且该参数越接近层厚，打印出的壁厚就越均匀，模型的强度也越好。

5）填充密度。该参数一般在0~100之间，表示不同的填充密度。打印实心模型即为100，空心模型为0，通常设置为20。该参数的设置不会影响打印模型的外观，它一般用来调整物体的强度和手感（如空心模型的质量比看上去的质量要小）。

6）打印速度，即喷嘴移动的速度。不同的3D打印机该参数的取值范围也不同。一般推荐最快的定义速度为150mm/s，但为了获得更好的模型外观质量，通常将打印速度设置在80mm/s以下，如50~60mm/s。打印速度的设置需要考虑的因素很多，如材料熔融的快慢、冷凝固化时间的长短、打印头转向快慢的影响等。实践中，可以根据实际打印的效果，不断进行调试修正。

7）打印温度，指打印时喷嘴处材料熔化的温度。一般来说，PLA材料通常设置为210℃，而ABS则为230℃。

8）热床温度，指热床的初始温度。当使用带热床的3D打印机打印时需要设置该参数，一般设为70℃。

9）支撑类型。支撑的类型一般有两种：一种是基于打印平台的支撑，即仅会创建能接触到打印平台的支撑结构；另一种是任何地方，即会在模型所有悬空的位置都创建支撑结构。复杂结构的制品一般选后者。支撑结构越多、越复杂，打印的3D模型的变形越小、质量越好，但后期去除支撑的难度也越大。

此外，由于数据传输的需要，有不少3D打印机都支持有线或无线WiFi，这也需要对其进行适当的设置，以建立WiFi连接。

需要说明的是，为了提升用户体验，不少3D打印机生产厂商针对常用材料和打印制品形态、外观质量要求，都提供“傻瓜式”打印模式。这意味着用户几乎不需要设置或仅需要设置几个必要参数，就可以开始3D打印了。但是，作为用户应当知道，这种“傻瓜式”设计，对于初级用户而言无疑是最便捷地打印出质量尚可的3D模型的途径，但是对于高级用户而言，要想发挥出3D打印机的最佳状态，打印出质量最好的3D模型，还是需要仔细研究打印机设置选项卡的参数、认真设置参数。这与使用照相机的道理是一样的，“傻瓜式”模式一键就能拍出质量接近上乘的照片，但是专业摄影师一般都习惯根据具体情况，自己设定诸如光圈大小、快门速度、感光度、曝光时间等参数，以拍摄出具有顶尖质量的摄影作品。

Neobox-A200型3D打印机支持“傻瓜式”设置模式，开机后只需设置一下WiFi连接就可以了，打印机会自动记住设置的参数。下面是打印机WiFi及日期和时间设置的具体步骤。

步骤一：在3D打印机设置选项卡列表中，选中正在使用的无线网络的接入点（WiFi AP），设置网络连接。

步骤二：输入指定的WiFi AP的密码，并按“确定”按钮（如果密码错误，可以重新输入）；然后，按“下一步”按钮进入日期和时间的设置。

步骤三：按需要修改的时间数字后，该数字会高亮并出现上下按钮。调整时间后，按“下一步”按钮完成日期和时间的设置。

步骤四：请仔细阅读使用前安全知识，确认一切都没有问题后按“下一步”按钮继续。

Neobox-A200 型 3D 打印机的首次使用设置过程如图 6-4 所示。

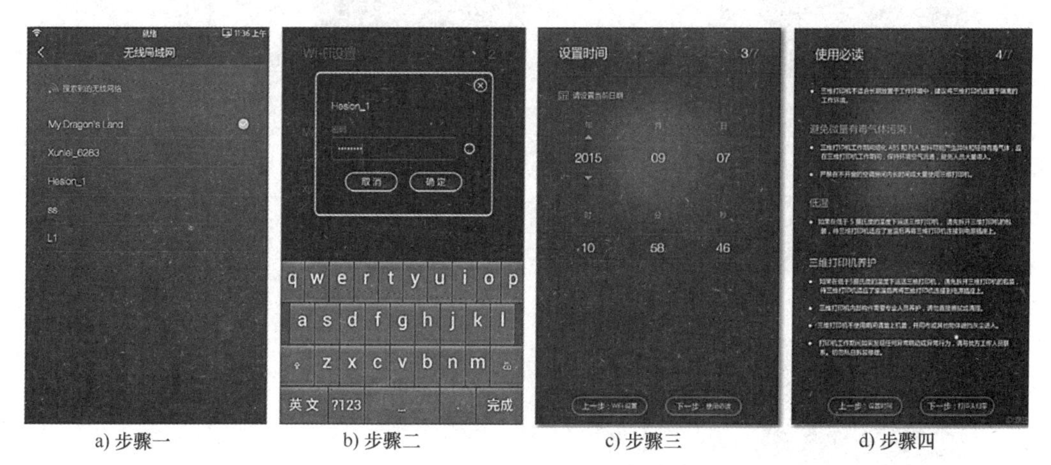


a) 步骤一　　b) 步骤二　　c) 步骤三　　d) 步骤四

**图 6-4　Neobox-A200 型 3D 打印机首次使用设置过程**

## 6.2.3　打印底板调平

打印底板调平的作用是保证打印头的运动方向和打印底板严格平行，这是成功打印的必要条件。正常情况下，喷嘴与底板之间的间隙是恒定的。但是在使用中，由于各种原因可能会出现不同位置的间隙有所差异，最终导致打印失败（如翘边、错位等）。

Neobox-A200 型 3D 打印机在开始打印制品前，必须进行“底板调平”，具体操作步骤如下。

步骤一：首先将打印头归零，使打印头回到零点。

步骤二：清洁打印头。观察打印头上是否有余料，如果有余料，拿镊子将余料清除。

步骤三：调平打印底板。具体做法是：将打印底板调至离打印头 0.3mm（约 A4 纸厚）处。分别手动调节打印底板四个角下方的 4 个锁紧螺母，控制底板的上升和下降（注：上升底板，逆时针旋转螺母；下降底板，顺时针旋转螺母）。此时，显示屏上会显示与打印底板四个角对应的按钮，单击按钮并调整与按钮对应的底板角点下方的螺母进行调平。这里提供一个方便调平的小技巧：调平时，在打印底板与喷头喷嘴之间放入一张 A4 纸，螺母的调整以 A4 纸抽动稍有阻滞为度，此时，打印底板与打印头间隙约为 0.3mm。太紧纸抽不动，则说明间隙小于 0.3mm，太松纸很容易抽动，则说明间隙大于 0.3mm。

至此，打印底板的调平操作就完成了。Neobox-A200 型 3D 打印机的打印底板调平操作如图 6-5 所示。目前，市场上也有不少桌面 3D 打印机能够支持打印底板的自动调平，这时就无须用户手动进行打印底板的调平了。

## 6.2.4　打印耗材安装

在开始打印之前，安装好打印耗材是必需的一步。打印耗材的种类有很多，不同类型耗材的安装方法也有所差异，有时，不同的 3D 打印机打印耗材的上料机构也可能不一样。这些都会直接影响到打印耗材的安装。

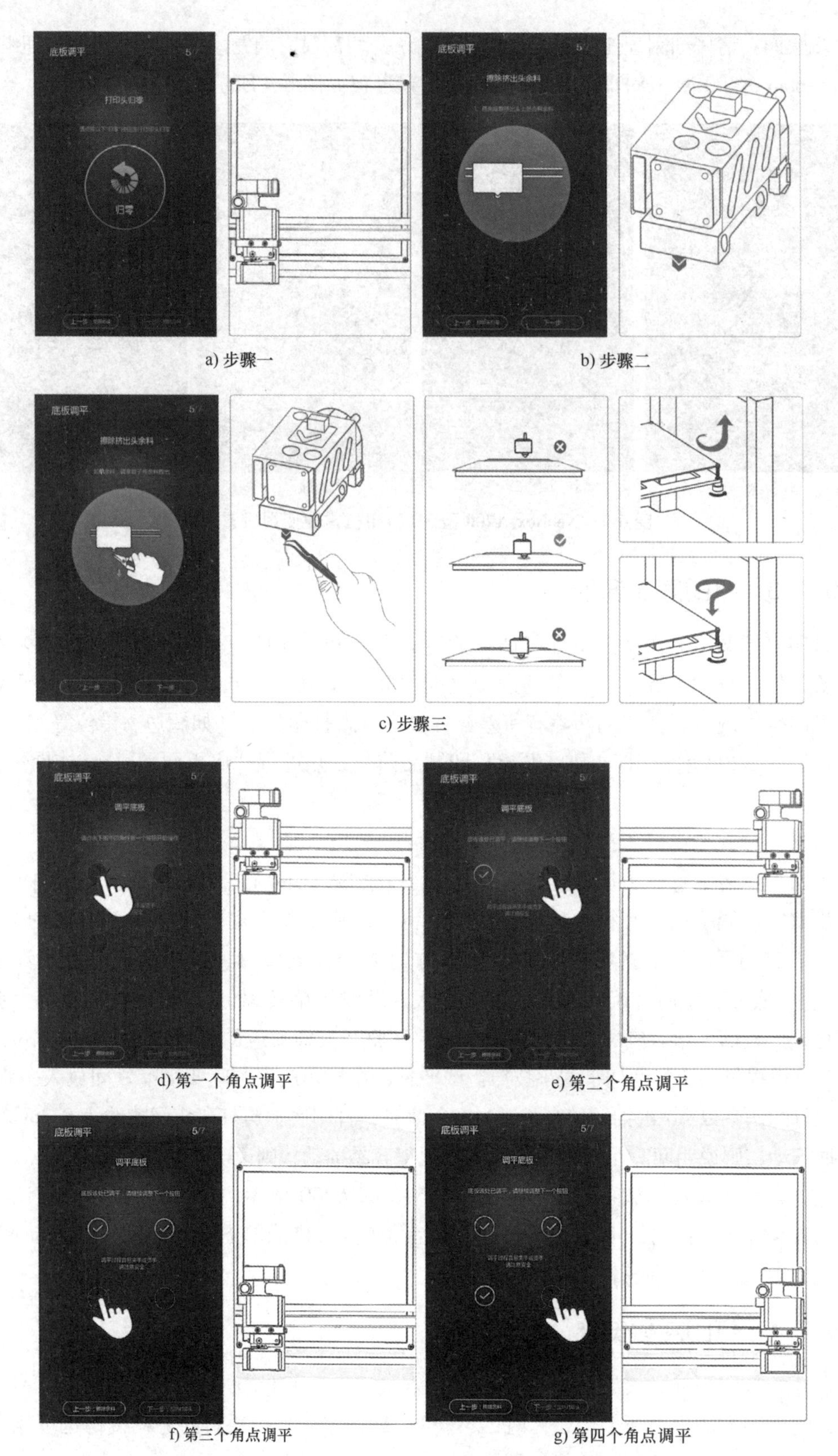


a) 步骤一　b) 步骤二

c) 步骤三

d) 第一个角点调平　e) 第二个角点调平

f) 第三个角点调平　g) 第四个角点调平

图 6-5　Neobox-A200 型 3D 打印机的打印底板调平操作步骤

Neobox-A200 型 3D 打印机使用的是成卷的线材作为打印耗材，具体安装步骤如下。

步骤一：捋顺耗材线。这一步看似无关紧要，实则十分关键。因为在实践中，很多打印中断或失败的原因都是因为耗材线缠上了，不能顺利上料。想想看，由于供料故障导致执行了几个乃至十几个小时的打印任务中断，不得不废弃半成品甚至重新开始打印，是多么令人沮丧的一件事。市场上有些打印机能够支持中断后继续打印，即便如此，在中断后继续打印的接续面上一般也会留下瘢痕，由此导致打印质量的下降也是必然的。

步骤二：将耗材线一端从 3D 打印机上的耗材走线孔中穿过，注意穿线方向要便于耗材线穿行，切忌打结情况的出现。

步骤三：将耗材卷插到物料滚轴上。

步骤四：安装线材前要将打印头加热到一定温度（约 210℃），然后线材才能顺利地进入打印头并顺利挤出。请单击“加热”的标识进行加热，待打印头温度至 210℃后，将自动跳到下一步（注意：打印头加热时，不要触碰打印头，避免烫伤）。

步骤五：将线材一端垂直地放入打印头上的进料口，等待上料电动机将其拽入。待电动机将线材拽入后，用手轻轻外拉，无法拉动即为成功。

步骤六：待挤出头有丝吐出，表示打印线材安装成功，便可进行下一步的操作了。

步骤七：清除掉线材安装时打印头产生的余料。

至此，打印耗材的安装就完成了。Neobox-A200 型 3D 打印机的打印耗材安装过程如图 6-6 所示。

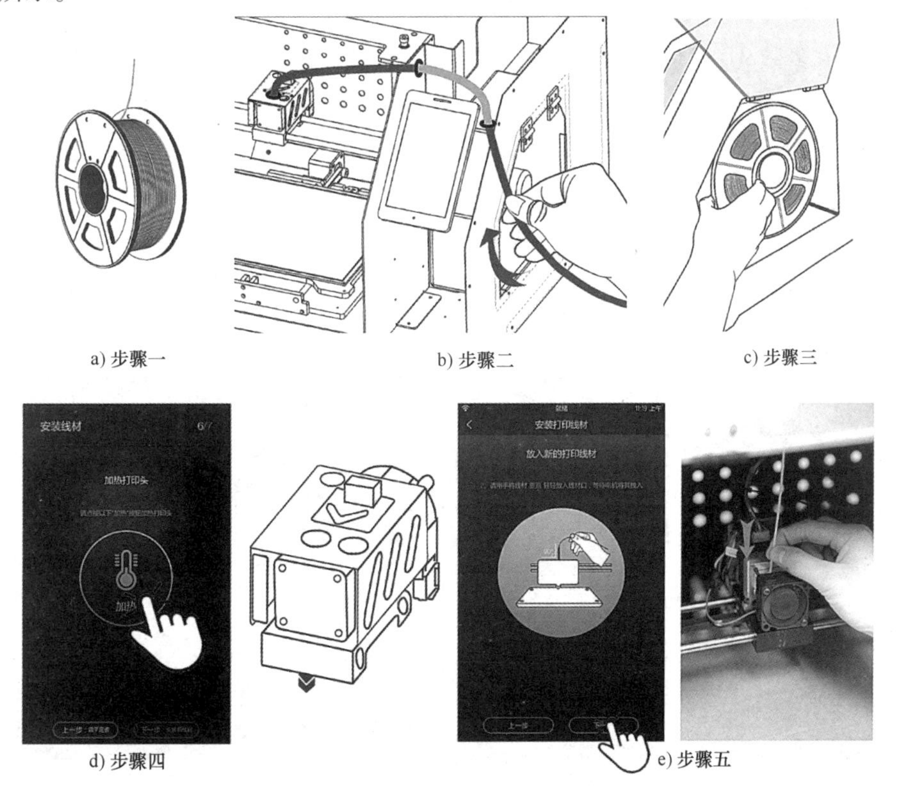


a) 步骤一　　b) 步骤二　　c) 步骤三

d) 步骤四　　e) 步骤五

图 6-6　Neobox-A200 型 3D 打印机的打印耗材安装过程

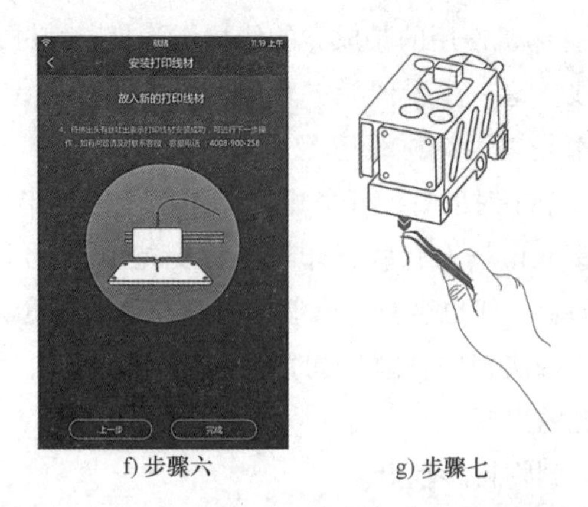


f) 步骤六　　g) 步骤七

图 6-6　Neobox-A200 型 3D 打印机的打印耗材安装过程（续）

## 6.2.5　数字模型调整

一般的 3D 打印机都支持打印模型调整的操作，Neobox-A200 型 3D 打印机也不例外。模型调整是指在打印机的触摸屏上，对待打印的数字模型进行放大、缩小、平移、旋转、排列等操作，之后，3D 打印机将按照调整后在显示屏上显示的结果打印模型。例如，放大操作可以使打印的实际模型在输入的数字模型基础上有所放大；平移操作可以改变打印的模型在打印底板上定位的位置；而排列操作则会生成按指定规则排布的多个输入模型的复制，主要用于一次打印多个模型的情况。

同时，大多数 3D 打印机也提供类似缩放、平移、旋转等屏幕显示功能，这些显示功能只是为了方便用户观测、分析模型，不会对实际打印的结果产生影响。注意：显示功能通常不会对打印输出结果产生影响，模型打印参数调整才会影响打印输出的结果。

Neobox-A200 型 3D 打印机不仅支持各种屏幕显示功能，如缩放、平移、旋转等，也支持在 3D 打印机触摸屏上对数字模型进行精确的调整，并能按照调整后的显示结果打印出相应的实体模型，相关功能如图 6-7 所示。

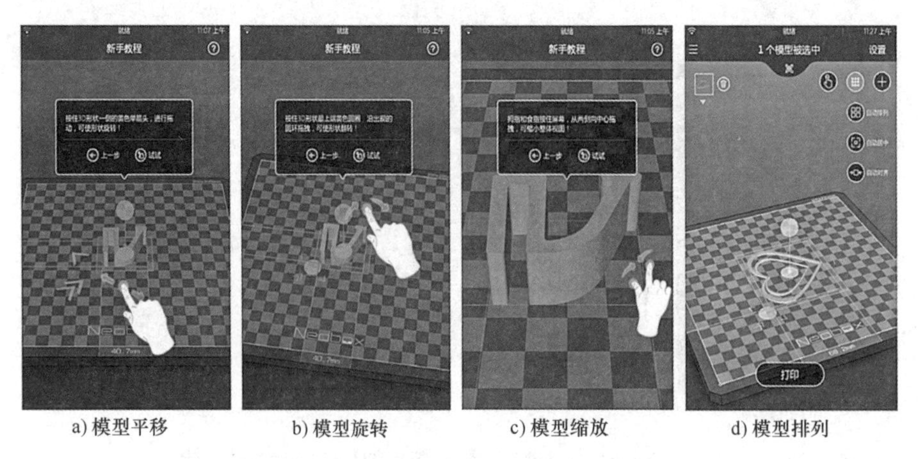


a) 模型平移　　b) 模型旋转　　c) 模型缩放　　d) 模型排列

图 6-7　Neobox-A200 型 3D 打印机的模型调整功能示例

## 6.2.6 打印3D模型

一般来说，3D模型的打印过程是一个自动过程。在这个过程中，3D打印机会将输入的数字模型进行分层切片，必要时生成支撑，并根据切片信息（STL数据）逐层打印，直至整个模型打印完成，期间一般无须人工干预。

使用Neobox-A200型3D打印机打印模型的标准步骤如下。

步骤一：打开打印机前盖。

步骤二：观察打印底板表面是否清洁，若有异物，需及时用清洁毛刷清理并保持整洁干净，否则可能会影响打印效果；同时，观察温度计显示温度是否适合打印（室温为25℃时是最佳打印温度）。

图6-8所示为模型打印操作步骤一和步骤二的操作图示。

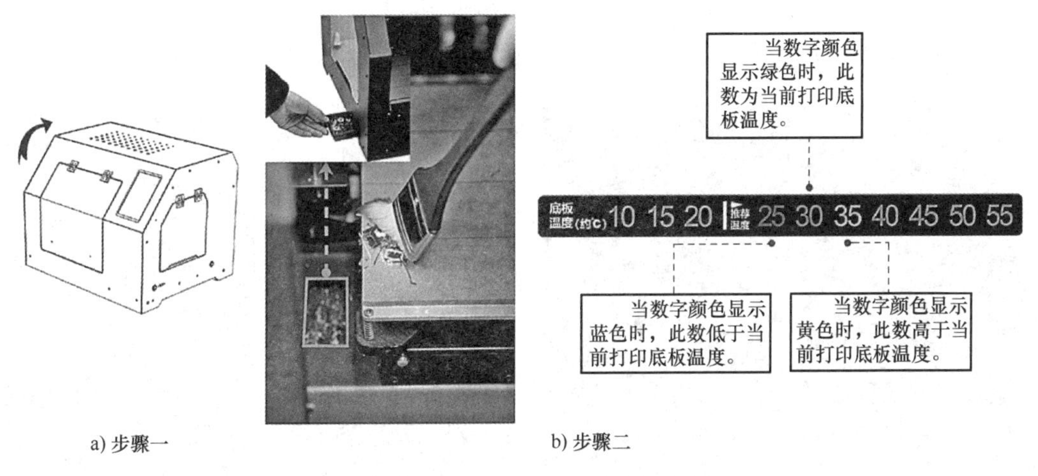


a) 步骤一　　b) 步骤二

图6-8　模型打印操作步骤一和步骤二的操作图示

步骤三：在打印机触摸屏上单击“添加模型”后，再选择“本地模型”图标（模型图标是打印机内存中存储的模型的缩略图，便于识别）。

步骤四：在存储的本地模型列表中，选择要打印的模型。

步骤五：选中打印模型后，单击“打印”图标，系统将跳转到模型调整界面。

步骤六：接下来，在模型调整界面中，可以对所选模型进行相应操作。确认无误后，单击“打印”按钮，之后系统会弹出打印参数设置界面。

图6-9所示为模型打印操作步骤三~步骤六的操作图示。

步骤七：在触摸屏上弹出的打印参数设置界面进行各种打印参数的选择及设置，包括打印精度、填充率、支撑材料、打印底座、打印裙边等选项。系统会给出打印选项设置的各个参数的说明，参照说明，根据需要选择即可；也可以通过“?”选项，获取相关的打印帮助。设置完成后，单击“打印”按钮。

步骤八：耐心等待系统对模型进行切片（如果输入文件是3D模型时），当进度达到100%时，会自动跳转至打印预览界面；如果不愿看打印预览，则选择“完成该步骤后直接打印”按钮。3D打印机内部对模型切片的进度会显示在触摸屏上。

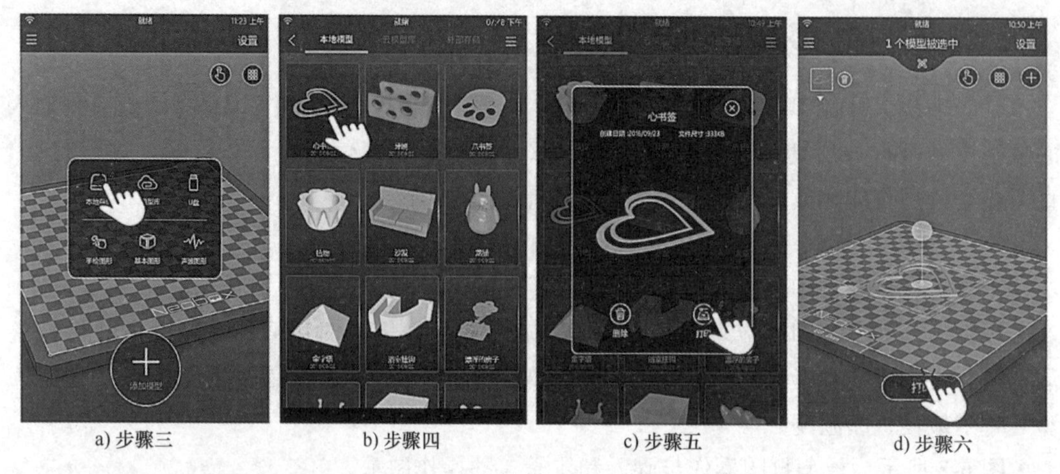

a) 步骤三　b) 步骤四　c) 步骤五　d) 步骤六

图 6-9　模型打印操作步骤三～步骤六的操作图示

图 6-10 所示为模型打印操作步骤七和步骤八的操作图示。

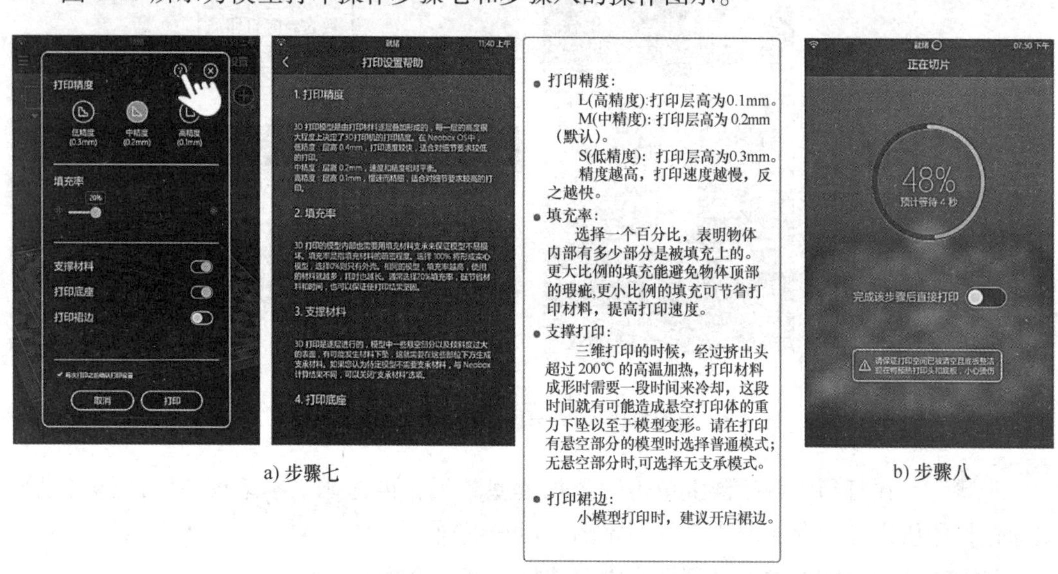


a) 步骤七　b) 步骤八

图 6-10　模型打印操作步骤七和步骤八的操作图示

步骤九：待模型切片完成后，单击“打印”按钮，开始 3D 打印，如果步骤九中选择了“切片完成后直接打印”，则可以忽略该步骤。

步骤十：3D 打印机进行打印时，请将前盖关闭，防止意外情况发生。打印机一般会自动进行打印过程：首先，将加热打印头；待打印头加热完成后，打印过程才正式开始。在打印过程中，打印机触摸屏上会显示打印的进展情况。请耐心等待打印过程结束，同时，请及时观察 3D 打印机工作是否正常、打印过程是否连续完好、打印线材是否出现上料异常等。如果出现异常，则立即停机处理。注意：打印过程中，请将打印机观察窗盖关闭，避免打印过程中肢体进入打印区引起不必要的伤害。

步骤十一：待打印结束后，请在触摸屏上单击“确定”按钮，返回首页。

图 6-11 所示为模型打印操作步骤九～步骤十一的操作图示。

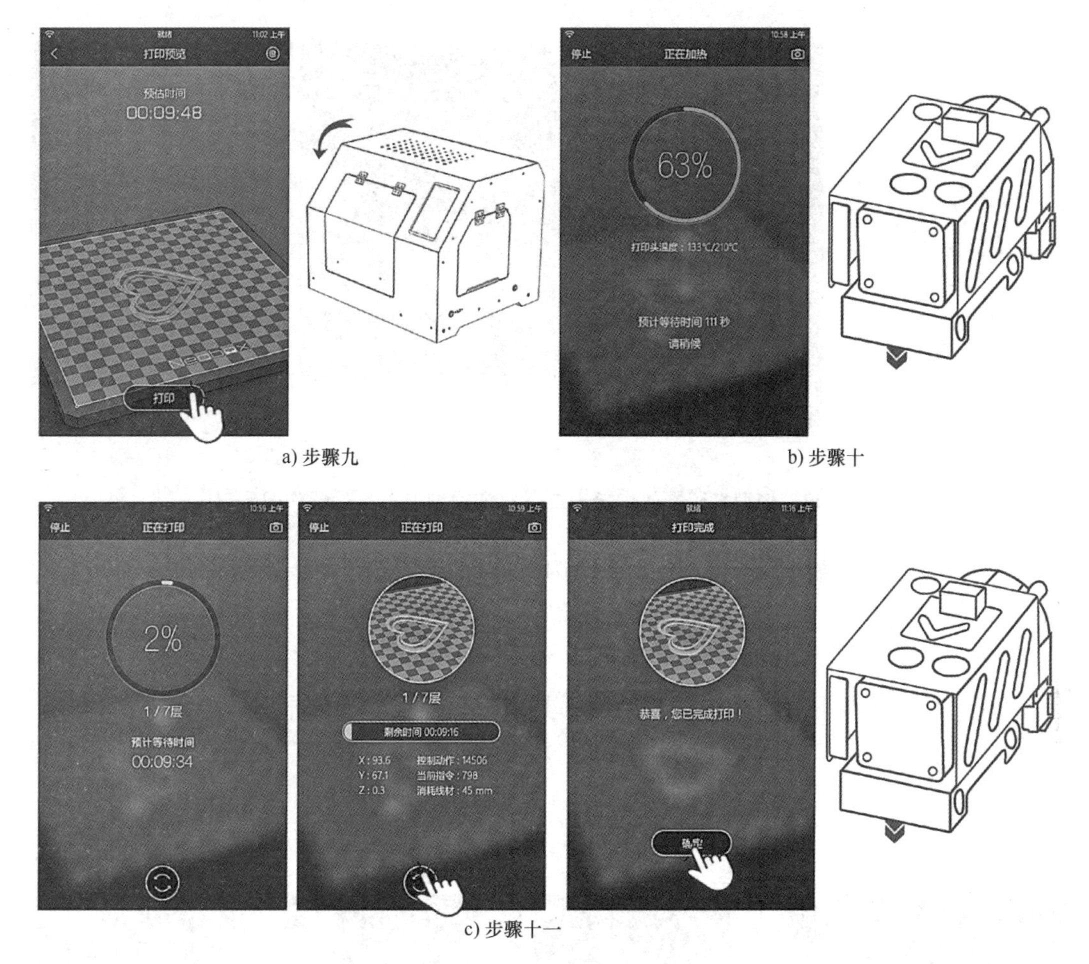


a) 步骤九　　b) 步骤十

c) 步骤十一

图 6-11　模型打印操作步骤九~步骤十一的操作图示

步骤十二：待打印完成后，打开机器前盖，取出打印的模型。注意，切勿强行上拉取下模型，这样会损坏打印底板，更有可能由于模型突然脱落碰撞受伤。

在取出模型时，当打印模型与打印底板接触面积较少时，直接用手取下模型即可；当打印模型不易取下时，用起子插入模型与底板之间的缝隙中，向下撬起即可取下模型；有时，当打印模型较矮且与打印底板接触面积较大时，可用铲子插入到模型与底板之间的缝隙中，向上掀起即可取下模型。

若发现模型与打印底板粘连过紧，无法通过工具取下模型，可以回到系统首界面，打开侧拉栏菜单，单击“取下模型”，然后紧握模型，尝试取下；若无法成功取下，可单击“下一步：软化模型底部”，然后请单击“温度计”图标，系统开始加热底板。在打印底板进行加热时，请耐心等待，注意防止烫伤！待底板加热完成后，打印模型的底部会出现一定程度的软化，这时应该就可以顺利地取下打印模型了。取下模型后，单击“完成”。

图 6-12 所示为模型打印操作步骤十二（打印模型取出）的操作图示。

步骤十三：取出模型后，有时需要检测打印模型的形状，以判断是否需要对打印底

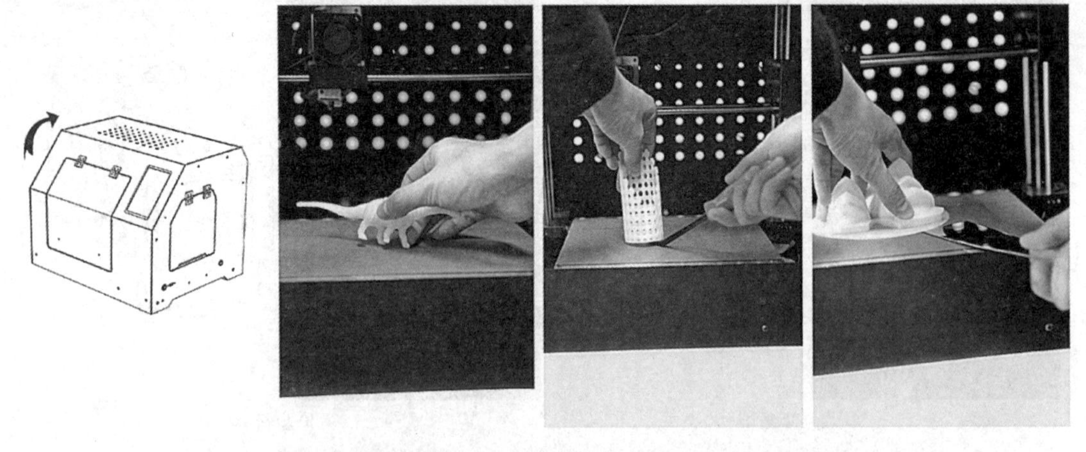

图 6-12　模型打印操作步骤十二（打印模型取出）的操作图示

板进行二次调平。需要时，可以通过手动调节打印底板下方 4 个锁紧螺母，通过螺母的松紧控制底板的升降位移（注：调高底板，逆时针旋转螺母；调低底板，顺时针旋转螺母）。

打印底板二次调平时的做法跟初始调平类似，只是在二次调平时，屏幕上不再显示对应位置“按钮”了。图 6-13 所示为模型打印操作步骤十三（打印底板二次调平）的操作图示。

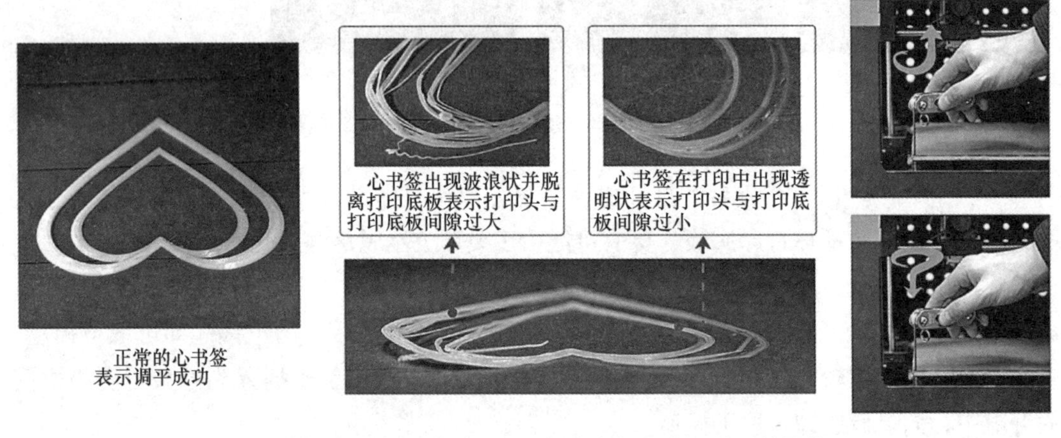


图 6-13　模型打印操作步骤十三（打印底板二次调平）的操作图示

## 6.2.7　打印异常情况的处理

在 3D 打印过程中，难免会遇到各种各样的异常情况。异常情况的处理要快速、及时，避免错误扩大。

Neobox-A200 型 3D 打印机提供了对打印异常情况处理的支持，具体如下。

步骤一：在打印过程中，如果遇到异常情况而被迫需要停止打印时，可以单击“停止”图标。

步骤二：在弹出的“停止打印”屏幕上，根据情况选择“暂停”或“终止”打印。

步骤三：若在步骤二中选择“暂停”打印，则在处理好异常后，可以通过单击“继续”按钮，恢复打印之前未完成的模型。继续打印时，打印头首先恢复暂停时的打印温度和打印位置，然后才继续打印。

图 6-14 所示为异常情况处理步骤一～步骤三的操作图示。

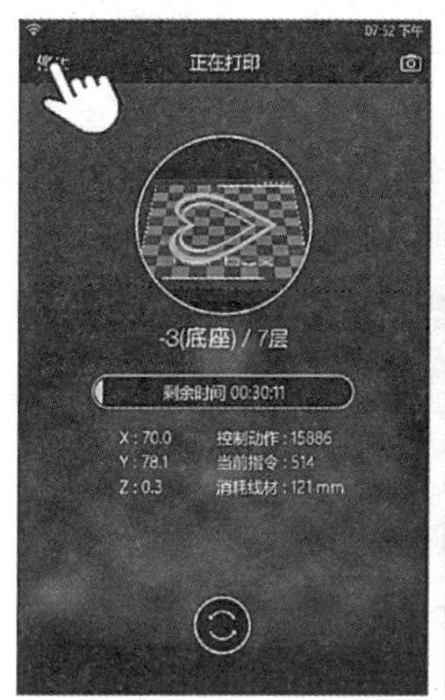

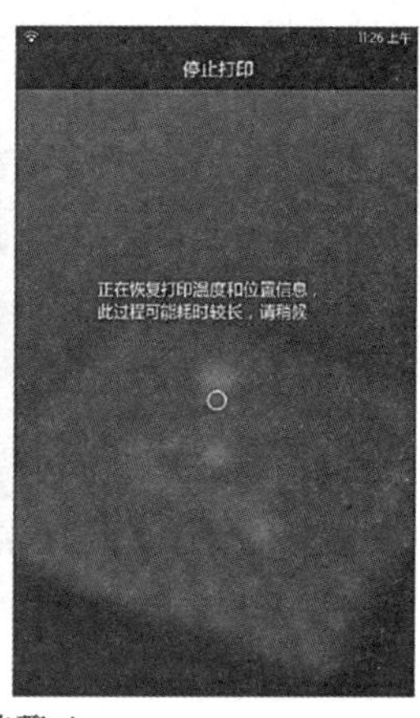


a) 步骤一　　b) 步骤二　　c) 步骤三

图 6-14　异常情况处理步骤一～步骤三的操作图示

步骤四：若在步骤二中选择了“终止”打印，则打印机就会自动启动终止打印过程。有时候，如果在打印过程中发现模型打印的效果较差，也可以终止打印。

步骤五：在终止打印时，还可以根据模型打印的效果，选择相应的“失败”现象，例如，“模型底部粗糙”“模型表面台阶太明显”等。同时，也还可以查阅模型打印失败的原因，以及相应的解决方案。如果遇到解决不了的问题，也可以直接按系统指示与 3D 打印机服务商联系。

图 6-15 所示为异常情况处理步骤四和步骤五的操作图示。

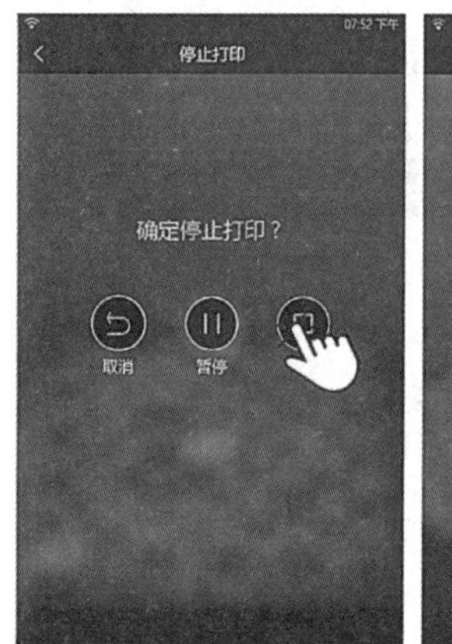

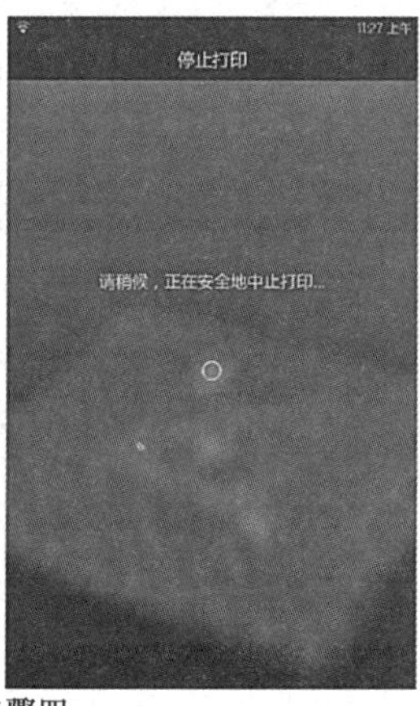

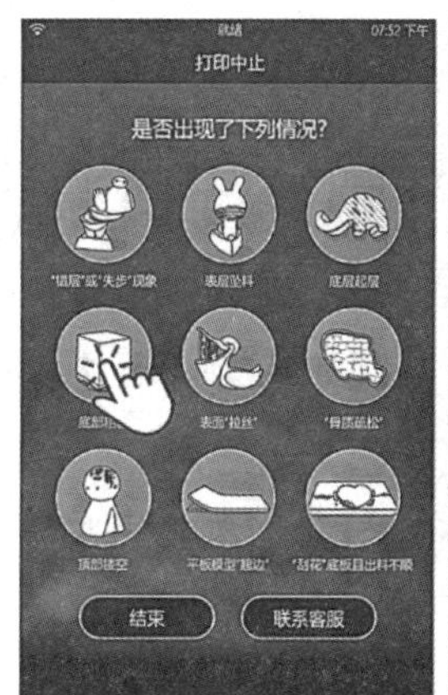

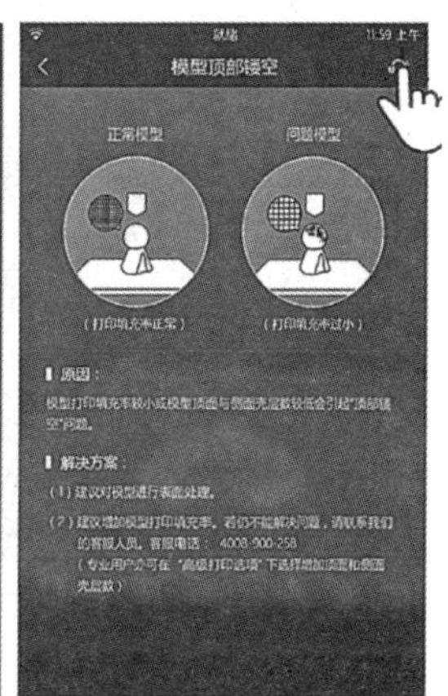


a) 步骤四　　b) 步骤五

图 6-15　异常情况处理步骤四和步骤五的操作图示

### 6.2.8 意外终止的恢复

尽管3D打印的过程是高度自动化的，但是有时也会遇到意外情况，造成打印的终止，例如遇到突然掉电的情况。这里的打印终止跟出现异常情况时的暂停或终止有所不同，意外终止造成的打印停机时，之前打印的模型不存在问题，用户可能希望保留之前没完成的模型，继续打印。而且，要继续打印意外终止时剩余的模型，很可能需要重新启动3D打印机。

大部分市场上的高端商用3D打印机，一般都提供对意外终止恢复的支持。Neobox-A200型属于基础型3D打印机，不支持打印意外终止后的接续打印，但提供取下打印失败或意外终止未完成打印的模型的操作。Neobox-A200型3D打印机意外终止恢复的具体操作如下。

步骤一：在侧边栏菜单中，单击“意外终止恢复”。

步骤二：按显示屏上页面所示，单击移动打印头图标，将打印头移离打印件。

步骤三：取下打印失败的模型。之后往往需要清理打印喷嘴处的断丝，以方便下次打印。

图6-16所示为Neobox-A200型3D打印机意外终止恢复的操作步骤，其中，最左边的图是打印过程中出现意外终止打印时的情况示例。可以看到，意外终止时，打印喷嘴处在与打印件“紧密”接触的状态。

a) 步骤一　　b) 步骤二　　c) 步骤三

图6-16　意外终止恢复的操作过程图示

### 6.2.9 更换打印底板上的蓝胶带

为了方便取出打印的模型，Neobox-A200型桌面3D打印机在打印底板上贴敷了一层蓝色的胶带。经过一段时间的使用后，这层蓝色胶带可能会出现破损等情况，影响打印模型的取出，因此需要更换。

图6-17所示为更换打印底板上的蓝色胶带的过程，其中图6-17a是蓝色胶带破损的

情况；图 6-17b 撕下蓝色胶带；图 6-17c、d 贴上新的蓝色胶带。

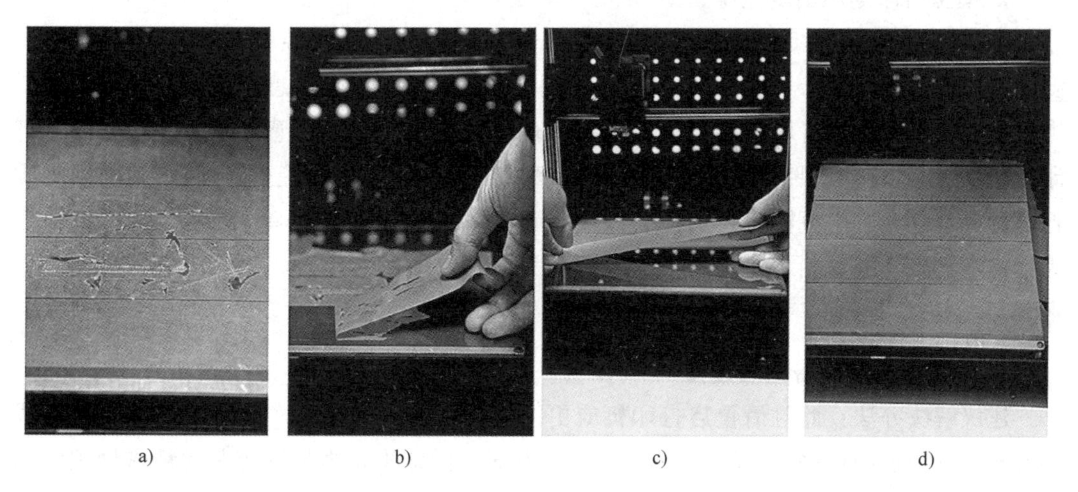

a) b) c) d)

图 6-17 更换打印底板上的蓝色胶带

## 6.3 桌面 3D 打印机常见问题与维护

与其他任何仪器设备一样，桌面 3D 打印机在使用的过程中也难免出现各种各样的故障，有时也会出现打印质量问题。定期的保养维护是避免出现故障，保持打印机良好运行状态的保障。3D 打印机属于新型精密制造装备，需要用户在工作过程中不断地学习和研究使用的技巧，科学合理地保养、维护，保证打印机时刻处在良好状态，才能持续地制作出质量优异的 3D 打印制品。

本节以 Neobox-A200 型 3D 打印机为例，简单介绍打印机的常见问题与维护。对其他 3D 打印机来说，尽管可能存在型号或种类的不同，但这里介绍的常见故障排除、打印质量问题的解决及保养方法，仍不失其参考价值。

### 6.3.1 硬件故障与排除

由于桌面 3D 打印机内部构造精密，且在工作时有多处存在高温部件，为避免烫伤、机械伤害或打印机损坏，当故障出现时，厂家售后服务一般都不建议自行尝试拆卸维修 3D 打印机。下面是一些常见的 3D 打印机故障及其解决办法的建议。

**1. 机械归零故障，打印头无法回到零点**

建议解决办法：此时应关闭电源，并检查 *X*、*Y*、*Z* 轴是否被物体卡住。归零是指将打印头归于零点，即 *X*、*Y*、*Z* 三个轴的坐标原点。在归零操作中，*X*、*Y*、*Z* 任何一个或几个方向的打印头无法回归零点位置，均属于归零故障。此故障产生的原因主要是机械问题，*X*、*Y*、*Z* 三个轴卡住无法运动，或控制信号无法传递给电动机。碰到此问题请尝试检查 *X*、*Y*、*Z* 轴是否被物体卡住；检查电动机连接线是否连接牢固；当确认无外力卡住且线路连接正常，而依旧无法归零时，可以尝试重启打印机。

**2. 模型打印期间出现煳味**

建议解决办法：此时应立即停止打印。3D 打印材料的工作温度一般为 170~230℃，温度过高就会产生煳味。这一现象出现的原因可能是温度传感器感应错误，打印头溢料堆积或使用了劣质的打印材料。当此现象出现时，应检查温度传感器是否连接完好，打印头处是否有溢料堆积，或更换优质打印材料（建议使用原厂原装打印线材）。使用劣质打印材料不仅会产生煳味，还可能会散发有毒气体，危害身体健康。原装打印材料一般为生物降解聚乳酸材料，是以玉米、木薯等为原料提取的可循环、绿色高分子材料，无毒无害。

**3. 屏幕上显示设备无法连接**

建议解决办法：此时请重启打印机或更换连接线。此问题的产生可能是由于连接线路接触不良或控制程序出现故障。3D 打印机内部机械结构是由电路控制的精密伺服电动机运动，当计算机或平板设备连接 3D 打印机时，若显示“设备无法连接”，应尝试更换连接线，检查控制程序，或重启打印机。

**4. 打印材料无法顺利退出**

建议解决办法：此时应尝试手动将退料助动齿轮进行空转。此故障产生的原因可能是打印头加热后，打印材料因受热导致线材热涨堵在挤出结构中，使其无法顺利退出。

**5. 打印材料无法顺利挤出**

建议解决办法：此时应检查打印线材是否缠绕过紧，并检查线材是否缠在料箱某些凸起处；打印头工作时的温度是否显示为正常工作温度（170~230℃）。

**6. 打印头无法移动**

建议解决办法：此时应关闭电源，并检查 *X*、*Y*、*Z* 轴是否被物体卡住。在打印过程中或专家模式下手动控制 *X*、*Y*、*Z* 轴的任何一轴无法移动，均属于本故障。此故障属于机械问题，造成的原因可能是 *X*、*Y*、*Z* 三个轴卡住导致无法运动，或控制信号无法传递给电动机。若确认无外力卡住、电线连接正常而依旧无法移动，则建议重启打印机。

**7. 风扇不转或异响**

建议解决办法：打印过程中，若打印头风扇不转，应先检查电线是否断路、短路，或风扇是否被异物卡住。确认无外力卡住且电线连接正常，但依旧无法转动，建议重启打印机；若遇到打印头风扇出现异响，应尝试检查风扇是否被异物卡住、打印风扇是否老化或缺少润滑油，或固定螺钉是否松动。确认无外力卡住、风扇状况正常，且固定螺钉没有松动，但风扇依旧有异响，建议重启打印机。

### 6.3.2 打印质量问题与解决办法

3D 打印机最常见、多发的问题之一便是打印质量问题。引起打印质量问题的原因有很多，下面针对一些常见的打印质量问题，分析其产生的原因，并给出解决建议。

### 1. 打印完成时无法取下模型

建议解决办法：遇到此种情况，建议加热打印台面，同时使用工具，尝试从模型四周慢慢撬起模型。在模型与打印台面接触较大的情况下，也可能会出现无法取下模型的情况。此种情况是因为模型底面与打印台面接触太过紧密所致。建议使用较光滑的打印底板，或更换底板上的蓝色胶带。

### 2. 打印时工件无法粘接在打印平台上

建议解决办法：此时，建议先重新调平，若重新调平后依旧粘不住，应考虑更换打印材料（建议使用原厂原装打印材料）或更换底板上的蓝色胶带。为保证打印质量，打印材料应该与加热底面牢固粘接，以使模型在打印过程中不至于产生滑动而影响到后续打印。调平不当，会使打印头与加热底面间隙过大，或打印材料质量太差，均有可能产生模型粘不住打印底板的情况。底板上粘贴的蓝色胶带，一般需要每打印 10 次或使用 15 日更换一次；反复使用和长时间暴露在空气中，蓝色胶带的黏性会下降，也可能导致无法固定被打印物体。

### 3. 悬空部分下坠影响成型

建议解决办法：当模型中有悬空部分需要打印时，若选择无支撑打印方法，则在悬空的部位容易产生打印材料下坠的状况（图 6-18）。此种情况是因为悬空部分倾角太大，建议选择有支撑的打印方法。具体做法是，在打印软件中编辑工件在打印底板中的位置的界面里，选择右下角“模式”功能→“普通”（而不要选择“无支撑”）。

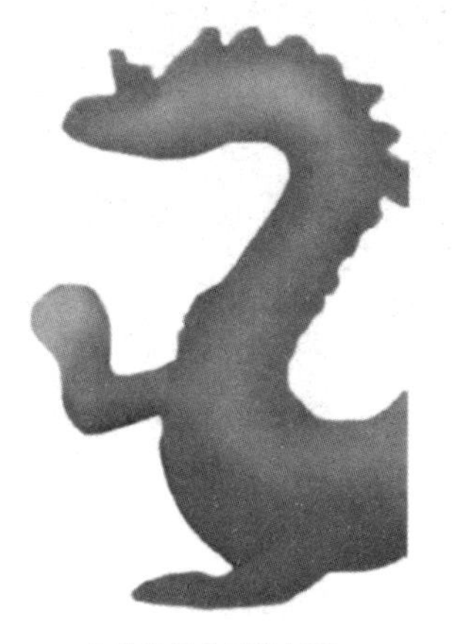

a) 悬空部分正常打印

b) 悬空部分下坠

图 6-18　打印模型悬空部分下坠示例

### 4. 打印模型线材呈“波浪状”

建议解决办法：建议重新进行底板调平，调节打印头与打印底板之间的间隙。此种情况出现的原因是打印头与打印底板未调平，在打印头与打印底板间隙较大的情况下，就可能会出现打印头挤出的线材呈现波浪状的情况，如图 6-19 所示。

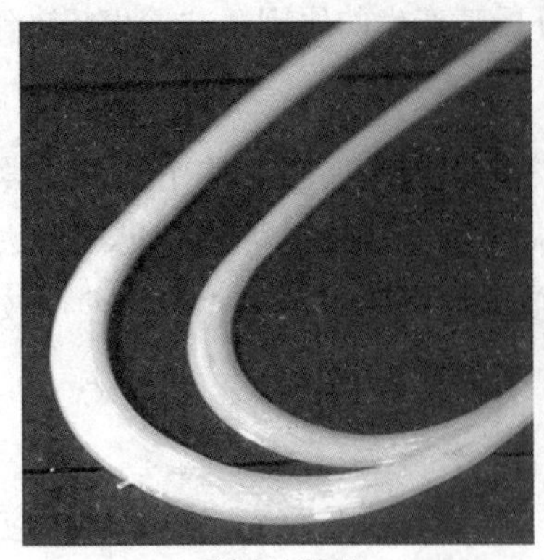

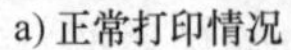

a) 正常打印情况

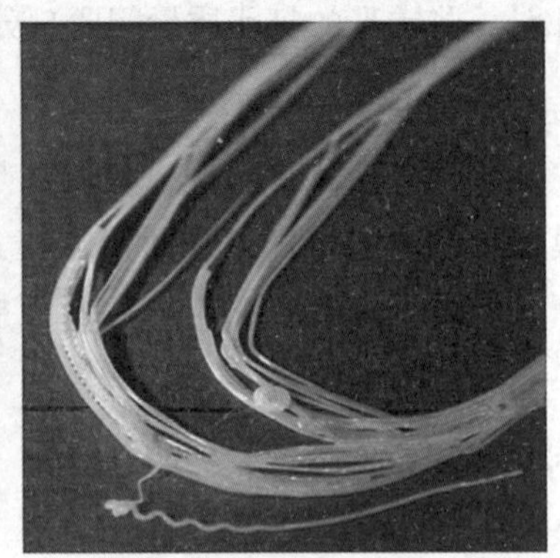

b) 打印线材呈“波浪状”

图 6-19 打印模型线材呈“波浪状”示例

**5. 模型出现“骨质疏松”现象**

建议解决办法：在模型打印过程中，下层材料会自然形成对上层材料的支撑，若出料不畅或出料不及时，就容易形成图 6-20b 所示的“骨质疏松”现象（即模型内部填料不足，密度下降，时有时无）。此时，建议先检查打印线材是否有缠绕，影响到线材挤出；此外，在“专家模式”下，检查打印速度及挤出速度是否匹配。特别地，请确认打印机使用的线材是正规渠道购买的官方线材。使用其他非兼容品牌的打印线材，也经常会导致该现象的出现，严重时甚至可能直接损坏打印头。

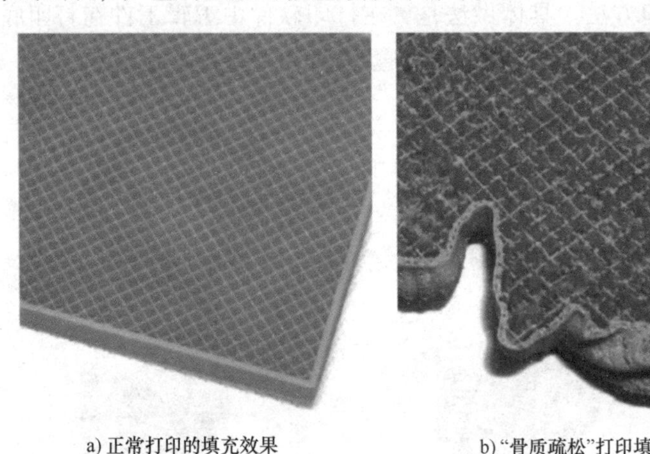

a) 正常打印的填充效果　　b)“骨质疏松”打印填充效果

图 6-20 模型出现“骨质疏松”现象示例

**6. 模型顶部空洞**

建议解决办法：在选择填充率较小、内部空隙太大时，极小的概率下模型顶部可能会出现空洞，如图 6-21b 所示。此时，建议增加填充率。专业用户也可在“设置”→“高级打印选项”→“切片过程参数”下选择增加顶面壳层数。该参数是全局参数，一旦修改了此参数，会对以后的所有打印任务都产生影响。因此，应在本次打印完成后，自行修改回系统默认值，以免影响下次的使用。

a) 正常打印的顶部情况

b) 模型顶部空洞

图 6-21　模型顶部空洞示例

**7. 打印时支撑结构脱离打印平台**

建议解决办法：为保证打印质量，打印材料包括支撑结构，应该与打印底板牢固粘接，以使在打印过程中不至于因滑动而影响后续的打印。调平不当造成打印头与打印底板间隙过大，或打印材料质量太差，均有可能产生模型或支撑结构粘不住打印底板的情况，如图 6-22b 所示。此时，建议先重新调平打印底板，若重新调平后依旧粘不住，应更换打印材料（建议使用原厂原装打印材料）。此外，底板上粘贴的蓝色胶带，需要每打印10 次或使用 15 日更换一次。反复使用和长时间暴露在空气中，蓝色胶带的黏性会下降，也可能会导致支撑结构脱离打印平台的情况发生。

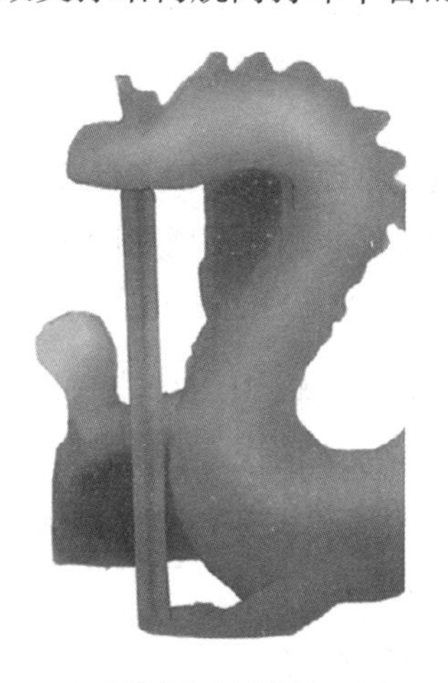
a) 支撑结构未脱离打印平台

b) 支撑结构脱离打印平台

图 6-22　支撑结构脱离打印平台示例

**8. 打印平板状物体时存在“翘边”现象**

建议解决办法：由于打印头加热，如果室温较冷或温差变化较大，使得打印物体产生热胀冷缩，就可能会引发打印出的平板状物体产生“翘边”现象，如图 6-23b 所示。

此时，建议首先尝试在打印过程中关闭机箱盖，注意保温，避免打印物体骤冷收缩，引起“翘边”；如果不能解决，专业用户也可在单击“打印”图标后，在对话框中降低“填充率”的数值（例如，降低到10%），以缩减模型内部的填充量，降低热胀冷缩效应；如果仍不能解决，请尝试在打印底板调平中轻微减小归零状态的打印头和底板的间隙，使得材料与打印底板粘接得更紧密，从而间接防止“翘边”现象出现。此外，打印中出现“翘边”的情况也是可以通过打印技巧避免的，可以根据具体的室温等情况组合尝试以上方法，以使问题得到圆满的解决。

a) 正常打印效果　　b) 模型底部出现“翘边”

图 6-23　打印模型“翘边”现象示例

当然，如果在3D打印中遇到类似的故障或质量问题，无法使用上述建议的办法得到解决，那就只有请专业人士或厂家售后服务来帮忙了。

## 6.3.3　3D打印机的保养与维护

3D打印机是一种高端精密的制造装备，为确保其正常使用，维护与保养是不可或缺的。3D打印机的维护保养一般可分为长期放置保养、打印时保养和日常周期性保养三类。

**1. 长期放置保养**

1）长时间不使用3D打印机时，应关闭打印机前盖，将3D打印机放置在干燥的地方，并用布或者塑料盖起来，减少灰尘附着。若没有特殊情况，应该每个月保养一次，做好清理灰尘，丝杠、轴承上油和清理送料齿轮残留料渣等工作，具体做法如下。

① 用软毛刷清理机器内灰尘，特别是打印头上的灰尘。

② 用面巾或无纺布沾少量无水乙醇，擦拭轴承和光轴。

③ 将少许黄油或机油涂在丝杠和轴承上，单击软件界面里的平台移动键，让丝杠上下移动以便黄油或机油涂抹均匀。

④ 打开送料器前盖，用镊子或其他尖锐工具，将齿轮里的残留料渣清理干净。

⑤ 定期检查 *X-Y* 轴同步皮带，皮带松紧度会影响打印质量，特别是 *Y* 轴的皮带。如果皮带两侧松紧不一致，可能会导致打印头不按指令移动。

⑥ 除了平台底板可以水洗，其他部件一律禁止用水清洗或擦拭；有铜套的地方不用

上润滑油；轴承上油时，适量即可，不用太多。

⑦ 在需要搬动、运输机器时，应将平台调整至最低处并用扎带和卡扣固定，防止皮带松动，导致打印错位。

⑧ 设备螺母每次保养时需要仔细检查，调至适合的程度，以便防止松动或过紧。

2）在不使用打印机时，不要把打印耗材的料头松开；打印完成后，应直接退出耗材，并将料头插到料盘侧面的孔里；打印耗材应保存到干燥避光的地方，也可以将耗材装袋保存，并放进干燥剂；已拆开的耗材，尽量在 1 个月之内用完。

**2. 打印时保养**

1）打印前，要确保底板热床上没有之前打印留下的残留物，要将底板平台用水清理干净，擦干后再使用。

2）开始打印前，要先将打印头内上次的残料挤出。

3）确认耗材没有在料盘上缠绕；确保耗材余量能够支持完成打印。如果因为耗材用尽或者断料等引起打印中断，对不支持中断后继续打印功能的 3D 打印机来说，可能需要重新进料，再重新打印。

4）在打印过程中，不要触碰打印头或平台；不要阻碍打印头的移动；不能拔数据卡（SD 卡），不然可能会导致 3D 打印机出现磨损或发生故障。

5）每次打印完成后，都应及时清理喷头。可以先加热喷头，将一段 PLA 耗材手动从上到下插入；当看到下面的喷头出料口有耗材流出时，快速将 PLA 耗材从上面抽开；重复 4、5 次之后，就能达到清理喷头的目的。

6）模型打印完成后，需及时用清洁毛刷清理打印机内的异物，以保持整洁干净。打印机处在闲置状态时，应将前防尘盖关闭；关闭电源，拔下插头；并及时用擦镜布清洁灰尘。

**3. 日常周期性保养**

1）每 7 天检查一次 3D 打印机的运动机构是否正常，包括检查打印过程是否存在异响、卡顿，以及出料是否流畅等。

2）在例行检修时，应注意给 3D 打印机的运动部件，如光杆、丝杠、轴承等上机油润滑。

3）定期升级 3D 打印机的固件，确保打印机运行的是最新的控制软件。

4）对于 3D 打印机中的易磨损件，在条件允许时，要根据维修规程定期保养、更换。

定期进行日常周期性保养，可以使 3D 打印机维持良好的状态，延长打印机的使用寿命，且能使打印机保持较高的打印精度。

1）结合你对 3D 打印机的了解，简述首次使用需要设置哪些参数及这些参数的作用。

2）简述打印底板调平的过程，试分析不同调平方法对打印质量的影响。

3）简述数字模型调整过程，并介绍模型调整的作用。

4）简述打印异常都有哪些类型。

5）除了本章给出的打印异常情况，试根据你的了解分析还可能存在其他什么样的异常，并给出其处理建议。举例说明。

6）除了本章给出的桌面3D打印机常见问题，试给出你知道的其他的打印问题或故障，并分析产生这些问题或故障的原因。

7）试给出Neobox-A200型桌面3D打印机意外终止恢复的步骤，并设想你认为3D打印机意外终止恢复应该提供什么样的功能才更好。

8）结合本章介绍的内容，试给出桌面3D打印机常见的打印质量问题，并尝试分析造成这些打印质量问题的原因。

## 延伸阅读

[1] 徐帆颖，徐承意. 使用FDM型3D打印机的常见问题分析及解决方法［J］. 数码设计，2018，7（14）：1.

[2] 郑鲲. 国产桌面级3D打印机设计评价——以FDM式3D打印机为例［J］. 科技创新与应用，2017（10）：1.

[3] 胡碧康，周丽红. FDM 3D打印件缺陷产生原因及处理方法的研究［J］. 表面工程与再制造，2017，17（6）：2.

[4] PARKER H，PSULKOWSKI S，TRAN P，et al. In-situ print characterization and defect monitoring of 3D printing via conductive filament and ohm's law［J］. Procedia Manufacturing，2021，53：417-426.

[5] PARASKEVOUDIS K，KARAYANNIS P，KOUMOULOS E P. Real-time 3D printing remote defect detection（stringing）with computer vision and artificial intelligence［J］. Processes，2020，8（11）：1464.

# 第7章 3D打印技术的典型应用

"假舆马者，非利足也，而致千里；假舟楫者，非能水也，而绝江河"（《劝学》）。经过数十年的发展，目前3D打印已在珠宝、鞋类、工业与艺术设计、建筑、文物与古建修复、工程和施工（Architecture Engineering Construction，AEC）、汽车、航空航天、牙科和医疗行业、教育、地理信息系统、土木工程、国防等国民经济涉及的诸多领域，都逐渐开始得到广泛的应用。3D打印的增材制造特性赋予了它强大的应用潜力，但由于各行业的关注点和需求的特殊性，其对3D打印技术的要求也不尽相同。与传统制造工艺相比，制造成本低、生产周期短、复杂结构成型能力强等明显优势，仍是3D打印技术应用的主要驱动因素。近年来，随着对3D打印技术研究的深入，其应用领域也在不断地扩展。

## 7.1 3D打印技术应用概述

尽管3D打印的技术核心思想起源于19世纪中期，但其再次受到重视并进入规模化的商业应用却是始于20世纪80年代——第一台商业3D打印机的出现。之后，对3D打印技术的研究与3D打印机的大规模商用化便在西方国家如火如荼地展开了。再加上世界发达国家政府都把增材制造作为未来制造技术的重点加以引导扶持，3D打印技术进入了高速发展的黄金时期。下面是国际上3D打印技术应用进程中的一些标志性事件。

1986年，美国科学家查尔斯·赫尔（Charles Hull）研发了第一台商业3D打印机，被视为现代3D打印技术工业化应用的开端。

1993年，麻省理工学院（Massachusetts Institute of Technology，MIT）获得3D印刷技术专利；1995年，美国ZCorp公司从麻省理工学院获得唯一授权并开始开发商用3D打印机；2005年，市场上首台高精度彩色3D打印机Spectrum Z510由ZCorp公司研制成功。

2010年11月，美国发明家兼设计师吉姆·科尔（Jim Kor）团队打造出了世界上第一辆应用3D打印技术制造的汽车——Urbee（主要是壳体外形）。

2011年6月6日，由美国Continuum Fashion工作室的詹娜·菲泽尔（Jenna Fizel）以及黄玛丽（Mary Huang）联合设计，并由Shapeways公司打印拼装的全球第一款3D打印的比基尼问世，真正实现了无缝拼接。

2011年7月，英国研究人员开发出了世界上第一台3D巧克力打印机。

2011年8月，英国南安普敦大学（University of Southampton）的研究人员应用3D打印技术，制造出了世界上第一架3D打印的飞机（部分零部件）。

2012年11月，苏格兰科学家首次利用人体细胞，使用3D打印机打印出了人造肝脏组织。

2013年10月，在上海泓盛拍卖行首届全球“拍卖双年展”上，首次成功拍卖出了一款名为“ONO之神”的3D打印艺术品。

2013年11月，美国德克萨斯州奥斯汀的一家名为固体概念（Solid Concepts）的公司设计制造出了3D打印金属手枪，可用于实际发射；2018年8月1日起，3D打印枪支在美国合法化，3D打印手枪的设计图也可以在互联网上自由下载。

2018年12月10日，俄罗斯宇航员利用国际空间站上的3D生物打印机在零重力下打印出了实验鼠的甲状腺。

2019年1月14日，美国加州大学圣迭戈分校（University of California，San Diego）在《自然·医学》杂志发表论文，首次利用3D打印技术，制造出模仿中枢神经系统结构的脊髓支架；在装载神经干细胞后，该支架被植入脊髓严重受损的大鼠脊柱内，成功帮助大鼠恢复了运动功能。支架模仿中枢神经系统结构设计，呈圆形，厚度仅有2mm，支架中间为H形结构，周围则是数十个直径为200μm左右的微小通道，用于引导植入的神经干细胞和轴突沿着脊髓受损部位生长。

2019年4月15日，以色列特拉维夫大学（Tel Aviv University）研究人员以病人自身的组织为原材料，3D打印出拥有细胞、血管、心室和心房的“完整”心脏，这在全球尚属首例（3D打印心脏）。

2022年3月，加拿大英属哥伦比亚大学（University of British Columbia，UBC）的科学家利用3D技术打印出人类睾丸细胞，并发现其有产生精子的早期迹象，在世界上尚属首次。

2022年4月，美国研究人员开发出了一种在固定体积的树脂内打印3D物体的方法，打印物体完全由厚树脂支撑，像一个人偶漂浮在一块果冻的中心，可从任何角度进行添加，该技术发表在《自然》杂志上。

我国从20世纪90年代开始进行3D打印技术研究，相关专利申请数量呈逐年递增趋势，年增长幅度超过10%，居于全球前三名。近年来，在政策引导和扶持下，我国的3D打印技术研究全面开花结果，在打印材料、设备制造以及设计与造型软件开发等方面都取得了显著的进步，生物细胞3D打印技术等更是达到了国际领先水准。例如，在某新型战斗机研制的过程中，借助于金属3D打印方法，以极高的效率完成了钛合金主体结构的生产制造，不到一年时间完成了多款飞机型号的组装并顺利展开飞行实验，节省了战斗机研发制造的时间；国产大飞机C919客机的主风挡窗框及中央翼根肋的结构都比较复杂，制造难度大，但是凭借3D打印技术的使用，不仅缩短了生产时间，而且也降低了生产成本。

目前，我国专业从事3D打印（增材制造）以及相关应用服务的企业已经超过了20家。例如，北京隆源自动成型系统有限公司从20世纪90年代初便开始开展关于选区粉末烧结激光快速成型机的研究，其研发的设备拥有自主知识产权，在新型武器、大型船舶、航空航天等领域的设计试制部门获得了良好的应用；北京太尔时代科技有限公司刻苦攻坚3D打印材料、控制和机械系统等核心技术，形成了一系列3D打印自主知识产权；南京紫金立德电子有限公司经过长期发展，已成为研发、制造、销售3D打印机及其耗材并提供相关服务的专业化企业机构；西安铂力特激光成形技术有限公司在国内金属3D打印企业中具有相当的影响力，作为一家实现了3D打印技术产业化发展的企业，该公司完全掌握了激光快速成型技术，其提供的相关产品在多个国家重大项目中都获得了良好的应用，例如，该公司利用3D打印技术生产的钛合金构件，已成功应用于C919商用飞机的中央翼身，由此成为我国企业在金属3D打印领域的领头羊；武汉滨湖机电技术产业有限公司经过数十年的研究和发展，在SLM、SLS、SLA、LOM等系列产品研发和服务领域都取得了丰硕的成果，该公司在20世纪90年代初便自主研制了薄材叠层快速成型系统，这是国内首台快速成型装备，其研发的激光快速成型装备具有国际一流水准，独有的粉末烧结技术在全球也比较有名，达到了相当高的水平。

值得一提的是，国内3D打印技术的研究及3D打印成型设备的研制主要有两种模式，其一是依托产学研合作，基于高校的科研成果来开展3D打印设备的产业化运营，并实现整机的生产与销售，代表性的企业有陕西恒通智能机器有限公司等；其二是公司在进行自主研发的同时又引进吸收国外先进技术，由此实现整装3D打印机的生产和销售，此类企业主要有南京紫金立德电子有限公司等公司。

近年来，随着科学技术的发展及新材料技术的进步，3D打印的创新应用更是突飞猛进、层出不穷，并逐步深入到了国民经济的方方面面。

## 7.2 创意设计与饰品定制领域

3D打印越来越接近普通人的生活。例如，珠宝首饰行业是典型的创意设计产业之一，业内许多企业已开始引入3D打印技术，来满足需求日益强劲的大众消费者对个性化定制的需求。现代著名3D打印设计先锋、荷兰设计师詹妮·基塔宁（Janne Kyttanen）在接受《德津》（*Dezeen*）杂志采访时说：“3D打印技术将走进千家万户，改变人们作为消费者的角色。”借助3D打印进行个性化饰品的在线定制，将成为以后珠宝首饰行业发展的重要趋势之一。

### 7.2.1 3D打印在饰品行业的应用研究

饰品行业的3D打印应用主要体现在技术、软件和材料三个方面。在技术层面，3D打印应用技术主要包括熔融沉积成型、选择性激光烧结、光固化立体成型、数字光处理，以及多材料喷射等技术；在软件开发方面，除法国、美国研发的专业饰品设计软件外，国内也有许多学者投入了大量的精力来挖掘现有技术、设备的潜力，以获得更好的设计打印效果；在材料方面，常规的树脂、蜡已在业内广泛运用，贵金属3D打印技术也日趋成熟。

对3D打印技术在时尚挂件、首饰设计制作方面的应用研究，主要集中在以下四个方面。

1）从宏观方面研究3D打印对首饰制作工艺、前景等方面的影响，分析3D打印的技术优势、局限和制约因素，探索3D打印时代传统首饰的发展出路，并进行基于3D打印的首饰个性化需求和批量生产之间矛盾的分析。还有一些学者对3D打印首饰产业的研究更为广泛，包括从批量生产首饰质量、首饰定制市场、营销模式、知识产权、消费者审美等方面，研究3D打印技术带来的变化。

2）从设计方面研究3D打印对传统首饰行业的影响，探索3D打印在复杂形体方面的表现优势，深度挖掘3D打印首饰的造型潜力。

3）从技术方面探讨3D打印对首饰制作效率和质量等方面的影响，以此促进3D打印技术的完善和发展，实现整个行业的不断精进。

4）研究3D打印的发展趋势，包括工艺技术、设计理念、审美取向等。

### 7.2.2 3D打印在创意设计中的应用

在现代饰品产业中，3D打印的应用主要有两类：其一是利用树脂、蜡模进行3D打印，以此代替传统首饰行业的工业起模，即用喷蜡3D打印技术与石蜡铸造技术相结合的模式；其二是金属3D打印，一步到位直接打印金属首饰，如图7-1所示。这两种方法具有上下游的关联，可以认为3D树脂、蜡模打印是金属打印的初级形式，但这也是行业中运用得最成熟的技术；而后一种方法则因为技术、材料等方面的难度，现在还处于研究或者是小批量试验阶段。

图7-1 3D打印的贵金属珠宝首饰示例

3D打印技术为创新创意设计提供了非常便利的实物模型验证、优化及改进手段，具体包括以下几个方面。

（1）提升综合视觉冲击力 艺术自身价值的呈现往往受到诸多要素的制约。创意艺术设计最终会以成品的形式展现出来，其视觉传达设计中的视觉冲击力的强弱、艺术水平的高低，对艺术品自身的实际效果有直接的影响。3D打印在提升视觉冲击力方面有很重要的作用，在以往条件下，视觉传达艺术往往体现的不够细腻，而3D打印技术恰好弥补了这一问题，让设计者可以面对实物对最终作品的视觉冲击力有明确的感性判断。另外，该技术对视觉传达设计观念的发展也具有深远的意义。例如，大部分视觉传达设计者在实施具体设计创意时，都需要考虑实际生产制造能力，这会使其艺术创意设计思维受到不必要的干扰和阻碍，而3D打印应用带来的变革，使设计者在进行视觉传达艺术创意时的思维展现更为自由，创意效果的检验和修改更为直观、方便，进而显著提升视觉传达艺术创意设计的水准和作品质量。

（2）方便设计方案调整优化 3D打印技术在创意设计方案调整优化方面也能发挥重要作用。例如，在艺术品设计时，鉴于每个人的审美观不同，专属订制的现代艺术品都会按照客人喜好与偏爱逐渐实施调整优化，而在图样上展现艺术品的最终形式存在很多不便，也非常不直观。这时，借助3D打印技术，及时把设计结果利用物化来实现实物的直观展现，能让后续的方案调整更有针对性，从而对节约设计调整时间、提升产品效果具有重大帮助。又如，在专属订制的和田玉雕刻艺术品设计时，如果按照原材料直接对和田玉实施设计，则缺少可行的设计风险应对手段，而利用 3D 打印技术，就可以通过对和田玉原材料雕刻过程进行模拟，将设计效果加以预先呈现，方便修正、调整。同时，一些设计瑕疵及误差也可以在打印结果中显现出来。图 7-2 所示为一个传统的和田玉雕刻例子，其中图 7-2a 是原石，图 7-2b～d 是从设计构思到雕刻成型的过程。

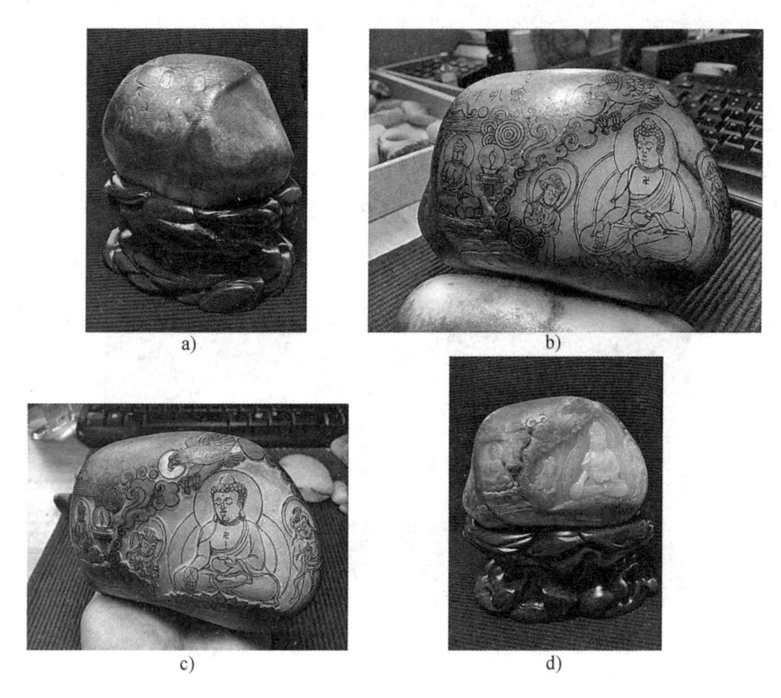

a) b) c) d)

图 7-2　和田玉雕刻过程的示例

（3）提供快速便捷的设计效果呈现手段　在产品设计时，设计成品通常要经过检验，才能判断设计的优劣，并对设计中的不足做出合理的改进。例如，按传统程序，产品设计方案如果得到确立，就会开始制订生产计划、开始生产准备、实施制作、加工及生产，这个过程需要花费许多成本和时间。当产品投入生产后，如果发现产品设计中存在错误或不足，那么修改的周期就会很长，代价也会很高。借助 3D 打印技术，对产品的检验可以在进入批量生产之前完成，方便改进修正，大大缩短了生产准备周期，节约成本。又如，模具样品的实物呈现往往受到许多因素的制约，最后成品与样品间存在的差异也会影响到整体设计的效果，借助 3D 打印技术，极大地方便了对模具成品进行预先验证、检验，有效消除样品与最终产品之间的差异。此外，在建筑设计领域，3D 打印的模具既可以是设计产品的最终呈现，也可以是设计流程和项目施工中所用的工具，即 3D 打印的实物既可用来组装大的建筑体，也可以单独当作创意产品来使用。

## 7.3　工业零件与模具制造领域

随着全球市场的快速增长以及消费者对更多新产品的需求，对于小批量、复杂零件生产的要求也越来越高。例如，在航空航天、船舶工业、武器装备、汽车制造等领域，对高性能复杂零部件的制造水平都提出了更高的要求。由于节能减排与性能提升的需要，工业领域的核心装备整体化与轻量化的需求日益迫切，这依赖于关键零部件的高性能和结构复杂化。所有这些都给传统制造技术带来了巨大的挑战，与此同时，也凸显出3D打印成型技术的应用优势。

几乎所有的3D打印技术都能够在工业零件及模具制造领域中找到应用的切入点，例如，利用选择性激光熔融（SLM）技术打印注塑模具中的随形冷却通道，通过数字光处理（DLP）技术打印熔模铸造的母模，以及利用光固化成形（SLA）技术或喷射技术（Polyjet）快速制造小批量的注塑模具等。目前，这些应用皆是在完成模具的3D打印之后，交付给生产线，进而再使用这些模具制造出最终产品的。图7-3所示为德国SLM公司3D打印的“世界上第一个”布加迪（Bugatti）跑车的制动卡钳复杂金属零件示例。

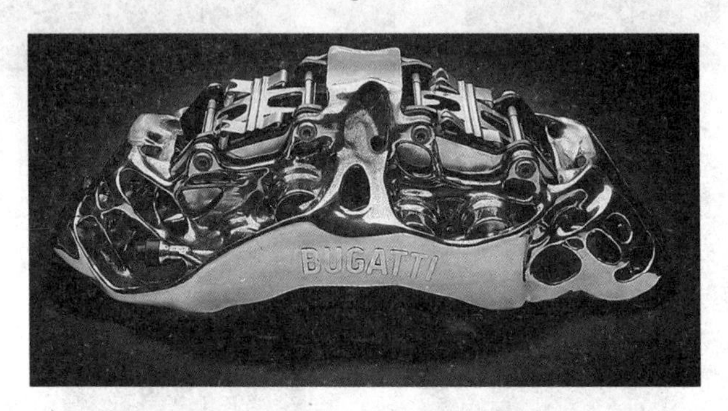


图7-3　3D打印的布加迪跑车的制动卡钳示例

就模具制造来说，利用3D打印（增材制造）可以省去制备母模所必需的大量时间；打印模具易于在砂型组装设计中集成砂芯和浇注系统。同时，允许具有更复杂的内部几何形状，这使得设计、生产和检验等各环节的周期大幅度缩短，推动了3D打印技术在工业制造诸多领域的应用向纵深发展。

### 7.3.1　3D打印与传统模具加工技术的比较

3D打印适用于小批量、结构复杂的产品生产，而模具就具备这样的特性。在模具制造中合理使用3D打印技术，能够有效弥补传统模具加工技术中存在的不足，缩短生产周期，提高精准度，减少瑕疵品数量。此外，一些特殊的3D打印材料还可以延长模具的使用寿命。

在模具的设计及生产中，传统制造工艺存在限制结构自由度、开发周期长、模具成本高、砂芯数量多、定位误差累积导致的组芯精度低等问题。例如，外形结构比较复杂的铸件，在生产前往往需要解决型腔和型芯结构的制造难题；对形状复杂的汽车零部件，如果仅仅依靠镶嵌、拼接等工艺来制造，一方面无法保障零件的高精度，另一方面也无法保证生产率。

相比之下，3D打印技术有效摆脱了制品复杂度的约束，也不受机械设备和生产条件的限制。利用三维建模、逐层叠加来打印成型，大幅降低了生产成本，不仅有助于生产企业避免生产原材料的严重浪费，还可以减少环境污染。图 7-4 所示为一个 3D 打印的注塑模具示例。

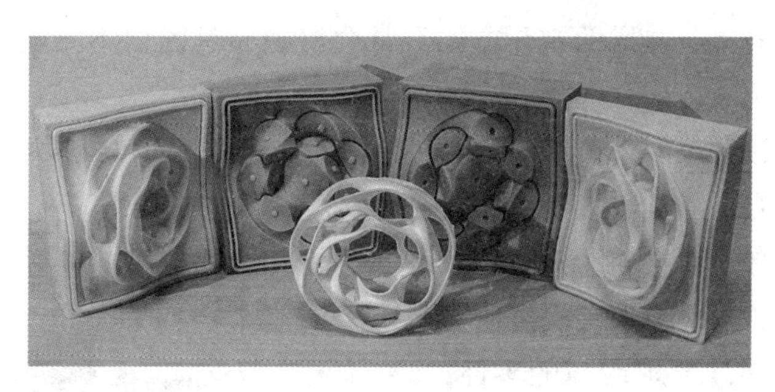

**图 7-4　3D 打印的注塑模具示例**

各种计算机应用程序系统是 3D 打印成型数据信息的主要载体，通过网络通信可以实现设计及工艺信息的实时传输，使生产车间能够及时获得全面、详细的 3D 打印数据，并反映在制造过程中。这种新型数字化制造的模式，为基于大数据的工业智能提供了数据基础，既充分传承了传统加工制造工艺的重大内涵，也是对传统制造工艺的重大技术创新。

## 7.3.2　3D 打印在模具制造中的应用方式

理论上，3D 打印可以用于任何模具的制造，与复杂度无关，快速模具就是将 3D 打印技术应用于模具制造的典型产物之一。一般来说，模具制造通常可以按制模材料分为软质模具和硬质模具；按制模工艺又可分为直接制造和间接制造。下面简要介绍 3D 打印技术在模具制造中的应用。

（1）直接制造软质模具　直接制造软质模具是以硅橡胶、环氧树脂、低熔点合金和覆膜砂为原料，通过 3D 打印直接成型的模具。主要技术有选择性激光烧结（SLS）和光固化成型（SLA）等。SLS 采用红外激光器作能源，逐层将材料粉末有选择性地烧结成型，具有制造工艺简单、材料利用率高、价格便宜、成型速度快等特点，可直接完成铸造砂模的制造，制品的精度和表面粗糙度均可以达到用常规模具制造的砂模的水平；缺点是结构疏松、多孔、有内应力、表面粗糙，而且容易产生有毒气体和粉尘，造成环境污染。SLA 是基于液态光敏树脂光聚合原理成型的，是目前研究最多、技术上最为成熟的 3D 打印成型方法。应用该技术制成的塑料模具精度较高，能有效解决传统制作工艺无法完成的内外形复杂结构；缺点是其成型时间较长，且制件力学性能较差，容易发生破损。有科研团队尝试在环氧树脂中加入金属铝粉，再对其进行光固化成型制作模具，这样不仅提高了机械强度，热传导能力也有所提升。

（2）间接制造软质模具　间接制造软质模具的原材料与直接制造的相同，不同之处在于它首先需要用 3D 打印来制造模芯，再以模芯为母模复制加工模具，主要有金属喷涂和硅橡胶浇注两种方式。金属喷涂是在 3D 打印原型的表面喷涂熔点较低的合金或金属，形成金属薄壳后再填充复合材料制成模具。这样的方式制造速度快，常用于标准件的模具加工制造中。硅橡胶浇注是在模型表面涂刷脱模剂后，将其固定放置在模框内，然后向模框内浇注硅橡胶悬浮液，等其完全固化后，沿分割线将其剖开，把模型取出后就可以得到一套硅橡胶模具。这样的制作方式经常会出现模具固化不完全、生产零件时出现溢料等问题。

（3）直接制造硬质模具　利用3D打印技术直接生产模具和金属零件，是近几年才逐渐成熟起来的3D打印工艺，主要技术有选择性激光熔融（SLM）等。选择性激光熔融成型是利用高功率的激光直接将金属粉末熔化，经冷却凝固成型的一种技术，整个过程不需要黏结剂。常用的金属粉末有铁粉和铜粉，铜粉一般用于强度要求较高的零件，而铁粉则常用于精密程度较高的模具制造中。模具的表面粗糙度直接决定着最终注塑零件的外观，在使用3D打印制作模具时，打印过程必须非常稳定，才能生产出高密度零件，进而保证在后续加工中实现完美的表面粗糙度。图7-5所示为3D打印的具有内部复杂冷却水道的金属模具示例。

图7-5　3D打印的带冷却水道的金属模具示例

## 7.3.3　模具3D打印存在的问题

尽管3D打印技术在制造复杂模具方面优势明显，但同时也存在着大尺寸金属件成型困难、成型精度低、不适合大批量生产、缺乏标准等不足，而这正是传统模具制造技术的优势所在。因此，将3D打印和传统模具制造技术相结合，进行优势互补，对模具制造业的发展具有重要的意义。

影响模具3D打印成型质量的因素有很多，其中，打印精度是最主要的一个因素。3D打印精度误差的来源主要有前期数据处理误差、成型加工误差及后处理误差三个方面。若要想模具3D打印取得理想的效果，如何控制各个环节的误差是今后研究的一个重要方向。另外，对打印材料的成分分布、凝固组织特征及其形成机理的研究还有待深入。有别于传统的模具制造技术，3D打印的高能束、快冷速等制造特点，使其容易产生内部缺陷，因此在成型机理、控制方法、内部缺陷对性能的作用机制及检测方法等方面的研究也亟待加强。此外，目前金属3D打印仍受到设备成本的制约，这为其规模化的工业应用带来了障碍。而且，3D打印模具的成本还在很大程度上取决于所用原材料的种类和材料费用，所以开发适用的、质优价廉的新材料，能显著提高模具制造的经济性。

未来，3D打印必将以其固有的技术优势，进一步增强模具制造行业的发展潜力，为快速、绿色、多功能、大型复杂、高要求零部件的生产制造开辟新的途径。同时，也必将推动模具制造业迎来新一波发展热潮。

# 7.4 汽车制造领域

在汽车制造领域，使用3D打印不仅可以加快汽车零部件的生产进度，而且基于数字化技术，还可以在进行零部件可行性验证的过程中对其进行优化和完善，有利于缩短研发周期，并大幅度降低生产成本。例如，在进行发动机缸盖、同步器和车体塑料零部件的开发中，可以利用3D打印对重点零部件的设计进行快速验证，为修改和优化提供直观依据。图7-6所示为3D打印的一个汽车模型的示例。

图7-6 3D打印的汽车模型示例

除了缩短生产周期，3D打印还被用来帮助提升汽车发动机的性能、车辆外观造型、内饰设计等方面。目前，3D打印技术已经突破了过去单纯使用树脂的局限，不仅能够使用工程塑料、金属材料，成型质量与传统的生产方式相比也已相差无几，在零件精度、力学性能等方面都在不断提升。

## 7.4.1 3D打印在汽车制造中的应用

在国外，3D打印技术在汽车零部件的研发和制造方面获得了广泛的应用，包括汽车仪表盘、装饰件、水箱、油管、车灯配件、进气管路等零件。国际上的著名车企，如奥迪、宝马、奔驰、通用、大众、丰田、保时捷等，都在研发使用3D打印技术。目前，国内包括长安福特、奇瑞、神龙、东风等在内的汽车生产企业，以及广西玉柴机器有限公司等在内的零部件供应企业，在缸体、缸盖、变速器等零部件的研发和生产过程中，也已经开始采用3D打印技术。

（1）汽车零部件的制造　借助3D打印技术来开展汽车零部件生产，具有设计周期较短、模具尺寸精确、实操性强以及易于验证等优点。一般在汽车制造的过程中，会有很多不同种类的零部件，这些零部件的制造周期、成本、材料消耗等都是汽车制造的重要成本指标。采用3D打印技术，不仅能够提升零件的制造效率、缩短生产周期，而且能够大幅度提升零件的生产质量，最终降低整车的生产成本。此外，通过及时地对零件设计中的细微偏差进行挖掘、分析，适时、快速地审核部件的工作原理和可行性，避免返工，从而可以达到有效缩短零部件的开发周期的目的。例如，在利用3D打印生产橡胶、塑料和缸盖类的复杂零件时，其中不需要使用任何的模具和金属加工，可以有效避免昂贵的模具加工的投入，明显节省制造环节中的人力、设备资源成本。

（2）轻量化零件的高效制造　为了推动汽车制造行业的绿色可持续的发展，国家已经要求汽车制造企业朝着节能减排、轻量的方向转型，提升汽车制造行业的环保节能水平。目前，很多汽车生产厂商已经开始降低汽车自重以减少百公里能耗。这首先要求减小汽车内部各种零部件的质量，对材料、零件采用轻量化的方式进行制造。3D 打印是目前能够实现零件轻量化制造的最佳途径之一。例如，与传统生产方式相比，使用 3D 打印成型技术制造的全尺寸的保险杠，不仅质量更小、生产周期更短，并且也能满足质量的要求；法国雷诺（Renault）货车工程师团队，于 2018 年 3 月发布了一款带有 3D 打印组件的货车发动机，相较于传统的发动机部件的数量和质量均减少了约 25%（图 7-7）。

图 7-7　雷诺公司带 3D 打印组件的货车发动机示例

（3）复杂零件模具的制造　随着汽车功能变得越来越强大，其零部件并没有朝着简单化方向演变，恰恰相反，很多零件的结构变得更加复杂，相比以往对于零件模具的制造要求更高，制造难度也在不断增加。在传统的工艺中，如果遇到零件外形复杂、结构难以加工这类情况时，模具只能通过拼接、镶嵌的方式制造，导致零件精度很难保证，而且拼接不仅会缩短零件的使用寿命，还会延长生产时间和增加人工成本。如果使用 3D 打印直接进行复杂结构模具的打印成型，不仅可以有效缩短制造时间，而且可以更好地强化对制造精度的控制，从而有效延长模具的使用寿命，保障零部件的制造精度。

## 7.4.2　3D 打印在汽车维修领域的应用

3D 打印在汽车维修领域的应用优势，主要体现在对维修备件及维修专用工具的定制方面。汽车维修具有涉及零部件品类庞杂、单件居多、周期短等特点。例如，在进行特定车型的零部件维修和更换时，单件模具开发会导致维修成本极高；由于汽车的更新速度比较快，很多汽车生产企业不再持续生产已经下线的车型的零部件，这让早期车型的维修变得极为困难。而使用 3D 打印，只需要保留相应车型零部件的设计数据、3D 数字模型等文件，就可以直接将零部件打印出来，从而最大限度地节约维修成本；另一方面，由于业务的特殊性，在汽车维修作业中往往会用到很多特殊的工具。通常，这些工具的社会需求量很低，导致生产成本高且购买困难。对于从业人员来说，使用 3D 打印就能满足对特殊工具的需求。如果工具存在缺陷，还可以通过调整数字模型的参数进行修改，直接再打印成型。同时，这也有利于对更便捷的创新型维修工具的研究，并进一步促进维修技术的改进和提升。

（1）维修工具的3D打印　使用3D打印成型技术制作维修工具时，需要考虑的因素有工具的大小、尺寸、形状等参数，要能够满足零部件维修的特殊要求。在创建维修工具的数字模型时，一般都会使用三维逆向扫描技术，获得源工具的数字模型文件；之后，可以使用高性能复合材料，根据需求调整打印机的作业速度、层厚，并按相关的操作规程完成对工具的打印。维修技术人员还可以根据特殊需求对工具进行简单的参数调整，让工具能够满足使用要求。通过使用3D打印获得专用维修工具，可以缩短维修周期、降低维修成本，保证维修工作的效能，提高售后服务质量。

（2）维修零件的3D打印　汽车维修和汽车的生产并不相同，有时汽车厂商为保护知识产权会限制各种零件数据的分享，因此，很多情况下很难从汽车生产企业直接获得零部件的数字模型。实践中，一般都会采用实物扫描的方式获得待维修零件的数字模型，然后进行参数调整，再利用合适的材料进行3D打印，得到待更换的零件实物。目前，在汽车维修行业中，使用3D打印已经能够进行车门把手、轮毂、气缸、变速器等基础部件的打印。借助3D打印成型技术的应用，不仅有助于汽车维修效率的提升，也有助于减少维修机构的资金压力。这对提高售后服务维修水准和提升车主的用户体验都有很大的帮助。

## 7.5　航空航天领域

航空航天领域的零部件制造具有可靠性要求高、结构精密复杂、加工难度大、制造周期长、成本高的特点。3D打印以其成型快、精度高、工艺简单等特点，已广泛应用于国内外的航空航天领域，尤其是在零件一体化制造、异型复杂结构件制造、批量定制结构件的制造等方面，显示出巨大的竞争优势。3D打印的应用，大大减少了航空航天行业生产加工中人力、物力以及资金的投入，缩短了生产周期，提高了产品质量和生产率。

### 7.5.1　3D打印在航空航天领域的应用研究现状

近年来，在航空航天领域，3D打印的应用研究越来越深入。在国外，美国国家航空航天局（NASA）采用3D打印技术制备了电子器件的冷却板、封装板和防护板等类似零件；美国SpaceX公司于2013年成功利用EOS金属3D打印机，制造出镍铬高温合金材料的Super Draco火箭发动机推力室（图7-8）；2016年，美国五角大楼（Pentagon）公布了一段关于蜂群无人机的视频资料，这种3D打印

图7-8　3D打印的火箭发动机推力室示例

微型无人机既可以由F-16和FA/18战机发射，也可以由地面投掷或像弹弓一样的装置发射升空；同年，NASA对3D打印出的火箭发动机涡轮泵进行了测试，与之前相比该涡轮泵少使用约45%的组件，使得同时进行两种不同设计方案的火箭发动机涡轮泵的快速设计、制造和测试成为可能。3D打印是NASA包括火星探测在内的未来太空探索的核心应用技术之一，它有助于进一步提高NASA未来执行太空探索任务的能力；法国泰雷兹·阿莱尼亚宇航公司（Thales Alenia Space）和法国3D打印服务公司Poly-Shape SAS合作，采用3D打印制造的天线支架，已于2017年3月随通信卫星Koreasat-7发射升空。这是欧洲采用基于粉末床的金属激光熔融技术制造并送入太空轨道的最大体积的零件，其尺寸为447mm×204.5mm×391mm，质量却只有1.13kg，可以称得上是真正的轻量化部件；2018年11月，美国航空管理局已批准将3D打印支架用于波音747-8机型的GEnx-2B发动机。

在国内，中国航天科技集团公司上海航天技术研究院研发出一种配备双波长激光器（长波的光纤激光器和短波的二氧化碳激光器）的航天激光金属3D打印机，可打印不锈钢、钛合金、镍基高温合金等，并成功打印出了卫星星载设备的光学镜片支架；国防科技大学采用尼龙3D打印设备，直接制造无人机及定位导航器的外壳等，解决了传统工艺制造复杂结构件时成型困难、时间长和成本高等问题；北京航空航天大学也开展了激光快速成型工程化应用技术的研究，先后制造出TC4钛合金薄壁舱体、发动机压气机叶片和TA15钛合金角盒等零件；中国科学院沈阳自动化研究所应用多层熔覆3D打印，成功完成了对螺旋桨叶腐蚀损伤部位的修复，该技术的应用展现了将成批库存寿命期内的腐蚀桨叶再次装机使用的光明前景，有较高的军事价值和经济效益。

### 7.5.2 3D打印在航空航天领域的应用优势

由于航空航天行业的特殊性，传统制造方法面临诸多挑战。将3D打印技术应用到航空航天产品上，有以下优势。

（1）简化生产环节，提升制造能力，缩短生产周期　在航空航天零部件制造领域，可利用3D打印以极高的速率完成样机工作原理以及复杂零件的可行性验证。例如，在不必提供任何模具的情况下，3D打印便能以较高的精度进行复杂缸盖、同步器等的塑料或金属单件样品制造。这一方面简化了模具锻造、加工等复杂工序，另一方面也节省了资金、人员以及设备的投入。

在航空航天工程中，经常会遇到一些结构设计复杂、传统机械加工难以实现，或加工周期长且精度要求不高的结构件。这也正是3D打印的优势所在，利用激光等高能束对金属粉末进行熔化和层叠堆积并获得成型产品，无须模具，便可以快速、优质高效地制造出符合要求的零部件。

（2）提升材料利用率和零件性能　3D打印一般采用钛合金粉末、铝合金粉末及镍基高温合金粉末等，通过层叠累积工艺成型制造航空航天中应用广泛、性能优良的高温合金件、复杂结构件，相比传统加工动辄80%以上的材料去除率，可显著提高材料利用率。图7-9所示为3D打印的具有复杂结构的金属叶轮的示例。若采用传统的机械加工，该零件的材料去除率超过了90%，但采用3D打印成型，金属粉末可充分利用，几乎无废料产生，不仅节约了原材料，也降低了制造成本。在保证产品性能的前提下，3D 打印无须焊接、铆接等组装工艺，通过优化将复杂组合结构设计成单一结构，还可以减少零部件数量，实现复杂零件的整体成型制造，满足轻量化要求。在此基础上，通过对结构件整体拓扑优化与设计，可以使得零件受力时内应力分布更合理，获得更高强度的结构，满足航空航天工程对零件高性能的要求。

图 7-9　3D 打印的金属叶轮示例

（3）加快航空航天制造业更新换代速度　基于数字模型的 3D 打印技术，催生了基于“互联网+”的新型制造模式的出现。这在一定程度上推动了航空航天制造业的转型升级与更新换代，使得其产品生产不再依赖大的生产场地和昂贵的设备投资，零部件制造更加灵活，较少受到体积庞大的设备以及复杂工序的限制，个性化定制也成为可能。未来 3D 打印必然会加快与互联网的深度融合，并配合一定的搜索引擎服务，缔造出航空航天制造业生产和消费的崭新模式，实现产品生产和服务的网络化、即时化及个性化。3D 打印应用的深入，也必将加快航空航天制造业的技术更新换代速度，推动整个航空航天产业的繁荣。

### 7.5.3　3D 打印在航空航天领域应用的发展

3D 打印技术在航天领域中有相当广阔的应用前景，很有可能会成为未来“太空产业化”发展道路上的一项至关重要的关键技术。

2014 年 1 月 6 日，美国 SpaceX 发射了猎鹰 9 号火箭，这枚火箭中的 Merlin 1D 发动机使用了 3D 打印制造的主要氧化剂阀门（Main Oxidizer Valve，MOV），如图 7-10 所示。实验表明，与传统工艺相比，3D 打印的阀门具有更高的延展性及断裂强度；在生产周期上，3D 打印 MOV 只用了两天时间，而使用传统制造技术生产则需花费数月时间。

图 7-10　3D 打印的氧化剂阀门示例

2014 年 11 月 17 日，NASA 第一台太空 3D 打印机在国际空间站上安装成功。这台 3D 打印机是由美国 Made in Space 公司制造，由 SpaceX 的龙飞船（SpaceX CRS-4）运往国际空间站。图 7-11a 所示为太空打印机示例，图 7-11b 所示为第一个太空打印的扳手。

a) 第一台太空打印机

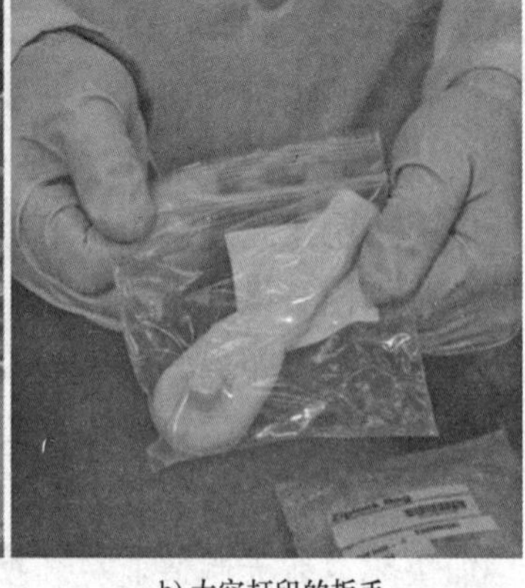

b) 太空打印的扳手

图 7-11　第一台太空打印机及其打印的扳手

蓝色起源（Blue Origin）是美国亚马逊 CEO 杰夫·贝索斯旗下的一家商业太空技术公司，成立于2000年。2015年11月，蓝色起源完成了新谢泼德号太空船（New Shepard Rocket Ship）的发射和火箭的首次垂直回收，随后又实现了火箭的重复发射。蓝色起源在3D打印方面投入了大量资金，充分采用新技术进行可行性尝试。据统计，仅新谢泼德号太空船上就有超过400个3D打印制造的零件，而其下一代火箭发动机BE-4，将有更多关键部件采用3D打印制造，如发动机增压泵（OX Boost Pump，OBP）的外壳采用铝合金打印（图7-12），内部集成了传统方法无法加工的复杂流道，增压泵涡轮采用镍基合金打印，仅需要最少的加工即可达到所需的配合精度，类似的还有涡轮泵喷嘴和转子。

图 7-12　3D 打印的 BE-4 的增压泵外壳示例

2016年，美国洛克达因（Aerojet Rocketdyne）公司与NASA签署了一项金额为16亿美元的合同，为后者开发RS-25火箭发动机，3D打印是其中关键技术之一。在RS-25火箭发动机中，采用SLM技术制造的Pogo蓄能器是洛克达因公司迄今为止制造的世界上最大的金属3D打印发动机部件。

现在，越来越多的航空航天企业，正在尝试将其零部件制造从传统模式转变为使用3D打印制造。节约材料、缩短生产周期、提升零件精度和强度、降低成本等3D打印固有的优势只是导致这种变革出现的一方面原因，更重要的是，面对日益复杂、高要求的航空航天零件，传统制造工艺遇到了难以逾越的瓶颈。这种独特的需求正是3D打印在航空航天工业中应用持续深入的强劲驱动力，引领高端3D打印技术与应用的进步。

2021年7月11日，维珍航空创始人理查德·布兰森（Richard Branson）和5位机组人员，乘坐名为“团结号”（VSS Unity）的太空船2号（Spaceship Two）太空飞机起飞，短暂地进入太空，成为使用民用太空飞行器成功体验商业太空旅行的第一人。事实上，成立于2004年的英国维珍银河（Virgin Galactic）公司，早在2012年就已经正式开始预售其太空商业旅游业务了。这其中，3D打印技术为帮助人类早日进入太空做出了重要贡献。在不远的将来，人们太空旅行的梦想终将成为现实。

## 7.6 建筑领域

建筑行业是较为典型的劳动密集型产业，土木工程施工中挖土方，打地基，扎钢筋，砌砖，抹水泥，挂磁瓦，都需要靠人力去完成。随着时代的变迁，劳动力成本增加和生态环境保护的要求，使得单靠人力施工的传统做法已成为阻碍建筑业发展的障碍。如今，快捷、安全高效、节能环保的新型建筑正在挑战传统建筑在市场中的地位。而建筑3D打印技术就是这场变革的导火索，其特殊的建造工艺能够加速建筑行业的自动化，为行业的可持续发展提供强劲的动力。图7-13所示为一个混凝土3D打印机器人的示例。

图7-13 混凝土3D打印机器人示例

### 7.6.1 建筑3D打印的应用现状

1997年，美国学者约瑟夫·佩尼亚（Joseph Pegna）首次提出了“混凝土3D打印技术”的构想，开发出了一套商用的混凝土3D打印系统，并成功应用于工程建造。该技术通过将水泥等建材一层一层累加来成型的工艺方法，展现了一种新型的建筑建造方式。之后，经过大量学者的不懈探索，建筑3D打印成型技术得到了不断完善。近年来，轮廓工艺、D-shape和混凝土打印技术已逐渐发展成为主流的建筑3D打印技术。

2001年，美国南加州大学（University of Southern California）的布洛克·霍什内维斯（Behrokh Khoshnevis）等人提出了轮廓工艺的概念（Contour Crafting），以大尺寸三维运动装置为基体，再配合安装有抹刀的喷嘴，实现混凝土材料的逐层累加打印。基于轮廓工艺制造的设备不仅能够实现大尺寸建筑构件以及建筑物的打印，甚至也具备在外太空基地中实现自动建造的能力，这为宇宙探索提供了更多可能。

2014年，美国明尼苏达州的安德烈·鲁登科（Andrey Rudenko）团队采用单头打印机，利用轮廓工艺打印完成了占地约3m×5m的中世纪城堡，城堡的部分构件打印完成后在现场进行了吊装。同年，我国的盈创建筑科技（上海）有限公司在上海张江高新青浦园区内打印了10幢建筑，作为当地动迁工程的办公用房。

2015年，盈创科技又率先建成了世界最高的3D混凝土打印建筑，在其中加入了大量的钢筋以保证建筑的安全性，通过工厂预制和现场装配相结合的方式在两周内完工。同年，菲律宾的刘易斯·亚基奇（Lewis Yakich）等人借助3D打印机，利用轮廓工艺耗时100h打印出了占地面积10.5m×12.5m×3m的别墅式酒店，有两间卧室、一间客厅及一间带按摩浴缸的房间。

2016年，美国阿皮斯科尔（Apis Cor）公司在俄罗斯的一个小镇，历时仅24h，现场打印了一座占地面积38m$^2$的可居住房屋。该建筑外墙中填充了聚氨酯填料和绝缘材料用以保温，同时混合了增强玻璃纤维以保证房屋的坚固。同年，我国盈创科技受迪拜政府的委托，为其打印了一座办公建筑。仅仅耗时19天，一座跨度9.6m、占地约200m$^2$的建筑顺利完工，并符合当地与国内建筑专家、科学研究院的安全坚固性等方面的检测要求。2017年，一座占地面积将近50m$^2$的3D打印微型办公酒店出现在丹麦哥本哈根港口，墙壁设计为非线性造型，充分展现了混凝土3D打印复杂结构建筑的优势。

随后，混凝土3D打印房屋如雨后春笋般出现，很多公司开始打印房屋墙体等非主要承重结构。2018年，南京嘉翼精密机器制造公司利用3D混凝土技术打印了一间污水处理设备用房。同年，法国著名地产公司布依格集团（Bouygues Group）与法国南特大学(University of Nantes）合作，完成了一个3D打印住房项目的建造。他们采用近5m长的机械臂进行打印，住宅面积近100m$^2$。值得一提的是，南特大学研制的3D打印机能够使用多种不同的材料，共同打印组成建筑的结构层（混凝土材料）、模架层和保温层（保温材料）。2018年底，清华大学建筑学院在上海智慧湾科创园完成了一条长26.3m、宽3.6m的3D打印混凝土步行桥。该桥借鉴了中国古代赵州桥的结构方式，采用单拱结构承受荷载，整个桥的承重结构均为3D打印分块预制、现场吊装完成，混凝土分块之间相互挤压受力，结构稳固（图7-14）。2019年，河北工业大学同样采用装配式混凝土3D打印技术，按照1∶2的比例建造了跨度18.04m、总长28.1m的缩小尺寸的赵州桥。

图7-14　上海智慧湾科创园混凝土3D打印步行桥

近年来，混凝土3D打印朝着更大、更快、更精细的目标迈进。2019年底，由中国建筑技术中心和中建二局华南分公司联合打印的世界首例原位3D打印双层示范建筑，在龙川产业园完成主体打印。该建筑是高7.2m、面积230m$^2$的办公建筑，打印完成净用时不到60h；2020年初，清华大学研发出了基于3D混凝土打印的房屋体系，以及适用于建筑打印的机械臂移动平台，并受中国驻肯尼亚大使馆的委托，在实验基地中实际打印了一座约 40m$^2$ 的精致样板房，适用于热带地区低收入住房的需求；同年，美国 SQ4D 建筑公司完全现场打印建造了一栋 130m$^2$ 的一层住宅，包括 3 个卧室和 2 个卫生间，48h 完成打印，材料花费不超过 6000 美元。

2021 年，荷兰爱因霍芬理工大学（Eindhoven University of Technology）打印了一座单层 94m$^2$ 的住宅，有 1 个客厅和 2 个卧室，住宅的形状像一个大圆石，与自然位置非常契合，很好地展现了混凝土 3D 打印提供的形式自由。住宅配备有超厚的隔热层和热网连接，非常舒适和节能，能源性能系数为 0.25（图 7-15），该建筑于 2021 年 8 月 1 日迎来了首位租客。同年，美国 ICON 公司打印出了一座约 353m$^2$ 的 3D 打印结构训练军营，可容纳 72 人。ICON 接下来的目标是边境战乱地区的人道主义援助房屋。在 2021 年的威尼斯建筑双年展上，英国扎哈建筑事务所的 CODE（Computation and Design，CODe）团队联合瑞士苏黎世联邦理工学院（Eidgenössische Technische Hochschule Zürich，ETH）的 BRG 团队（Block Research Group）设计了一座 16m×12m 的人行天桥，该桥由 3D 打印的预制混凝土板组装而成，流畅的外形依靠其自身张力即可稳固站立，无须依赖任何钢筋或黏合剂加固。

图 7-15　荷兰混凝土 3D 打印的独立单层出租房屋

就目前应用情况来看，混凝土 3D 打印正在快速地以由构件到整体、由单体到复合体的形式，逐渐替代传统建筑的建造方式，成为建筑建造市场的新势力。

## 7.6.2　建筑 3D 打印的优势

利用混凝土 3D 打印建造时，工程师和设计师需要构建建筑物的三维模型，然后使用 3D 打印设备对材料进行重组，以成型最终的建筑。操作人员利用计算机建模，让完整的模型实现分层，产生拥有多个层次的截面，再借助混凝土 3D 打印机来进行逐层打印；建模软件与打印机两者之间通过标准的建筑模型切片数据格式进行通信，实现配合与协作；各种切片信息经过 3D 打印、组合，以获得最终的建筑形状。对于常用的建筑材料来说，混凝土 3D 打印机的分辨率一般都符合建造的要求。如果对建筑的表面质量要求较高，则可先完成建筑构件的打印，之后再进行表面打磨，这样可以使建筑构件的表面质量得到显著提升。

一般来说，建筑土木工程耗时较长的原因之一是对不同的部分分开施工，把整个施工的空间分成若干个部分，导致施工协调难度增大。利用 3D 打印技术可显著压缩各环节的衔接，缩短工程建设的周期，进而促使效率的提升。另外，3D 打印技术的应用，不仅能使得施工废料大大减少，也能实现金属材料的循环再利用，起到绿色环保的效果。

建筑 3D 打印的主要优势可以归纳为以下几方面。

1）可一体化实现复杂空间结构建筑物的建造。

2）具有超高的建造效率。

3）节约生产材料，减少废料的产生，绿色环保。

4）能大幅降低建造成本，特别是人工成本。

5）自动化程度高，有利于缓解劳动力紧缺的问题。

然而，受设备造价、材料、工艺等方面的影响，到目前为止，建筑 3D 打印技术还没有实现产业化、规模化应用，多数还停留在单体、构件建造或试验研究阶段。

### 7.6.3 建筑 3D 打印存在的问题

尽管发展前景可观，但目前建筑 3D 打印建造的建筑物多数还是小型建筑，还不能满足人们日益增长的对大结构、大空间建筑的建造需求。制造大型建筑 3D 打印设备的研发工作亟待提上日程，由此，也必然会面临许多需要解决的新问题。

1）3D 打印设备的尺度。进行大尺寸复杂结构建筑的打印，需要设计大型的 3D 打印设备，使设备具有打印大型建筑构件的功能。同时，还需要进行建筑的结构设计优化，开发更好的设计造型软件，使 3D 打印的大型建筑具备更好的承载能力。

2）3D 打印设备的空间动态性能。建筑 3D 打印的本质也是增材制造，对于建筑 3D 打印设备来说，往往要求具备大尺度的空间移动能力，同时还要具有一定的灵活性和良好的动态响应性能。

3）打印轨迹的规划。在建筑 3D 打印工作过程中，需要根据建筑材料的特性，对打印设备的末端轨迹进行精确、快速、实时的规划，才能保证打印过程的流畅稳定。这就要求所使用的三维建模、打印软件及打印设备具备相应的支持功能。

4）打印制品的性能。目前，3D 打印出来的建筑构件在性能上还有很大的提升空间，这与建筑材料、打印参数密切相关。如何提高建筑 3D 打印制品的力学性能，使其满足高标准工程建造的质量要求，同样是制造大型建筑 3D 打印设备所必须研究解决的问题。

建筑 3D 打印的规模化应用离不开 3D 打印成型技术的进步。随着科学技术的进步和对 3D 打印技术、新型建材等方面研究的深入，大尺寸建筑构件的 3D 打印成型难题终会得以解决。而且，在巨大的市场需求的驱动下，便于组装、延伸、拆卸及使用的模块化大尺寸建筑 3D 打印设备，在未来的建筑市场必将有更广阔的发展空间。

## 7.7 食品定制领域

随着人们生活水平的不断提高，健康饮食的理念已深入人心。越来越多的人追求个性化、美观化的营养饮食，传统食品加工技术很难完全满足这些需求。食品 3D 打印技术不仅可以自由搭配、均衡营养，以满足各类消费群体的个性化营养需求，还可以改善食品品质、口感，根据人们的情感需求改变食物的形状，增加食品的趣味性（图 7-16）。食品 3D 打印技术为个性化健康饮食定制提供了可能，在食品工业中有着良好的发展前景。

图 7-16　3D 打印的趣味食物示例

## 7.7.1　食品 3D 打印原料的特性

食品 3D 打印应用的难点之一是打印原料的选择和处理。一般来说，食品 3D 打印的原料需要满足 3 个特性，即可打印性、适用性和可后续加工性。

（1）可打印性　该特性要求原料能够利用 3D 打印机进行打印，并且在打印之后能够保持预定的结构形态。

对于液体状或糊状食物原料来说，决定打印特性的主要是原料的流变特性、凝胶特性、玻璃化温度和熔点。食品 3D 打印的材料需要具有剪切变稀特性的物质，可在高切变应力的作用下，降低黏度从喷嘴中挤出，并在离开喷头后变得坚硬并逐渐固化。此外，材料的结晶状态，对于在打印后使沉积的材料能支撑其自身的结构也至关重要。

对于粉末状食物原料来说，可打印性主要指粉体的粒度分布、堆积密度、润湿性和流动特性。相关研究表明，直径在 30～100μm 的粉末颗粒打印出的食物机械强度较大。材料流动特性还受粉末颗粒大小、形状、粉末密度的影响。一般来说，球形粉末颗粒的流动性优于非球形，粗颗粒流动性优于细颗粒。

（2）适用性　3D 打印技术具有的定制化、个性化的特点，使其在食品制作中的应用备受期待。食物原料的物理化学特性，决定了其对食品 3D 打印的适用性，不同的食物原料特性有不同的 3D 打印方式。但由于当前技术条件的限制，有很多可食用原料并不适合 3D 打印。截至目前，研究人员发现的比较适合 3D 打印的食物原料是薯类、谷物类、果蔬类、植物胶类和富含蛋白质的动物性原料。

（3）可后续加工性　可后续加工性是指打印的食品经过必要的烹饪方式之后，还能够保持结构和性能稳定的特性，该特性对流体类食物原料来说非常重要。不同的流体食物原料的组成不同，其经过后续加工得到的最终产品的效果也不相同。例如，3D 打印曲奇，对原料中的蛋黄、黄油、糖的比例的调整，会影响到曲奇在后续加工过程中的形状稳定性和制成品的口感。

## 7.7.2 3D打印技术在食品制作中的应用

在食品制作中，3D打印已经有不少成功的应用案例。随着研究的深入，3D打印的食品种类正在快速扩展，花样也在不断翻新。下面是一些食品3D打印应用的例子。

**1. 巧克力和糖果打印**

2011年7月，英国埃克塞特大学（University of Exeter）研制成功世界首台巧克力3D打印机，并于次年4月推向市场。它以液态巧克力为“油墨”，通过打印机上的加温和冷却系统，实现了从巧克力加热熔融到分层打印、凝固成型的过程。2014年5月，研究人员又开发出第二代巧克力3D打印机Choc Creator 2.0，该版本拥有新的自动温度控制系统，能更好地控制流量，快速精确地打印出客户定制的图案或模型。图7-17所示为部分3D打印的造型新颖的巧克力食品示例。

图7-17 3D打印巧克力食品示例

与巧克力类似，糖也具有类似受热熔化变软、冷却后变硬的特性。2014年3月，美国3D Systems公司推出了一款3D糖果打印机——ChefJet系列打印机。它利用砂糖、巧克力和奶油等原料，能打印出形状复杂的糖果和巧克力；2015年，中国香港工程师Guru和美国麻省理工学院（MIT）的Victor Leung共同研制出了一台以固态糖颗粒为原料、采用FDM技术打印的糖果3D打印机。

**2. 烘焙食品打印**

2013年美国国家航空航天局（NASA）成功研制出了可以打印比萨的3D打印机；同年，美国康奈尔大学的机械实验室也利用3D打印技术，打印出了个性化的曲奇；2015年，荷兰应用科学研究机构（TNO）与意大利面食公司Barilla合作，研发出了以小麦粗粉和水为原料的意大利面3D打印机；Barilla公司在2016年意大利帕尔马（Parma）的CIBUS国际食品展上展示的3D打印机，能够打印出4种独特的意大利面形状，而且营养成分、质地和颜色都可以随心所欲地控制。

食品3D打印技术也能够制作出我国的传统糕点。2015年，杭州大学生创业团队成功制作出了3D打印月饼，并顺利推向市场。他们通过对传统生产线的改造，将3D打印技术应用于饼干、糕点等食品的生产，受到了不少传统食品厂商的青睐。2017年，一家由7名清华大学毕业生创建的科技公司，通过对传统的3D打印机进行改造，制作出了专门的煎饼3D打印机——PancakeBot，只需要在计算机中输入文字或图片，它就可以轻松打印出人像、建筑、卡通人物等各种形状、好吃又美观的煎饼，备受年轻人的青睐。

### 3. 肉制品打印

传统意义上的人造肉分为两种，其中一种人造肉又称为大豆蛋白肉，主要是用大豆蛋白制成，富含大量的蛋白质和少量的脂肪，是一种健康的食品；另一种是利用动物干细胞制造出的人造肉。

3D打印的人造肉主要指将动物肉粉碎，并按照营养比例加入添加物混合打印出的肉制品。这种用3D打印机打印出的人造肉，在近年来慢慢进入了人们的视野，它的味道与肉糜的味道相差无几，只是具有了别样的形状。这种3D打印肉主要适用于老年人和吞咽困难的病人。研究人员以火鸡肉、扇贝、芹菜为原料进行打印，打印出的产品在加入转谷氨酰胺酶改性处理后，可适应缓慢烹制和油炸；在加入可可粉后，还能在烘焙过程中保持其复杂的内部结构。然而，这些人造肉所用的原料，归根结底还是真实动物的生肉。

2012年7月，美国宾夕法尼亚大学利用3D打印制造出了人造肉，使用水基溶胶为黏结剂，将糖、蛋白质、脂肪、肌肉细胞等原料组合在一起，打印出的人造肉有弹性，烹饪后有嚼劲儿，营养和外观都和真实的动物鲜肉接近，甚至连肉里的微细血管都能打印出来。

### 4. 水果和蔬菜打印

由于大部分水果、蔬菜都具有多汁的特性，难以成型，因此水果和蔬菜较少作为3D打印的原料。2014年5月24日，位于英国剑桥的设计工作室Dovetailed与微软的研究机构合作，推出了一款使用分子球化工艺——分子美食技术的“水果3D打印机”。打印前，将果汁与海藻酸混合，滴入预冷的氯化钙溶液中，最后果汁混合液被包裹上一层薄膜。据当地媒体报道，它能够在短时间内打印出一个苹果或梨，或者其他种类的水果。水果3D打印机打印出的并不是真正意义上的水果，但能提供像真实水果一样的口感。

### 5. 奶油制品打印

传统奶油类食品的制作，通常是靠面点师傅凭经验手工妆点，花样少而陈旧，成本高且不卫生，采用3D打印技术可以克服这些弊端。2013年，有研究人员提出了奶油3D打印机的设计方案。软冰激凌是一种半流固态冷冻甜品，口感细腻，具有一定的塑形性，也因此成为3D打印食品的研究对象之一。2014年，首台冰激凌3D打印机诞生于美国麻省理工学院（MIT），它由1台3D打印机和1台冰激凌机组合而成。目前，冰激凌3D打印机打印一个冰激凌甜点仅需1~2min。

### 6. 其他食品打印

此外，食品3D打印也已经在航天食品制作方面开始了应用。自2013年起，NASA便开始大力开发用于长时间太空任务的食品3D打印系统，并成功研制出了能在太空制作比萨、营养面糊等食品的3D打印机（图7-18）。我国也在绿航星际-180试验⊖中，使用了自主设计制造的食品3D打印机，并取得了良好的试验效果。

图7-18 太空食品3D打印机

### 7.7.3 食品3D打印技术的发展

人们对个性化理念的追求和对更高生活品质的向往，使得食品3D打印技术在近些年得以快速发展。但是，目前仍面临适合打印的食品原料较少、智能化程度低和打印设备清洁难等问题。食品3D打印技术还处于发展阶段，商业领域的尝试也才刚起步不久。2016年7月25日至7月27日，世界上第一家3D打印美食店Food Ink在英国伦敦进行了三天试营业，引起了极大关注。

3D打印食品不仅能给家庭和个人带来全新的健康美食体验，而且其市场潜力和销售范围也会不断扩大，有望步入规模化、商品化。在不远的将来，这种膳食定制、造型随心的烹饪技术或将会逐渐得以普及，成为人类饮食方式的有益补充。

## 7.8 医药生物领域

3D打印技术在生物医学领域的应用研究起步较早，到目前为止，主要经历了四个阶段：第一阶段是制备特定患者的解剖模型，用于解剖学操纵辅助工具示教；第二阶段是制备个性化的特异性植入物，并在植入物上加载活性物质（如生长因子和药物）；第三阶段是制造骨骼、软骨、韧带、半月板和其他组织结构；第四阶段是将组织组件与单独打印的植入物组装在一起发挥作用。

目前，医疗领域3D打印技术的应用研究主要有以下几个方向。

1）体外生物医疗器械和医疗模型制造技术。

⊖ 2016年6月17日上午，“绿航星际”4人180天受控生态生保系统集成试验，在深圳市太空科技南方研究院正式启动。4名志愿者进入面积为370m² 的密闭舱内，开展为期180天的受控生态生保技术试验验证。

2）永久化、个性化的组织工程植入技术。

3）人体器官生物制作技术等。

其中，体外医疗器械包括医疗模型、医疗辅具——如假肢、助听器、齿科手术模板等。医疗领域3D打印所使用的材料主要包括生物工程塑料、金属、陶瓷、光敏树脂、生物高分子凝胶及生物组织混合物等。

## 7.8.1 骨科打印

3D打印技术在骨科的临床应用，主要是利用生物材料打印人体骨骼等硬组织，已经有很多成功的临床应用案例。在2018年，我国医生成功实施了首例3D打印肱骨近端假体、3D打印截骨工具辅助膝关节置换及3D打印人工颈椎椎体植入等手术，为多名患者带来了新的希望。图7-19所示为部分人体骨骼3D打印的示例。

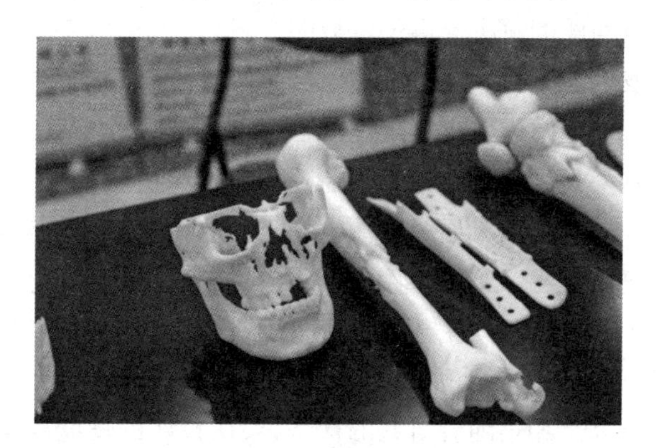

图7-19　3D打印的人体骨骼示例

类固醇相关性骨坏死（Steroid-associated Osteonecrosis，SAON）是一种骨缺血性坏死。早期传统治疗的主要方法是利用髓芯减压术去除坏死骨以促进修复，后续用骨移植来填充骨缺损，以避免随后的关节塌陷。研究人员开发了一种聚乳酸-乙醇酸/β-磷酸钙/淫羊藿苷（PTI）3D打印支架。PTI支架具有优异的生物降解性、生物相容性和成骨能力，可以提供机械支撑，改善血管生成和调节成骨细胞的分化过程。这种新型的3D打印PTI复合支架，为众多SAON患者带来了福音。

椎间融合器是实现脊柱相邻椎间隙融合的主要植入物之一，其安全性和有效性直接影响相邻椎体骨融合的效果。研究人员以骨骼成熟的绵羊颈椎为融合模型，通过3D打印技术制造了多孔钛合金支架，在成年绵羊身上进行了骨融合实验。结果显示，3D打印钛合金支架的刚度高于传统的PEEK㊀支架，与利用传统工艺制作的钛合金支架相比，应力屏蔽效应明显降低。从绵羊体内取出后，3D打印的钛合金支架孔洞内部形成了连续的、

㊀ 聚醚醚酮（PEEK）是在主链结构中含有一个酮键和两个醚键的重复单元所构成的高聚物，属特种高分子材料。具有耐高温、耐化学药品腐蚀等物理化学性能，是一类半结晶高分子材料，可用作耐高温结构材料和电绝缘材料，可与玻璃纤维或碳纤维复合制备增强材料。它是与人体骨骼成分最接近的材料，也是人工骨修复骨缺损的常用材料。

紧密相连的骨组织，这证明3D打印钛椎间融合器具有良好的生物相容性，可以促进骨骼向钛合金支架体内部生长。

目前，3D打印技术在骨科方面的应用主要集中在骨科支架制备、人工骨骼修复、置换等方面。未来，随着更多的功能性骨科生物材料被开发出来，3D打印的骨科支架、人工骨骼的综合性能将会得到进一步提升。

### 7.8.2 皮肤打印

皮肤是身体对外部环境的屏障，对生物体的生存意义重大。皮肤替代品作为促进伤口愈合的重要工具，长期以来被广泛用于患者伤口创面的治疗。但是，利用传统方法制造的皮肤替代品存在着诸多问题，例如，仿生学性能不足、生产成本高、尺寸单一、制备耗时长等，因而人们急需一种可以实现低成本、标准化制造皮肤替代品的技术。3D打印技术的出现，为这一问题的解决提供了可行的方案。

典型的组织工程皮肤构建体缺乏皮肤的复杂特征，例如，皮肤色素沉着、毛囊甚至汗腺。研究人员利用来自正常人体皮肤组织的三种不同的原代皮肤细胞（角质形成细胞、黑素细胞和成纤维细胞）进行实验，探究了制造具有均匀皮肤色素沉着的3D体外着色人体皮肤构建体的可行性。实验结果显示，在生物3D打印的人皮肤构建体中，存在发育良好的角质形成细胞。这是黑色素转移过程中必需的细胞，根据对色素的追踪，发现其可在构建体上均匀分布。3D打印的皮肤构建体为皮肤缺陷或皮肤损伤患者的治疗，提供了一种有效的解决方案，而且3D打印的体外有色人体皮肤构建体还可用于潜在的毒理学测试和基础细胞生物学研究。相信随着研究的深入，3D打印的皮肤构建体或许可以在更多的方面帮助患者。

2016年，美国北卡罗来纳州维克森林大学（Wake Forest University）再生医学研究所（Wake Forest Institute for Regenerative Medicine，WFIRM）的研究人员发布了一种改良型皮肤3D打印机，该打印机能生成健康皮肤的细胞，覆盖在伤者的伤口上。这台皮肤打印机已经对动物进行了临床试验，正在等待美国食品药品监督管理局（Food and Drug Administration，FDA）的批准，以便开始人体试验。

2018年，多伦多大学（University of Toronto）的研究人员开发出了一款手持式皮肤3D打印机，它能够将皮肤组织直接打印涂覆在患者的身上，从而达到覆盖和治疗伤口的目的。

2019年，纽约伦斯勒理工学院（Rensselaer Polytechnic Institute）和耶鲁大学（Yale University）医学院的研究团队，将人体血管中发现的细胞与其他成分（包括动物胶原蛋白）结合在一起，印制了类似皮肤的材料。几周后，细胞开始形成脉管系统，然后将皮肤移植到小鼠身上，发现脉管系统能自然增殖并与动物的血管连接，看起来就像是活着的皮肤。负责这项研究的伦斯勒化学与生物工程学院的潘卡伊·卡兰德（Pankaj Karande）说：“这非常重要，因为我们知道实际上有血液和营养物质转移到移植物中，从而使移植物保持生命。……目前，作为临床产品可用的任何东西都更像是一种创可贴。因为它虽然可以加速伤口的愈合，但最终它会脱落，从未与宿主细胞真正整合。”皮肤的

3D 打印使用了“生物墨水”，这些“墨水”是由人类内皮细胞、周细胞、动物胶原蛋白和皮肤移植物中发现的结构细胞组合制成的，能够在几周内形成血管结构，并可以被用来打印出类似皮肤的制品。

### 7.8.3 外周神经打印修复

3D 打印也可以用来打印周围神经导管。神经导管是连接两个神经末梢的组织，可以引导轴突再生，为施万细胞（Schwann cell）的聚集和增殖提供营养环境。制造具有优良性能的神经导管需要考虑两个问题：一是原料选择；二是表面改性和支架制造。同时，制备的神经导管应满足三方面的要求，一是可连接缺损的神经；二是可为轴突再生提供稳定的环境保障；三是在成功将受损神经连接后，神经导管还能够有效降解，为神经的进一步生长提供空间。

目前，已经有学者开始了 3D 打印功能性神经修复导管的应用尝试。这种导管能够在给予神经恢复空间的同时，释放相关的药物以加速修复过程，有效促进神经损伤（如坐骨神经）的形态学、组织病理学和体内功能的恢复，未来有望在临床中得到广泛的应用。

尽管 3D 打印技术在神经修复领域的应用目前还相对较少，但这是一个前景十分广阔的医学领域。它可以弥补传统治疗手段治标不治本的弊端，通过植入体细胞的不断增殖，促进神经突触再生，有望从根本上恢复受损神经的生物功能。

2017 年，日本京都大学（Kyoto University）医学院矫形外科系的池口良介（Ryosuke Ikeguchi）教授领导的团队宣布，已成功在老鼠身上测试了 3D 打印导管在神经再生中的功效，这表明外周神经打印修复技术迈上了一个新的台阶。

### 7.8.4 药物控释打印

3D 打印片剂能够有效实现药物的可控释放，帮助患者根据身体状况，灵活改变药物摄入量。而且，在窄治疗指数药物的使用上，3D 打印提供了一种制造包含精确剂量药物片剂的方法，可降低剂量变化和用药错误给患者带来的潜在风险。图 7-20 所示为 3D 打印定制控释药物的示例。

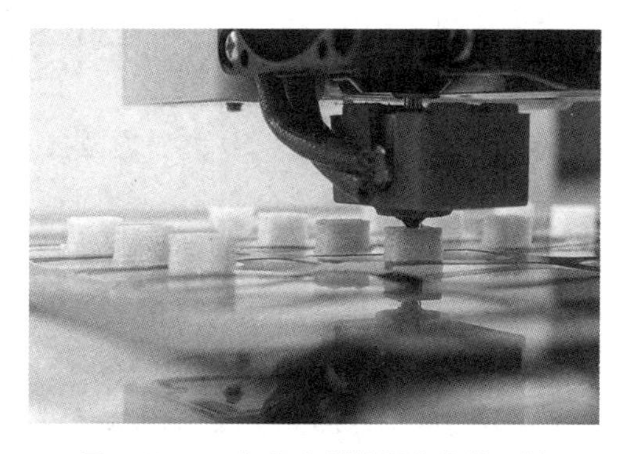

图 7-20 3D 打印定制控释药物的示例

目前，业界已经掌握了直接以药物为原料进行控释药物的 3D 打印技术，可有效避免因载体不稳定性和不定载药量对治疗效果产生的负面影响。例如，研究人员利用 3D 打印技术制备了用于透皮输送胰岛素的聚合物微针贴片，以木糖醇作为载体来保持胰岛素的完整性和稳定性，并加快其释放速率。与传统注射胰岛素的方式相比，3D 打印的微针贴片可减轻患者痛苦，便于携带，且胰岛素的释放速率可控。患者可以针对当天的身体状况，灵活改变胰岛素摄入量。此外，透皮微针直接将药物释放到皮下脂肪中，避免了口服给药过程可能引起的副作用。这种技术也可以应用到激素类药物的输送中，以避免由此引发的肥胖问题。

### 7.8.5 生物3D打印的未来

近年来，医疗领域的生物3D打印技术的研究与应用均呈快速发展态势，对一些需要植入物移植的疾病防治起到了关键性的作用。私人化定制的特点使得生物3D打印能够更贴近患者的需求，为人体组织与植入物之间建立良好的纽带提供了坚实的基础。相比于传统的植入物制造工艺，3D打印具有诸如速度更快、成本更低、生物相容性更好和炎症排异反应更小等显著优势。

综合3D打印在医疗领域的研究现状可知，限制生物3D打印技术进一步发展的主要障碍是生物打印材料。目前，打印使用的医用固态材料，主要来源于对金属基材、水凝胶、磷酸钙等已有医用材料的复合改性。传统的固态生物材料3D打印产品的特点是一次成型，几乎不会因为环境变化而改变。考虑到人体的内环境较为复杂，许多反应机制尚不明确，现有的生物墨水虽然能够打印出组织、器官，但如果要大面积应用于人体器官再造和组织移植，仍需要更多的研究探索和尝试。

现有的医疗实践表明，生物3D打印在医疗领域有着光明的应用前景，相信随着研究的深入，依靠生物3D打印实现人体器官、组织的人工替代，已经为时不远了。

思考题

1）结合本章内容，试述3D打印技术在创新创意设计中的应用现状。

2）简述模具3D打印中存在的问题，并尝试给出解决建议。

3）通过资料调研，简述3D打印在汽车制造领域的应用现状，并尝试给出未来3D打印在汽车制造中可能的新的应用。

4）3D打印在航空航天领域的应用越来越广泛，结合本章内容及文献资料调研，试设想未来3D打印技术在航空航天领域可能的新的应用场景。

5）查阅相关资料，简述建筑3D打印的流程，并分析存在的问题，给出解决对策。

6）结合本章内容及3D打印成型技术原理，试思考食品3D打印还有哪些可能的新应用，并给出你的理由。

7）什么是4D打印？根据你对3D打印成型技术的理解，尝试说明是否还有5D、6D打印的可能？试给出你的理由。

8）根据本章内容并结合3D打印技术的原理，尝试设想一种本章介绍的典型应用之外的3D打印的新应用，试给出其可能实现的依据。

9）结合你对3D打印技术与应用的理解，尝试思考日常生活中还有哪些方面可能会需要3D打印，分析其商业价值，试给出利用该机会进行创业的设想。

延伸阅读

[1] 阿米特·班德亚帕德耶，萨斯米塔·博斯. 3D打印技术与应用［M］. 王文先，葛亚琼，崔泽琴，

等译. 北京：机械工业出版社，2017.
[2] 张巨香，于晓伟. 3D 打印技术及其应用 [M]. 北京：国防工业出版社，2016.
[3] 丁烈云，徐捷，覃亚伟. 建筑 3D 打印数字建造技术研究应用综述 [J]. 土木工程与管理学报，2015，32 (3)：10.
[4] 王延庆，沈竞兴，吴海全. 3D 打印材料应用和研究现状 [J]. 航空材料学报，2016，36 (4)：10.
[5] 李昕. 3D 打印技术及其应用综述 [J]. 凿岩机械气动工具，2014 (4).
[6] BHANDARI S，REGINA B. 3D printing and its applications [J]. International Journal of Computer Science and Information Technology Research，2014，2 (2)：378-380.
[7] MURALIDHARA H B，BANERJEE S. 3D printing technology and its diverse applications [M]. New York：Apple Academic Press，2022.

# 第 8 章 3D打印技术的展望

“长风破浪会有时，直挂云帆济沧海”（《行路难》）。目前，全球正在兴起新一轮数字化智能制造浪潮，有文献称之为“第四次工业革命”。数字化智能制造的前提和基础是模式识别、视觉计算、自动化控制、机器学习、大规模数据挖掘等学科的成熟，以及低成本传感器的普及。这种深层次的产业革命，不仅将席卷人类的体力劳动岗位，而且，AI（Artificial Intelligence）技术的普及应用，也将毫不留情地占据人类之前引以为豪的脑力劳动岗位。

3D 打印技术是数字化智能制造的前沿代表性技术之一，它成功地将虚拟的数字化智能制造技术与触手可及的工业产品桥接在一起。作为一种快速成型技术，3D 打印以经过智能化处理后的 3D 数字模型文件为基础，运用金属、塑料等可黏合材料，通过逐层打印、累加成型的方式来增量构造工业产品。在某种意义上，数字化与 3D 打印是一对相辅相成的孪生兄弟，前者是实现后者的前提，否则“巧妇难为无米之炊”，而后者则是将前者“落到实处”的结果。

## 8.1 3D 打印技术发展现状

经过 30 多年的发展，在 3D 打印成型技术的研究和设备的商用化方面都取得了长足的进步，全球 3D 打印行业已经形成了一定的产业规模，尤其以欧美为代表的西方国家，都把 3D 打印作为下一代先进制造技术加以扶持，在打印软件和新型打印材料及高端设备方面，处于垄断和引领地位。据《沃勒斯报告 2021》（Wohlers Report）数据，2020 年全球 3D 打印市场总规模已达到 127.58 亿美元，产业规模区域分布情况如图 8-1 所示。

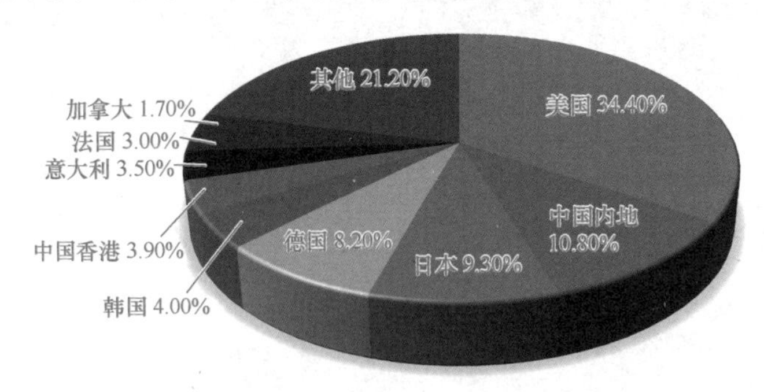


图 8-1 2020 年全球 3D 打印产业规模区域分布情况

在 2020 年全球 3D 打印产业销售构成中，3D 打印材料销售额为 21.05 亿美元，相比

2019 年的 19.16 亿美元，增长 9.9%；3D 打印设备实现销售额 30.14 亿美元，占比达 23.97%，与 2019 年的 30.14 亿美元基本持平；来自 3D 打印服务的收入约 74.54 亿美元，占比达 59.29%，同比增长了 20.3%。图 8-2 所示为 2020 年全球 3D 打印细分产业结构示意图。

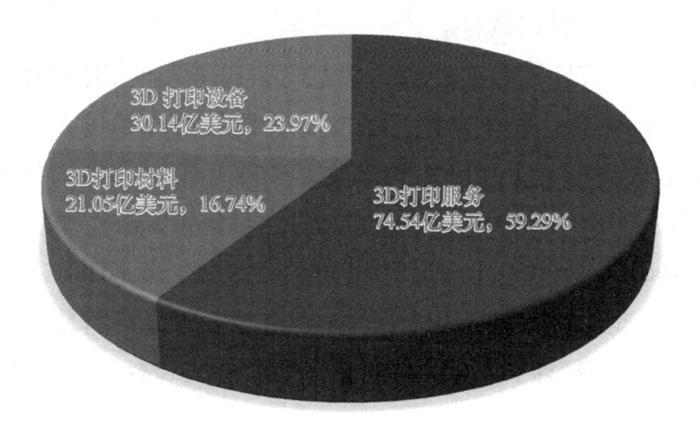


图 8-2　2020 年全球 3D 打印细分产业结构

近年来，我国 3D 打印行业发展迅猛，在 3D 打印基础技术、应用材料研究和设备制造等方面也取得了可喜的进展，部分领域已开始形成突破，3D 打印应用也逐步向规模化方向发展。

## 8.1.1　3D 打印上游技术现状

从产业构成上看，3D 打印的上游涵盖了三维扫描设备、三维造型设计/模拟分析软件、增材制造原材料及 3D 打印设备零部件制造等行业。其中，三维扫描设备主要用于零部件的逆向工程；三维造型设计/模拟分析软件则是 3D 打印必不可少的数字化设计基础；而零部件制造则为高质量的 3D 打印设备的商业化、规模生产提供了保障。

### 1. 3D 打印软件

3D 打印软件一般可分为两大类，一类是产品零部件 3D 造型设计及模拟分析软件，主要用于零部件的三维建模；另一类是跟 3D 打印机配套使用的软件，主要用于相关打印参数的调整与打印机控制。

理论上说，所有 3D CAD 造型设计软件都可以用于 3D 打印的造型设计。例如，大家耳熟能详的 SolidWorks、UG、CATIA、Pro/Engineer 等大型机械类 3D CAD 设计软件[⊖]，MAYA、3D Max 等影视动漫创作、工业设计方面的软件，以及常用于教学的 CAD 造型设计软件，如 Rhinoceros、AutoCAD 3D 等，都可以作为 3D 打印的造型设计软件使用。这些软件大都支持将 3D CAD 实体模型转换成 3D 打印模型文件格式（如 STL、OBJ、3MF 等格式），不仅能方便快捷地实现产品的 3D 造型设计，大多数还具有较强大的模拟分析功

⊖ 目前，UG 及 CATIA 是我国航空航天及汽车制造使用的最多的工程设计软件，而 Pro/Engineer 则在消费电子及电力系统使用的较多。

能，提供装配碰撞干涉检查、运动仿真模拟等方面的支持，配合像 ANSYS 大型通用有限元分析、Moldflow 注塑成型分析等专业软件，还可以直观地对 3D CAD 设计的零部件或模具进行强度、温度场分布及热胀冷缩情况的计算模拟，使设计出的 3D 模型更科学合理。更多的 3D 打印造型设计软件请参阅附录 A（部分常用 3D CAD 设计建模软件简介）及附录 E（40 款设计建模及 3D 打印软件）。

国际上一些大的 3D 打印设备生产商一般都有自己专用的 3D 打印工具软件，这些软件主要用于为其打印机配套，提供功能上的支持，例如打印精度及表面质量、打印温度设定、零件位置及姿态调整、模型尺寸的缩放、多件打印时零件的排列方式等。常见的有匈牙利的 3D 打印机厂家 CraftBot 3D Printer 开发的 CraftWare、美国 3D Systems 公司的 3DSprint、美国 Stratasys 公司的 GrabCAD Print 以及 Reptier-Host、Estlcam 等。其中，Reptier-Host 和 Estlcam 是由独立的 3D 打印软件公司开发的，特别是 Reptier-Host 软件，非常适合开源的 RepRap 3D 打印机，可用于打印机的调试和控制。图 8-3 所示为 Reptier-Host 软件运行界面。

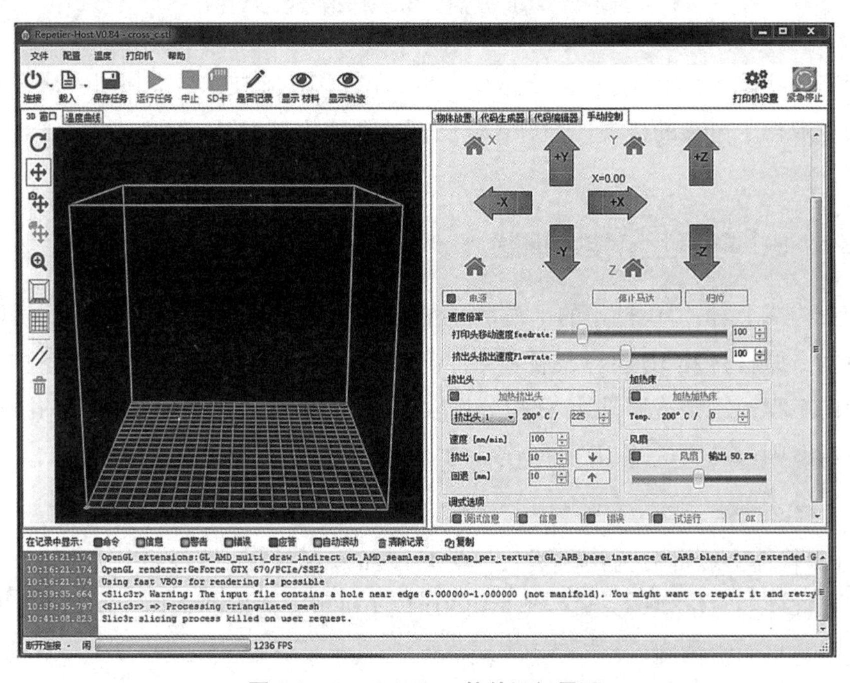


图 8-3 Reptier-Host 软件运行界面

在国产 3D 打印软件方面，虽然近些年也取得了不少研究成果，但是由于起步较晚，现有技术水平还不高，可供选择的专业软件也比较少。

**2. 3D 打印材料制备**

3D 打印材料是 3D 打印技术发展的重要物质基础之一，在某种程度上，打印材料的发展水平决定着 3D 打印应用的水平及范围。据《沃勒斯报告 2021》（Wohlers Report）数据，2020 年全球 3D 打印材料市场总规模约为 21.05 亿美元，包括工业和桌面系统用的材料，不限于金属和高分子粉末、液态树脂、丝材和粒材等，该市场相比 2019 年的 19.16

亿美元增长9.9%。其中，光敏聚合物的市场为6.349亿美元，比2019年增长了3.8%；用于粉末床的热塑性聚合物市场为6.292亿美元，比2019年增长了16.7%，包括用于激光和高温黏合剂喷射成型工艺的粉末；热塑性塑料丝材的销售额达到4.141亿美元，相比2019年的3.943亿美元增长了5.0%；金属3D打印材料的收入增长了15.2%，达到约3.834亿美元，高于2019年的3.327亿美元。图8-4所示为2020年全球3D打印材料市场分布情况。

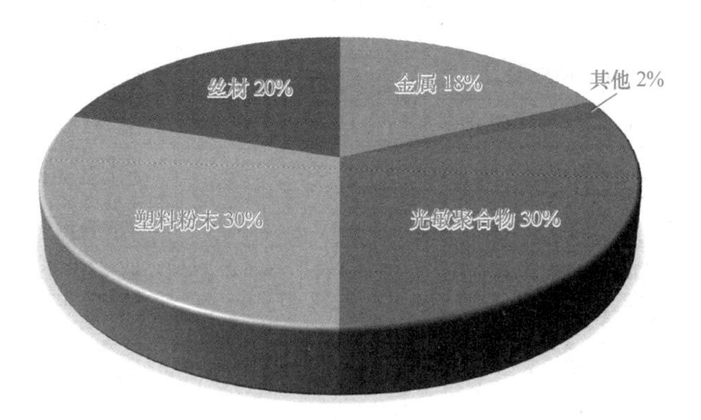


图8-4　2020年全球3D打印材料市场分布情况

目前，常用的3D打印材料主要有工程塑料、光敏树脂、橡胶类材料、金属材料和陶瓷材料等。除此之外，彩色石膏、人造骨粉、细胞生物原料及食材也在3D打印中得到了应用。这些原材料一般都是针对3D打印设备和工艺的需求专门研发的，与普通的塑料、石膏、树脂、金属合金等大有不同，其形态一般有粉末状、颗粒状、丝状、带状、片状及液态状等。例如，对粉末状3D打印材料来说，一般要求粒径为1~100μm；为了使粉末有较好的流动性，还要求粉末具有较高的球形度；同时，还要具有氧及其他杂质含量低、颗粒度均匀可控、致密性好及熔融结合强度高等特点。表8-1和表8-2分别给出了目前国外和国内部分主要3D打印材料供应商及其打印耗材产品。

表8-1　国外3D打印材料生产企业及其产品（部分）

| 序号 | 3D打印材料企业名称（国别） | 生产材料 |
| --- | --- | --- |
| 1 | 3D Systems（美国） | 聚乳酸PLA、高分子工程塑料、陶瓷粉、光敏树脂 |
| 2 | ProtoPlant（美国） | 聚乳酸PLA（不锈钢PLA和磁铁PLA） |
| 3 | ObjectForm（英国） | 聚乳酸PLA、聚苯乙烯HIPS |
| 4 | Blome Bioplastics（爱尔兰） | 聚乳酸PLA |
| 5 | 3Dom（美国） | 聚乳酸PLA |
| 6 | Stratasys（美国） | ABS塑料、ASA塑料 |
| 7 | Zortrax（波兰） | ABS塑料、聚苯乙烯HIPS |
| 8 | MyMatSolutions（西班牙） | 尼龙 |
| 9 | Taulman3D（美国） | 尼龙、PLA生物降解材料、PETG聚合物、BPETG材料 |
| 10 | 3ntr（意大利） | ASA塑料 |

（续）

| 序号 | 3D打印材料企业名称（国别） | 生产材料 |
|---|---|---|
| 11 | PyroGenesis（加拿大） | 钛粉 |
| 12 | Metalsis（英国） | 钛粉、钽粉、钨粉 |
| 13 | Praxair Surface Technologies（印度） | 钛粉 |
| 14 | Matasphere Technology（瑞典） | 钛粉 |
| 15 | Arcam（瑞士） | 钛粉 |
| 16 | LPW Technology（英国） | 钽粉、钨粉 |
| 17 | Allegheny Technologies（美国） | 镍基粉末 |
| 18 | NanoSteel（美国） | 合金钢粉末 |
| 19 | Tanaka Kikinzokukogyo（日本） | 贵金属粉末 |
| 20 | Diamond Plastics（德国） | 聚乙烯（HDPE）粉 |
| 21 | Kinergy（新加坡） | 纸 |
| 22 | DSM Somos（美国） | 光敏树脂 |
| 23 | Micron3DP（以色列） | 玻璃 |
| 24 | Exceltec（法国） | 尼龙 |

表8-2 国内3D打印材料生产企业及其产品（部分）

| 序号 | 3D打印材料企业名称 | 生产材料 |
|---|---|---|
| 1 | 北京太尔时代科技有限公司 | 聚乳酸PLA、ABS塑料 |
| 2 | 深圳市极光尔沃科技有限公司 | 聚乳酸PLA、ABS塑料 |
| 3 | 浙江闪铸三维科技有限公司 | 聚乳酸PLA、ABS塑料、PVA塑料 |
| 4 | 武义斯汀纳睿三维科技有限公司 | 聚乳酸PLA、ABS塑料 |
| 5 | 广州优塑塑料科技有限公司 | 聚乳酸PLA、ABS塑料、HIPS耗材 |
| 6 | 广东银禧科技股份有限公司 | 聚乳酸PLA、ABS塑料 |
| 7 | 深圳市瑞贝思三维成型技术有限公司 | 聚乳酸PLA、ABS塑料、聚苯乙烯HIPS、尼龙 |
| 8 | 深圳光华伟业股份有限公司 | 聚乳酸PLA、ABS塑料、聚苯乙烯HIPS、尼龙 |
| 9 | 广州飞胜高分子材料有限公司 | 聚乳酸PLA、ABS塑料 |
| 10 | 青岛宏飞达塑胶科技有限公司 | 聚乳酸PLA、ABS塑料 |
| 11 | 北京殷华激光快速成形与模具技术有限公司 | ABS塑料、光敏树脂 |
| 12 | 珠海西通电子有限公司 | ABS塑料 |
| 13 | 飞而康快速制造科技有限公司 | 钛粉、钛合金粉、铝合金粉末、模具钢粉 |
| 14 | 宁波创润新材料有限公司 | 钛粉 |
| 15 | 陕西宇光飞利金属材料有限公司 | 钛粉、镍基粉末 |
| 16 | 浙江亚通焊材有限公司 | 钛粉、不锈钢粉、镍基粉末 |

（续）

| 序号 | 3D打印材料企业名称 | 生产材料 |
|---|---|---|
| 17 | 西安铂力特激光成形技术有限公司 | 钛粉、钛合金、铝合金、高温合金、不锈钢、高强钢、模具钢、铜合金 |
| 18 | 湖南华曙高科技有限责任公司 | 覆膜金属粉、不锈钢粉、钴铬合金粉、复合尼龙粉、蜡粉 |
| 19 | 北京备份恒利科技发展有限公司 | 覆膜金属粉、覆膜陶瓷粉、聚苯乙烯（PS）粉、蜡粉 |
| 20 | 深圳市惠程电气股份有限公司 | 聚酰亚胺（PI）粉 |
| 21 | 宏昌电子材料股份有限公司 | 环氧树脂 |
| 22 | 中国科学院宁波材料技术与工程研究所 | 玻璃 |

在3D打印材料制备方面，普遍存在材料纯化性差、冷凝结晶机理复杂导致成型后物理性能难以控制、内部层间力学性能不佳等问题。以金属粉末制备为例，目前，合金粉末的制备主要有水雾化、气雾化和真空雾化等方法，其中真空雾化制备的粉末具有氧含量低、球形度高、成分均匀等特点，应用效果较佳。

高性能金属构件所用的材料，主要是钛及钛合金粉末和镍基或钴基高温合金粉末材料。目前，钛及钛合金粉末制备主要有等离子旋转电极、单辊快淬、雾化法等方法。其中，等离子旋转电极法因其动平衡问题，主要制备20目左右的粗粉；单辊快淬法制备的粉末，微观结构多为不规则形状、杂质含量高；而雾化法制备的粉末具有球形度好、粒度可控、冷却速度快、细粉成品率高等优点。但是，雾化合金粉末也容易出现一些诸如夹杂物、热诱导孔洞、原始粉末颗粒边界物等缺陷。3D打印耗材的品质不佳容易导致制品氧化物夹杂含量高、致密性差、强度低、结构不均匀等缺陷。

国外对钛及钛合金粉末制备技术的研究由来已久，技术相对成熟。国际上的3D打印设备厂商常将原材料与设备捆绑销售，以摄取高额利润。相对而言，国内对雾化设备及粉末制备工艺方面的研究起步较晚，当前还主要停留在移植和仿研阶段；高端的合金粉末及制备设备主要还依赖进口，自制的合金粉末在氢、氧含量方面均高于国外同类产品的水平。目前，国内在合金粉末制备上存在的问题主要集中在产品质量和批次稳定性等方面，包括粉末成分的稳定性（夹杂数量、成分均匀性）、粉末物理性能的稳定性（粒度分布、粉末形态、流动性、松装比㊀）、成品率（窄粒度段粉末成品率低）等。

### 3. 3D打印机零部件制造

一般来说，常见的3D打印机大体包括本体机械部件、运动部件、电控组件和加热部件等几部分。国际上，在打印机机械部件制造方面，中低精度要求的3D打印机部件制造技术已经很成熟了。但是，对于高精度、超高精度（纳米级）要求的3D打印机机械部件制造来说，仍然是世界级的难题；运动部件部分，高精度伺服电动机制造技术仍有进步

㊀ 松装密度也称为松装比，指单位容积自由松装粉末的质量，由粉末粒度、粒形、粒度组成及粒间孔隙大小决定。

的空间；加热部件里的大功率激光器或高能束发生器，对于更高要求的3D打印机来说，相关技术还有待深入研究。

我国是世界公认的制造大国，但是必须意识到，目前我国制造的3D打印机机械零部件大部分仍属于中低端机型的范畴，3D打印机高端零部件，特别是运动部件里的伺服电动机、加热部件中的高能激光器或高能电子束发生器，都属于高精尖技术范畴，仍然依赖进口。

### 8.1.2 3D打印中游技术现状

在3D打印的产业链中，中游以3D打印设备生产厂商为主，他们大多也提供打印服务业务及打印材料供应，在整个产业链中占据主导地位。在某种意义上，3D打印设备生产厂商集当代机械制造、自动控制、高能器件、三维造型及控制软件技术之大成，形成了一批采用不同成型技术、适用不同领域、各种各样的3D打印设备。下面是对全球十大3D打印机制造商的简单介绍，这些公司的情况，也代表着当前3D打印产业中游的技术与应用现状。

**1. 德国EOS公司**

德国EOS（Electro Optical Systems）公司由汉斯·兰格（Hans Langer）博士于1989年在慕尼黑创立。这是一个典型的家族企业，汉斯·兰格也是快速成型领域的专家。EOS一直致力于激光粉末烧结快速制造系统的研究开发与设备制造工作。EOS公司的第一个客户也在慕尼黑，1990年EOS向宝马公司的研发项目部卖出了第一批（3台）STEREO S400 3D打印设备。此后，EOS发布了自己的立体打印系统，并成为欧洲第一家提供高端快速成型系统的企业。经过三十多年的发展，EOS公司现在已经成为全球最大、也是技术最先进的激光粉末烧结快速成型系统的制造商，同时也为增材制造提供端到端的工业级解决方案，从零件的设计到零件的制造以及后处理，这一系列过程的综合解决方案。其产品适合应用在3C产品开发、航空航天产品、精密模具、样品打样、生物医疗等领域。2016年，EOS公司在美国芝加哥国际制造技术展（IMTS）上发布了其EOS M 400-4 3D打印机，这是迄今为止最先进的用于生产高品质金属零部件的超快速四激光器增材制造系统（图8-5）。

图8-5 EOS M 400-4四激光器高精度金属3D打印机

**2. 美国GE（General Electric）公司**

美国GE公司是制造业的百年巨头，十分关注全球技术进步和产业变革，布局3D打印技术研发较早。GE公司依托并购加速布局3D打印产业，目前，已经成为全球3D打印产业发展的引领者。新一代前沿航空推进系统（Leading Edge Aviation Propulsion，LEAP）喷气发动机燃料喷油嘴试制成功后，为保证服务的稳定性，2012 年 GE 收购了 MorrisTech 和其姊妹公司 RQM（Rapid Quality Manufacturing），初步具备了一定的 3D 打印服务能力；2013 年 GE 公司收购意大利航天公司 AVIO（艾维欧），掌握了 EBM 技术，用于制造钛铝合金低压涡轮机叶片；2015 年，GE 公司先后投资了 Carbon 公司的 DLP 技术、Optomec 公司的 Aerosol Jet 技术，开始进军非金属 3D 打印领域；2016 年，GE 公司收购了瑞典 Arcam 公司和德国 Concept Laser 公司 75% 的股权。至此，GE 公司囊括了当前世界主流的 3D 打印技术。其后，GE 公司专门成立了 GE Additive 公司，正式将 3D 打印纳入公司主营业务，实现了从 3D 打印应用企业向 3D 打印设备生产兼应用企业的跨越。2018 年 4 月 25 日，GE Additive 公司推出了一种全新的增材制造系统——GE Arcam EBM Spectra H（图 8-6）。该系统适用于处理高温和易开裂材料，随着 3D 打印机体积的增大，Spectra H 将能够在超过 1000℃ 的温度下打印制造更大的部件。

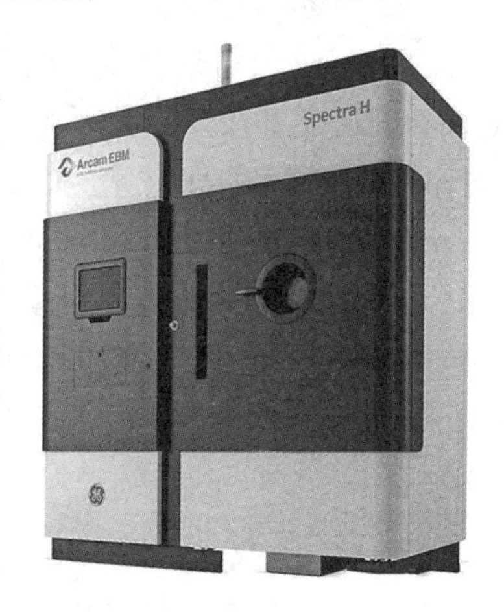

图 8-6　GE Arcam EBM Spectra H 高温金属 3D 打印机

3. 美国 3D Systems 公司

美国 3D Systems 是全球 3D 打印行业中的打印设备、扫描设备、服务、材料提供商和领先者，能够提供包括 SLA、SLS、FDM、MJP、CJP、FTI、PJP 等技术在内的各种类型桌面及工业 3D 打印机，同时也提供相应的打印材料及软件服务。3D Systems 公司提供“从设计到制造”全套解决方案，包括 3D 打印机、打印材料和云计算按需定制部件，其强大的数字化流程，真正把创意带入生活。打印可选材料包括塑料、金属、陶瓷和食品等。此外，3D Systems 公司领先的医疗解决方案包括全套仿真、培训、互动式个人化的手术和特定患者的解决方案，以及牙科类设备上的应用等。3D Systems 公司个性化的三维设计和检测产品，提供最前沿的数据采集和触摸技术，成熟的集成式解决方案替代并补充传统方法，数据输入直接打印实体物件，减小新产品开发的周期和成本。这些解决方案都可以在制作实物过程中加快设计、创造和沟通，助力客户“制造未来”。2019 年 11 月 13 日～16 日，在德国法兰克福的 Formnext 展会上，3D Systems 公司发布了 DMP Flex 350 和 DMP Factory 350 金属 3D 打印机（图 8-7），旨在为航空航天、医疗保健

图 8-7　DMP Factory 350 金属 3D 打印机

等行业关键部件的批量生产提供3D打印能力。

**4. 美国Stratasys公司**

美国Stratasys公司是全球3D打印的行业领导者，由原Stratasys Inc和以色列Objet Geometries公司于2012年合并而成，合并后的公司更名为Stratasys Ltd，主营3D打印设备、打印耗材及提供打印服务，产品线非常丰富。Stratasys公司利用资本的力量，拥有了Solidscape（高精度蜡模打印）、MakerBot（桌面级FDM 3D打印机）、Objet（PolyJet喷射型打印）、GrabCAD（机械工程师模型设计平台）等系列3D打印领域一流的产品和技术。2021年2月，Stratasys公司发布了Stratasys J700 Dental 3D打印机（图8-8），这是唯一开箱即用、为生产透明牙齿矫正器而专门设计的3D打印机，能够在确保质量的情况下进行批量3D打印。

**5. 美国Carbon公司**

美国Carbon公司发明了连续液界面制造（Continuous Liquid Interface Production，CLIP）技术和工程级的反光膜材料，比传统的光固化3D打印技术快100倍，登上了《科学》（Science）杂志封面，震惊了全球。这是由北卡罗来纳大学教堂山分校（University of North Carolina at Chapel Hill）化学教授、Carbon公司的CEO约瑟夫·德西蒙尼（Joseph M. DeSimone）与他的同事共同发明的一项技术。2016年4月2日，Carbon公司推出了第一款基于CLIP技术的商业3D打印机M1。2022年初，Carbon公司发布了2款全新的机型Carbon M3（图8-9）和Carbon M3 Max，使用了创新的下一代数字光合成（Digital Optical Synthesis，DLS）技术，可提供更高的打印速度和一致性、更好的表面粗糙度和更大的构件体积，当然也还有更简单的打印体验。

图8-8 Stratasys J700 Dental 3D打印机

图8-9 Carbon M3 3D打印机

**6. 美国 Formlabs 公司**

美国 Formlabs 公司成立于 2011 年，由麻省理工学院（MIT）媒体实验室的三位学生创立。公司主营业务是为专业用户提供一整套软硬件结合的桌面光固化 3D 打印系统，产品主要应用于教育、牙科、医疗保健和珠宝等行业。图 8-10 所示为 Formlabs 公司的 Form 3 和 3BL 型桌面 3D 打印机示例。

图 8-10　Form 3 和 3BL 型桌面 3D 打印机

**7. 美国 Desktop Metal 公司**

美国 Desktop Metal 公司来自马萨诸塞州，这是一家立志打造桌面级金属 3D 打印机的初创企业。它采用独特的技术进行金属打印，而不是多数公司所采用的激光。其创始人里克·富洛普（Ric Fulop）在此之前已经成功创建了 6 家公司，涉足的领域十分宽广，包括了软件、半导体和通信等，其团队汇集了许多天才型的开发者、设计师和工程师，以及多位出自麻省理工学院（MIT）的专家教授。公司产品包括碳纤维、金属 3D 打印机，及用于批量生产的 3D 打印系统。2020 年，Desktop Metal 宣布其 Shop Metal 3D 打印机开始批量生产和全球安装（图 8-11）。

图 8-11　Shop Metal 3D 打印机

**8. 德国 Concept Laser 公司**

德国 Concept Laser 公司于 2000 年由弗兰克·赫佐格（Frank Herzog）创立，是世界领先的金属零件 3D 打印设备供应商之一。自 2016 年 12 月之后，Concept Laser 成为美国通用电气（GE）旗下子公司 GE Additive 的一部分，其核心技术是 Concept Laser 公司获得专利授权的 Laser CUSING 技术，基于粉末床的激光熔融金属在制造零件方面开辟了新技术，从而允许在非常小批量的情况下，免工具、经济高效地打印高度复杂的金属零部件。公司的客户来自许多不同的行业，例如医疗和牙科，航空航天工业，模型和模具制造，汽车工业以及钟表和珠宝行业等。图 8-12 所示为 Concept Laser 公司的 X line 2000 型工业级金属3D打印机。

**9. 德国SLM Solutions公司**

SLM Solutions公司来自德国，该公司拥有选择性激光熔融（SLM）技术的相关专利，主要生产SLM技术的金属3D打印机。SLM公司为其3D打印机提供了丰富的功能，包括支持自由曲面的复杂几何创新设计，可以通过设计优化，减小构件质量，实现轻量化制造，以及在打印速度方面具有显著的优势。SLM Solutions公司拥有来自全球各个行业的客户群体，包括航空航天、汽车、模具、能源和医疗保健行业，以及研究和教育领域。图8-13所示为SLM 500工业级金属3D打印机。

图8-12 X line 2000型工业级金属3D打印机

图8-13 SLM 500工业级金属3D打印机

**10. 比利时Materialise公司**

Materialise公司是由威尔弗里德·范克莱恩（Wilfried Vancraen）在欧盟研发框架计划的资助下，于1990年6月28日在比利时鲁汶创立的。该公司虽不生产3D打印机，却是世界最大的3D打印服务系统解决方案和3D打印软件的顶级提供商。其客户遍布各类行业，包括医疗保健、汽车、航空航天、艺术设计和消费品。自公司创立以来，Materialise一直专注于研发3D打印技术的创新应用，很多来自中国及欧美的工业级3D打印机厂商，都在使用该公司的3D打印软件。图8-14所示为Materialise 3-Matic 3D打印造型设计软件及其设计打印的猛犸骨骼示例。

a) 3-Matic 3D打印软件　　b) 3-Matic软件造型打印的猛犸骨骼

图8-14 Materialise 3-Matic软件及其设计打印的猛犸骨骼

当然，随着对3D打印技术研究的深入和科学技术的发展，不久的将来，会有更多创新技术或新材料出现。届时，也必将会涌现出新一批拥有更先进技术的3D打印技术公司。

### 8.1.3 3D打印下游应用现状

3D打印产业链的下游行业应用，已覆盖航空航天、汽车工业、船舶制造、能源动力、轨道交通、电子工业、模具制造、医疗健康、文化创意、建筑等各领域。据《沃勒斯报告2021》（Wohlers Report）数据显示，2020年使用3D打印最多的行业是汽车工业，遥遥领先，占比为16.40%；消费/电子领域和航空航天领域则紧随其后，分别为15.40%和14.70%。图8-15所示为2020年3D打印在全球各行业中的应用占比情况。

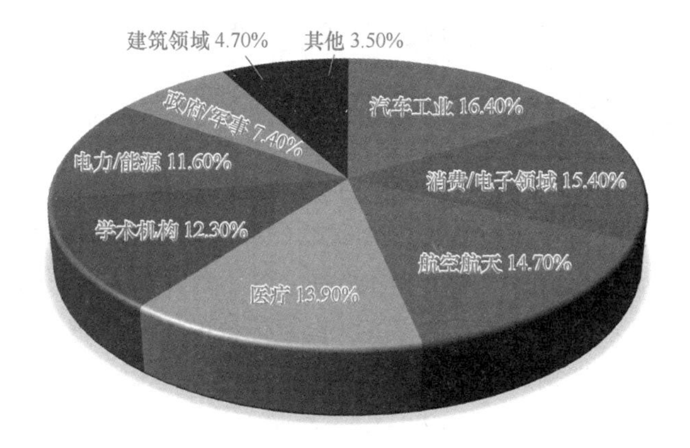


图8-15　2020年3D打印在全球各行业中的应用占比情况

国内3D打印应用需求量较大的行业包括政府、航天和国防、医疗设备、高科技、教育以及制造业。目前，应用领域排名前三的是工业机械、航空航天和汽车，分别占市场份额的20.00%、17.00%和14.00%，如图8-16所示（来源：智研咨询）。

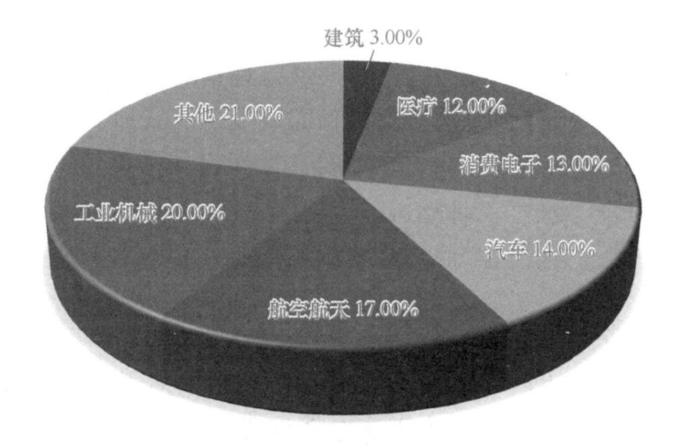


图8-16　我国3D打印应用行业占比情况

从全球行业发展情况来看，3D打印产业仍处于高速增长期。我国也在不断突破技术壁垒的过程中，3D 打印产业持续增长，正在逐渐进入大规模产业应用期。工业 3D 打印已成为应用的主流方向，在航空航天、汽车、航海、核工业以及医疗器械等领域，对金属 3D 打印的需求旺盛，应用端呈现快速扩展态势。同时，3D 打印应用的深度和广度正在持续扩张，已经开始从简单的概念模型验证向功能部件直接制造的方向发展；在生物医疗领域，3D 打印正在从“非活体”打印逐步进阶到“活体”打印。

## 8.2　3D 打印助力制造业数字化转型

3D 打印技术是数字化与制造业结合的典型，给传统制造技术带来了颠覆性的创新，也带来了无限的可能性。目前，越来越多的传统制造企业已经开始或正在考虑应用 3D 打印技术推进数字化转型，这在全球已形成了一股不可阻挡的潮流。

### 8.2.1　基于数字模型改变传统制造方式

从工作原理上看，3D 打印是以计算机三维设计的数字模型为蓝本，通过软件将其离散分解成若干层平面切片，再由数控成型系统利用激光束、热熔喷嘴等方式将材料进行逐层堆积黏结，进而叠加成型，制造出实体产品。这不仅从根本上改变了依赖图样、车、铣、刨、磨等工艺加工零件的传统制造方式，也对传统的工艺流程、生产线、工厂模式、产业链组合产生了深刻的影响。3D 打印的这种颠覆性效应可以从其技术优势上体现出来。

#### 1. 制造复杂物品不增加成本

就传统制造业而言，物体形状越复杂，制造成本越高。对 3D 打印机而言，制造形状复杂的物品成本增加并不显著。一般来说，制造一个形状复杂的物品并不会比一个简单的方块消耗更多的时间、技能和成本。制造复杂物品而不增加成本，这将打破传统的定价模式，并改变制造成本的计算方式。

#### 2. 产品多样化不增加成本

一台 3D 打印机往往可以打印各种不同的形状，而传统的制造设备加工的形状种类有限。3D 打印机省去了培训操作工或购置新设备的成本，产品种类多样化，并不会增加太多的成本。一台 3D 打印机只需要不同的数字设计蓝图和一批新的原材料，就可打印出琳琅满目、任何形状、多种材料、多种颜色的产品。这对传统制造来说是不可想象的。

#### 3. 无须组装

3D 打印技术能实现部件的一体化成型。传统的大规模生产建立在组装线基础上，在现代工厂，机器生产出不同的零部件，然后由机器人或工人进行集中组装。产品组成的部件越多，耗费的组装时间就越长，人工成本就越高。3D 打印机通过分层制造不仅可以同时打印多个零件，而且，在某些情况下还可以打印组装好的产品。例如，打印一扇门及上面的配套铰链，采用 3D 打印技术就可一次完成，无须组装。省略组装过程，就缩短了供应链和工期，节省了劳动力和搬运方面的花费。

### 4. 交付周期短

3D 打印机可以按需打印，即时生产，这一方面缩短了生产准备周期，另一方面减少了企业的实物库存。企业可以根据客户订单，使用 3D 打印机制造出定制或特殊的产品，以满足客户需求。在这种情况下，新的按需就近制造的商业模式也将成为可能。如果物品按需就近生产，交付周期将大幅缩短，就能最大限度地减少库存资金占用和长途运输的物流成本。

### 5. 设计空间无限

传统制造技术和工匠制造的产品的形状受制于所使用的工具，设计师也只能根据机床设备的加工能力来进行设计。例如，传统的木制车床只能制造回转形物品，铣床只能加工用铣刀加工的部件，制模机仅能制造模铸形状等。但是，3D 打印可以突破这些局限，为设计开辟无限的创意空间，甚至可以制作目前可能只存在于自然界的形状。

### 6. 零技能制造

传统制造的操作工，需要当几年学徒才能掌握所需要的技能，车、铣、刨、磨需要熟练的操作工才能操作。相比而言，计算机控制的 3D 打印机降低了对使用者技能的要求，打印机从设计的数字模型文件里就能获得各种指令，并实现产品的制造。制作同样复杂的物品，3D 打印机所需要的操作技能比任何传统机器都少，这使得零件的加工几乎与操作人员的技能无关。利用 3D 打印，通过网络在远程环境或极端情况下也能为人们提供新的生产方式，同时，零技能制造也为开辟基于“互联网+”的新的商业模式提供了可能。

### 7. 不占空间、便携制造

就单位生产空间而言，与传统制造的机床相比，3D 打印机的制造能力更强、所占空间更小。例如，注塑机只能制造比自身小很多的物品，与此相反，3D 打印机可以制造与其打印平台一样大的物品。3D 打印机调试好后，打印部件可以自由移动；通过移动打印头或手动操作，3D 打印机有时也可以制造比自身还要大的物品，如在建筑 3D 打印时。较高的单位空间生产能力，使得 3D 打印机更适合家用或办公使用，因为它们所需的物理空间更小。

### 8. 减少材料浪费

与传统的金属切削“减材”制造技术相比，3D 打印通过“增材”制造金属零件时产生废料更少。传统金属切削加工的浪费量惊人，在一个工件加工中，有时会有多达 90% 的金属原材料被切削掉，成为废料。相比之下，3D 打印制造金属零件时几乎是零废料。随着打印材料的进步，“净成型”制造有望成为更节约、更环保的加工方式。

### 9. 材料无限组合

对传统的机床而言，将不同原材料结合成单一产品是很困难的，因为传统的机床在切割或模具成型过程中，并不能将多种原材料融合在一起。随着多材料 3D 打印技术的发展，未来将不同原材料融合在一个产品中并非难事。以前无法混合的原料在混合后将形成新的材料，提供更多的性能、色调种类的选择，打印出的产品也将具有独特的属性或功能。

**10. 精确的实体复制**

就像数字音乐文件可以被无限复制，且音频质量并不会下降一样，未来3D打印技术也可以将数字精度扩展到实体世界。扫描及CAD造型技术与3D打印技术相结合，将共同提高实体世界和数字世界之间形态转换的分辨率，人们可以扫描、编辑和复制实体对象，创建精确的副本或优化原件，并将它们新的数字形态以实体形式展现出来。

### 8.2.2 全面支持互联网云制造

云制造是在“制造即服务”理念的基础上，借鉴了云计算思想发展起来的一个新概念。云制造是先进的信息技术、制造技术以及新兴物联网（IoT）技术等交叉融合的产物，是“制造即服务”理念的体现。它采取包括云计算在内的当代信息技术前沿理念，支持制造业在广泛的网络资源环境下，为产品提供高附加值、低成本和全球化、定制化的制造服务。

在云制造中，为了尽可能减少信息交换中标准和规范不一致所带来的问题，需要建立统一的信息交换标准和规范，这也关乎面向云制造的产品和服务质量保证体系的建立。难点是涉及的行业、产品、企业、过程和环节太多，信息交换的需求多且变化快。此外，云制造制品的质量深度依赖于云平台上的机床的性能、状态，以及操作工人的熟练程度等诸多因素，而且，这些硬件条件的升级与准备往往意味着大量的资金投入。

与传统制造能力相比，基于数字模型的3D打印更具备天然的优势。

1）采用标准化的数字模型进行数据传递，不存在信息偏差。例如，传统生产中对图样的理解出现异议是经常存在的现象，但3D打印的模型数据信息是唯一的、确定的且无二义性的。

2）3D打印设备对操作者个人要求不高，便于利用云资源建立分布式的异地生产基地。

3）制品质量易于控制。3D打印的制品质量通常跟选用的材料和打印机的品质（包括品牌、成型方式、精度等）有关，这些都可以在生产开始之前选定，与操作人员无关。

目前国内已有企业开始了“云制造+3D打印”的尝试。例如，航天科工旗下全国第一个工业互联网平台——航天云网（航天云网-国家工业互联网平台）成果显著。自2015年上线以来，目前已有注册企业超过60万户，实现了数百亿交易额，形成了“资源共享、能力协同、互利共赢”的工业互联网门户。航天云网不仅看中了“互联网+”的全新模式，还引进增材制造技术（3D打印）入驻平台，初步形成了“互联网+3D打印”的全新制造业态，做到了全程无人化的操作，同时，还可以做到互联网数据的实时监控，真正地实现了哑岗位、哑设备、哑企业的“三哑”状态。

“互联网+3D打印”的全新制造业态，不仅为互联网平台提供了线下保障，同时也为3D打印增加了一抹全新亮点，可谓强强联合。相信随着技术研究的深入，未来会有更多的3D打印技术亮相国内各类制造云平台，透过云端服务让制造变得更个性化、更简单。

### 8.2.3 为数字化制造的实现提供新动能

3D打印以其强大的成型能力拓展了设计上的自由度，其固有的依据CAD模型打印成型的特点，使得数字化设计与制造成为可能；从设计、制造到产品数据的同源性和统一性，保证了全流程数字化，以及以此为基础的数字制造系统的高效、灵活和持续改进；其满足个性化、定制化和快速响应的优势，更是数字化制造的意义所在。从这些方面来看，3D打印本身就是一种数字化制造方式的说法恰如其分。

3D打印技术的出现、发展与数字化的历史进程是相辅相成的。一方面，3D打印与机器人、物联网、人工智能（AI）等技术一样都是数字化的关键支撑技术。如果说物联网、人工智能、机器人解决的是感知（Sensing）、决策（Decision making）和执行（Manipulation）的问题，那么3D打印则从制造的角度使得这一数字化链条更加完整；另一方面，3D打印的增材制造方式所带来的极大自由度、灵活性，也需要数字化技术（如物联网、数字孪生等）的加持，以应对复杂性和不确定性，使得这一制造方式能够快速满足现实需要。

3D打印为数字化制造生态的建立提供了更多的可能。如果简单地从设备的角度把3D打印看成是打印工艺-设备或应用场景-打印工艺-设备-流程优化-制造服务提供，最终过渡到24/7连续性、数字化制造这样一种生产工具，就会割裂3D打印与整个数字制造生态的关联。对3D打印来说，一方面必须打通3D打印从设计输入、打印过程、后处理到最终成品使用的整个流程中的数字链条或者数字主线（Digital Thread），真正实现全流程数字化制造；另一方面，也要考虑借助数据驱动、物联网等技术，来完成诸如打印过程数字孪生、打印质量监测和预测、打印缺陷报警、设备预测性维护、工艺过程优化乃至产线调度、分布式制造等功能。在这样一个“增材制造+”生态发展的模式中，3D打印无疑扮演着十分重要的促进者的角色，而且其数字化制造主线是清晰可见的。

近年来，也有公司尝试将区块链与3D打印技术深度融合，借以赋能数字化智能制造。利用区块链的去中心化、可追溯、不可篡改的特点，可以快速实现点对点之间的可信信息交互、资源共享，为3D打印实现按需、即时、就近生产提供可信的交易保障，有效减少中间环节，大大降低成本。根据德勤（Deloitte）的研究报告，区块链与3D打印结合的几大契合点包括：分布式自动化组织特点，接近实时，防数字侵权，以及不可磨灭和可追溯性。

## 8.3 人工智能在3D打印中的应用

人工智能（AI）是研究、开发用于模拟、延伸和扩展人的智能的理论、方法、技术及应用系统的一门新兴技术科学，是计算机科学的一个分支。自从1956年正式提出人工智能算起，50多年来，期间经历了长时间的沉淀，近年来其研究取得了长足的发展，已成为一门涉猎广泛的多学科交叉的前沿科学。

目前，人工智能已经广泛应用于国民经济的各个领域，在制造业的应用也在逐步深入，在3D打印领域也有不少成功的应用案例。

1）利用机器学习与机器视觉技术，实现金属3D打印粉末的鉴定。在金属熔融的过程中，每个激光点都可以创建一个微型熔池，从粉末融化到冷却固化的过程中，多种因素会对最终产品的质量产生影响。美国卡内基梅隆大学（Carnegie Mellon University）工程学院的研究人员，开发了针对金属3D打印材料的机器视觉技术，通过学习可自动识别和分类不同种类的3D打印金属粉末，准确度高达95%以上。

2）利用深度学习，进行3D打印制品的建模与优选。丹麦哥本哈根IT大学（IT University of Copenhagen）和美国怀俄明大学（University of Wyoming）的计算机专家们于2016年合作开发出了一种可以创作3D打印艺术品的人工智能软件。它能够在无人干涉的情况下，使用深度学习和建模引擎来创建3D对象。据介绍，他们使用了图像识别技术，进行高级别数据抽象的建模；再利用深度神经网络按照可以打印、彩色的、能够突出有趣的特性等指标，挑选出满足要求作品的3D模型；然后，将其送到在线3D打印平台Shapeways打印机上，用彩色砂岩材料进行3D打印。

美国布朗大学（Brown University）的迈克尔·布莱克（Michael Black）教授团队开发了一种技术，能够将人体用更精确的方式数值化。与普通的人体扫描不同的是，他们通过人工智能技术来实现自我学习，可以收集、数值化和整理关于人体外形、姿态和运动时的动态等数据。更精准的数据意味着，可以使用这些数据通过3D打印来制作服装，或者进行人体假肢或其他医疗器械的3D打印。

MeshUp是由挪威Uformia公司开发的一款网格的智能混搭软件，它可以利用智能算法混合任意数量的网格，来创建新的可直接输出到3D打印机的数字化对象（图8-17），这给设计师提供了更自然的建模体验。即使没有任何3D建模经验的人，也可以毫不费力地进行模型创作，并保证创作者的模型时刻可以开始进行3D打印。

图8-17 MeshUp创建的模型

3）利用人工智能实现3D打印过程的智能纠错。位于英国伦敦的AI Build公司，开发了一种基于人工智能的自动化3D打印平台。设备中配备了AI智能挤出机，在打印过程中检测到有问题时，系统能够自主做出应对决策。人工智能技术的使用，使该产品能够在执行打印任务的过程中智能自治，实现零差错打印，是真正的自动化革命性的方向。

4）利用人工智能辅助模型分析与处理。美国普林斯顿大学（Princeton University）罗林杰（Linjie Luo）和同事们于2012年研发了一款计算机软件Chopper，能够将大型3D模型自动切割成若干部分，使较小的打印机也能够打印出来。同时，能自动添加连接结构，使各部分经打印之后能方便地拼装到一起，成为一个完整的物品。该软件利用机器学习算法，使切割的接缝尽可能远离受力点，并以最少切割次数为最佳。要优化这样的算法并不容易，但是Chopper现在基本上能够计算出比人类设计师设计的分割更优化的方案（图 8-18）。

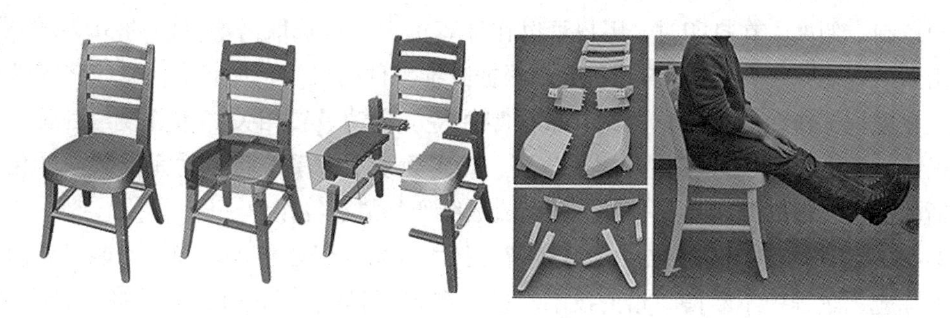

图 8-18 Chopper 软件分割的椅子示例

当前，3D 打印的主要矛盾在于有限的打印设备精度和用户期待的理想打印质量之间存在着较大的差距，而通过对 3D 数字模型进行智能分析，能有效地缓解这一矛盾。比如，可对 3D 形状的频域特征空间进行智能化分析，优化生成与当前打印机精度实现最佳匹配的 3D 数字化模型（图 8-19）。

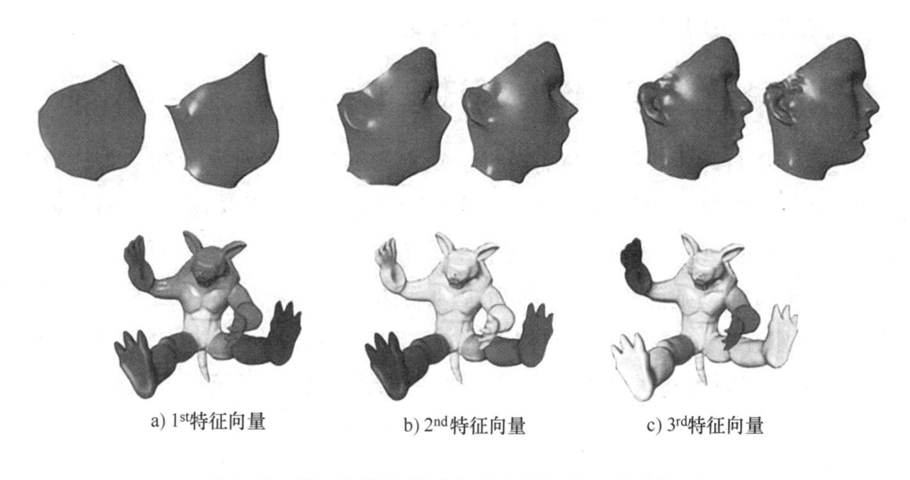


图 8-19 3D 形状的频域特征空间智能化分析示例

可以预见，以视觉计算、模式识别、机器学习等为代表的智能化技术，将会更深入地“渗透”进 3D 打印产业的方方面面。AI 系统配以低成本的传感设备，可以进行自动感知捕获、特征提取、统计分析以及智能化定制设计，赋能 3D 打印，满足高附加值“批量定制”的工业需求。

### 8.3.1 人工智能在 3D 打印中的应用优势

在大数据和信息化的背景下，单一功能的 3D 打印机已不能顺应时代发展的需要。将 3D 打印与大数据、信息化、人工智能相结合，或将成为 3D 打印技术发展的新趋势。这种结合将带来以下优势。

1）依托智能化，简化操作流程。利用人工智能，3D 打印机将会摆脱过去依赖人为操作的传统控制模式，将原本的复杂化操作流程大部分或者完全交给人工智能系统进行处理和控制。例如，在打印时，用户可以在计算机中直接选取需要打印的3D零件模型，再利用人工智能算法，使3D打印机自动根据三维零件的尺寸、形状等信息，将零件合理地摆放在虚拟工作台的相应位置，并根据零件特征自动设置相关打印参数，然后系统会自动确认、校准三维图形零件的摆放位姿，确定无误后，系统将自动完成数据转化、设备诊断的流程，最后开始实际打印，并完成最终产品清理等作业。

2）强化学习能力和容错能力。人工智能技术具备从经验中汲取知识的能力，使其可以在实际应用过程中不断提高相关技术水平。在3D打印领域，机器学习将会促使3D打印技术持续自我优化和完善，进而提升3D打印效果。例如，在进行3D砂模打印时，可以通过机器视觉技术，在零件分层累积过程中，有效读取各层次轮廓的填充数据，然后将获取的数据与现有数据模型进行对比分析，确定各层对应像素点的重合度以及填充尺寸的偏差，进而通过人工智能算法，对3D打印机运动控制系统和填充轨迹进行实时调整，提高打印质量。

人工智能的应用给3D打印带来了让人耳目一新的变革。而且，只有通过人工智能的深入应用，才有望使3D打印技术的发展行稳致远。

## 8.3.2 人工智能在3D打印中应用存在的问题

人工智能和3D打印都是新兴的前沿科学技术。尽管很多研究者都认为，将人工智能技术运用到3D打印领域，可以有效地推动3D打印技术的发展及普及，但目前在商用3D打印机上，二者的融合还不多见。具体来说，存在以下问题。

1）缺乏人工智能基础。受人员、研究基础等方面的影响，如今这两种技术的实际结合更多的还是停留在理论层面，对具体应用的研究则相对较少。这导致现有的3D打印设备大多在控制方面普遍存在着智能化程度不高等诸多不足，以至于不仅生产过程对操控者的综合素质有着较高的要求，而且实际的生产率也相对较低。这些影响因素最终会导致生产成本的增加，不利于企业的长久健康发展，这在一定程度上削弱了企业对相关技术研发的积极性。事实上，要想使3D打印技术快速健康发展，与人工智能的融合将是一个不可回避的问题。这需要企业与科研院所、高等院校一起，依托产学研合作开展技术突破及创新。

2）缺乏技术创新。目前，我国在人工智能与3D打印相结合领域的研究还不够深入。由于技术环境、人才资源以及资金等因素的限制，3D打印及其配套技术的创新发展速度也相对缓慢。这不仅导致3D打印技术的应用成效受到严重制约，也使得3D打印与人工智能技术之间的融合发展受到一定的阻碍。虽然两种技术都已经逐步走向成熟，但由于二者均是独立研发的，所以关联性相对较弱。有必要根据两种技术的发展的实际情况，建立一种合理的合作机制，不仅要进行技术融合，也要促进人才融合，这样才有可能保障人工智能与3D打印技术的融合落到实处。

3）研究基础薄弱，投入不足。目前，对3D打印硬件设备的研发主要以企业牵头，投入不足，研发力量较弱。学术界虽然对人工智能在3D打印领域中应用开展了相应的研究，但实际取得的研究成果却相对较少，大多还停留在理论层面；开发的打印设备也大都处于实验室水平，离商用化应用还有一定差距。这导致与 3D 打印设备的设计优化及智能化故障诊断相关的工作难以有效开展。由此可以发现，加大投入力度，强化基础研究及成果转化引导，是推进人工智能在 3D 打印领域应用的关键。

4）缺乏高素质人才。21 世纪不仅是信息的时代，也同样是人才的时代，行业的发展需要有充足的高素质人才作为支撑。3D 打印和人工智能技术对高素质创新人才的依赖性更强，然而结合实际情况来看，业内高素质人才极为缺乏，而兼具两大领域创新能力的领军型综合人才更是少之又少，此种情况严重制约着人工智能在 3D 打印领域中的应用进程。

引进国外先进研发理念，重视市场需求拉动，强化产学研用合作，夯实新材料、工业软件等基础研究，或许是占领 3D 打印技术高地、在高端智能化 3D 打印领域实现弯道超车的正确选择。

## 8.4 3D 打印未来的趋势

从物联网到云计算，从自动化机器人到 3D 打印制造，新时代能源与信息的重新组合使得规模经济提高了资源的利用率，降低了生产成本，这可以说是下一次工业革命的基本形态。以 3D 打印技术为代表的快速成型技术，被看作是引发新一轮工业革命的关键要素。未来，3D 打印的发展将呈现以下趋势。

### 8.4.1 3D 打印材料走向多元化

材料是 3D 打印的关键，在某种程度上制约着 3D 打印技术的发展。3D 打印制品的制备技术、设备构造及制品的具体性能都与材料有关。材料既决定了 3D 打印的应用范围，也决定了其发展的方向。目前，常见的 3D 打印材料有聚合物、金属和陶瓷等，近年来也陆续出现了一些新兴的材料。

对 3D 打印新材料的渴求，源自于需求的拉动。随着应用的普及，人们不只关注 3D 打印设备价格的高低，对 3D 打印产品的力学性能和可加工性的要求也越来越高，在抗腐蚀、耐磨、耐热性等方面的要求也越来越苛刻。例如，在航空航天领域，3D 打印的合金材料不仅要便于打印成型，还需要有较高的成型精度和表面质量。这往往是打印成型后，在后处理阶段通过车、磨等工艺来完成的。因此，对打印材料的机械加工性能也有了新的要求。

据统计，目前已经有 300 多种适用于 3D 打印的材料问世。但是，这对于涉及国民经济方方面面的制造业来说，还远远不够。以目前金属 3D 打印为例，能够实现打印的材料仅为不锈钢、高温合金、钛合金、模具钢以及铝镁合金等几种最为常规的材料。未来，仍然需要在新材料研发领域加大投入力度，使 3D 打印材料向多元化发展，并建立起与之相应的材料供应体系。材料的多元化也必将极大地拓展 3D 打印技术的应用范围。

## 8.4.2 3D打印软件向智能化发展

对于3D打印这一数字化特征尤为明显的制造技术，软件是解锁3D打印产业化潜力的关键基础技术之一。目前，涉及3D打印领域的软件可以说是一个“大家庭”，它包括了辅助设计（CAD）、仿真分析（CAE）、工作流（ERP/MES）、辅助制造（CAM）、质量管理与信息安全（Quality Assurance and Security，QA & Security）等软件工具（图8-20）。

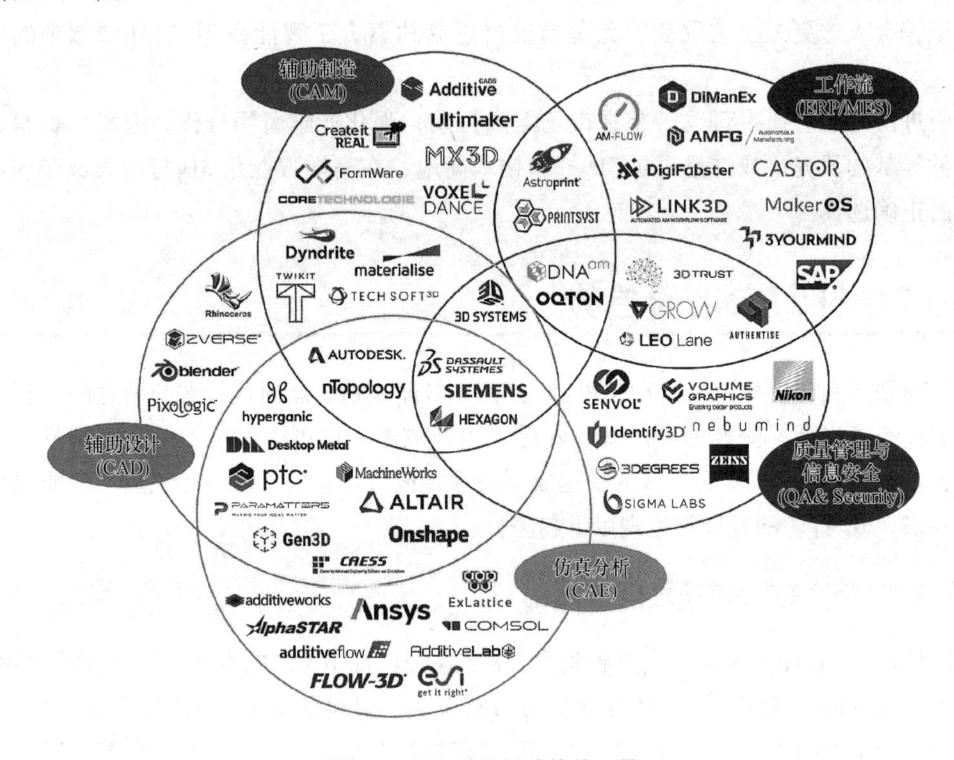


图8-20 3D打印相关软件工具

（1）辅助设计（CAD） 用于设计3D打印零件的CAD软件与传统制造所使用的软件基本相同，包括达索系统（Dassault Systemes）的CATIA、西门子（Siemens）的UG、PTC（Parametric Technology Corporation）的Pro/E和欧特克（Autodesk）的SolidWorks等。也有些软件工具可以针对增材制造的特点进行表面和结构优化，包括填充复杂的胞元结构、空心特征和添加数字纹理等，例如，欧特克的Netfabb、比利时的Materialise、美国创业公司的面向增材制造的高效设计平台nTopology和美国Zverse公司的CADaaS等。这些软件的一个典型特征是更智能，例如，在传统的CAD软件中，晶格和蜂窝结构是通过手工来构造的，非常耗时，而利用nTopology，可以通过计算机的算法来自动完成复杂蜂窝结构的建模过程，非常便捷。将拓扑优化与创成式设计集成到CAD软件中，利用AI算法来提升软件工具的智能，已成为CAD软件发展的一个趋势。

（2）仿真（CAE）软件　通过计算机辅助工程（CAE）仿真的力量驱动设计、管理复杂性、预测潜在的问题，已成为产品设计与生产过程，甚至是产品运营过程中不可或缺的关键环节。在3D打印中，CAE不仅用于优化设计，还用于预测、优化制造过程和开发新材料，包括改善金属增材制造的设计流程、对工艺过程的理解、机器生产率、材料利用率、可重复性和质量等；减少打印失败、打印时间、不合格零件、后处理、试错、设备维护周期和对环境的影响；开发新材料、新机器、新参数，及个性化微观结构和期望的材料属性。例如，可以利用CAE的结构和热场有限元（Finite Element Analysis，FEA）以及流体动力学（Computational Fluid Dynamics，CFD）分析，在制造前预测性能、优化设计并验证产品品质；零件经过结构流体特性拓扑优化、结构拓扑轻量化以及尺寸优化设计之后，再利用3D打印制造出来。Autodesk公司于2019年11月宣布与工业仿真分析软件企业ANSYS合作，双方将建立起设计软件与仿真软件的无缝互操作性，为制造业用户提供革命性的设计与工程敏捷性的软件工具。

（3）辅助制造（CAM）　目前，更高级的工业增材制造用户，通常利用第三方处理工具来获得更多控制能力和效率。这种独立的3D打印CAM软件，不仅能够在处理计算要求高、复杂、高分辨率的构件模型中发挥作用，同时也可以适用于不同的3D打印设备，包括Netfab（Autodesk），Magics（Materialise）和Dyndrite等。值得一提的是，美国的创业公司Dyndrite开发了一种新的用于增材制造的3D几何内核，使用原始的数学表示形式（B样条曲线，NURBS和B-rep数据）来提供更好的增材填充路径。与传统方法不同，新算法并不依赖像STL这样的数百万个三角片来定义打印模型，有效地避免了“数据膨胀”，有助于提升打印零件的质量。

（4）工作流软件（MES/ERP/PLM）　制造工作流程软件的重要性，已被大多数制造企业所认可，包括制造执行系统（Manufacturing Execution System，MES）、企业资源计划（Enterprise Resource Planning，ERP）和产品生命周期管理（Product Life-Cycle Management，PLM）等。目前，3D打印仍然是一个“黑匣子”过程，各种数据收集的机会潜在地分布于离散的操作过程中，如打印准备、打印模拟、实时监控和分析、跨机器通信以及设施的调度、工件后处理等。将3D打印集成到企业运营的整体信息流中，不仅仅是管理增材制造过程中所涉及的具体工艺步骤，也意味着企业数字化转型提升到了新的水平。现在许多3D打印软件供应商，都提供了管理增材制造工作流的解决方案。例如，Materialise、AMFG、3YourMind、Authentise、Link3D、Oqton等软件提供商，正在通过重新定义传统MES，来满足3D打印的自动化管理及企业数字化制造的需求。

（5）制品信息安全与质量管理（QA&Security）　制品信息安全与质量管理对3D打印这样高度依赖数据驱动的新型制造方式来说无疑是十分重要的。3D打印的制品质量不仅仅是指其表面特征，也包括零件内部缺陷。Micro CT检测（X射线CT）是一种新型的3D金属产品检测工具，其他包括涡流检测、超声检测（Ultrasonic Testing，UT）、白光干涉检测、非相干光学检测等。其中，涡流检测只能检测零件近表面区域的缺陷；超声检测适用于靠近表面的简单几何，能测量到的内部区域比较有限；光学及干涉技术只能检测零件的表面的特征。尽管干涉技术的分辨率更高（高达几个纳米），但Micro CT能一次扫描到零件的内外表面，确定制品内部的松动、气孔、缩孔和裂缝的大小和位置，分辨率可达到微米水平，有些时候甚至能达到微米水平以下（几百个纳米的量级）。图8-21所示为一个3D打印零件CT扫描的示例。市场上提供制品信息安全与质量管理软件的公司有很多，如OQTON、SENVOL等。智能化是这些公司软件产品发展的共同趋势。

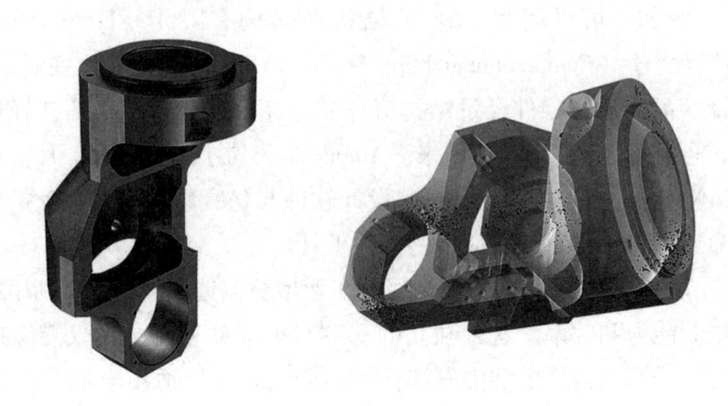

图8-21 3D打印零件CT扫描示例（右图中红点表示制品内部缺陷）

### 8.4.3 装备向大型化和微型化演化

随着3D打印应用领域的扩展，对制品成型尺寸的要求正在走向两个极端。

一方面是往"大"处跨。从小饰品、鞋子、家具到建筑，尺寸不断被刷新，特别是在汽车制造、航空航天等领域，对大尺寸金属精密构件的需求较大。例如，2016年珠海航展上西安铂力特公司展示的一款3D打印航空发动机中空叶片，总长度达933mm；同年，美国橡树岭国家实验室（Oak Ridge National Laboratory，ORNL）和波音公司合作的一个机翼的3D打印件获得了吉尼斯世界纪录认证，成为世界上迄今为止最大的3D打印件。这个打印件由ABS塑料和碳纤维复合材料构成，大小为长5.33m、宽1.68m、高0.46m，其结构长度相当于一辆大型SUV，质量约为1650lb（748.43kg），打印历时约30h，将用于波音777x飞机的制造（图8-22）。

另一方面是向"小"处走，可达到微纳米水平。微型化可以在强度硬度不变的情况下，大大减小产品的体积和质量。例如，哈佛大学（Harvard University）和伊利诺伊大学（University of Illinois）的研究人员，打印出比沙粒还小的纳米级锂电池，其能够提供的能量却不少于一块普通的手机电池。目前，研究人员在电子器件3D打印方面的研究也取得了突破性进展，如采用类似喷墨打印或气凝胶打印技术实现复杂电路的打印，从最初的二维单层电路的制造，逐步发展到了多层复杂电子器件的3D打印快速制造。2012年，奥地利维也纳工业大学（Technische University Wien）尤尔根·斯坦普夫（Jürgen Stampfl）教授的科研团队，发布了可以制成纳米级模型的最小的3D打印机，图8-23所示为他们打印的长285μm的微型F1赛车模型。此外，微型化纳米机器人在医疗领域应用的潜力也非常大，已有学者尝试利用简单结构的纳米机器人来清理附着在血管内壁上的血栓。

图 8-22 吉尼斯世界纪录认证的 ABS 机翼 3D 打印件示例

图 8-23 3D 打印的微型 F1 赛车模型示例

## 8.4.4 应用向高精尖领域拓展

3D 打印在航空航天等高精尖领域的应用范围不断扩展，不仅打印出了飞机、导弹、卫星、载人飞船的零部件，还打印出了发动机、无人机等整机。在国防领域，3D 打印主要体现在武器装备的概念设计、技术验证，已应用于我国新一代高性能战斗机的研发；在战场保障方式上，由依托后方转变为可以在战地自助生产装备物资。

在新材料研发领域，3D 打印已成为新合金材料研发的支撑手段。由于 3D 打印的能量非常集中，可在很小的区域产生极高的温度，而周围仍然保持常温状态，这种强非平衡态冶金过程，将为研发在高温环境下各种优异性能的合金提供一个创新的平台。例如，美国国家航空航天局（NASA）打印制造的耐 3315℃高温的火箭发动机零件和美国俄亥俄州立大学王华民教授打印出的耐磨性提高 700 多倍的模型表面，都是这方面有益的探索。3D 打印将成为系列高性能合金催生的温床，利用 3D 打印设备的辅助，人们有条件按照材料基因组的理论来设计新材料，研发出超高强度、超高耐温、超高韧性、超耐蚀、耐磨损的合金材料。

目前，3D 打印的应用正在由 3D 发展到 4D，乃至生命体的制造。4D 打印是利用智能材料，使打印的结构随环境（温度、压力、电磁场等）的变化而变化，以便实现现有技术难以实现的装配工艺，也可用于简化 3D 打印工艺及装备。例如，只需完成二维图形的打印，改变工作环境后，即可得到三维结构。

在生物医疗领域，3D 打印研究人员正在尝试开展利用生物活性材料打印组织支架的研究。利用附着其上的活性细胞的生长，使支架材料在生物体内降解，生长出生物体自身的组织细胞，用于生物制造，又称为 5D 打印。当然，这方面也可能会面临伦理方面的争议和权衡。印度泰兹普尔（TYZPure）公司的百骼生（BoneGro），是一种新型可吸收的活性人工植骨 3D 打印材料，用于骨缺损的再生修复，可 100%人体降解吸收。图 8-24 所示为利用百骼生3D打印的人体骨骼及其可生物降解的微观结构示例。此外，细胞打印也正在成为生命在太空环境下生长发育的研究手段。随着研究的深入，以基因为原材料进行细胞3D打印，将成为推动转基因研究和生命科学发展的利器。

图8-24　利用百骼生3D打印的人体骨骼微观结构示例

## 8.4.5　助力人类太空探索

3D打印技术和远程控制技术的快速发展，为空间探测提供了新的思路，具体体现在以下两个方面。

1）3D打印助力新型宇航器制造。在航天领域，除了在马斯克（Mask）的SpaceX火箭上使用了3D打印的氧化剂阀门，近日，全美发射数量排名第二的美国火箭实验室（Rocket Lab）公司，也在新西兰完成了其利用3D打印技术制造的、名为“电子”（Electron）的一次性廉价小型火箭的发射，目标是把小型卫星带上近地轨道。中国航天科工集团也利用3D打印技术实现了飞行器复杂结构件的“无模具”一体化制造（图8-25），其生产率提高一倍，在确保性能不下降的基础上，成本降低近一半，解决了传统生产模式中加工时间长、质量管控难度大、成本高等难题。通过3D打印一体化成型技术，数字化制造能力大幅提升，这是3D打印在航天领域飞行器研制中一个重要的里程碑。

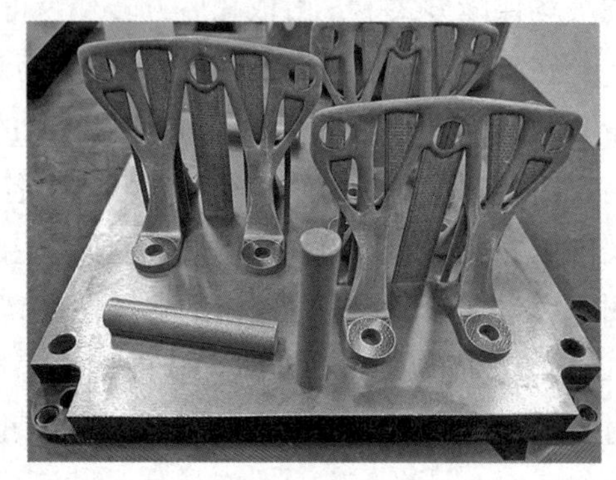

图8-25　3D打印的飞行器复杂结构件示例

2）3D打印为建立太空基地提供帮助。有学者认为，利用月球原位资源，采用3D打印技术就地生产月面设施构件，是未来建立大型永久性月球基地的有效途径。该方法能够最大限度地利用原位资源制造3D打印所需的粉末材料，继而采用3D打印设备直接打印出月面设施构件，不仅大大降低了地球发射成本，并且还可以利用月球基地的原位资源探索更远的空间目标。

### 8.4.6 3D打印走进千家万户

随着成本的不断降低，3D打印走入千家万户正在逐渐成为现实。也许未来的某一天，便可以在家里给自己打印一双鞋子；在汽车里就放着一台3D打印机，汽车的某个零件坏了，便可以及时打印一个重新装上，让你的车子继续飞奔起来，而不是站在路边苦苦地等着别人来把你的车子给拖走。

3D打印正因为它的独特魅力，逐渐融入人们的生活；3D打印也正因为它的独特优势，逐渐改变这个世界；3D打印正因为它的“无所不能”，可以让你的“异想天开”变得“实实在在”；3D打印正因为它的快速高效，可以让你的“驾车旅游”不再孤单；3D打印正因为它的巨大魔力，让建立“月球家园”不再是一个科幻故事。这就是“3D打印”。

尽管目前这些还都是一些畅想，但按照3D打印的发展速度来看，这一切并非不能实现。

### 8.4.7 与人工智能技术的深度融合

现在，越来越多的人希望3D打印机能够简单化、小型化、精密化，使用更方便。人工智能、大数据与3D打印技术的深度融合，有助于实现这些突破，这也是未来几十年3D打印发展的一个主要方向。从应用角度看，衡量3D打印技术成熟与否的指标主要有精密度、便捷性、普遍化和鲁棒性四个方面，与人工智能的结合能促使其在这些方面快速发展。

（1）精密度　为了提高3D打印的精度，多种新型打印技术已逐渐出现，如多材料组合打印、多喷嘴交替打印等。3D打印精度的提高，还依赖于更好的零件表面质量和更高的内部物理性能。依靠传统的工艺来提高3D打印制品精度的做法已经走到了极限，利用AI算法来进行缺陷辨识、改进工艺参数、提升打印精度的尝试已经开始。未来，这或许能成为3D打印直接生产高精度制品的根本保证。

（2）便捷性　在3D打印过程中，每个环节都需要各种功能的程序来支持。未来，打印产品再也不用查阅手册、调试参数了，把这些都留给人工智能去做吧。没有人会比人工智能更适合去做这些程序化的理性工作、经验性的参数设置。利用深度学习，3D打印机可以默默记住那些必要的工艺参数并通过数据积累挖掘其中的规律。一台更智能的3D打印机会在使用中成长，留给用户做的或许只有开关机了。这种便捷的用户体验，正是3D打印所追求的效果，这样的需求正在推动3D打印设备向更智能、更便捷的方向发展。

（3）普遍化　普遍化有两层含义，一是作为一种制作工具无处不在；二是一机多能，实现通用化。通用化就是指一种3D打印设备可以完成各种类型的工作，可以发挥“多用途”的作用。普遍化意味着3D打印机就像今天计算机的外部输出设备一样，使用非常方便。用户只需要安装3D打印机的相关软件，经过计算机设计建模，就可以通过3D打印机输出三维实体。此外，当使用不同的打印材料时，输出的三维实体也会有所不同。因此，用户可以根据自己的需要选择不同的打印材料，从而保证打印出来的三维实体能够适应不同的应用。

（4）鲁棒性　鲁棒性包括控制稳定性和运行稳定性两部分。通常所说的工业级 3D 打印机，就是指其打印精度高、稳定性好。在使用 3D 打印机进行工业生产的过程中，影响因素多且复杂，这也对 3D 打印机的鲁棒性提出了更高的要求。例如，为了提高工业级 3D 打印机运行的稳定性，需要利用机器学习对其控制技术指标进行优化，如超调量和稳态误差等。

无论是从技术发展本身，还是从应用角度看，人工智能与 3D 打印技术的深度融合已成为一种发展趋势。作为二者融合的产物，高度智能化的 3D 打印系统，以其数字驱动制造的天然优势，正在成为制造业实现数字化转型的重要技术支撑之一。

### 8.4.8　催生“互联网+”新型商业模式

历史经验表明，每当一种新技术出现时，总会有一种新的业态随之出现，以顺应这种新的生产力的发展。3D 打印的广泛应用，从多方面给传统制造业带来了很大的冲击。积极寻求适宜的“互联网+”新型商业模式，顺应发展潮流，或许是未来新型制造业发展中无法回避的一个重要问题。

（1）深刻转变制造方式　传统的制造技术在材料加工成型过程中，多采用“减材”工艺，这有很大的缺陷，即大量浪费原材料。然而，以 3D 打印为代表的“增材”制造技术的出现，从根本上颠覆了传统工艺的“减材”加工模式，不仅减少了材料的浪费，而且提高了生产率。“增材”制造方式对传统制造业的影响是深远的，尽管目前在技术上存在不成熟、有待研究与提升的地方，但是，这种新型数字化制造方式在一定程度上赋予了人类更加强大的创造能力，其影响或许不亚于开创了人类工业文明新时代的蒸汽机的发明。工业发展史实证明，正是人类征服自然的能力的提升，使人们看到了无限的可能，推动了人类文明的跨越式发展。

（2）促进产业新技术的快速推广　3D 打印是嵌入式系统的综合应用，它集成了多种高科技，如激光技术、控制技术、材料技术等。随着人工智能技术的发展和 3D 打印技术的提高，在日渐成熟的理论指导下，高新技术将通过 3D 打印快速应用到现实生活中。3D 打印具有的易用、便捷、多能、低成本等技术特点，为产业新技术的快速推广提供了可能。

（3）推进商业模式变革　随着 3D 打印技术的逐步成熟，传统的规模化、批量生产模式也将逐渐被个性化和定制化生产模式所替代，这不仅从根本上缩短了产品市场化的生命周期，同时也将促使现有服务于大工业生产的商业模式发生变革。例如，3D 打印有助于充分发挥互联网的优势，从而构建高效的供应链。未来，将 3D 打印和互联网技术相结合，在消费者和企业之间建立起更直接高效的产品制造服务等网络。这些想法并非遥不可及，对与 3D 打印这种新型制造技术相适应的“互联网+”的商业模式的探索已经“扬帆起航”了。

3D 打印给人们带来了无限的遐想和希望。这里展望的发展趋势或不足以刻画其全貌之万一，更多的可能还有待 3D 打印爱好者、相关领域技术的研究人员和企业界通力合作，去挖掘、去实现。

思考题

1）结合本章内容，试述 3D 打印技术国内外发展现状。

2）通过传统制造与 3D 打印制造工艺的对比，试分析 3D 打印技术在制造业数字化转型中的作用。

3）通过资料调研，试给出未来人工智能在 3D 打印中可能的应用及面临的难题。

4）3D 打印涉及造型设计和打印控制两个方面，试通过文献资料调研，给出国内提供相关产品公司的主要业务范围。

5）结合本章内容，尝试对比国内外 3D 打印技术情况，并就如何促进我国 3D 打印技术快速发展给出你的建议。

6）3D 打印催生“互联网+”新型商业模式的出现，试结合本章内容谈谈你的看法。

## 延伸阅读

[1] 朱艳青，史继富，王雷雷，等. 3D 打印技术发展现状 [J]. 制造技术与机床，2015（12）：50-57.

[2] 高灵宝，马永军. 人工智能在 3D 打印领域的应用研究 [J]. 铸造设备与工艺，2020（3）：47-49.

[3] TEZEL T. Evaluation of artificial intelligence applications in 3D printing [C]. 5th International Conference on Multidisciplinary Sciences，2020.

[4] CHUN K W，KIM H，LEE K. A study on research trends of technologies for industry 4.0；3D printing，artificial intelligence，big data，cloud computing，and internet of things：MUE/FutureTech 2018 [C]. Advanced Multimedia and Ubiquitous Engineering，2018.

[5] Tang Y.，Chen H. Development trend and application prospect of 3D printing technology in the intelligent manufacturing [J]. International Robotics & Automation Journal，2018，4（1）：34-35.

# 附　录

## 附录 A　部分常用 3D CAD 设计建模软件简介

3D CAD 设计（建模）软件的种类如今已非常丰富了，除了传统的工业 CAD 设计软件，也有很多专门面向各领域的专业设计软件，以及适合各阶段爱好者的软件，甚至还有很多在线建模设计平台。一般 3D CAD 设计软件可以按其主要应用领域划分为基础建模、制图软件、工业设计、艺术设计、动画软件、室内外建筑软件等类别，部分常用 3D CAD 设计建模软件见表 A-1。

表 A-1　部分常用 3D CAD 设计建模软件分类

<table>
<tr><th>类型</th><th>软件名</th><th>应用领域</th></tr>
<tr><td rowspan="2">A. 1　基础建模</td><td>Autodesk 123D</td><td>简单图形的堆砌和编辑生成复杂形状</td></tr>
<tr><td>Tinkercad</td><td>基于网页浏览器的 3D 建模工具</td></tr>
<tr><td>A. 2　制图软件</td><td>Auto CAD</td><td>二维绘图，详细绘制，设计文档和基本三维设计</td></tr>
<tr><td rowspan="5">A. 3　工业与机械设计</td><td>Solidworks</td><td>专业的机械设计软件</td></tr>
<tr><td>Pro/E</td><td>汽车，航空航天，造船工业，模具，玩具，工业设计和机械制造</td></tr>
<tr><td>UG NX</td><td>航空航天，汽车工业，造船工业，产品设计及加工过程，提供了数字化造型和验证手段</td></tr>
<tr><td>CATIA</td><td>航空航天，汽车工业，造船工业，厂房设计，加工面混合装配，消费品等设计</td></tr>
<tr><td>Cimatron</td><td>模具、模型加工</td></tr>
<tr><td rowspan="3">A. 4　艺术设计</td><td>Rhino</td><td>建筑，工业设计（例如汽车设计，船舶设计），产品设计（例如珠宝设计），以及多媒体和平面设计</td></tr>
<tr><td>ZBrush</td><td>数字雕刻，绘图，3D 设计</td></tr>
<tr><td>3D Studio Max</td><td>广告，影视，工业设计，建筑设计，三维动画，多媒体制作，游戏，辅助教学以及工程可视化等领域</td></tr>
<tr><td rowspan="2">A. 5　三维动画</td><td>MAYA</td><td>影视广告，角色动画，电影特技</td></tr>
<tr><td>Blender</td><td>动画电影，视觉效果，艺术，3D 打印模型，交互式 3D 应用程序和视频游戏</td></tr>
<tr><td rowspan="2">A. 6　室内外建筑</td><td>SketchUp</td><td>建筑，室内设计，民用和机械工程，电影和视频游戏设计</td></tr>
<tr><td>FromZ</td><td>建筑师，景观建筑师，城市规划师，工程师，动画和插画师，工业和室内设计</td></tr>
</table>

## A.1　基础建模

**1. Autodesk 123D**

Autodesk 123D 是由美国欧特克公司（推出过知名的 AutoCAD）发布的一款免费的 3D CAD 软件，它包括一组用于建模设计工具，允许用户使用一些简单的图形来设计、创建、编辑三维模型，或者在一个已有的模型上进行修改。图 A-1 所示为 Autodesk 123D 软件界面示例。

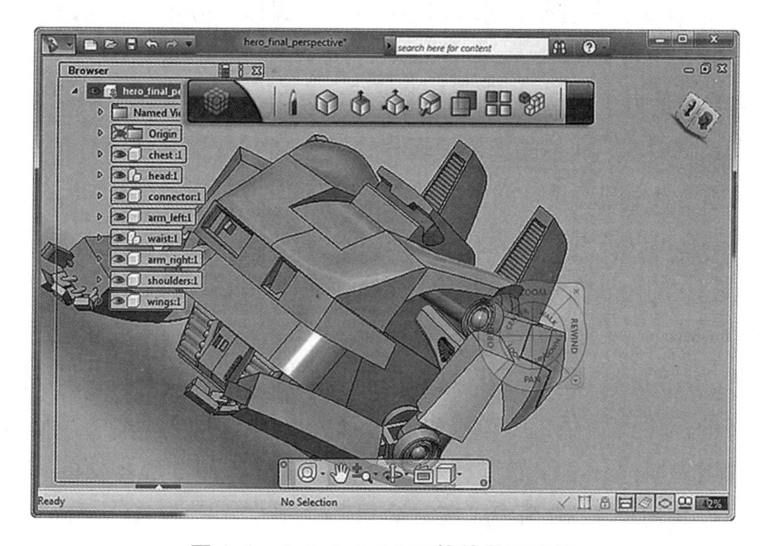


**图 A-1　Autodesk 123D 软件界面示例**

（1）123D Design　123D Design 是 Autodesk 123D 提供的一个设计工具，支持利用一些简单的图形来设计、创建、编辑三维模型，或者在一个已有的模型上进行修改。

123D Design 打破了常规专业 CAD 软件从草图生成三维模型的建模方法，提供了一些简单的三维图形，通过对这些简单图形的堆砌和编辑来生成复杂形状。这种“傻瓜式”的建模方式感觉像是在搭积木，即使你不是一个 CAD 建模工程师，也能随心所欲地在 123D Design 里建成自己的三维模型。

（2）123D Catch　123D Catch 是 Autodesk 123D 提供的一个景物转换工具。它利用云计算的强大能力，可将数码照片迅速转换为逼真的三维模型。只要使用“傻瓜”相机、手机或高级数码单反相机抓拍物体、人物或场景，人人都能利用 Autodesk 123D 中的 Catch 工具，将照片转换成生动鲜活的三维模型。通过该应用程序，使用者还可在三维环境中轻松捕捉自身的头像或度假场景。同时，此款应用程序还带有内置共享功能，可供用户在移动设备及社交媒体上共享短片和动画。

（3）123D Make　123D Make 是 Autodesk 123D 提供的一个实物制作工具。当设计好一些 3D CAD 模型之后，就可以利用 123D Make 来将它们制作成实物了。它能够将数字三维模型转换为二维分层轮廓图案，用户可利用硬纸板、木料、布料、金属或塑料等低成本材料将这些图案迅速拼装成实物，从而再现原来的数字化模型。123D Make 可支持用户创作美术、家具、雕塑或其他简单的样件，以便测试设计方案在现实世界中的效果。欧特克开发的这项技术能像数字化工程师一样帮助个人用户创建三维模型，并最终将其转化为实物。123D Make 的设计初衷是为了帮助用户发挥创新创意，让他们能够在量产产品无法满足要求时，自行创建所需的产品，这有点像 3D 打印机的雏形。

（4）123D Sculpt　123D Sculpt 是 Autodesk 123D 提供的一个雕塑工具。它让使用者步入了多半不会亲手尝试的艺术领域：雕塑！这是一款运行在 iPad 上的应用程序，可以让每一个喜欢创作的人轻松地制作出属于他自己的雕塑模型，并且在这些雕塑模型上绘制图案。123D Sculpt 内置了许多基本形状和物品，如圆形、方形、人的头部模型、汽车、小狗、恐龙、蜥蜴、飞机等。

使用软件内置的造型工具，也要比石雕凿和雕塑刀来得快多了。通过拉升、推挤、扁平、凸起等操作，123D Sculpt 里的初级模型很快就会拥有极具个性的外形。接下来，通过工具栏最下方的颜色及贴图工具，模型就不再是单调的石膏灰色了。另外，模型所处的背景也是可以更换的。它可以将用户充满想象力的作品带到一个全新的三维领域。用户也可以将在 SketchBook 中创作的作品作为材质图案，把它印在那些设计的三维物体表面上。

（5）123D Creature　123D Creature 是 Autodesk 123D 提供的一个生物建模工具，也是一款基于 iOS 的 3D 建模类软件，可根据用户的想象来创造出各种生物模型。无论是现实生活中能够存在的，还是只存在于想象中的，都可以用 123D Creature 创造出来。用户通过对骨骼、皮肤以及肌肉、动作的调整和编辑，创建出各种奇形怪状的 3D 模型。同时，123D Creature 已经集成了 123D Sculpt 所有的功能，是一款比 123D Sculpt 更强大的 3D 建模软件，对喜欢思考和动手的用户来说是一个不错的选择。

**2. Tinkercad**

Tinkercad 是一个基于网页浏览器的 3D 设计和建模程序，旨在为各种用户（初学者和专家）提供 CAD 创建模型的方法。它不仅免费，而且非常容易学习和使用。图 A-2 所示为 Thinkercad 软件界面示例。

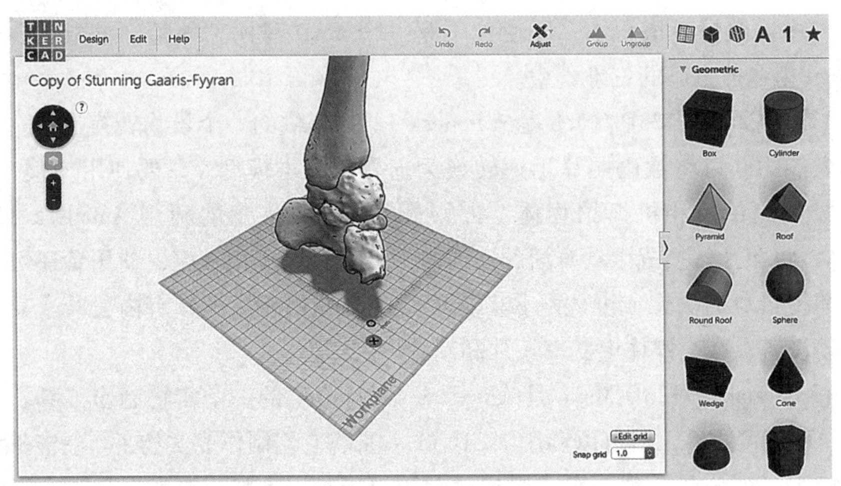


图 A-2　Thinkercad 软件界面示例

## A. 2　制图软件

### 1. Auto CAD 简介

AutoCAD（Autodesk Computer Aided Design）是美国 Autodesk（欧特克）公司首次于1982 年发布的自动计算机辅助设计软件，用于二维绘图、详细绘制、设计文档和基本三维设计，现已经成为国际上广为流行的绘图工具。AutoCAD 具有良好的用户界面，通过交互菜单或命令行方式便可以进行各种操作。它的多文档设计环境，让非计算机专业人员也能很快地学会使用，在不断实践的过程中，更好地掌握它的各种应用和开发技巧，从而不断地提高工作效率。

AutoCAD 具有广泛的适应性，它可以在各种操作系统支持的微型计算机和工作站上运行；支持绘制二维制图和基本三维设计；可以用于土木建筑、装饰装潢、工业制图、工程制图、电子工业、服装设计等多个领域。图 A-3 所示为 AutoCAD 软件的界面示例。

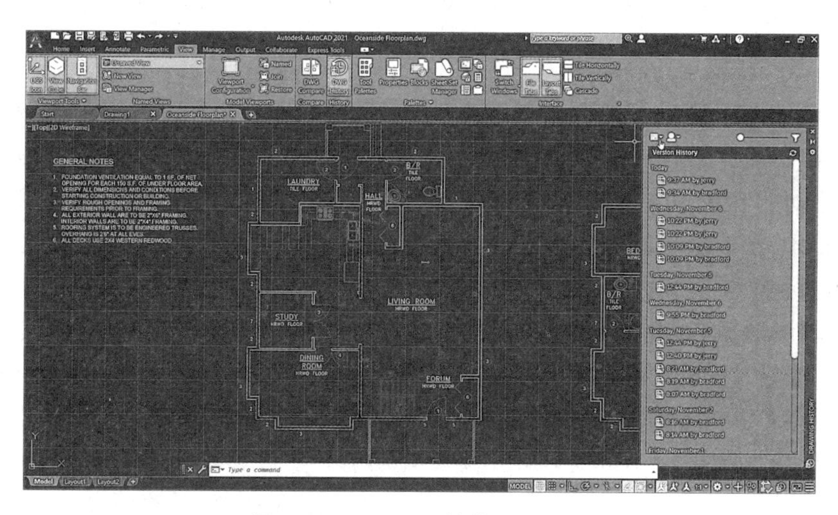


图 A-3　AutoCAD 软件界面示例

### 2. AutoCAD 应用领域

1）工程制图：建筑工程、装饰设计、环境艺术设计、水电工程、土木施工等。

2）工业制图：精密零件、模具、设备等。

3）服装加工：服装制版。

4）电子工业：印制电路板设计。

5）广泛应用于土木建筑、装饰装潢、城市规划、园林设计、电子电路、机械设计、服装鞋帽、航空航天、轻工化工等诸多领域。

6）在不同的行业中，Autodesk（欧特克）发布了行业专用的版本和插件，如在机械设计与制造行业中发行了 AutoCAD Mechanical 版本；在电子电路设计行业中发行了 AutoCAD Electrical 版本；在勘测、土方工程与道路设计行业中发行了 Autodesk Civil 3D 版本；在学校教学、培训中所用的一般都是 AutoCAD 简体中文（Simplified Chinese）版本。

7）一般没有特殊要求的服装、机械、电子、建筑行业的公司，使用的都是 AutoCAD

通用版本。

**3. Auto CAD 基本特点**

1）具有完善的图形绘制功能。

2）有强大的图形编辑功能。

3）支持多种方式进行二次开发或用户定制。

4）可以进行多种图形格式的转换，具有较强的数据交换能力。

5）支持多种硬件设备。

6）支持多种操作平台。

7）具有通用性、易用性，适用于各类用户。

此外，从 AutoCAD 2000 开始，该系统又增添了许多强大的功能，如 AutoCAD 设计中心（Auto CAD Design Center，ADC）、多文档设计环境（Multi-document Design Environment，MDE）、Internet 驱动、新的对象捕捉功能、增强的标注功能以及局部打开和局部加载的功能。

**4. Auto CAD 基本功能**

1）平面绘图。能以多种方式创建直线、圆、椭圆、多边形、样条曲线等基本图形对象的绘图辅助工具。AutoCAD 提供了正交、对象捕捉、极轴追踪、捕捉追踪等绘图辅助工具。正交功能使用户可以很方便地绘制水平、竖直直线，对象捕捉功能可以帮助拾取几何对象上的特殊点，而捕捉追踪功能使画斜线及沿不同方向定位点变得更加容易。

2）编辑图形。AutoCAD 具有强大的编辑功能，可以移动、复制、旋转、阵列、拉伸、延长、修剪、缩放对象。①标注尺寸。可以创建多种类型尺寸，标注外观可以自行设定。②书写文字。能轻易在图形的任何位置、沿任何方向书写文字，可设定文字字体、倾斜角度及宽度缩放比例等属性。③图层管理功能。图形对象都位于某一图层上，可设定图层颜色、线型、线宽等特性。④三维绘图。可创建 3D 实体及表面模型，能对实体本身进行编辑。⑤网络功能。可将设计数据在网络上发布，或是通过网络访问 AutoCAD 资源。⑥数据交换。AutoCAD 提供了多种图形图像数据交换格式支持及相应的命令。⑦二次开发。AutoCAD 允许用户定制菜单和工具栏，并能利用内嵌语言 Autolisp、Visual Lisp、VBA、ADS、ARX 等进行二次开发。

## A.3 工业与机械设计

**1. SolidWorks**

SolidWorks 是法国达索系统（Dassault Systemes）公司专门负责研发与销售机械设计软件的子公司的视窗产品。达索系统公司负责系统性的软件供应，并为制造厂商提供具有 Internet 整合能力的支援服务。该公司提供涵盖整个产品生命周期的系统，包括设计、工程、制造和产品数据管理等各个领域中的最佳软件系统，著名的 CATIA V5 就出自该公司之手。达索的 CAD 产品市场占有率居世界前列。

SolidWorks 公司成立于 1993 年，由 PTC 公司的技术副总裁与 CV 公司的副总裁发起，总部位于马萨诸塞州的康克尔郡（Concord，Massachusetts）内，当初的目标是希望在每一个工程师的桌面上提供一套具有生产力的实体模型设计系统。从 1995 年推出第一套 SolidWorks 三维机械设计软件至 2010 年，已经拥有位于全球的办事处，并经由 300 家经销商在全球 140 个国家进行销售与分销该产品。1997 年，SolidWorks 公司被法国达索（Dassault Systemes）公司收购，作为达索中端主流市场的主打品牌。

SolidWorks 有功能强大、易学易用和技术创新三大特点，这使得 SolidWorks 成为领先的、主流的三维 CAD 解决方案。SolidWorks 能够提供不同的设计方案、减少设计过程中的错误以及提高产品质量。

对于熟悉微软 Windows 系统的用户，基本上就可以用 SolidWorks 来做设计了。SolidWorks 独有的拖拽功能使用户在比较短的时间内完成大型装配设计；SolidWorks 资源管理器是同 Windows 资源管理器一样的 CAD 文件管理器，它可以方便地管理 CAD 文件；使用 SolidWorks，用户能在比较短的时间内完成更多的工作，能够更快地将高质量的产品投放市场。在目前市场上所见到的三维 CAD 解决方案中，SolidWorks 是设计过程比较简便而方便的软件之一。美国著名咨询公司 Daratech 评论道："在基于 Windows 平台的三维 CAD 软件中，SolidWorks 是最著名的品牌，是市场快速增长的领导者。"

在强大的设计功能和易学易用的操作（包括 Windows 风格的拖放、单击、剪切/粘贴）协同下，使用 SolidWorks，整个产品设计是百分之百可编辑的，零件设计、装配设计和工程图之间的也是全相关的。

（1）用户界面　SolidWorks 提供了一整套完整的动态界面和鼠标拖动控制。"全动感的"的用户界面减少了设计步骤和多余的对话框，从而避免了界面的零乱；崭新的属性管理员用来高效地管理整个设计过程和步骤；属性管理员包含所有的设计数据和参数，而且操作方便、界面直观；用 SolidWorks 资源管理器可以方便地管理 CAD 文件；SolidWorks 资源管理器是唯一一个同 Windows 资源器类似的 CAD 文件管理器；特征模板为标准件和标准特征，提供了良好的环境；用户可以直接从特征模板上调用标准的零件和特征，并与同事共享。图 A-4 所示为 SolidWorks 软件界面的示例。

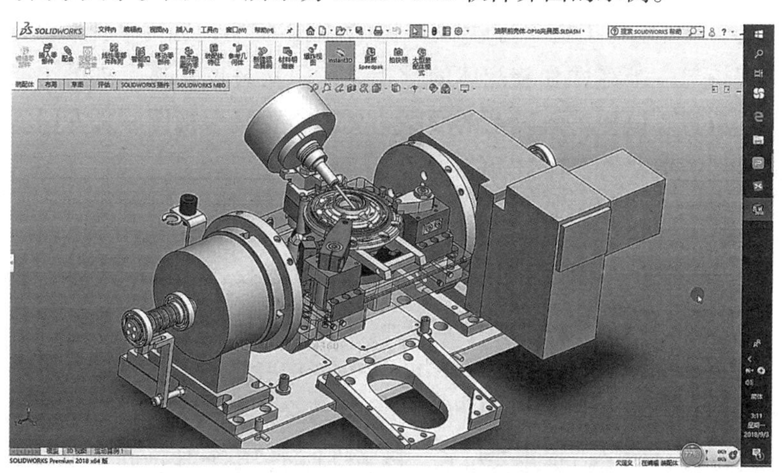

图 A-4　SolidWorks 软件界面示例

此外，SolidWorks 提供的 AutoCAD 模拟器使得 AutoCAD 用户可以保持原有的作图习惯，顺利地从二维设计转向三维实体设计。

（2）配置管理　配置管理是 SolidWorks 软件体系结构中非常独特的一部分，它涉及零件设计、装配设计和工程图。配置管理使得用户能够在一个 CAD 文档中，通过对不同参数的变换和组合，派生出不同的零件或装配体。

（3）协同工作　SolidWorks 提供了技术先进的工具，使得可通过互联网进行协同工作。通过 eDrawings 方便地共享 CAD 文件。eDrawings 是一种极度压缩的、可通过电子邮件发送的、自行解压和浏览的特殊文件，通过三维托管网站展示生动的实体模型。三维托管网站是 SolidWorks 提供的一种服务，用户可以在任何时间、任何地点快速地查看产品结构；SolidWorks 支持 Web 目录，使得用户将设计数据存在互联网的文件夹中，就像存在本地硬盘一样方便；用 3D Meeting 通过互联网实时地协同工作。3D Meeting 是基于微软 NetMeeting 的技术而开发的专门为 SolidWorks 设计人员提供的协同工作环境。

（4）装配设计　在 SolidWorks 中，当生成新零件时，可以直接参考其他零件并保持这种参考关系；在装配的环境里，可以方便地设计和修改零部件；对于超过一万个零部件的大型装配体，SolidWorks 的性能得到极大的提高；SolidWorks 可以动态地查看装配体的所有运动，并且可以对运动的零部件进行动态的干涉检查和间隙检测；用智能零件技术自动完成重复设计。智能零件技术是一种崭新的技术，用来完成诸如将一个标准的螺栓装入螺孔中，而同时按照正确的顺序完成垫片和螺母的装配；镜像部件是 SolidWorks 技术的巨大突破，镜像部件能产生基于已有零部件（包括具有派生关系或与其他零件具有关联关系的零件）的新的零部件；SolidWorks 用捕捉配合的智能化装配技术，来加快装配体的总体装配。智能化装配技术能够自动地捕捉并定义装配关系。

（5）工程图　SolidWorks 提供了生成完整的、车间认可的详细工程图的工具。工程图是全相关的，当你修改图样时，三维模型、各个视图、装配图都会自动更新；从三维模型中自动产生工程图，包括视图、尺寸和标注；增强了的详图操作和剖视图功能，包括生成剖中剖视图、部件的图层支持、熟悉的二维草图功能以及详图中的属性管理员；使用 RapidDraft 技术，可以将工程图与三维零件和装配体脱离，进行单独操作，以加快工程图的操作，但保持与三维零件和装配体的全相关；用交替位置显示视图，能够方便地显示零部件的不同位置，以便了解运动的顺序。交替位置显示视图，是专门为具有运动关系的装配体而设计的独特的工程图功能。

**2. Pro/E**

Pro/Engineer（简称 Pro/E）操作软件是美国参数技术公司（PTC）旗下的 CAD/CAM/CAE 一体化的三维软件。Pro/Engineer 软件以参数化著称，是参数化技术的最早应用者，在三维造型软件领域中占有重要地位。Pro/Engineer 作为当今世界机械 CAD/CAM/CAE 领域的新标准而得到业界的认可和推广，是现今主流的 CAD/CAM/CAE 软件之一，特别是在国内产品设计领域占据重要位置。图 A-5 所示为 Pro/Engineer 软件的界面示例。

（1）主要特性　Pro/E 第一个提出了参数化设计的概念，并且采用了单一数据库来解

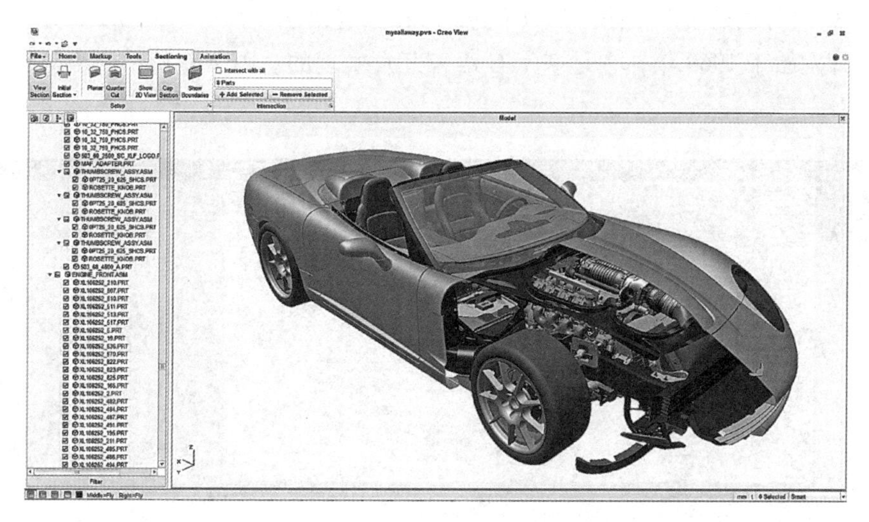

图 A-5 Pro/E 软件界面示例

决特征的相关性问题。另外，它采用模块化方式，用户可以根据自身的需要进行选择，而不必安装所有模块。Pro/E 的基于特征的方法，能够将设计至生产全过程集成到一起，实现并行工程设计。它不但可以应用于工作站，而且也可以应用到 PC 上。Pro/E 采用模块化设计，可以分别进行草图绘制、零件制作、装配设计、钣金设计、加工处理等，保证用户可以按照自己的需要选择合适的模块使用。

（2）参数化设计 相对于产品而言，我们可以把它看成几何模型。无论多么复杂的几何模型，都可以分解成有限数量的构成特征，而每一种构成特征，都可以用有限的参数完全约束，这就是参数化的基本概念。但是无法在零件模块下隐藏实体特征。

（3）基于特征建模 Pro/E 是基于特征的实体模型化系统，工程设计人员采用具有智能特性的基于特征的功能生成模型，如腔、壳、倒角及圆角，用户可以随意勾画草图，轻易地改变模型。这一功能特性给工程设计者提供了在设计上从未有过的简易和灵活性。

（4）单一数据库（全相关） Pro/E 利用建立在统一基础的数据库上，不像一些传统的 CAD/CAM 系统建立在多个数据库上。单一数据库就是工程中的资料全部来自一个库，使得每一个独立用户在为一件产品造型而工作，不管他是哪一个部门的。换言之，整个设计过程的任何一处发生改动，也可以反映在整个设计过程的相关环节上。例如，一旦工程详图有改变，数控（Numerical Control，NC）工具路径也会自动更新；组装工程图若有任何变动，也完全同样反映在整个三维模型上。这种独特的数据结构与工程设计的完整结合，使得一件零件的设计与项目整体结合起来。这一优点，使得设计更优化，成品质量更高，产品能更好地推向市场，价格也更便宜。

**3. UG NX**

UG NX（Unigraphics NX）是 Siemens PLM Software 公司出品的一个产品工程解决方案，它为用户的产品设计及加工过程提供了数字化造型和验证手段。UG NX 针对用户的虚拟产品设计和工艺设计的需求，以及满足各种工业化需求，提供了经过实践验证的解决方案。UG 同时也是用户指南（User Guide）和普遍语法（Universal Grammar）的缩写。UG NX 的开发始于 1969 年，它是基于 C 语言开发实现的。图 A-6 所示为 UG NX 软件界面的示例。

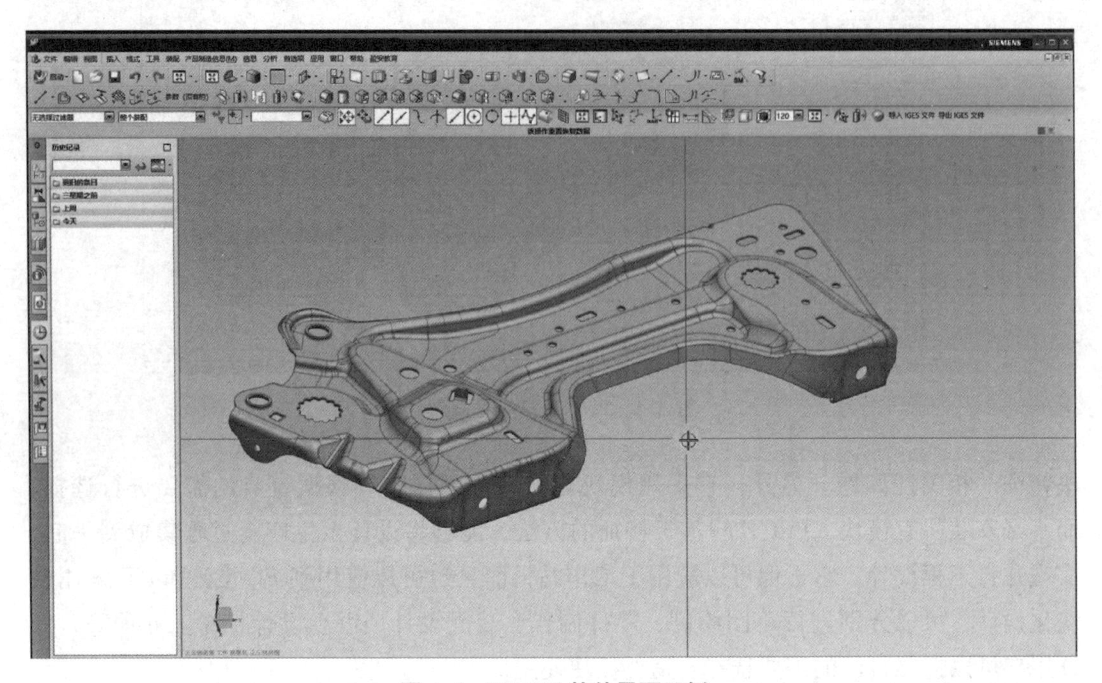

图 A-6　UG NX 软件界面示例

UG NX 是一个交互式 CAD/CAM（计算机辅助设计与辅助制造）系统，它功能强大，可以轻松实现各种复杂实体及造型的建构。它在诞生之初主要基于工作站，但随着 PC 硬件的发展和个人用户的迅速增长，UG NX 在 PC 上的应用取得了迅猛的增长，已经成为模具行业三维设计的一个主流应用。

（1）工业设计　UG NX 为培养创造性、产品技术革新提供了强有力的解决方案。利用 UG NX 建模，工业设计师能够迅速地建立和改进复杂的产品形状，并且使用先进的渲染和可视化工具来最大限度地满足设计概念的审美要求。

（2）机械产品设计　UG NX 包括了世界上最强大、最广泛的机械产品设计应用模块，具有高性能的机械设计和制图功能，为制造设计提供了高性能和灵活性，以满足客户设计任何复杂产品的需要。UG NX 优于通用的设计工具，具有专业的管路和线路设计系统、钣金模块、专用塑料件设计模块和其他行业设计所需的专业应用程序。

（3）仿真、验证和优化　UG NX 允许制造商以数字化的方式仿真、验证和优化产品及其开发过程。通过在开发周期中较早地运用数字化仿真性能，制造商可以改善产品质量，同时减少或消除对于物理样机的昂贵耗时的设计、构建，以及对于变更周期的依赖。

（4）CNC 加工　UG NX 加工基础模块提供连接 UG 所有加工模块的基础框架，它为 UG NX 所有加工模块提供一个相同的、界面友好的图形化窗口环境，用户可以在图形方式下观测刀具沿轨迹运动的情况并可对其进行图形化修改，如对刀具轨迹进行延伸、缩短或修改等。该模块同时提供通用的点位加工编程功能，可用于钻孔、攻螺纹和镗孔等加工编程。该模块交互界面可按用户需求进行灵活的用户化修改和剪裁，并可定义标准化刀具库、加工工艺参数样板库，使初加工、半精加工、精加工等操作常用参数标准化，以缩短使用培训时间并优化加工工艺。UG NX 软件所有模块都可在实体模型上直接生成加工程序，并保持与实体模型全相关。

UG NX 的加工后置处理模块，适用于世界上大多数主流 CNC（Computerised Numerical Control）机床和加工中心，使用户可方便地建立自己的加工后置处理程序。该模块在多年的应用实践中，已被证明适用于 2~5 轴或更多轴的铣削加工、2~4 轴的车削加工和电火花线切割。

（5）模具设计　UG 是当今较为流行的一种模具设计软件，主要是因为其功能强大。模具设计的流程很多，其中分模就是其中关键的一步。分模有两种：一种是自动的，另一种是手动的，当然也不是纯粹的手动，也要用到自动分模工具条的命令，即模具导向。

**4. CATIA**

CATIA 是法国达索公司的产品开发旗舰解决方案。作为 PLM 协同解决方案的一个重要组成部分，它可以通过建模帮助制造厂商设计他们的产品，并支持从项目前期到具体的设计、分析、模拟、组装，及包括维护在内的全部工业设计流程。图 A-7 所示为 CATIA 软件界面的示例。

（1）CATIA 先进的混合建模技术　在 CATIA 的设计环境中，无论是实体还是曲面，都做到了真正的交互操作；变量和参数化混合建模：在设计时，设计者不必考虑如何参数化设计目标，CATIA 提供了变量驱动及后参数化能力；几何和智能工程混合建模：对于一个企业，可以将多年的经验添加到 CATIA 的知识库中，用于指导本企业新手，或指导新车型的研发，加快新型号推向市场的时间；CATIA 具有在整个产品周期内方便修改的能力，尤其是后期修改。无论是实体建模还是曲面造型，由于 CATIA 提供了智能化的树结构，用户可方便快捷地对产品进行重复修改，即使是在设计的最后阶段需要做重大的修改，或者是对原有方案的更新换代，对于 CATIA 来说，都是非常容易的事。

图 A-7　CATIA 软件界面示例

（2）CATIA NC 加工仿真技术　提供对进给路径进行重放和验证的工具，用户可以通过图形化显示来检查和修改刀具轨迹。同时，可以定义并管理机械加工的 CATIA NC 宏，并且建立和管理后处理代码和语法。

（3）CATIA 所有模块具有全相关性　CATIA 的各个模块基于统一的数据平台，因此 CATIA 的各个模块存在着真正的全相关性。三维模型的修改能完全体现在二维模型、模拟分析、模具和数控加工的程序中。

（4）并行工程的设计环境使得设计周期大大缩短　CATIA 提供的多模型链接的工作环境及混合建模方式，使得并行工程设计模式已不再是新鲜的概念。总体设计部门只需将基本的结构尺寸发放出去，各分系统的人员便可开始工作，既可协同工作，又不互相牵连。由于模型之间的互相联结性，使得上游设计结果可作为下游的参考。同时，上游对设计的修改能直接影响到下游工作的刷新，实现真正的并行工程设计环境。

（5）CATIA 覆盖了产品开发的整个过程　CATIA 提供了完备的设计能力：从产品的概念设计到最终产品的形成，以其精确可靠的解决方案提供了完整的 2D、3D、参数化混合建模及数据管理手段，从单个零件的设计到最终电子样机的建立；同时，作为一个完全集成化的软件系统，CATIA 将机械设计，工程分析及仿真，数控加工和 CATweb 网络应用解决方案有机地结合在一起，为用户提供严密的无纸工作环境，特别是 CATIA 中针对汽车、摩托车业的专用模块。

**5. Cimatron**

Cimatron 是著名软件公司以色列 Cimatron 公司旗下的产品，Cimatron 公司在中国的子公司是思美创（北京）科技有限公司。多年来，在世界范围内，从小的模具制造工厂到大公司的制造部门，Cimatron 的 CAD/CAM 解决方案已成为企业装备中不可或缺的工具。图 A-8 所示为 Cimatron 软件界面的示例。

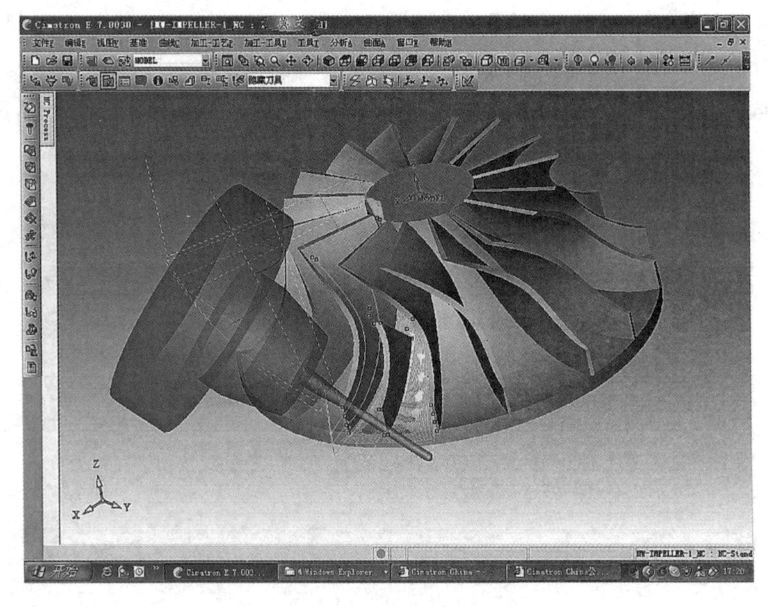

图 A-8　Cimatron 软件界面示例

Cimatron 解决方案的基础是该公司独一无二的集成技术，产品思想为用户提供了可以一起紧密工作的、界面易学易用的一套综合架构。Cimatron 的模块化软件套件可以使生产的每一个阶段实现自动化，提高了产品生产的效率。

不管是为制造而设计，还是为 2.5~5 轴铣削加工生成安全、高效和高质量的 NC 刀具轨迹，Cimatron 面向制造的 CAD/CAM 解决方案为客户提供了处理复杂零件和复杂制造循环的能力。Cimatron 保证了每次制造出的产品都是用户所设计的产品。

Cimatron 公司推出的全新中文版本 Cimatron E10.0，其 CAD/CAM 软件解决方案包括一套易于进行 3D 设计的工具，允许用户方便地处理获得的数据模型或进行产品的概念设计，该版本在设计方面以及数据接口方面都有了非常明显的进步。

## A.4 艺术设计

**1. Rhino**

Rhino 是美国 Robert McNeel & Assoc 开发的面向 PC 的功能强大的专业 3D CAD 造型软件，它广泛地应用于三维动画制作、工业制造、科学研究以及机械设计等领域。它能轻易整合 3DS MAX 与 Softimage 的模型功能部分，对要求精细、弹性与复杂的 3D NURBS 模型有“点石成金”的效能。能输出 OBJ、DXF、IGES、STL、3dm 等不同格式，并适用于几乎所有 3D 软件，尤其对增加整个 3D 工作团队的模型生产力有明显效果，故使用 3D MAX、AutoCAD、MAYA、Softimage、Houdini、Lightwave 等的 3D 设计人员可学习使用。

Rhino 早些年一直应用在工业设计专业，易学易用，擅长于产品外观造型建模，但随着程序相关插件的开发，应用范围越来越广，近些年也开始在建筑设计领域应用。Rhino 配合 grasshopper 参数化建模插件，可以快速做出各种优美曲面的建筑造型，其简单的操作方法、可视化的操作界面深受广大设计师的欢迎。另外，在珠宝、家具、鞋模设计等行业也应用广泛。图 A-9 所示为 Rhino 软件界面的示例。

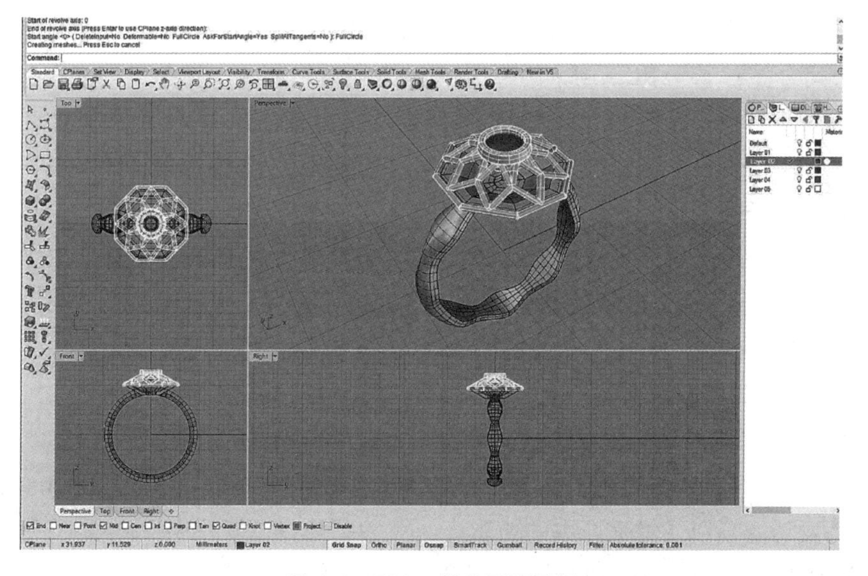

图 A-9 Rhino 软件界面示例

**2. ZBrush**

ZBrush 是美国 Pixologic 公司开发的一款数字雕刻和绘画软件，它以强大的功能和直观的工作流程彻底改变了整个三维行业。在一个简洁的界面中（图 A-10），ZBrush 为当代数字艺术家提供了世界上最先进的工具。以实用的思路开发出的功能组合，在激发艺术家创作力的同时，ZBrush 为用户操作提供非常顺畅的体验。ZBrush 能够雕刻高达 10 亿多边形的模型，所以说限制只取决于艺术家自身的想象力。

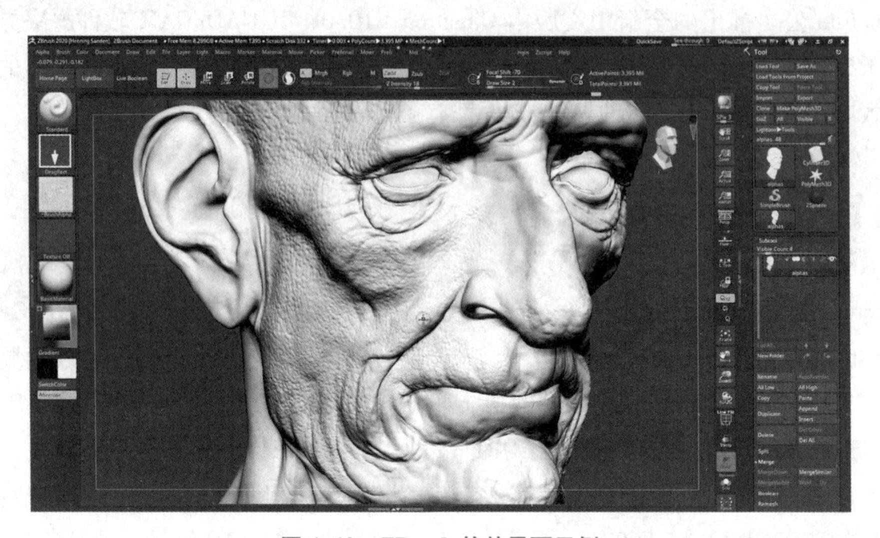

图 A-10　ZBrush 软件界面示例

ZBrush 软件是世界上第一个让艺术家感到无约束自由创作的 3D 设计工具！它的出现完全颠覆了过去传统三维设计工具的工作模式，解放了艺术家们的双手和思维，告别过去那种依靠鼠标和参数来笨拙创作的模式，完全尊重设计师的创作灵感和传统工作习惯。

**3. 3D Studio Max**

3D Studio Max 常简称为 3d Max 或 3ds MAX，是美国 Discreet 公司开发的（后被美国 Autodesk 公司合并）基于 PC 系统的三维动画渲染和制作软件。其前身是基于 DOS（Disk Operating System）操作系统的 3D Studio 系列软件。在 Windows NT 出现以前，工业级的 CG（Computer Graphics）制作被 SGI 图形工作站所垄断。“3D Studio Max+Windows NT”组合的出现一下子降低了 CG 制作的门槛，开始运用在游戏中的动画制作，后更进一步参与影视片的特效制作，如《X 战警 2》《最后的武士》等。在 Discreet 3Ds max 7 后，正式更名为 Autodesk 3ds Max，最新版本是 3ds max 2021。图 A-11 所示为 3D Studio Max 软件界面的示例。

3ds Max 软件具有以下典型特点：

1）基于 PC 系统的低配置要求。

2）安装插件（plugins）可提供 3D Studio Max 所没有的功能（例如 3DS Max 6 版本以前不提供毛发功能）以及增强原本的功能。

3）强大的角色（Character）动画制作能力。

图 A-11 3D Studio Max 软件界面示例

4）可堆叠的建模步骤，使制作模型有非常大的弹性。

## A.5 三维动画

### 1. MAYA

MAYA 软件是美国 Autodesk 旗下的著名三维建模和动画软件。Autodesk MAYA 可以大大提高电影、电视、游戏等领域开发、设计、创作的工作流效率；同时改善了多边形建模，通过新的运算法则提高了性能；多线程支持可以充分利用多核心处理器的优势；新的 HLSL（High Level Shader Language）着色工具和硬件着色应用程序编程接口（Application Programming Interface，API），则可以大大增强新一代主机游戏的外观；另外，在角色建立和动画方面也更具弹性。图 A-12 所示为 MAYA 软件界面的示例。

图 A-12 MAYA 软件界面示例

（1）软件功能　Autodesk MotionBuilder 7.5 扩展包 2 也将推出。作为 Autodesk 3ds Max 和 Autodesk MAYA 的完美伴随产品，Autodesk MotionBuilder 软件是用于高容量 3D 角色动画和 3D 剧情制作的世界领先的生产力套装软件之一。MotionBuilder 的重点是专业级角色动画制作和剪辑，为应对复杂动画的挑战提供了创造性的解决方案。该版本包含众多的 Biped（两足动物）改进，包括对角色动作进行分层并将其导出到游戏引擎的新方法，以及在 Biped 骨架方面为动画师提供更灵活的工具。

Autodesk 的美国官网上有了 MAYA 2009 的新功能介绍，这是纪念 MAYA 诞生十周年的产品。使用 Autodesk MAYA 2009 软件可以创建出令人叹为观止的 3D 作品。新版本包括了许多在建模、动画、渲染和特效方面的改进，这些改进使得工作效率和工作流程得到相当大的提升和优化。

（2）应用　MAYA 是顶级三维动画软件，在国外绝大多数的视觉、动画设计领域都在使用 MAYA，即使在国内该软件也越来越普及。由于 MAYA 软件功能更为强大，体系更为完善，因此国内很多的三维动画制作人员都开始转向 MAYA，而且很多公司也都开始利用 MAYA 作为其主要的创作工具。MAYA 的应用领域极其广泛，例如，《星球大战》系列、《指环王》系列、《蜘蛛侠》系列、《哈利波特》系列、《木乃伊归来》《最终幻想》《精灵鼠小弟》《马达加斯加》《Sherk》《金刚》等，都是出自 MAYA 之手，至于其他领域的应用更是不胜枚举。

### 2. Blender

Blender 是一款由 Blender 基金会开发的免费开源三维图形图像软件，提供从建模、动画、材质、渲染到音频处理、视频剪辑等一系列动画短片制作解决方案。Blender 基金会利用该软件制作一系列开源电影，如《大象之梦》（Elephant's Dream）、《大雄兔》（Big Buck Bunny）、《特工 327》（Agent 327）等。图 A-13 所示为 Blender 软件界面的示例。

图 A-13　Blender 软件界面示例

Blender 拥有方便在不同工作下使用的多种用户界面，内置绿屏抠像、摄像机反向跟踪、遮罩处理、后期结点合成等高级影视解决方案；内置有 Cycles 渲染器与实时渲染引擎 EEVEE，同时还支持多种第三方渲染器。Blender 为全世界的媒体工作者和艺术家而设计，可以被用来进行三维可视化，同时也可以创作广播和电影级品质的视频。另外，内置的实时三维游戏引擎，让制作独立回放的三维互动内容成为可能（游戏引擎在 2.8 版本被移除）。Blender 主要功能如下：

1）完整集成的创作套件。提供了全面的 3D 创作工具，包括建模（Modeling）、UV 映射（UV-Mapping）、贴图（Texturing）、绑定（Rigging）、蒙皮（Skinning）、动画（Animation）、粒子（Particle）和其他系统的物理学模拟（Physics）、脚本控制（Scripting）、渲染（Rendering）、运动跟踪（Motion Tracking）、合成（Compositing）、后期处理（Post-production）和游戏制作（已移除）。

2）跨平台支持。它基于 OpenGL 的图形界面在任何平台上都是一样的（而且可以通过 Python 脚本自定义），可以工作在所有主流的 Windows（10、8、7、Vista）、Linux、OS X 等众多其他操作系统上。

3）高质量的 3D 架构带来了快速高效的创作流程。

4）小巧的体积，便于分发。

## A.6 室内外建筑

### 1. SketchUp

SketchUp 是由美国@ Last Software 公司开发的一套直接面向设计方案创作过程的设计工具。@ Last Software 公司成立于 2000 年，规模较小，但却以 SketchUp 而闻名。SketchUp 的创作过程不仅能够充分表达设计师的思想，而且能完全满足与客户即时交流的需要，使得设计师可以直接在计算机上进行十分直观的构思，是三维建筑设计方案创作的优秀工具。

SketchUp 是一个极受欢迎并且易于使用的 3D 设计软件，官方网站将它比喻作电子设计中的“铅笔”。它的主要卖点就是使用简便，人人都可以快速上手，并且用户可以将使用 SketchUp 创建的 3D 模型直接输出至“虚拟地球”之类的软件里。图 A-14 所示为 SketchUp 软件界面的示例。

SketchUp 的基本特点如下：

1）独特简洁的界面，可以让设计师短期内掌握。

2）适用范围广阔，可以应用在建筑、规划、园林、景观、室内以及工业设计等领域。

3）方便的推拉功能，设计师通过一个图形就可以方便的生成 3D 几何体，无须进行复杂的三维建模。

4）快速生成任何位置的剖面，使设计者清楚地了解建筑的内部结构，可以随意生成二维剖面图并快速导入 AutoCAD 进行处理。

图 A-14　SketchUp 软件界面示例

5）与 AutoCAD、Revit、3D MAX、PIRANESI 等软件结合使用，能快速导入和导出 DWG、DXF、JPG、3DS 格式文件，实现方案构思；效果图与施工图绘制的完美结合；同时提供与 AutoCAD 和 ARCHICAD 等设计工具的插件。

6）自带大量门、窗、柱、家具等组件库和建筑肌理边线需要的材质库。

7）轻松制作方案演示视频动画，全方位表达设计师的创作思路。

8）具有草稿、线稿、透视、渲染等不同显示模式。

9）准确定位阴影和日照，设计师可以根据建筑物所在地区和时间实时进行阴影和日照分析。

10）空间尺寸和文字的标注简便，并且标注部分始终面向设计者。

**2. FormZ**

FormZ 是美国 AutoDesSys3D 公司开发的绘图软体之一，是一款备受赞赏、具有很多广泛而独特的 2D/3D 形状处理和雕塑功能的多用途实体和平面建模软件。对于需要经常处理有关 3D 空间和形状的专业人士（如建筑师、景观建筑师、城市规划师、工程师、动画和插画师、工业和室内设计师）来说是一个有效率的设计工具。FormZ 满足熟手设计师需要的同时，新手也可以很容易地操作。

FormZ RadioZity 基于光通量运算模式的渲染，利用了由 LightWorks 提供的光通量运算模式引擎。有了 FormZ RadioZity，光线在环境里的分布可以做得更自然。图 A-15 所示为 FormZ 软件界面示例。

FormZ 软件具有以下基本特点：

1）内部分散建模。模型可以直接导出为行业标准格式，以转移到任何 3D 打印机、CNC 或铣削过程中。例如，其 Object Doctor 和 3D Print Prep 工具，有助于识别由于厚度或其他打印机限制而不能很好打印的对象。

2）先进的舍入和混合操作可在曲面之间创建平滑过渡。可变半径和保持线舍入等高级功能使创建独特的解决方案成为可能。

图 A-15　FormZ 软件界面示例

3）细分建模使创建有机形状变得有趣。从一个简单的多面笼模型开始，并创建一个流畅的流动形式。细分工具套件允许使用简单易用的控件，对细分曲面进行整形和雕刻。细分可用于拉伸结构；从奇异的屋顶到角色网格的有机表面，这些工具使 FormZ 成为通用的建模工具。

4）FormZ 项目可以在 FormZ Pro 9 中完全动画化。这包括摄像机、对象和灯光的动画；可以为参数对象的各个参数创建动画轨道，从而可以创建动态设计；可以使用任何内置或插件渲染引擎来渲染动画；可以将其导出为单独的帧或标准电影格式。

5）强大的公式工具可以轻松地基于数学公式创建复杂的曲线和曲面。包含的预定义形状库是一种全新的表单创建方法的起点。

6）完全参数化和动态生成 3D 表单可以在初始生成后的任何时间对其进行进一步操作。

7）全面的 NURBS 工具套件结合了前所未有的易用性和功能。NURBS 分析功能有助于评估和优化设计。

8）FormZ Pro 9 环境可以让用户快速创建自己设计的图样。使用 FormZ 布局，用户可以将设计的平面图、立面图、剖面图和 3D 视图放置到页面布局中。这些都会链接到 3D 模型，因此随着模型的更改，图样会自动更新。

9）组件使重用和共享常用内容变得更容易。组件可以嵌入在 FormZ 形式的项目中，也可以外部存储在项目文件的目录中。组件可以轻松创建和修改，系统还提供了组件库供使用。

# 附录 B　SolidWorks 3D 设计建模实战示例

SolidWorks 是法国达索系统（Dassault Systemes）公司旗下产品，作为一款简单便捷的三维设计软件，广泛应用于机械、非标自动化设计中。上手快、简单易学的特点使其颇受广大老师和同学的喜爱。而且，SolidWorks 软件支持直接导出 3D 打印使用的 STL 以及 OBJ 等模型文件格式，因此常被初学者用于 3D 打印模型的设计建模。

本部分将介绍使用 SolidWorks 软件设计一个艺术花瓶模型的示例，旨在为 SolidWorks 初学者演示相关软件功能及菜单的使用。艺术花瓶建模完成效果图如图 B-1 所示。

图 B-1　艺术花瓶建模完成效果图

由于 SolidWorks 软件功能十分强大，本示例艺术花瓶的建模只用到了其中很少的功能。对于其他未用到的功能，需要时可以网上搜索或参阅软件使用说明。

艺术花瓶的详细建模步骤如下：

1）双击，运行 SolidWorks 软件。选择“文件”→“新建”，弹出新建菜单，如图 B-2 所示。

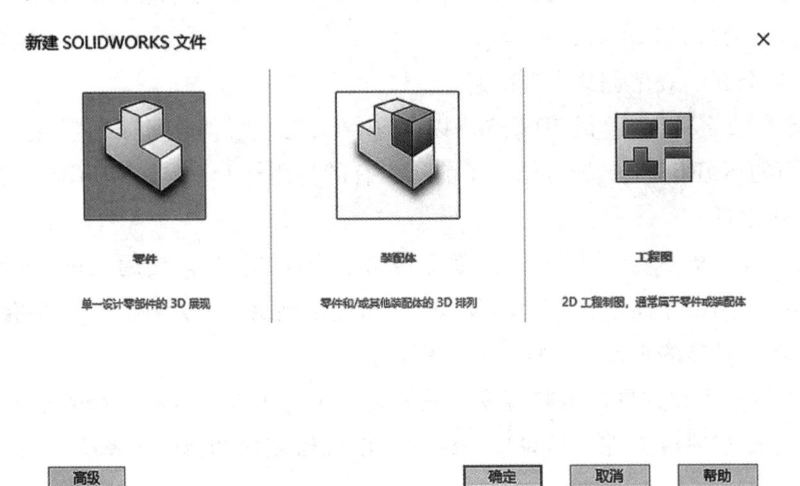


图 B-2　新建菜单

图 B-2 有零件、装配体以及工程图三个选项。零件即单个的零件，是建模中用到最多的类型；装配体是将多个零件组装起来，如将汽车的多个零件拼装成一辆完整的汽车；工程图则是方便打印传播的二维图样。在这里选择新建零件。

2）然后单击界面上方的草图菜单，草图基础操作菜单如图 B-3 所示。

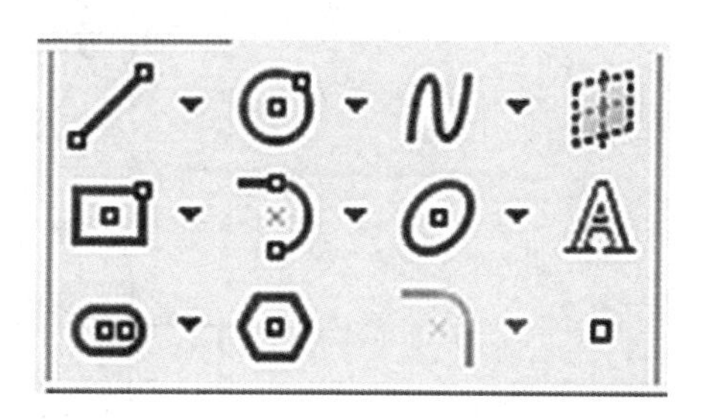

图 B-3　草图基础操作菜单

草图基础操作菜单里包括直线、矩形、直槽口、圆、切线弧、多边形、样条曲线、椭圆、圆角、基准面、文字以及点这些常用的绘图元素，通过这些功能可以方便地绘制出这些基础形状。这里选择“草图”→“样条曲线”在前视基准面上绘制草图 1，尺寸属性如图 B-4 所示。完成草图绘制后选择退出草绘。

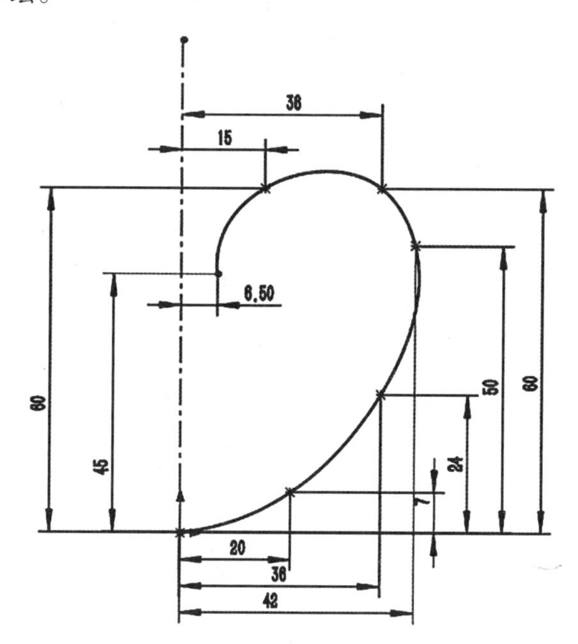


图 B-4　绘制样条曲线草图 1

3）还是在前视基准面，选择“草图”→“样条曲线”绘制草图 2。注意顶部的相切和底部的水平几何关系，如图 B-5 所示。完成草图绘制后选择退出草绘。

4）单击界面上方的“曲面”菜单，曲面基础操作菜单如图 B-6 所示。

曲面基础操作菜单包括“拉伸曲面”“旋转曲面”“扫描曲面”“放样曲面”“边界曲面”“填充曲面”以及“自由形”功能。其中“拉伸曲面”用于根据草图生成拉伸曲面；“旋转曲面”通过绕一轴心旋转一个开环或闭环轮廓从而生成一个曲面特征；“扫描曲面”通过沿一开环或闭环路径来扫描一开环或闭环轮廓从而生成一个曲面特征；“放样曲面”在两个或多个轮廓之间生成一个放样曲面；“边界曲面”以双向在轮廓之间生成边界曲面；“填充曲面”在现有模型边线、草图或曲线所定义的边框内建造以实现曲面修补；

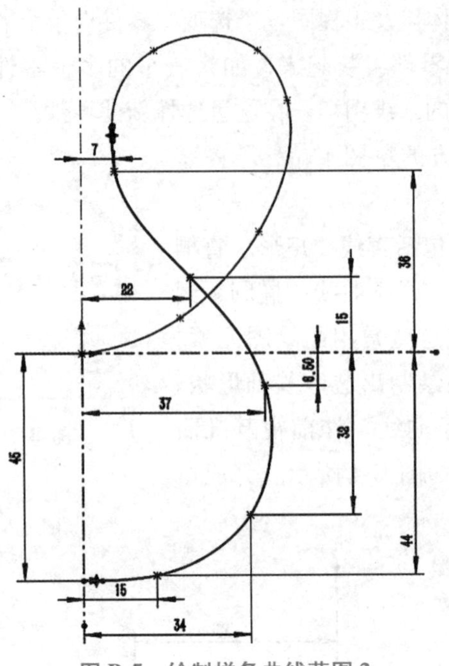


图 B-5 绘制样条曲线草图 2

图 B-6 曲面基础操作菜单

“自由形”通过在点上推动和拖动而在平面或非平面上生成自由曲面。此处，选择草图 1 进行“旋转曲面”操作，以点画线为旋转轴，如图 B-7 所示。

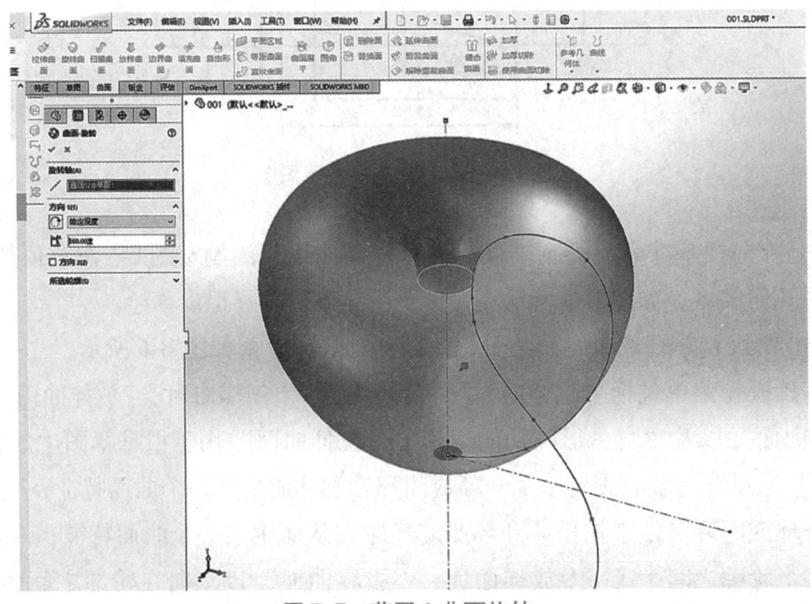

图 B-7 草图 1 曲面旋转

5）之后，选择草图 2 进行“旋转曲面”操作，同样以点画线为旋转轴，如图 B-8 所示。

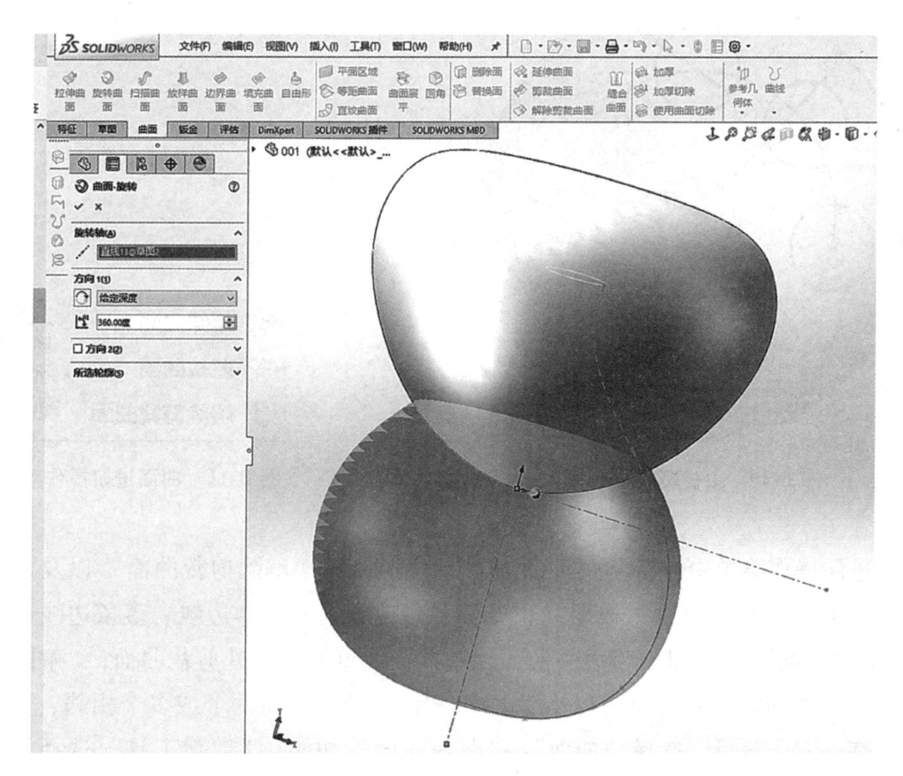

图 B-8 草图 2 曲面旋转

6）隐藏顶部由草图 1 旋转而成的球体。在上视基准面选择“草图”→“圆”，以原点为圆心画一个直径为 50 的大圆，选中大圆；之后，在左侧的选项菜单中勾选“作为构造线”，在大圆上方绘制一个直径为 15 的小圆。然后，来到草图进阶操作菜单，如图 B-9 所示。

图 B-9 草图进阶操作菜单

草图的进阶操作菜单中包括“剪裁实体”“转换实体引用”“等距实体”“镜像实体”“线性草图阵列”以及“移动实体”功能。“剪裁实体”可以剪裁或延伸一草图实体以使其与另一实体重合或删除一草图实体；“转换实体引用”将模型上所选边线或草图实体转换为当前图层的草图实体；“等距实体”通过以一指定距离等距面、边线、曲线或草图实体来添加草图实体；“镜像实体”为沿中心线镜像所选实体；“线性草图阵列”可以根据草图实体添加其线性阵列；“移动实体”可以移动草图实体和注解。除此之外，各个功能的下拉菜单还有与当前功能相关的其他功能，这里不再赘述。选择“草图”→“线性草图阵列”的下拉菜单中的“圆周草图阵列”功能，以大圆圆心为中心阵列 7 个，如图 B-10 所示。

7）曲面进阶操作菜单如图 B-11 所示。

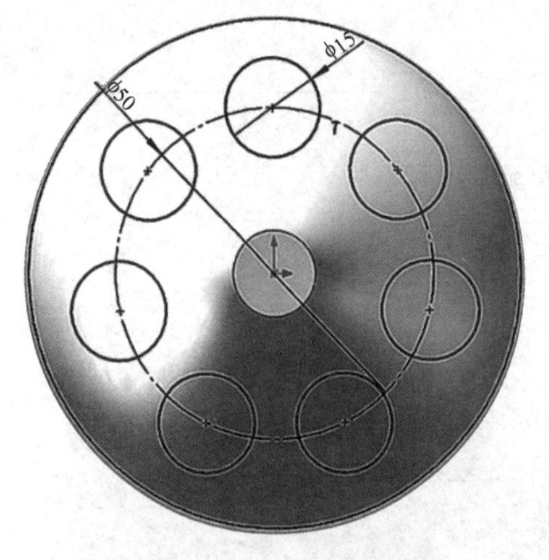


图 B-10　上视基准面画圆

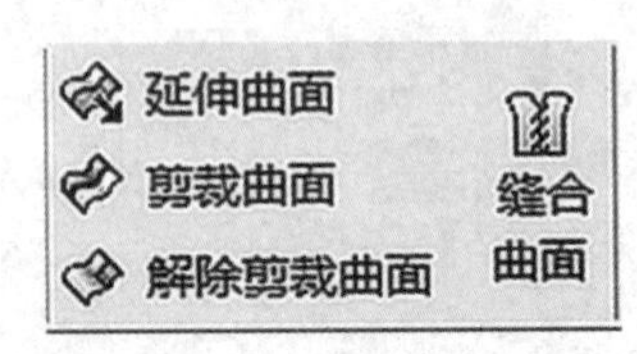


图 B-11　曲面进阶操作菜单

曲面进阶操作菜单中包括“延伸曲面”“剪裁曲面”“解除剪裁曲面”以及“缝合曲面”功能。其中“延伸曲面”根据终止条件和延伸类型来延伸边线、多条边线或曲面上的面；“剪裁曲面”在一曲面与另一曲面、基准面或草图交叉处剪裁曲面；“解除剪裁曲面”通过延伸曲面来修补曲面孔和外部边线；“缝合曲面”将两个或多个相邻、不相交的曲面组合在一起。这里，选择“曲面”→“剪裁曲面”功能，“剪裁工具”选择上一步绘制的草图，选择“移除”选项，之后点选图中标识的椭圆部分，详情如图 B-12 所示。

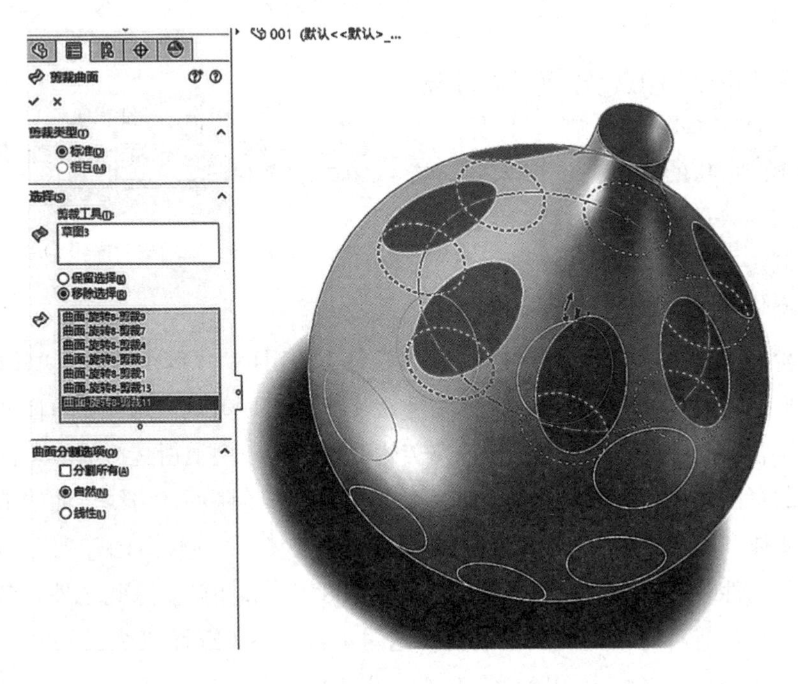


图 B-12　剪裁曲面

8）在上视基准面上使用“草图”→“椭圆”功能草绘椭圆。首先，以原点为圆心使用“草图”→“圆”功能绘制一个直径为 108mm 的圆并将其作为构造线，之后，显示第 5）步的草图，辅助椭圆的绘制。具体绘制方式与尺寸属性如图 B-13 所示。

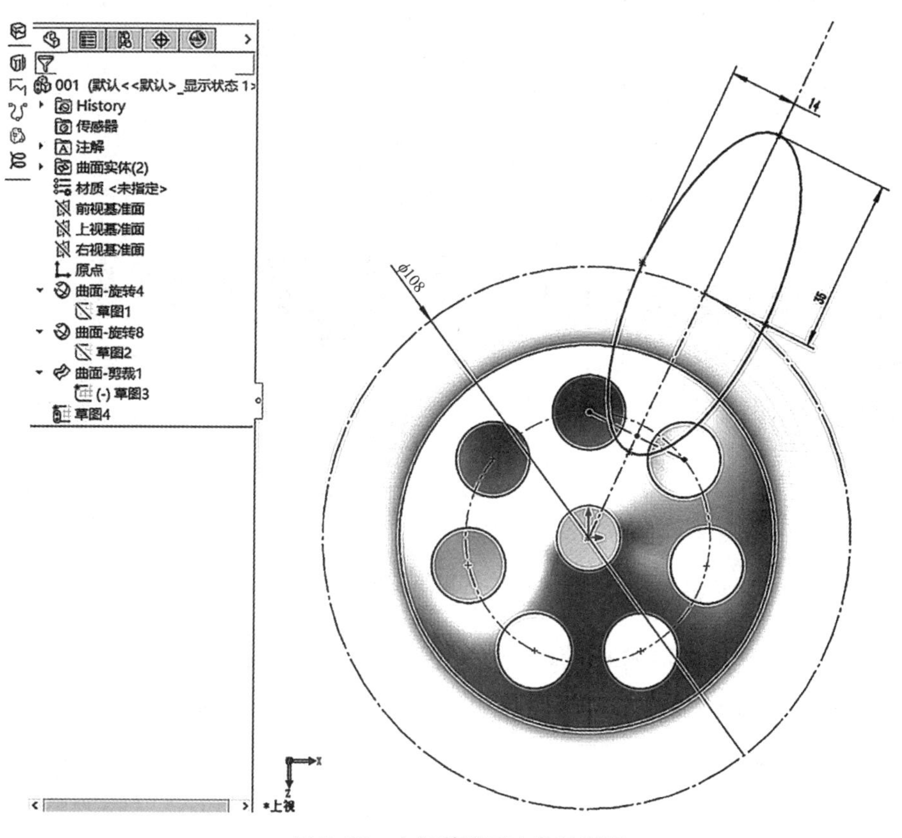


图 B-13　上视基准面上草绘椭圆

接下来，显示第 5）步的草图，用两个圆的中点来定位椭圆的夹角，如图 B-14 所示。

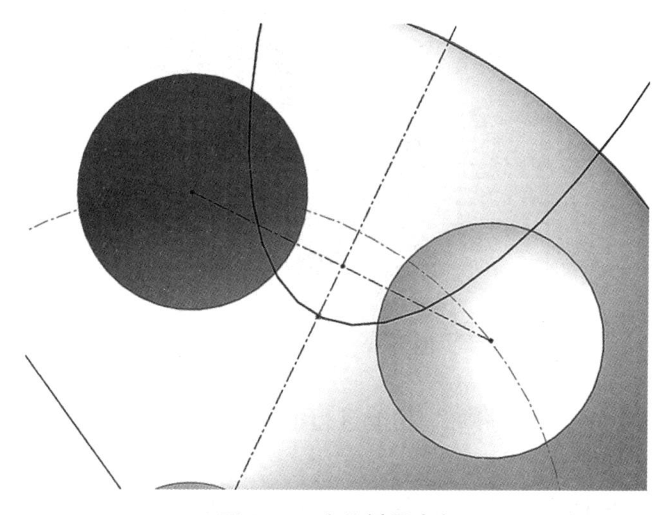

图 B-14　定位椭圆夹角

之后选中椭圆，使用“草图”→“线性草图”阵列的下拉菜单中的“圆周草图阵列”功能，以原点为圆心进行圆周阵列，个数为7，如图B-15所示。

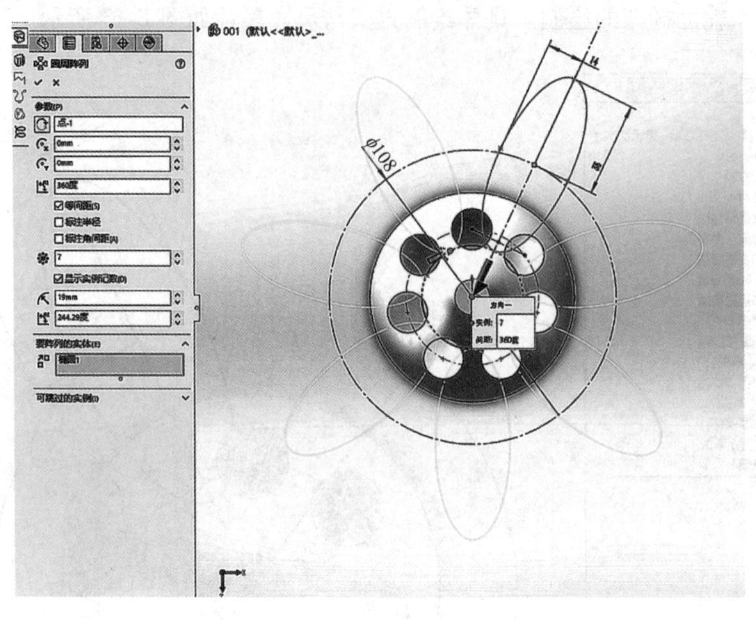

图 B-15　圆周草图阵列

9）显示由草图1旋转而成的球体，使用“曲面”→“剪裁曲面”功能，“剪裁工具”选择上一步绘制的草图，选择“移除”选项，点选被椭圆包围的区域，如图B-16所示。

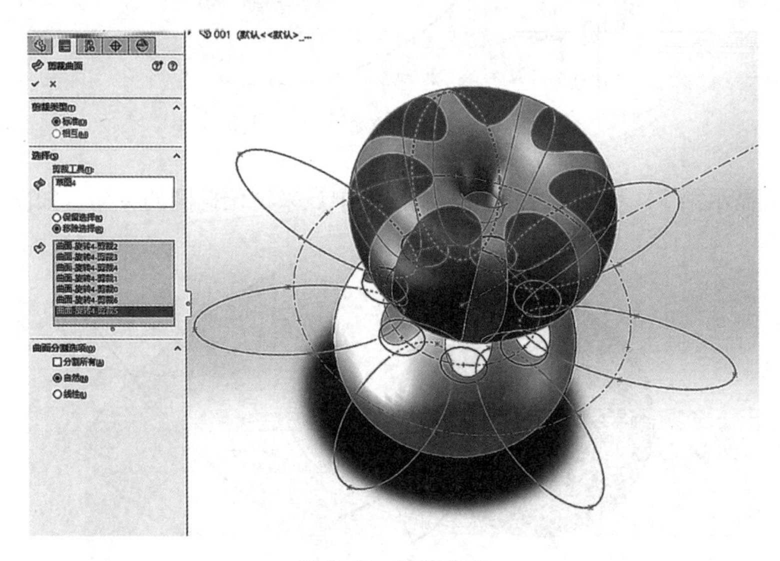

图 B-16　剪裁曲面

10）使用“曲面”→“缝合曲面”功能进行曲面缝合，缝合对象选择“曲面-剪裁1”和“曲面-剪裁2”，如图B-17所示。

11）然后，来到曲面进阶操作2菜单，如图B-18所示。

曲面进阶操作2菜单有“加厚”“加厚切除”以及“使用曲面切除”功能，其中

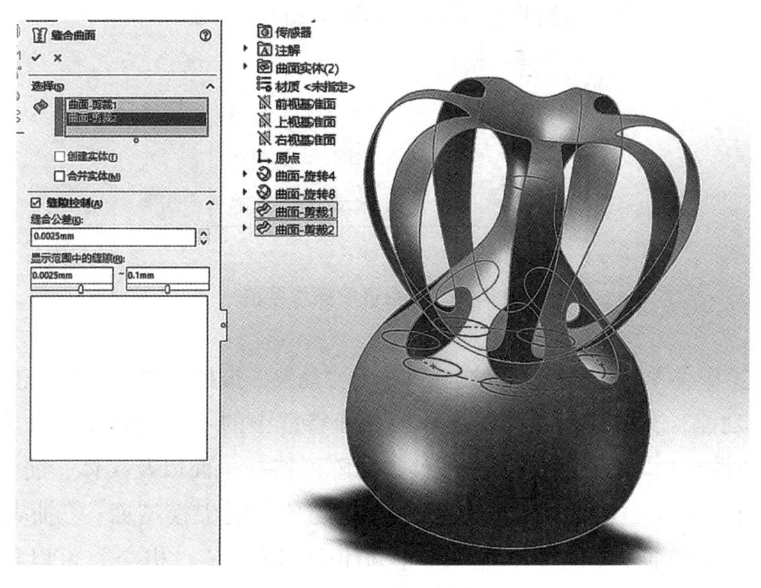


图 B-17 曲面缝合

“加厚”由加厚一个或者多个相邻曲面来生成实体特征，多个相邻曲面必须先缝合；“加厚切除”由加厚一个或者多个相邻曲面来切除实体特征，多个相邻曲面必须先缝合；“使用曲面切除”用一个曲面将材料切除来生成实体模型。这里，使用“曲面”→“加厚”功能将“曲面-缝合1”加厚“2.0mm”，如图 B-19 所示。

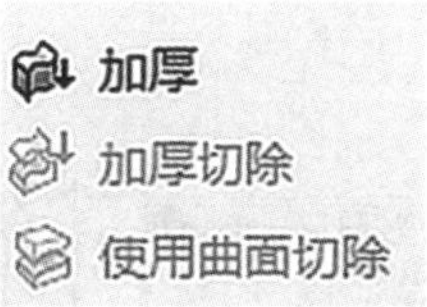

加厚
加厚切除
使用曲面切除

图 B-18 曲面进阶操作 2 菜单

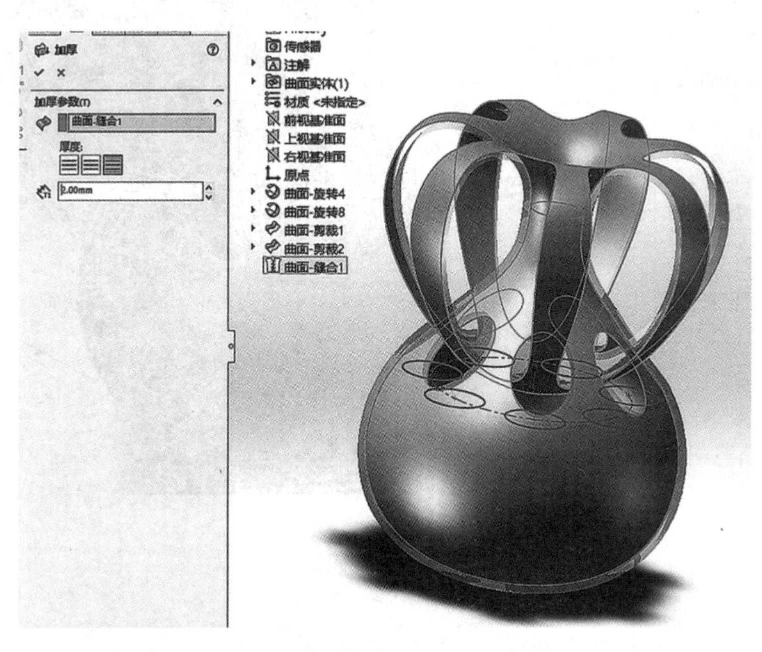


图 B-19 加厚 2.0mm

12）接下来，来到特征进阶操作菜单，如图 B-20所示。

图 B-20　特征进阶操作菜单

特征进阶操作菜单有“圆角”“线性阵列”“筋”“拔模”“抽壳”“包覆”“相交”以及“镜像”功能，其中“圆角”沿实体或曲面特征中的一条或多条线来生成圆角内部或外部面；“线性阵列”以一个或两个线性方向阵列特征、面以及实体、筋为实体添加薄壁支撑；“拔模”使用中性面或分型线按所指定的角度削尖模型面；“抽壳”从实体移除材料来生成薄壁特征；“包覆”将草图轮廓闭合到面上；“相交”可以相交曲面、平面以及实体从而创建卷；“镜像”绕面或基准面镜像面、特征以及实体。这里，使用“特征”→“圆角”功能倒圆角，选中内外 4 个面，圆角半径设为“1. 0mm”，如图 B-21所示。

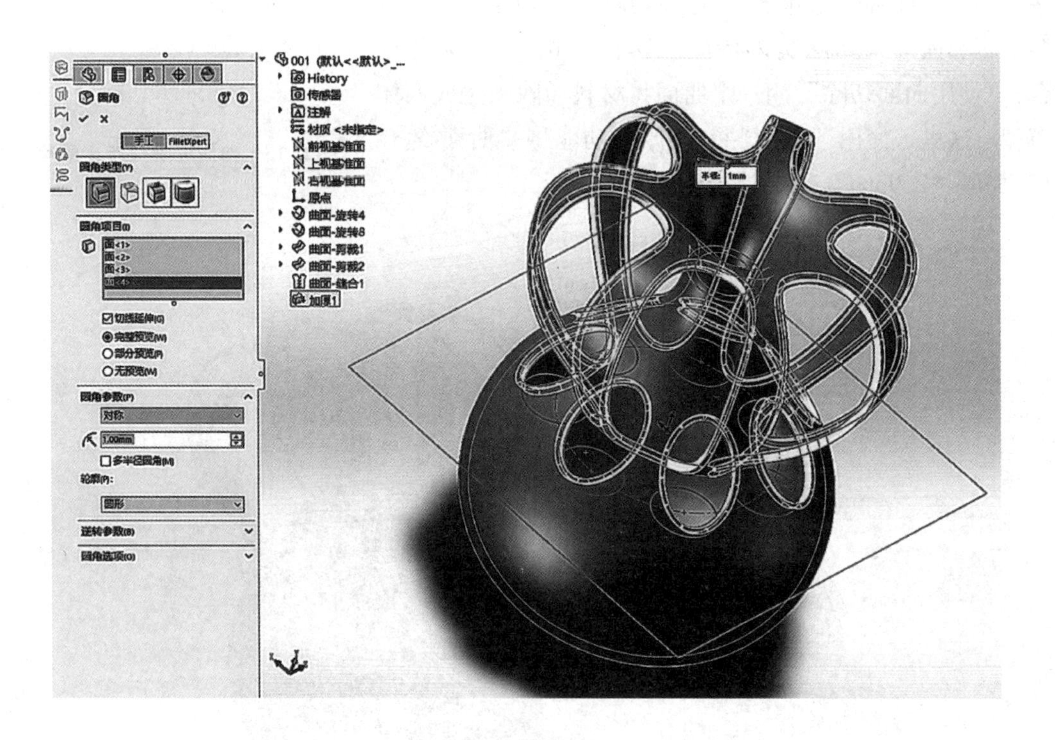


图 B-21　倒圆角

13）在右侧菜单栏找到“外观”“布景”“贴图”一栏，如图 B-22 所示。

菜单中主要有“外观”“布景”“贴图”三个功能。“外观”可以根据用户设置的不

图 B-22　“外观”“布景”“贴图”菜单

用材料和颜色为实体模型添加外观；“布景”可以更改建模的背景图案；“贴图”则是可以在实体模型上添加定制化的图案或者标志。这里，选用“外观”功能，然后在“外观”菜单中找到合适的材质与颜色，为绘制好的花瓶添加外观纹理，完成艺术花瓶的建模，如图 B-23 所示。

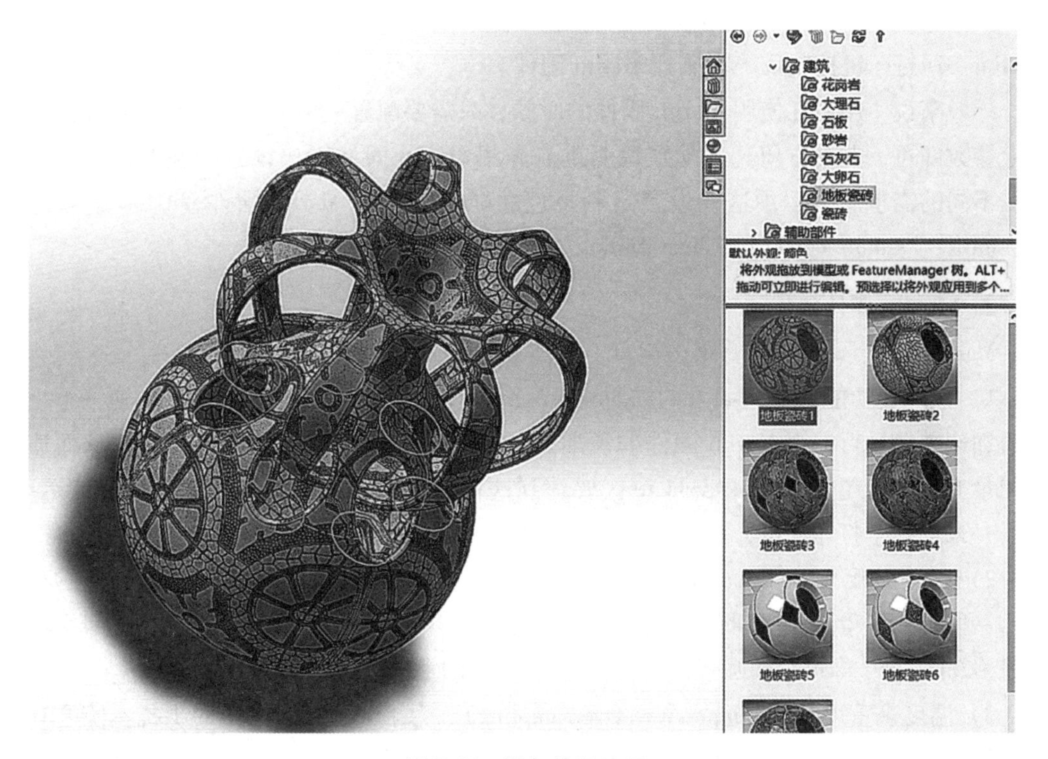


图 B-23　添加外观纹理

至此，就完成了整个艺术花瓶模型的 3D 设计建模。更详细的界面菜单功能可参阅《SolidWorks 用户使用手册》。遇到特殊功能或在形状设计造型中遇到问题，也可以上网用与问题特点相关的不同关键词进行搜索，一般都能找到需要的解答。

# 附录 C  RepRap Prusa i3 Marlin 固件配置中文说明

**1. 概述**

固件（Firmware）是指写入 EPROM（可擦写可编程只读存储器）或 EEPROM（电可擦写可编程只读存储器）中的软件程序。通常担任着一个硬件系统最基础、最底层工作的软件才可以称为固件，如计算机主板上的基本输入/输出系统（Basic Input/Output System，BIOS）。固件是主板内部保存的设备“驱动程序”，通过固件，操作系统才能按照标准的设备驱动实现特定机器的运行动作，如光驱、刻录机等都有内部固件。在硬件设备中，固件就是硬件设备的“灵魂”，因为一些硬件设备除固件以外没有其他软件组成，因此固件也就决定着硬件设备的功能及性能。

开源 RepRap 3D 打印机固件一般有 Sprinter、Marlin、Teacup、Sailfish 和 Repetier 等，其中 Sprinter 和 Marlin 是使用较多的两款固件。Sprinter 固件是之前用得比较多的打印机固件，Marlin 和 Repetier 固件都是由其派生而来。这两款固件的用户群非常活跃，相比之下 Sprinter 固件已经没有人维护了。在这两者中，Marlin 固件的使用更加广泛，很多 RepRap 3D 打印机控制系统都兼容 Marlin 固件。

一般来说，用户在使用 Marlin 固件的时候，只需要配置一下 Configuration. h 文件中的相应参数即可，非常方便。本配置说明重点介绍 Marlin 固件用户设置的基本信息，以及根据不同的需求怎么运用这些设置定制特色功能。RepRap Marlin 固件 GitHub 下载地址是：https://github. com/ErikZalm/Marlin。

**2. Marlin 固件的特点**

Marlin 相对于 Sprinter 有很多优点，具体如下：

1）预加速功能（Look-ahead）。Sprinter 固件在每个拐角处必须使打印机先停下，然后再加速继续运行，而 Marlin 固件的预加速只会减速或加速到某一个速度值，从而速度的矢量变化不会超过 xy_jerk_velocity。要达到这样的效果，必须预先处理下一步的运动。这样一来加快了打印速度，而且在拐角处减少耗材的堆积，曲线打印更加平滑。

2）支持圆弧（Arc Support）。Marlin 固件可以自动调整打印分辨率以接近恒定的速度打印一段圆弧，得到最平滑的弧线。这样做的另一个优点是减少串口通信量，因为通过一条 G2/G3 指令即可打印圆弧，而不用通过多条 G1 指令。

3）温度多重采样（Temperature Oversampling）。为了降低打印噪声的干扰，使 PID 温度控制更加有效，Marlin 采样 16 次取平均值去计算温度。

4）自动调节温度（Auto Temperature）。当打印任务要求挤出速度有较大的变化，或者实时调整打印速度时，需要打印温度也随之改变。通常情况下，较高的打印速度要求较高的温度，Marlin 固件可以使用 M109S<mintemp>B<maxtemp>F<factor>指令去自动控制温度。

当使用不带 F 参数的 M109 指令自动调节温度时，Marlin 固件会计算缓存中所有移动指令中最大的挤出速度（单位是 steps/s），即“maxerate”；然后目标温度值通过公式

T=tempmin+factor * maxerate 计算得到，同时限制在最小温度（tempmin）和最大温度（tempmax）之间。如果目标温度小于最小温度，那么自动调节将不起作用。最理想的情况下，用户可以不用去控制温度，只需要在开始时使用 M109 S B F 指令，并在结束时使用 M109 S0 指令。

5）非易失存储器（Electrically Erasable Programmable Read Only Memory，EEPROM）。Marlin 固件将一些常用的参数，如加速度、最大速度、各轴运动单位等存储在 EEPROM 中，用户可以在校准打印机的时候调整这些参数，然后再保存到 EEPROM 中。这些改变在打印机重启之后生效，而且会被永久保存，直至下一次修改。

6）液晶显示器菜单（LCD Menu）。如果硬件支持，用户可以构建一个脱机智能控制器（LCD 屏+SD 卡槽+编码器+按键）。用户可以通过液晶显示器菜单实时调整温度、加速度、速度、流量倍率，选择并打印 SD 卡中的 G-Code 文件，进行预加热，禁用步进电动机及其他操作。比较常用的有 LCD2004 智能控制器和 LCD12864 智能控制器。

7）SD 卡内支持子文件夹（SD Card Folders）。Marlin 固件可以读取 SD 卡中子文件夹内的 G-Code 文件，不必是根目录下的文件。

8）SD 卡自动打印（SD Card Auto Print）。若 SD 卡根目录中有文件名为“auto［0-9］. g”的文件，则 3D 打印机会在开机后自动开始打印该文件。

9）限位开关触发记录（Endstop Trigger Reporting）。如果打印机在运行过程中碰到了限位开关，那么 Marlin 固件会将限位开关触发的位置发送到串口，并给出一个警告。这对于用户分析打印过程中遇到的问题是很有用的。

10）编码规范（Coding Paradigm）。Marlin 固件采用模块化编程方式，让用户可以清晰地理解整个程序。这为以后将固件升级到 ARM 系统提供了很大的便利。

11）基于中断的温度测量（Interrupt Based Temperature Measurements）。Marlin 固件用一路中断去处理 ADC 转换和检查温度变化，这样就减少了单片机资源的使用。

12）支持多种机械结构。Marlin 固件支持普通的 *XYZ* 正交机械结构、CoreXY 机械结构、Delta 机械结构和 SCARA 机械结构。

### 3. 基本配置

将下载的 Marlin 固件包解压，然后使用 Arduino IDE 打开 marlin. ino，切换到 Configuration. h 即可查看并修改该文件。也可以使用任何一款文本编辑器（如 notepad，notpad++等）直接打开 Configuration. h。Marlin 固件的配置主要包含以下几个方面：

1）通信波特率。

2）主板类型。

3）温度传感器类型，包括喷头和加热床的温度传感器。

4）温度配置，包括喷头温度和加热床温度配置。

5）PID 温控参数，包括喷头温度控制和加热床温度控制参数。

6）限位开关。

7）四个轴步进电动机方向。

8）*X*/*Y*/*Z* 三个坐标轴的初始位置。

9）打印机运动范围。

10）自动调平。

11）运动速度。

12）各轴运动分辨率。

13）脱机控制器。

为了方便配置，Marlin 固件中的 Configuration.h 将各个配置模块化，非常便于阅读及修改，而且注释非常详细，英文好的用户可以很容易地理解各参数的意义。注意：Marlin 固件使用 C 语言编写，“//”后面的是注释语句，不会影响代码的作用。另外 Marlin 固件中大量使用#define，简单来讲，就是定义的意思，包括定义某个参数的数值，定义某个参数是否存在等。

最开始的两行非注释语句是定义固件的版本和作者。默认的版本号就是编译时间，这个可以不用修改，只需要把作者改为自己的名字即可。注意不能包含中文，否则会出现乱码。

```
#define STRING_VERSION_CONFIG_H __DATE__ " " __TIME__ // build date and time
#define STRING_CONFIG_H_AUTHOR "www.abaci3d.cn" // who made the changes.
```

计算机和打印机通过串口进行通信，需要定义好端口和波特率。此处定义的是 3D 打印控制器主板的端口和波特率，端口号使用默认的“0”就可以了。Marlin 固件默认的波特率是“250000”，这不是标准的 ANSI 波特率值，可以修改为标准的 ANSI 波特率值，比如“115200”。波特率值越大，数据传输速度越快，但数据丢失的可能性也会增大。PC 端口的波特率设置值与 3D 打印控制器端口波特率值不一致时，就容易出现无法通信或数据丢失的情况。一般使用“115200”，这是 PC 和 3D 打印机控制器都支持的波特率值。

```
#define SERIAL_PORT 0
#define BAUDRATE 115200
```

下面定义主板类型，Marlin 固件支持非常多种类的 3D 打印机主板，比如常见的 RAMPS1.3/1.4、Melzi、Printrboard、Ultimainboard、Sanguinololu 等控制板。需要注意的是不同主板使用不同的端口及数量，如果该定义和 Arduino IDE 中使用的主板不一致，则会导致编译不通过。一般在进行固件编译时，需要选定跟固件类型一致的编译选项。例如，如果使用的是常见的 RAMPS1.4，并且 D8、D9、D10 控制的是一个喷头加热、一个加热床加热和一个风扇输出，那么主板的定义就是“33”。

```
#ifndef MOTHERBOARD
```

```
#define MOTHERBOARD 33
#endif
```

接下来定义挤出头的个数及电源类型，如果是单喷头打印机，则此处定义为“1”。电源有两种类型可以选择，“1”表示开关电源，“2”表示 X-Box 360 203 伏电源，一般使用的都是开关电源，因此定义为 1。

```
#define EXTRUDERS 1
#define POWER_SUPPLY 1
```

接下来定义温度传感器类型，包括每个喷头使用的温度传感器（如果是多喷头）和加热床的温度传感器类型。常用的温度传感器有电热偶和热敏电阻两大类，热敏电阻又分为很多种。目前的 3D 打印机主要用的是热敏电阻，具体是哪种热敏电阻需要自己判断或询问卖家，不出意外的话，都是 100K NTC 热敏电阻，即 1。根据注释，1 要求 4.7kΩ 的上拉电阻，而根据 RepRap Wiki，几乎所有的 3D 打印机都使用了 4.7kΩ 的热敏电阻上拉电阻。图 C-1 所示为几种常见电路板的电路图，都使用了 4.7kΩ 的上拉电阻。

```
//1 is 100k thermistor -best choice for EPCOS 100k (4.7k pullup)
```

如果打印机为单喷头，则第一个喷头的温度传感器配置为“1”，其他配置为“0（0 表示没有使用）”；若使用了加热床，则加热床的温度传感器也配置为“1”。

```
#define TEMP_SENSOR_0 1
#define TEMP_SENSOR_1 0
#define TEMP_SENSOR_2 0
#define TEMP_SENSOR_BED 1
```

接下来是有关温度检测的一些配置，包括双喷头温度差、M109 检测配置、安全温度配置等。

下面这一句配置双喷头温差的最大值，如果温度超过这个数值，那么打印机会启动保护机制终止工作。因此，对于双喷头打印机来说，这个参数需要特别注意。

```
#define MAX_REDUNDANT_TEMP_SENSOR_DIFF 10
```

下面这一段配置 M109 指令完成的指标。M109 指令设定喷头温度及等待时间，那么等待时间应该是多久呢？下面这三个参数控制这个时间。第一个参数表示温度“接近”目标温度必须持续 10s 才算加热完成；第二个参数表示和目标温度相差不超过 3℃ 为“接近”；第三个参数表示从温度与目标温度相差不超过 1℃ 时开始计时，从此刻开始，温度和目标温度持续接近 10s，则完成加热。

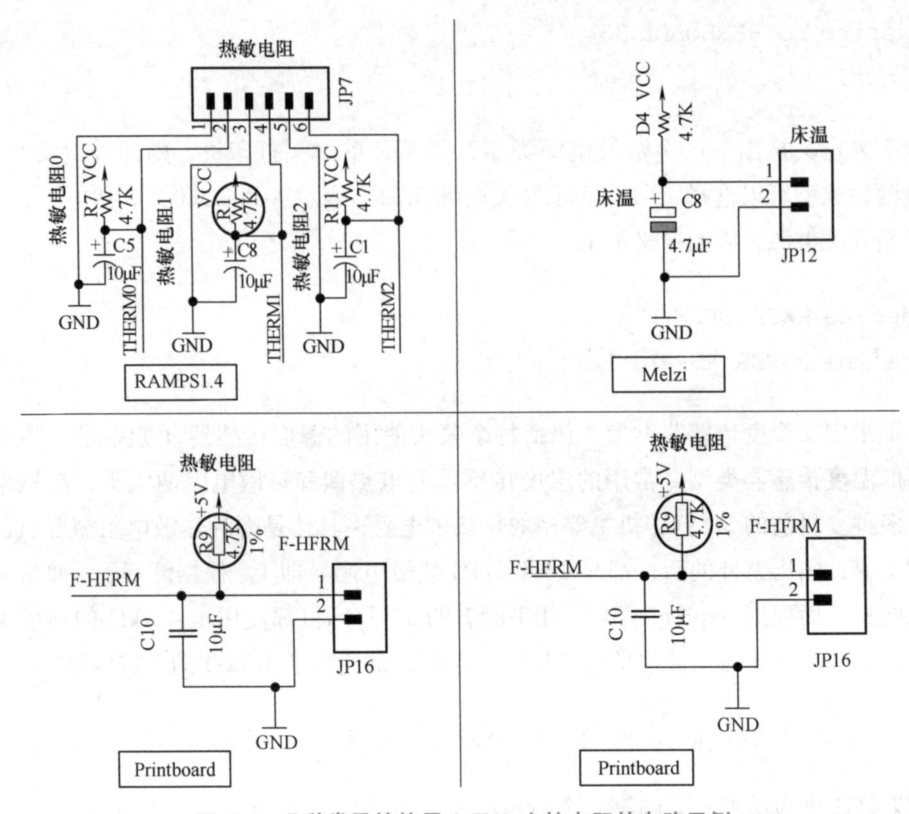

图 C-1　几种常见的使用 4.7kΩ 上拉电阻的电路示例

```
#define TEMP_RESIDENCY_TIME 10
#define TEMP_HYSTERESIS 3
#define TEMP_WINDOW 1
```

下面配置安全温度范围的下限和上限，包括各个喷头和加热床的安全温度。如果温度超过下限，那么打印机会抛出 MINTEMP 的错误并终止工作；如果超过上限，那么打印机抛出 MAXTEMP 的错误并终止工作。Marlin 固件用这种方式来保护 3D 打印机。下面的配置最小温度都是 5℃，喷头的最大温度为 275℃，加热床的最大温度为 150℃。

```
#define HEATER_0_MINTEMP 5
#define HEATER_1_MINTEMP 5
#define HEATER_2_MINTEMP 5
#define BED_MINTEMP 5
#define HEATER_0_MAXTEMP 275
#define HEATER_1_MAXTEMP 275
#define HEATER_2_MAXTEMP 275
#define BED_MAXTEMP 150
```

如果希望 M105 指令在报告温度的时候，同时也报告喷头和加热床的功率，则可以将下面两句的前面的注释符“//”去掉。具体的功率数值需要用户自己计算得到。

```
#define EXTRUDER_WATTS (12.0*12.0/6.7)
#define BED_WATTS (12.0*12.0/1.1)
```

接下来配置温度控制方法。Marlin 固件提供两种温度控制方法，一种是简单的 Bang-bang 控制，这种控制方法比较简单，效果较差；另一种是 PID 控制，即比例-积分-微分控制，这种控制效果比较好。关于 PID 控制的详细资料，建议自行查阅。关于 PID 参数的设置，对普通 3D 打印机来说影响不是很大，一般的参数设置都能满足温度控制的需要，因此，使用默认的 Ultimaker PID 参数即可。对于加热床来说，使用默认的控制方法即可。

```
#define PIDTEMP
```

在温度控制方法设置之后，就是保护挤出机的配置，包括防止冷挤出和过长距离的挤出。防止冷挤出是指在喷头温度低于某个温度的时候，挤出动作无效；而过长距离的挤出是指一次挤出的距离不能大于某个长度。在下面几句中，第一句是防止冷挤出；第三句是定义冷挤出的温度，即 170℃。一般打印巧克力或食品时需要注意这个温度值；第二句是防止过长挤出；第四句指明了这个距离的数值，为 $X$ 轴长度与 $Y$ 轴长度之和。

```
#define PREVENT_DANGEROUS_EXTRUDE
#define PREVENT_LENGTHY_EXTRUDE
#define EXTRUDE_MINTEMP 170
#define EXTRUDE_MAXLENGTH (X_MAX_LENGTH+Y_MAX_LENGTH)
```

接下来的一大段是为了防止温度失控造成着火而设置的。例如，如果热敏电阻没有放到喷头上，而且一直在加热又得不到反馈，最终就会导致 PEEK 燃烧甚至爆炸。这个配置的具体原理是，如果测得温度在很长一段时间内和目标温度的差大于某个数值，那么打印机会自动停止，从而起到保护打印机的效果。Marlin 固件默认将这几句注释掉了，即不做这样的保护。如果用户希望做这样的保护，只需要将注释取消即可。第一句是配置检测时间；第二句是控制温度差距。对于加热床也有类似的配置。需要注意的是，当前使用越来越大的加热床，导致加热速度很慢，要防止被误查。

```
#define THERMAL_RUNAWAY_PROTECTION_PERIOD 40
#define THERMAL_RUNAWAY_PROTECTION_HYSTERESIS 4
#define THERMAL_RUNAWAY_PROTECTION_BED_PERIOD 20
#define THERMAL_RUNAWAY_PROTECTION_BED_HYSTERESIS 2
```

再接下来是机械部分的配置。首先需要配置的是限位开关，一般的配置是对所有的限位开关都使用上拉电阻，而机械式限位开关连接在常闭端，那么限位开关在正常情况下（未触发），信号端（SIGNAL）为低电位。限位开关触发时，开关处于开路状态，信号端为高电位。这与 Marlin 固件中默认的限位开关逻辑相同。

首先，保持使用上拉电阻。

```
#define ENDSTOPPULLUPS
```

接着就是所有的限位开关都使用上拉电阻形式。

```
#ifdef ENDSTOPPULLUPS
#define ENDSTOPPULLUP_XMAX
#define ENDSTOPPULLUP_YMAX
#define ENDSTOPPULLUP_ZMAX
#define ENDSTOPPULLUP_XMIN
#define ENDSTOPPULLUP_YMIN
#define ENDSTOPPULLUP_ZMIN
#endif
```

下面是限位开关的逻辑配置，如果限位开关连接方式为 GND 端连接限位开关的 COM 端，而 SIGNAL 端连接的是限位开关的常闭（NC）端，那么就把该限位开关对应的逻辑设置为“false”；否则设置为“true”。如果使用的打印机只有最小值处的限位开关，那么保持默认设置即可。

```
const bool X_MIN_ENDSTOP_INVERTING = false;
const bool Y_MIN_ENDSTOP_INVERTING = false;
const bool Z_MIN_ENDSTOP_INVERTING = false;
const bool X_MAX_ENDSTOP_INVERTING = true;
const bool Y_MAX_ENDSTOP_INVERTING = true;
const bool Z_MAX_ENDSTOP_INVERTING = true;
```

有的打印机并不是使用了 6 个限位开关，大多数情况下，都是使用 3 个最小值处的限位开关，而最大值处的限位开关都没有使用。Marlin 固件允许用户指定所使用的限位开关。下面两行可以选择去告诉打印机没有使用哪些限位开关。如果只是使用了全部 3 个最小值处的限位开关，那么应该禁用最大值处的限位开关，即将第一行的注释符“//”去掉。

```
#define DISABLE_MAX_ENDSTOPS
//#define DISABLE_MIN_ENDSTOPS
```

接下来是对步进电动机的运动方式的配置。主要配置步进电动机的正向反向，根据实际情况改变配置即可。如果测试时发现某个步进电动机运动方向不对，把对应的配置改为相反的值即可。

```
#define INVERT_X_DIR true
```

```
#define INVERT_Y_DIR false
#define INVERT_Z_DIR true
#define INVERT_E0_DIR false
```

紧接着是归零配置，即回归初始位位置，“-1”表示初始位置为坐标最小值处；“1”表示初始位置为坐标最大值处。当初始位置为坐标值最小值处时，打印机配置如下：

```
#define X_HOME_DIR -1
#define Y_HOME_DIR -1
#define Z_HOME_DIR -1
```

接下来是关于Marlin固件如何确定步进电动机已经达到边界的位置，软限位的方式是通过判断喷头的坐标值是否越过打印机范围，否则会根据限位开关的状态判断是否越位。例如，如果打印机的限位开关都在最小值处，为了节省计算资源，只需要对最大值使用软限位方式，配置如下：

```
#define min_software_endstops false
#define max_software_endstops true
```

为了正确判断喷头是否越位，还需要正确配置打印机的打印范围。MAX为最大坐标，MIN为最小坐标。例如，如果打印范围为200mm×200mm×160mm，那么就有如下的配置：

```
#define X_MAX_POS 200
#define X_MIN_POS 0
#define Y_MAX_POS 200
#define Y_MIN_POS 0
#define Z_MAX_POS 160
#define Z_MIN_POS 0
```

接下来的一段是自动调平的配置。目前，大部分3D打印机都存在打印平台不平整的问题，也大都没有安装相应的自动调平机构，因此，在这里自动调平没有太大的作用。如果没有使用自动调平，应确保下面一句处于注释状态，即

```
//#define ENABLE_AUTO_BED_LEVELING
```

再接下来就该配置步进电动机的运动选项了。首先是定义轴的数量，对于单喷头3D打印机来说，应该有4个轴，分别是$X$轴、$Y$轴、$Z$轴和$E$轴（挤出头）。然后是回归初始位的速度，注意单位是mm/min。$Z$轴回归初始位的速度比较慢；$E$轴不存在初始位，因此设置为“0”。

```
#define NUM_AXIS 4
```

```
#define HOMING_FEEDRATE {50*60,50*60,4*60,0}
```

接下来配置的是四个很重要的参数——每个轴的运动分辨率，即每个轴方向上产生1mm的移动，对应的步进电动机应该转动多少步。一般来说，*X*轴和*Y*轴都是“步进电动机+同步带”结构；*Z*轴为“步进电动机+丝杠”结构；而挤出机为“步进电动机+齿轮”结构，这四个参数可以通过Repetier-Host软件中的计算器（工具菜单中）计算得到。

对于*X*轴和*Y*轴来说，计算原理为步进电动机转一周为360°，与此对应，同步轮产生一周的转动，假设同步轮为17齿，那么同步带上的一点就相应运动了17个齿间距的长度，如果使用的同步带齿距为2mm，那么就产生了34mm的运动。而假如步进电动机步距角为1.8°，同时驱动器的细分数为1/16，那么步进电动机转一圈就对应（360/1.8）×16=3200个脉冲。因此，*X*轴和*Y*轴的分辨率就是3200/34 = 94.12。

对于*Z*轴来说，步进电动机转一周是3200个脉冲，丝杠相应转动了3200步；假如使用的丝杠导程为8mm，即丝杠转一圈，丝杠螺母运动8mm，那么*Z*轴的分辨率就是3200/8=400；对于挤出机来说，如果为近端挤出，不需要加减速器，那么步进电动机转一周（3200个脉冲），带动挤出齿轮转一周，耗材就被挤出“挤出齿轮的周长”这个距离。假如挤出齿轮直径为10mm，那么对应的*E*轴分辨率就是3200/(10×3.14)=101.86。如果挤出机电动机带有减速器，那么这个数值还要除以减速比。

下面是一个配置示例，供参考。

```
#define DEFAULT_AXIS_STEPS_PER_UNIT {94.12,94.12,400,101.86}
```

剩下的就是最大速度及加速度的配置，一般来说，使用默认值即可。如果发现打印机抖动得很厉害，可能是因为加速度过大导致的。这时，可以将第二行中的前两个数值改为3000，把第三行的默认加速度数值改为“1000”，如下所示：

```
#define DEFAULT_MAX_FEEDRATE {500,500,5,25}
#define DEFAULT_MAX_ACCELERATION {3000,3000,100,10000}
#define DEFAULT_ACCELERATION 1000
#define DEFAULT_RETRACT_ACCELERATION 3000
#define DEFAULT_XYJERK 20.0
#define DEFAULT_ZJERK 0.4
#define DEFAULT_EJERK 5.0
```

如果使用的主板是RAMPS 1.4，则可以选用很多脱机智能控制器，即可以不用跟计算机联机，使用智能控制器显示屏里面的菜单就可以控制打印机。例如，如果使用的是LCD12864控制器，应该将下面一句的注释符去掉，告诉固件使用这款控制器。

```
#define REPRAP_DISCOUNT_FULL_GRAPHIC_SMART_CONTROLLER
```

另外一款比较常用的控制器是LCD2004控制器，如果使用这一款，就需要把下面一句的注释去掉，并把其他的控制器选项都注释掉。当然，用户也可以选择其他的控制器，只需做类似的相应配置即可。

```
#define REPRAP_DISCOUNT_SMART_CONTROLLER
```

一般智能控制器都有预热菜单，即选择预热 PLA 和预热 ABS，具体的温度值可以进行更改。例如，打印 PLA 材料时，一般喷头温度设置为 210℃，而加热床温度设置为 40℃；打印 ABS 材料时，喷头温度应设置为 230℃，加热床温度设置为 60℃。具体配置如下，前三行是打印 PLA 材料的配置参数，后三行是打印 ABS 材料的配置参数。

```
#define PLA_PREHEAT_HOTEND_TEMP 210
#define PLA_PREHEAT_HPB_TEMP 40
#define PLA_PREHEAT_FAN_SPEED 255
#define ABS_PREHEAT_HOTEND_TEMP 230
#define ABS_PREHEAT_HPB_TEMP 60
#define ABS_PREHEAT_FAN_SPEED 255
```

至此，就完成了 Marlin 固件的基本配置。可以通过 Arduino IDE 选择相应的端口和主板类型，然后编译上传到主板上（俗称为刷固件）；然后，就可以通过 PrintRun 或者 Repetier-Host 软件调试打印机了。如果调试过程中发现问题，可以再调整固件的参数，重新编译上传，直到 3D 打印机能正常工作为止。

**4. 重要提示**

1）Sprinter、Marlin 是开源 3D 打印机使用最多的打印机固件。Sprinter 结构相对简单，但是基本功能都是有的；与 Sprinter 相比，Marlin 固件的结构更复杂，功能也更强大。

2）下载 3D 打印机固件时，一定要注意版本号。不同的固件版本所包含的内容、适用的 3D 打印机的硬件配置可能会有一定差异。此外，由于是开源软件，维护更新可能存在不及时的情况，不同版本的稳定性也会存在一定的差异。

3）Marlin 固件是通过修改 Configuration. h 来进行配置的。Configuration. h 里面有大量的宏和条件编译程序块，这些都与 3D 打印机硬件构成相对应。如果 3D 打印机上没有安装相应的硬件，那么关于该硬件的定义及参数配置就应该被全部注释掉。

4）为了方便配置，在 Marlin 固件的 Configuration. h 文件里，把相应的功能都归类集中到了不同的程序块里面，配置时，只需根据 3D 打印机硬件情况配置相应的程序块即可。

5）在 Configuration. h 文件里，不少变量都有相应的默认值，这些默认值都是一些经验值。如果你不清楚某个参数该如何取值，建议不妨保留默认值试试。

6）涉及步进电动机加速度、温度等参数选项，一定要慎重选择。这些参数设置不当，可能会导致机械结构件被损坏或零部件被烧毁。实在不清楚该如何设置时，可以先在默认值的基础上减小一些试试，然后再逐步加大。

需要说明的是，开源 RapRep 3D 打印机固件的配置并非一蹴而就的事，往往需要多次尝试，经历配置→编译→上传（刷固件）→试运行→修改→编译→……这样反复的过程，直至 3D 打印机运行正常。

# 附录 D　RepRap Prusa i3 3D 打印机步进电动机参数计算

在 3D 打印机的固件设置及调试中，最重要也最复杂的就是步进电动机参数的设置。这个设置涉及打印机的打印精度，甚至是打印机能否成功打印的关键。下面介绍如何设置 Prusa i3 3D 打印机的步进电动机参数。

一般来说，Prusa i3 3D 打印机一共有 5 个驱动步进电动机（$X$ 轴、$Y$ 轴、$E$ 轴各 1 个，$Z$ 轴 2 个），其中 $X$ 轴和 $Y$ 轴使用同步带驱动，$Z$ 轴使用丝杠驱动，$E$ 轴使用齿轮驱动。以下是这三种驱动方式的设置方法。

## 1. 同步带驱动

同步带驱动的关键部分有 3 个：步进电动机、同步轮和同步带，其原理是：同步轮通过螺钉固定在步进电动机的输出轴上，然后把同步带放在同步轮的槽内，电动机转动带动同步轮转动，同步轮再通过齿轮上的齿带动同步带一起转动，如图 D-1 所示。

采用同步带驱动时，计算同步带的分辨率需要准备一些必要参数。

（1）步进电动机的步距角　步进电动机（图 D-2）的旋转是靠脉冲信号来驱动的。步进驱动器每接收到一个脉冲信号，步进电动机的轴就会转动一个固定的角度。这个转动的角度，就叫作步距角。最常见的有三种步距角，即 0.9°、1.8°和 7.5°，这三种步距角对应了步进电动机每旋转一周（360°）所需要的脉冲信号个数，分别为 400 个、200 个和 48 个。这个参数是步进电动机的内部物理参数，购买步进电动机时一定要确认清楚。一般来说步距角越小，单位尺寸的分辨率就越大，打印机的打印精度越高。

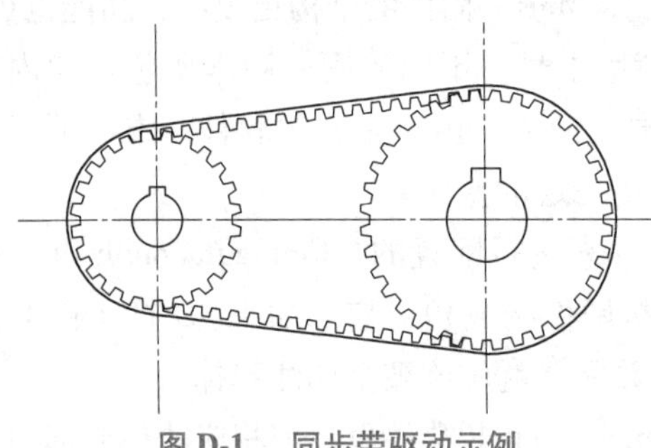

图 D-1　同步带驱动示例

图 D-2　步进电动机实物

（2）步进电动机驱动板步进细分数　与脉冲信号相关的另一个参数是步进细分数，这个参数取决于所使用的电动机驱动板。驱动电路的主芯片通常具有驱动细分功能，常见的有 1/2、1/4、1/16 等。如果是 1/16 细分，代表的含义就是原来一个脉冲可以控制电动机转动一个步距角，现在需要 16 个脉冲，电动机才能转动一个步距角。如果电动机的步距角是 1.8°，那么电动机轴旋转一周就需要 200×16（3200）个脉冲信号。例如，假如用的是 Ramps 1.4 的板子，使用 A4988 电动机驱动板（图 D-3），如果每个驱动板下边的 3 个跳线帽都插了，那么就是 16 细分。

（3）同步轮齿数和同步带型号　齿轮齿数很简单，自己数一数就知道了，Prusa i3 3D

打印机对齿轮的型号也没有严格要求。同步轮与同步带如图 D-4 所示。常见的同步轮从十几齿到三十几齿都能在市面上买到，所以一定要数。此外，同步轮还有另外一个参数，就是支持的同步带的型号，同步带的节距必须与同步轮匹配。例如，如果用的是 GT2 型号的同步带，代表同步带上两个齿轮间的节距是 2mm。

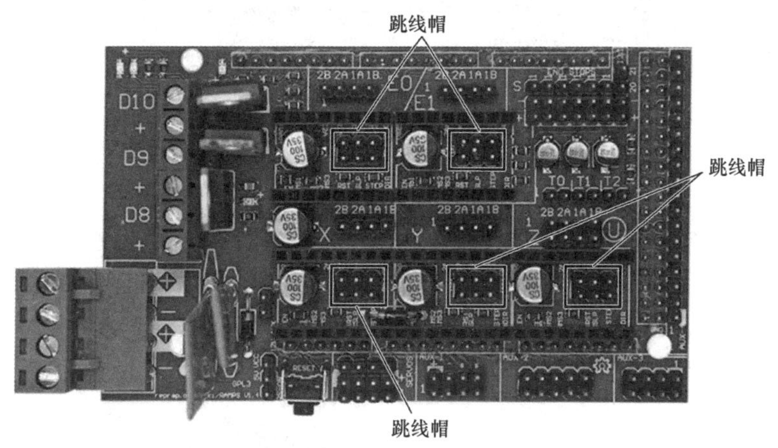


图 D-3　A4988 电动机驱动板

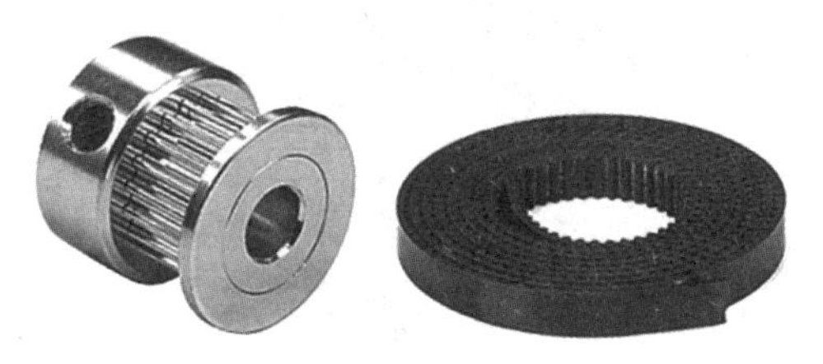

图 D-4　同步轮与同步带

有了参数，计算就很简单了。假如步进电动机旋转一周需要 3200 个脉冲信号，同步轮有 15 个齿，同步带型号是 GT2，也就是节距为 2mm 的同步带，那么步进电动机旋转一周会带动同步轮旋转一周，也就是前进 15 个齿的距离。对应到同步带上，就是前进 30mm 的距离（15×2mm）。在这种情况下，同步带带动打印头或者加热床每前进 1mm，需要的脉冲信号数为 3200÷30＝106. 67 个。

当然，如果觉得自己计算麻烦，也可以使用官方提供的计算器计算（图 D-5），网址是：https://www. prusaprinters. org/calculator。

2. 丝杠驱动

Prusa i3 3D 打印机的 *Z* 轴是使用两根丝杠来传动的。丝杠传动的优势是精度高，传动效率高；缺点是速度慢。接触过 3D 打印机的都知道，在打印过程中频繁移动的是 *X* 轴和 *Y* 轴，*Z* 轴只是在打印完一层以后才会升高一层，所以不需要很高的速度。图 D-6 所示为传动丝杠。

丝杠驱动需要设置以下几个参数：

1）步进电动机的步距角。

2）步进电动机驱动板步进细分数。

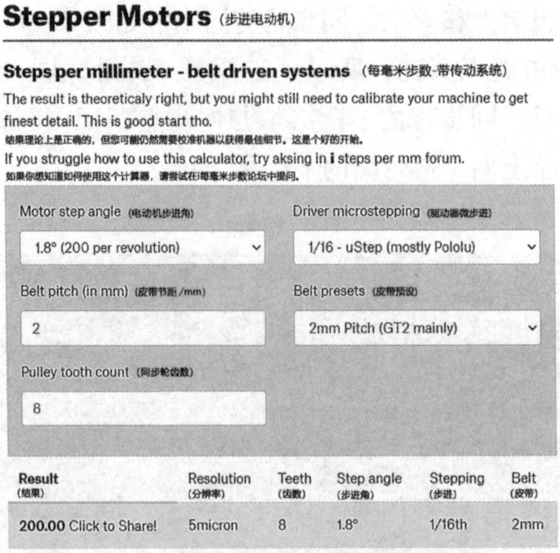

**Stepper Motors** (步进电动机)

**Steps per millimeter - belt driven systems** (每毫米步数-带传动系统)

The result is theoreticaly right, but you might still need to calibrate your machine to get finest detail. This is good start tho.
结果理论上是正确的，但您可能仍然需要校准机器以获得最佳细节。这是个好的开始。
If you struggle how to use this calculator, try aksing in **i** steps per mm forum.
如果你想知道如何使用这个计算器，请尝试在i每毫米步数论坛中提问。

Motor step angle (电动机步进角)
1.8° (200 per revolution)

Driver microstepping (驱动器微步进)
1/16 - uStep (mostly Pololu)

Belt pitch (in mm) (皮带节距 /mm)
2

Belt presets (皮带预设)
2mm Pitch (GT2 mainly)

Pulley tooth count (同步轮齿数)
8

| Result (结果) | Resolution (分辨率) | Teeth (齿数) | Step angle (步进角) | Stepping (步进) | Belt (皮带) |
|---|---|---|---|---|---|
| **200.00** Click to Share! | 5micron | 8 | 1.8° | 1/16th | 2mm |

图 D-5　步进电动机驱动参数计算器示例

图 D-6　传动丝杠

3）丝杠螺距。丝杠一般有几个重要参数，分别是螺距 $P$、导程 $L$ 和头数 $n$。螺距是相邻两个螺线间的距离；导程是丝杠每旋转 360°，丝杠上的 T 形螺母移动的距离；头数则是丝杠上螺线的数量（图 D-7 中用不同的颜色表示不同的螺线）。查看螺线的头数可以看丝杠的端部，有几个丝口入点就有几根；螺距可以在丝杠上涂一点墨水，然后在纸上滚一下，直接在纸上测量螺距就可以了。

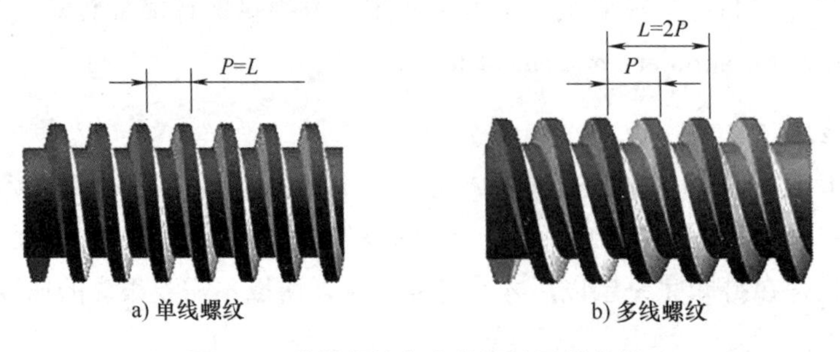


a) 单线螺纹　　b) 多线螺纹

图 D-7　单线螺纹与多线螺纹及其参数

例如，用 1/16 驱动细分的电动机驱动板来驱动步距角为 1. 8°的步进电动机，这时步进电动机旋转一周就需要 3200 个脉冲信号；若步进电动机以一个 4 头、螺距 2mm 的丝杠为轴（导程为 8mm），则 $Z$ 轴每上升或者下降 1mm，就需要 3200÷8=400 个脉冲信号。

同样也可以用 Prusa i3 官方提供的计算器来计算丝杠驱动参数（图 D-8），网址是：https://www.prusaprinters.org/calculator。图 D-8 中，“Leadscrew pitch” 填写测出来的螺距 $P$；“Gear ratio” 填写 $n$:1，这里 $n$ 是丝杠螺纹的头数。

**Steps per millimeter - leadscrew driven systems**(每毫米步进-丝杠驱动系统)

Gives you number of steps electronics need to generate to move the axis by 1mm.
为您提供电子设备将轴移动1mm所需的步数。

If you struggle how to use this calculator, try aksing in i steps per mm forum.
如果你想知道如何使用这个计算器，请尝试在i每毫米步数论坛中提问。

Motor step angle (电动机步进角): 1.8° (200 per revolution)

Driver microstepping (驱动器微步进): 1/16 - uStep (mostly Pololu)

Leadscrew pitch (丝杠螺距): 1.25 mm/revolution

Pitch presets (螺距预设值): M8 - metric (1.25mm per rotation)

Gear ratio (齿轮传动比): 1 : 1

| Result (结果) | Leadscrew pitch (丝杠螺距) | Step angle (步进角) | Stepping (步进) | Gear ratio (齿轮传动比) |
|---|---|---|---|---|
| 2560.00 Click to Share! | 1.25 | 1.8° | 1/16th | 1:1 |

图 D-8　丝杠驱动参数计算器示例

### 3. 齿轮驱动

Prusa i3 3D 打印机的送料是将挤出齿轮与材料紧紧地挤在一起，产生很大的摩擦力，通过齿轮转动，推动材料向下或者向上移动。齿轮驱动的原理相对简单，齿轮上一个点每旋转一周产生的距离就是材料移动的长度，等于齿轮的周长。例如，一般 MK8 上用的齿轮直径是 11mm，所以齿轮旋转一周的周长就是 3.14×11mm=34.54mm。图 D-9 所示为挤出驱动齿轮。

图 D-9　挤出驱动齿轮

建议测量一下齿轮的直径，可以用尺子，也可以用线在齿轮上绕一周，记录下位置，然后再测量线的长度来获取齿轮的周长。

例如，用 1/16 驱动细分的电动机驱动板来驱动步距角为 1.8°的步进电动机，这时步进电动机每旋转一周就需要 3200 个脉冲信号，电动机每旋转一周，通过齿轮推动材料移动 34.54mm，那么，材料每移动 1mm 就需要 3200/34.54=92.64 个脉冲。

# 附录 E　40 款设计建模及 3D 打印软件

现在，CAD 设计的三维模型已广泛用于各个领域。医疗行业用它们制作器官的精确模型；电影行业将它们用于 3D 动画的人物、物体；视频游戏产业将它们作为计算机与视频游戏中的资源；科学领域将它们作为化合物的精确模型；建筑行业用它们来展示建筑物或者风景；工程界将它们用于新设备、交通工具、结构、样件的设计……

想要精通 3D 打印，最重要也是必不可少的环节就是设计建模。而设计建模的第一步，自然是选择一款合适、好用的设计建模软件。下面从简单到复杂整理了 40 款常用的、适合 3D 打印设计建模的软件。

## E.1　入门级 3D 建模软件

1）TinkerCAD。
2）3D Slash。
3）3D Tin。
4）123D Design。
5）Sculptris。
6）MeshMixer。

## E.2　中级到高级的 3D 建模软件

1）SketchUp。
2）Free CAD。
3）Blender。
4）OpenSCAD。
5）Onshape。
6）Inventor。
7）Rhinoceros。
8）Grasshopper。
9）SolidWorks。
10）Cinema 4D。
11）MAYA。
12）ZBrush。
13）3DS Max。
14）Fusion360。
15）LightWave 3D。
16）AutoCAD。
17）MoI3D。
18）MODO。
19）Wings3D。
20）Creo。
21）BRL-CAD。
22）UG（Unigraphics NX）。
23）Pro/E（Pro-Engineer）。
24）CATIA。

## E.3　切片及 3D 打印软件

1）Cura。
2）CraftWare。
3）Netfabb Basic。
4）Repetier。
5）Simplify3D。
6）Slic3r。
7）OctoPrint。
8）3DPrinterOS。
9）3-matic。
10）Magics（Materialise）。

# 附录 F 增材制造术语（ISO/ASTM 52900）

表 F-1 增材制造术语

| 序号 | 英文全称 | 英文简称 | 中 文 |
|---|---|---|---|
| 1 | Absolute Accuracy | | 绝对精度 |
| 2 | Accuracy | | 精度 |
| 3 | Adaptive Slicing | | 自适应切片 |
| 4 | Additive Manufacturing（Additive Fabrication） | AM（AF） | 增材制造 |
| 5 | Advance Manufacturing Technology | AMT | 先进制造技术 |
| 6 | Ballistic Particle Manufacturing | BPM | 弹道微粒制造 |
| 7 | Bionical Forming | | 仿生制造 |
| 8 | Bridge Tooling | | 过渡模，桥模 |
| 9 | Brown Part | | 褐色件，烧结后工件 |
| 10 | Bubble Jet | | 热泡式喷射 |
| 11 | Build Table | | 成型工作台 |
| 12 | Coaxial Inside-beam Powder Feeding | | 同轴光内送粉 |
| 13 | Coaxial Powder Feeding Laser Cladding | | 同轴送粉激光熔覆 |
| 14 | Computer Aided Design | CAD | 计算机辅助设计 |
| 15 | Computer Aided Engineering | CAE | 计算机辅助工程 |
| 16 | Computer Aided Manufacturing | CAM | 计算机辅助制造 |
| 17 | Computer Numerical Control | CNC | 计算机数字控制 |
| 18 | Concept Model/Conceptual Model | | 概念模型 |
| 19 | Continuous Printing/Continuous Ink Jetting | CP/CIJ | 连续式打印 |
| 20 | Coated Paper | | 涂覆纸 |
| 21 | Curable Resin | | 光固化树脂 |
| 22 | Deflection Jet | | 电场偏转式喷射 |
| 23 | Deposition of Molten Metal Droplets | DMMD | 熔化金属液滴沉积 |
| 24 | Desktop Manufacturing | DTM | 桌面制造 |
| 25 | Digital Manufacturing | | 数字制造 |
| 26 | Digital Materials | | 数码材料 |
| 27 | Direct Ceramic Ink-Jet Printing | DCIJP | 直接陶瓷喷墨打印 |

（续）

| 序号 | 英文全称 | 英文简称 | 中　文 |
|---|---|---|---|
| 28 | Direct Jetting Deposition | | 直接喷射沉积 |
| 29 | Direct Laser Fabrication | DLF | 直接激光制造 |
| 30 | Direct Manufacturing | DM | 直接制造 |
| 31 | Direct Metal Deposition | DMD | 直接金属沉积 |
| 32 | Direct Metal Forming | DMF | 直接金属成型 |
| 33 | Direct Metal Laser Sintering | DMLS | 直接金属激光烧结 |
| 34 | Direct Selective Laser Sintering | DSLS | 直接选区激光烧结 |
| 35 | Direct Shell Casting Process | DSCP | 直接壳型铸造 |
| 36 | Dispersed/Accumulated Forming | | 离散/堆积成型 |
| 37 | dots per inch | dpi | 每一英寸上能打印的墨点数 |
| 38 | Drop Generator | | 液滴发生器 |
| 39 | Drop-On-Demand | DOD | 按需式 |
| 40 | Droplet-based Metal Manufacturing | DMM | 基于液滴的金属制造 |
| 41 | Drop-on-Drop deposition | DoD | 液滴沉积于液滴 |
| 42 | Drop-on-Powder bed deposition | DoP | 液滴沉积于粉床 |
| 43 | Ejection Aperture/Ejection Orifice | | 喷孔 |
| 44 | Electron Beam Free Form Fabrication | EBF3 | 电子束自由形状制造 |
| 45 | Electron Beam Melting | EBM | 电子束熔化 |
| 46 | Electrohy Drodynamic Jet | E-jet | 电流体动力喷射 |
| 47 | Electrospun | | 电纺丝 |
| 48 | Electrostatic Jet | | 静电式喷射 |
| 49 | Extruder | | 挤压器 |
| 50 | Filament | | 丝材 |
| 51 | Forced Forming | | 受迫成型 |
| 52 | Free From Fabrication | FFF | 自由成型制造 |
| 53 | Freeform Fabrication with Micro-droplet Jetting | | 微滴喷射自由成型 |
| 54 | Freeform Manufacturing | FM | 自由成型制造 |
| 55 | Fused Deposition Modeling | FDM | 熔融沉积成型 |
| 56 | Green Part | | 绿件，生坯件 |
| 57 | Growing Forming | | 生长成型 |

（续）

| 序号 | 英文全称 | 英文简称 | 中　文 |
|---|---|---|---|
| 58 | Hard Tooling | | 硬模 |
| 59 | Hybrid Rapid Manufacturing of Metallic Objects | | 金属构件复合式快速制造 |
| 60 | Hybrid RM using Deposition Technology and CNC Machining | | 沉积技术与 CNC 切削加工复合式快速制造 |
| 61 | Hybrid RM using LOM and CNC machining | | LOM 与 CNC 切削加工复合式快速制造 |
| 62 | Hybrid RM using SLM and CNC Machining | | SLM 与 CNC 切削加工复合式快速制造 |
| 63 | Indirect Fabrication Processes | | 间接制造 |
| 64 | Indirect Metal Forming | IMF | 金属构件的间接成型 |
| 65 | Ink | | 墨水 |
| 66 | Ink Chamber | | 墨腔 |
| 67 | Inkjet Printer | | 喷墨打印机 |
| 68 | Laminated Object Manufacturing | LOM | 分层粘结成型，叠层实体制造 |
| 69 | Laser Additive Manufacturing | LAM | 激光增材制造 |
| 70 | Laser Aided Manufacturing Process | LAMP | 激光辅助制造 |
| 71 | Laser Cladding | | 激光熔覆 |
| 72 | Laser Cladding Rapid Manufacturing | LCRM | 激光熔覆式快速制造 |
| 73 | Laser Engineered Net Shaping<br>(Laser Engineering Net Shaping) | LENS | 激光工程化净成型 |
| 74 | Lateral Powder Feeding Laser Cladding | | 侧向送粉激光熔覆 |
| 75 | Laser Rapid Forming | LRF | 激光快速成型 |
| 76 | Laser Sintering | LS | 激光烧结 |
| 77 | Layer Additive Manufacturing | | 分层增材制造 |
| 78 | Layer Thickness | | 层厚 |
| 79 | Layered Manufacturing | LM | 分层制造，叠层制造 |
| 80 | Legend Printer | | 字符打印机 |
| 81 | Liquid Metal Jet Printing | LMJP | 液态金属喷射打印 |
| 82 | Maskless Mesoscale Materials Deposition | M3D | 无掩膜中尺度材料沉积 |
| 83 | Material Increasing Manufacturing | MIM | 材料累积制造 |
| 84 | Material Removing Manufacturing | MRM | 材料去除制造 |
| 85 | Melted Extrusion Modeling | MEM | 熔融挤压成型 |
| 86 | Melted Jet Modeling | MJM | 熔融喷射成型 |

（续）

| 序号 | 英文全称 | 英文简称 | 中　文 |
| --- | --- | --- | --- |
| 87 | Micro-droplet Jetting | | 微滴喷射 |
| 88 | Micro-droplet Jetting/Micro-liquid Dispensing | | 微滴喷射 |
| 89 | Micro-droplet Ink-jet Printing | | 微滴喷墨打印 |
| 90 | Micro-Plasma Arc Cladding | MPAC | 微束等离子弧熔覆 |
| 91 | Micro-Plasma Powder Deposition | MPPD | 微束等离子弧粉末沉积 |
| 92 | Micro-Plasma Wire Deposition | MPWD | 微束等离子弧丝材沉积 |
| 93 | Microsyringe | | 微注射器 |
| 94 | Motor Assisted Microsyringe | MAM | 电动机助推微注射器 |
| 95 | Multi Jet Modeling | MJM | 多喷嘴成型 |
| 96 | Multiple Jet Solidification | MJS | 多喷嘴固化固化 |
| 97 | Natural Resolution | | 自然分辨率 |
| 98 | Net Droplet-based Manufacturing | NDM | 基于纯液滴制造 |
| 99 | Near-Field Electro Spinning | NFES | 近场静电纺丝 |
| 100 | Nozzle Density | | 喷嘴密度 |
| 101 | Nozzles per Inch | | 每一英寸上的喷嘴数 |
| 102 | Nozzle Pitch | | 相邻喷嘴的间距 |
| 103 | Orifice Plate/ Aperture Plate | | 喷孔板 |
| 104 | Pass | | 打印道次 |
| 105 | Pattern less Casting Manufacturing | PCM | 无模铸造 |
| 106 | Photocurable Ceramic Suspension | | 光固化陶瓷悬浮液 |
| 107 | Photocuring | | 光固化 |
| 108 | Photopolymer/Photopolymerization | | 光敏聚合物/光敏聚合化 |
| 109 | Piezoelectric | | 压电式 |
| 110 | Piezoelectric Ceramic | | 压电陶瓷 |
| 111 | Piezoelectric Jet | | 压电式喷射 |
| 112 | Piezoelectric Print-head | | 压电式喷头 |
| 113 | Post-processing | | 后处理 |
| 114 | Precision Droplet Manufacturing | PDM | 精密液滴制造 |
| 115 | Pressure Assisted Microsyringe | PAM | 压力助推微注射器 |
| 116 | Print-head | | 打印头 |

（续）

| 序号 | 英文全称 | 英文简称 | 中　文 |
|---|---|---|---|
| 117 | Print Nozzle | | 打印喷嘴 |
| 118 | Printing Resolution | | 打印分辨率 |
| 119 | Quick Cast | | 快速铸造 |
| 120 | Quick Response Manufacturing | QRM | 快速响应制造 |
| 121 | Rapid Manufacturing | RM | 快速制造 |
| 122 | Rapid Molding | RM | 快速模具制造，<br>快速造型 |
| 123 | Rapid Product Development | RPD | 快速产品开发 |
| 124 | Rapid Prototyping | RP | 快速成型 |
| 125 | Rapid Prototype Manufacturing | RPM | 快速成型制造 |
| 126 | Rapid Prototyping&Manufacturing | RP&M | 快速成型与快速制造 |
| 127 | Rapid Tooling | RT | 快速制模 |
| 128 | Resolution | | 分辨率 |
| 129 | Reverse Engineering | | 逆向工程，反求工程 |
| 130 | Sacrificial Mold Material | | 牺牲模型料 |
| 131 | Selective Area Laser Deposition | SALD | 激光选区沉积 |
| 132 | Selective Electron Beam Melting | SEBM | 选区电子束熔化 |
| 133 | Selective Laser Cladding | SLC | 激光选区熔覆 |
| 134 | Selective Laser Melting | | 激光选区熔化 |
| 135 | Selective Laser Sintering | SLS | 激光选区烧结 |
| 136 | Selective Laser Powder Remelting | SLPR | 选区激光粉末重熔 |
| 137 | Selective Spray and Deposition | SSD | 选区喷涂沉积 |
| 138 | Shape Deposition Manufacturing | SDM | 形状沉积制造 |
| 139 | Slicing | | 切片 |
| 140 | Soft Tooling | | 软模 |
| 141 | Solid Freeform Fabrication | SFF | 实体自由成型制造 |
| 142 | Solid Ground Curing | SGC | 光掩模固化成型 |
| 143 | Stereolithography | SL，SLA | 立体光固化 |
| 144 | STL Format | | STL 格式 |
| 145 | Substrate | | 基板，基底 |

（续）

| 序号 | 英文全称 | 英文简称 | 中　文 |
|---|---|---|---|
| 146 | Subtracted Forming | | 去除成型 |
| 147 | Subtractive Machining | | 去除加工 |
| 148 | Support Structure | | 支撑结构 |
| 149 | Surface Triangle List（Stereo Lithography）File | STL File | 表面三角化数据格式文件 |
| 150 | Thermal Bubble | | 热泡式 |
| 151 | 3D Printer | | 三维打印机 |
| 152 | Three Dimensional Printing（3D Printing） | 3DP | 三维打印 |
| 153 | 3D-bioplotter | | 三维生物打印机 |
| 154 | 3D Ceramic Printer | | 三维陶瓷打印机 |
| 155 | 3D Wax Printers | | 三维蜡型打印机 |
| 156 | Uniform Droplet Spray | UDS | 均匀液滴喷射 |
| 157 | UV-curable Ink | | 紫外光固化墨水 |

# 参考文献

[1] NEGI S，DHIMAN S，SHARMA R. Basic applications and future of additive manufacturing technologies：a review [J]. Journal of Manufacturing Technology Research，2013，5 (1)：75-95.

[2] WENDEL B，RIETZEL D，KÜHNLEIN F，et al. Additive processing of polymers [J]. Macromolecular Materials and Engineering，2008，293：799-809.

[3] TUMBLESTON J R，SHIRVANYANTS D，ERMOSHKIN N，et al. Continuous liquid interface production of 3D objects [J]. Science，2015，347 (6228)：1349-1352.

[4] 阿米特·班德亚帕德耶，萨斯米塔·博斯. 3D 打印技术与应用 [M]. 王文先，葛亚琼，崔泽琴，等译. 北京：机械工业出版社，2017.

[5] 张巨香，于晓伟. 3D 打印技术及其应用 [M]. 北京：国防工业出版社，2016.

[6] 王延庆，沈竞兴，吴海全. 3D 打印材料应用和研究现状 [J]. 航空材料学报，2016，36 (4)：10.

[7] 李昕. 3D 打印技术及其应用综述 [J]. 凿岩机械气动工具，2014 (4)：36-41.

[8] BHANDARI S，REGINA B. 3D Printing and its applications [J]. International Journal of Computer Science and Information Technology Research，2014，2 (2)：378-380.

[9] MURALIDHARA H B，BANERJEE S. 3D printing technology and its diverse applications [M]. New York：Apple Academic Press，2022.

[10] 张成，李超，安超，等. 3D 打印技术在矫形康复治疗中的应用 [J]. 医疗卫生装备，2022，43 (2)：93-97；108.

[11] 张玉燕，任腾飞，温银堂. 一种基于 YOLOv3 算法的 3D 打印点阵结构缺陷识别方法 [J]. 计量学报，2022，43 (1)：7-13.

[12] 叶冬森，沈培良，张大川，等. 3D 打印技术与传统加工技术对比的优缺点 [J]. 民用飞机设计与研究，2021 (4)：126-130.

[13] 许万卫，白雪，马健，等. 超声检测在金属 3D 打印中的应用研究进展 [J/OL]. 材料导报，2022 (18)：1-21.

[14] 魏天琪，郑雄胜. 3D 打印微型机器人技术研究 [J]. 机械工程师，2021 (11)：103-108.

[15] 葛正浩，岳奇，吉涛. 3D 打印控制系统研究综述 [J]. 现代制造工程，2021 (10)：154-162.

[16] 肖建庄，柏美岩，唐宇翔，等. 中国 3D 打印混凝土技术应用历程与趋势 [J]. 建筑科学与工程学报，2021，38 (5)：1-14.

[17] 王超，陈继飞，冯韬，等. 3D 打印技术发展及其耗材应用进展 [J]. 中国铸造装备与技术，2021，56 (6)：38-44.

[18] 刘杰，孙令真，李映，等. 3D 打印技术的发展及应用 [J]. 现代制造技术与装备，2019 (3)：109-111.

[19] GARMULEWICZ A，HOLWEG M，VELDHUIS H，et al. Disruptive technology as an enabler of the circular economy：what potential does 3D printing hold? [J]. California Management Review，2018，60 (3)：112-132.

[20] MAI J G，ZHANG L，Tao F，et al. Customized production based on distributed 3D printing services in cloud manufacturing [J]. The International Journal of Advanced Manufacturing Technology，2016，84 (1-4)：71-83.

[21] LUO Y X, WEI X Y, HUANG P. 3D bioprinting of hydrogel-based biomimetic microenvironments [J]. Journal of Biomedical Materials Research, 2019, 107 (5): 1695-1705.

[22] YU F, HAN X, ZHANG K J, et al. Evaluation of a polyvinyl alcohol-alginate based hydrogel for precise 3D bioprinting [J]. Journal Biomedical Materials Research, 2018, 106 (11): 2944-2954.

[23] BHATIA U. 3D printing technology [J]. International Journal of Engineering and Technical Research, 2015, 3 (2): 327-330.

[24] PUSCH K, HINTON T J, FEINBERG A W. Large volume syringe pump extruder for desktop 3D printers [J]. HardwareX, 2018 (3): 49-61.

[25] SHMELEVA A A, OMAROV A V. Analysis of methods for automatic removal and extraction of printed products from the camera of a 3D printer [J]. VSTU News, 2019, 9 (232): 76-78.

[26] AJAY J, SONG CRATHORE A S, et al. 3Dgates: An instruction-level energy analysis and optimization of 3D printers [J]. SIGOPS Operation Systems Review, 2017, 51 (2): 419-433.

[27] CAD/CAM/CAE 技术联盟. Pro/ENGINEER 产品造型及 3D 打印实现 [M]. 北京：清华大学出版社，2018.

[28] 陈继民. 3D 打印技术基础教程 [M]. 北京：国防工业出版社，2016.

[29] 郑月婵. 3D 打印与产品创新设计 [M]. 北京：中国人民大学出版社，2019.

[30] 王嘉，田芳. 逆向设计与 3D 打印案例教程 [M]. 北京：机械工业出版社，2020.

[31] 杨伟群. 3D 设计与 3D 打印 [M]. 北京：清华大学出版社，2015.

[32] 曹晓明. 3D 打印创意实践 [M]. 上海：复旦大学出版社，2016.

[33] 宋闯，贾乔. 3D 打印建模 · 打印 · 上色实现与技巧：3ds Max 篇 [M]. 北京：机械工业出版社，2020.

[34] 张盛. 数字雕塑技法与 3D 打印 [M]. 北京：清华大学出版社，2019.

[35] 刘鲁刚，王琨. 3D 打印机的设计与制作 [M]. 北京：电子工业出版社，2020.

[36] 钮建伟. Imageware 逆向造型技术及 3D 打印 [M]. 北京：电子工业出版社，2014.